普通高等教育“十二五”规划教材

电子信息科学与工程类专业规划教材

ARM 9 嵌入式系统开发与应用

董 胡 刘 刚 钱盛友 著

電子工業出版社

Publishing House of Electronics Industry

北京·BEIJING

内 容 简 介

作为一种16/32位的高性能、低成本、低功耗嵌入式RISC微处理器，ARM微处理器目前已经成为应用最为广泛的嵌入式微处理器。

本书全面系统地介绍了嵌入式系统开发的基本知识和方法。全书分为四部分。第一部分介绍嵌入式系统基本概念及广泛使用的ARM技术，包括ARM处理器的体系结构、寻址方式、指令系统、汇编语言程序和C语言程序设计基础及ARM嵌入式硬件设计基础。第二部分介绍基于ARM 920T内核的三星S3C2440处理器，以及基于S3C2440处理器的应用系统设计，并以S3C2440为开发平台，列举几个典型的基本功能部件的程序设计示例。第三部分介绍Boot Loader及实现、ARM Linux系统移植与驱动开发。第四部分介绍ARM ADS集成开发环境及几个嵌入式系统应用开发实例。

本书可作为高等院校电子信息类、计算机类等专业高年级本科学生和研究生的教材，或作为嵌入式系统应用设计人员的培训用书，也可作为基于ARM的软件编程和硬件系统设计的参考手册。

图书在版编目（CIP）数据

ARM 9嵌入式系统开发与应用/董胡，刘刚，钱盛友著. —北京：电子工业出版社，2015.6
（卓越工程师培养计划）
ISBN 978-7-121-26032-2

Ⅰ. ①A… Ⅱ. ①董… ②刘… ③钱… Ⅲ. ①微处理器-系统设计 Ⅳ. ①TP332

中国版本图书馆CIP数据核字（2015）第097806号

策划编辑：袁 玺
责任编辑：袁 玺 特约编辑：刘宪兰
印 刷：北京盛通商印快线网络科技有限公司
装 订：北京盛通商印快线网络科技有限公司
出版发行：电子工业出版社
北京市海淀区万寿路173信箱 邮编 100036
开 本：787×1 092 1/16 印张：18 字数：460.8千字
版 次：2015年6月第1版
印 次：2023年7月第8次印刷
定 价：39.00元

凡所购买电子工业出版社图书有缺损问题，请向购买书店调换。若书店售缺，请与本社发行部联系，联系及邮购电话：（010）88254888。

质量投诉请发邮件至zlts@phei.com.cn，盗版侵权举报请发邮件至dbqq@phei.com.cn。

服务热线：（010）88258888。

序

嵌入式系统技术是当今信息技术中最具生命力的新技术之一，嵌入式系统应用几乎无处不在：移动电话、家用电器、汽车……无不有它的踪影。嵌入式控制器因其体积小、可靠性高、功能强、灵活方便等许多优点，其应用已深入到工业、农业、教育、国防、科研以及日常生活等各个领域，对各行各业的技术改造、产品更新换代、加速自动化进程、提高生产率等方面起到了极其重要的推动作用。制造工业、过程控制、网络、通信、仪器、仪表、汽车、船舶、航空、航天、军事装备、消费类产品等方面均是嵌入式技术的应用领域。嵌入式系统技术是专用计算机技术，其目的是要把一切变得更简单、更方便、更普遍、更适用；通用计算机已发展为功能电脑，并已普遍进入社会，而嵌入式计算机发展的目标是专用电脑，实现“普遍化计算”。国内嵌入式产业现已成为IT产业中的重要新兴产业，这对渴望学习和掌握嵌入式技术应用的相关人员是一个非常好的契机。嵌入式系统包含硬件、操作系统、应用软件三部分，是一个综合性系统，要真正掌握和应用好嵌入式系统技术，一方面需要有对应的硬件学习平台，另一方面需要有针对具体硬件平台的教科书作为指导。

本书首先系统地介绍嵌入式系统的基础知识，以嵌入式系统的软、硬件开发流程为主线，分析了ARM 9微处理器S3C2440的应用系统设计过程，列举了几个典型的基本功能部件程序设计示例；结合S3C2440开发板，对Boot Loader及实现、ARM Linux系统移植与驱动开发进行了较详细的介绍，最后介绍了Linux下音视频文件编程与播放、Linux下的网络编程及基于Linux的MiniGUI移植与裁剪的开发实例。全书清晰地展现出嵌入式系统开发涉及的相关技术与细节，采用流程框图的形式，直观形象地展现在读者面前，给人以耳目一新的感觉。通过阅读本书，读者不仅可以学习嵌入式系统实现的专门技术，同时对建立嵌入式系统开发与应用的全局观也大有裨益。

本书是作者多年从事嵌入式系统研发和为本科生讲授“嵌入式系统开发与应用”课程的结晶与升华。相信本书会对国内嵌入式系统教学和产品研发实践提供有益帮助，并产生积极的意义。

钱盛友

于湖南师范大学

序

嵌入式系统技术是当今信息技术中最具生命力的新技术之一，嵌入式系统应用几乎无处不在：移动电话、家用电器、汽车……无不有它的踪影。嵌入式控制器因其体积小、可靠性高、功能强、灵活方便等许多优点，其应用已深入到工业、农业、教育、国防、科研以及日常生活等各个领域，对各行各业的技术改造、产品更新换代、加速自动化进程、提高生产率等方面起到了极其重要的推动作用。制造工业、过程控制、网络、通信、仪器、仪表、汽车、船舶、航空、航天、军事装备、消费类产品等方面均是嵌入式技术的应用领域。嵌入式系统技术是专用计算机技术，其目的是要把一切变得更简单、更方便、更普遍、更适用；通用计算机已发展为功能电脑，并已普遍进入社会。而嵌入式计算机发展的目标是专用电脑，实现"普遍化计算"。国内嵌入式产业现已成为IT产业中的重要新兴产业，这对渴望学习和掌握嵌入式技术应用的相关人员是一个非常好的契机。嵌入式系统包含硬件、操作系统、应用软件三部分，是一个综合性系统，要真正掌握和应用好嵌入式系统技术，一方面需要有对应的硬件学习平台，另一方面需要有针对具体硬件平台的教材书作为指导。

本书首先系统地介绍嵌入式系统的基础知识，以嵌入式系统的软、硬件开发流程为主线，分析了ARM 9微处理器S3C2440的应用系统设计过程，列举了几个典型的基本功能部件程序设计示例；结合S3C2440开发板，对Boot Loader及实现、ARM Linux系统移植与驱动开发进行了较详细的介绍，最后介绍了Linux下音视频文件编程与播放、Linux下的网络编程及基于Linux的MiniGUI移植与裁剪的开发实例。全书清晰地展现出嵌入式系统开发涉及的相关技术与细节，采用流程框图的形式，直观形象地展现在读者面前，给人以耳目一新的感觉。通过阅读本书，读者不仅可以学习嵌入式系统实现的专门技术，同时对建立嵌入式系统开发与应用的全局观也大有裨益。

本书是作者多年从事嵌入式系统研发和为本科生讲授"嵌入式系统开发与应用"课程的结晶与升华。相信本书会对国内嵌入式系统教学和产品研发实践提供有益帮助，并产生积极的意义。

钱盛友

于湖南师范大学

前　言

嵌入式系统是指以应用为核心，以计算机技术为基础，软/硬件可裁剪，适应应用系统对功能、可靠性、成本、体积和功耗严格要求的专用计算机系统。作为嵌入式系统的核心，嵌入式微处理器常采用8位或16位微处理器。但由于这些微处理器系统的运行速度、寻址能力和功耗等问题，已很难满足很多相对复杂的嵌入式应用环境。目前开发的16/32位微处理器已逐步开始得到广泛应用，其中尤以32位的ARM 9最为突出。

在所有ARM 9微处理器系列中，ARM 920T微处理器系列应用最广，采用ARM 920T微处理器作为内核生产芯片的公司最多，同时其性价比也是最高的。因此，本书主要对ARM 920T微处理器S3C2440的结构原理进行介绍，并以此为基础详细介绍嵌入式系统的开发与应用。

本书的各章节内容安排如下。

第1章简要介绍嵌入式系统概念，内容涉及嵌入式系统的概念、特点、分类、结构、开发及应用等。通过对本章的学习，可使读者系统地建立起嵌入式系统开发的整体框架和知识体系。

第2章首先介绍ARM的概念、体系结构的演变与特征、ARM系列及ARM存储数据类型；接着，介绍ARM 9处理器工作状态、ARM 9处理器工作模式、ARM 9处理器寄存器组织，然后详细介绍ARM 9异常、ARM 9存储器和存储器映射I/O、协处理器接口、系统调试接口等。通过对本章的阅读，可使读者了解ARM 9编程模型的基本知识，为进一步的开发做准备。

第3章详细介绍ARM 9体系的指令系统和寻址方式，着重介绍32位的ARM 9指令集。16位的Thumb指令集为32位ARM 9指令集的一个子集，在了解了ARM 9指令集的基础上，就很容易理解Thumb指令。本章所介绍的内容适用于所有具有ARM 920T内核的ARM微处理器。

第4章介绍ARM汇编语言程序设计的基本知识。通过阅读本章，读者可以掌握ARM汇编语言的设计方法。

第5章介绍ARM嵌入式硬件设计基础知识。通过对本章的学习，读者可以掌握对元器件封装建立、原理图绘制、元器件布局及PCB布线的相关知识。

第6章详细介绍基于S3C2440系统的设计全过程，包括特殊功能寄存器及外围芯片的选型，各单元电路的设计步骤和实现细节等。通过对本章的阅读，具有一定嵌入式系统设计知识的读者应该可以掌握基于S3C2440的系统设计，同时由于ARM体系结构的一致性和系统外围电路的通用性，本章所描述的设计方法也同样适合于其他ARM芯片。

第7章详细介绍基于S3C2440系统的各功能模块的工作原理与应用编程，包括GPIO口、中断控制器、定时器工作原理与编程示例，Flash存储器的编程与擦除等。通过对本章的阅读，可使读者了解S3C2440各功能模块的编程方法，并在对应的嵌入式系统开发中加以充分利用。

第8章详细介绍Boot Loader及实现。首先介绍Boot Loader、Boot Loader的种类及操作模式。接着，介绍Boot Loader的启动方式与启动过程。最后对U－Boot编译、移植与调试做详细介绍。通过对本章的学习，可以使读者了解并掌握Boot Loader的工作原理及及其实现方法。

第9章详细介绍Linux操作系统概述、Linux内核结构、目录与文件描述、进程调度与管理、开发流程、交叉编译环境、移植过程及硬件接口驱动设计方法等。通过对本章的学习，可以使读者掌握Linux系统移植与驱动开发的工作原理及方法。

第10章介绍ADS 1.2软件的基本组成部分，包括如何安装该软件，如何在CodeWarrior IDE集成开发环境下编写、编译链接工程，使读者能够掌握在ADS软件平台上开发用户应用程序的方法。本章还描述了如何使用AXD调试工程，使读者对于调试工程有个初步的理解，为进一步使用和掌握调试工具起到抛砖引玉的作用。

第 11 章详细介绍三个嵌入式系统应用开发实例，分别是 Linux 下音/视频文件的编程与播放，Linux 下的网络编程，基于 Linux 的 MiniGUI 移植与裁剪。通过这三个开发实例，为读者进一步学习嵌入式技术并进行嵌入式系统开发应用起到举一反三的作用。

本书内容丰富，系统全面，重点突出，阐述相关知识循序渐进、由浅入深。各章节均安排了丰富的思考题，便于学生自学和自测。

本书由长沙师范学院董胡主著，刘刚、钱盛友参与了部分章节的编写和实例调试工作。全书由长沙师范学院电子与信息工程系马振中主任规划并初审，湖南师范大学博生生导师钱盛友教授主审。在编写过程中，得到了李列文博士、龙慧博士的帮助，在此表示感谢！

由于编者的水平有限，加之时间仓促，书中难免存在一些错误和不妥之处，恳请读者批评指正。

作　者

2015 年 4 月

目　录

第1章　概　　述

本章主要从嵌入式系统的概念、特点、分类、组成、应用等几个方面介绍嵌入式系统的基本知识，使读者对嵌入式系统建立一个完整的概念。

本章主要内容有：

- 嵌入式系统的概念、特点及分类
- 嵌入式系统的组成
- 嵌入式系统的应用领域
- 嵌入式处理器
- 嵌入式操作系统及开发

1.1　嵌入式系统

1.1.1　嵌入式系统的概念

嵌入式系统（Embbedded System）实际上是一个专用的嵌入式计算机系统，国内一般定义为：以应用为中心，计算机技术为基础，软/硬件可裁剪，以适应应用系统对功能、可靠性、成本、体积、功耗有严格要求的专用计算机系统。嵌入式计算机系统是相对于通用计算机系统而言的，通用计算机系统要求满足各种不同的应用需求，因而要求有丰富的硬件资源、网络操作系统、高速的运算、海量的存储，其技术方向是面向总线速度的无限提升，存储容量的无限扩大。而嵌入式计算机系统则面向具体应用，要有针对具体应用的“量体裁衣”的软/硬件，操作系统一般采用实时操作系统，其技术方向是面向与对象系统密切相关的嵌入性能、控制能力与控制的可靠性。

1.1.2　嵌入式系统的特点

由于嵌入式系统是应用于特定环境下，针对特定用途来设计的系统，所以不同于通用计算机系统。同样是计算机系统，嵌入式系统是针对具体应用设计的“专用系统”。与通用的计算机系统相比，它具有以下显著特点。

1. 专用性强

由于嵌入式系统通常是面向某个特定应用的，所以嵌入式系统的硬件和软件，尤其是软件，都是为特定用户群来设计的，它通常都具有某种专用性的特点。

2. 实时性好

目前，嵌入式系统广泛应用于生产过程控制、数据采集、传输通信等场合，主要用来对宿主对象进行控制，所以都对嵌入式系统有或多或少的实时性要求。例如，对嵌入在武器装备中的嵌入式系统，在火箭中的嵌入式系统，一些工业控制装置中的控制系统等应用中的实时性要求就极高。也正因为这种要求，在硬件上嵌入式系统极少使用存取速度慢的磁盘等存储器，在软件上更是加以精心设计，从而可使嵌入式系统快速地响应外部事件。当然，随着嵌入式系统应用的扩展，有些系统对实时性要求也并不是很高，如近年来发展速度比较快的手持式计算机、掌上计算机等。但总体来说，实时性是对嵌入式系统的普遍要求，是设计者和用户重点考虑的一个重要指标。

3. 可裁剪性好

从嵌入式系统专用性的特点来看，作为嵌入式系统的供应者，理应提供各式各样的硬件和软件以备选用。但是，这样做势必会提高产品的成本。为了既不提高成本，又满足专用性的需要，嵌入式系统的供应者必须采取相应措施使产品在通用和专用之间进行某种平衡。目前的做法是把嵌入式系统硬件和操作系统设计成可裁剪的，以便使嵌入式系统开发人员根据实际应用需要来量体裁衣，去除冗余，从而使系统在满足应用要求的前提下达到最精简的配置。

4. 可靠性高

由于有些嵌入式系统所承担的计算任务涉及产品质量、人身设备安全、国家机密等重大事项，加之有些嵌入式系统的宿主对象要工作在无人值守的场合，如危险性高的工业环境中，内嵌有嵌入式系统的仪器仪表中，在人际罕至的气象检测系统中及为侦察敌方行动的小型智能装置中等。所以与普通系统相比较，对嵌入式系统可靠性的要求极高。

5. 功耗低

很多嵌入式系统的宿主对象都是一些小型应用系统，如移动电话、PDA、MP3、飞机、舰船、数码相机等，这些设备不可能配有容量较大的电源，因此低功耗一直是嵌入式系统追求的目标。当然也是为了降低系统的功耗，嵌入式系统中的软件一般不存储于磁盘等载体中，而都固化在存储器芯片或单片系统的存储器之中。

6. 嵌入式系统开发需要开发工具和环境

由于其本身不具备自主开发能力，即使设计完成以后用户通常也是不能对其中的程序功能进行修改的，必须有一套开发工具和环境才能进行开发，这些工具和环境一般是基于通用计算机上的软/硬件设备及各种逻辑分析仪、混合信号示波器等。开发时往往有主机和目标机的概念，主机用于程序的开发，目标机作为最后的执行机，开发时需要交替结合进行。

1.1.3 嵌入式系统的分类

根据不同的分类标准嵌入式系统有不同的分类方法，这里根据嵌入式系统的复杂程度，可以将嵌入式系统分为以下四类。

1. 单个微处理器

单个微处理器系统可以在小型设备中（如温度传感器、烟雾和气体探测器及断路器）找到。这类设备是供应商根据设备的用途来设计的。这类设备受 Y2K 影响的可能性不大。

2. 不带计时功能的微处理器装置

不带计时功能的微处理器装置可在过程控制、信号放大器、位置传感器及阀门传动器等中找到。这类设备也不太可能受到 Y2K 的影响。但是，如果它依赖于一个内部操作时钟，那么这个时钟可能受 Y2K 问题的影响。

3. 带计时功能的组件

带计时功能的组件可见于开关装置、控制器、电话交换机、电梯、数据采集系统、医药监视系统、诊断及实时控制系统等。它们是一个大系统的局部组件，由它们的传感器收集数据并传递给该系统。这种组体可同 PC 一起操作，并可包括某种数据库（如事件数据库）。

4. 在制造或过程控制中使用的计算机系统

在制造或过程控制中使用的计算机系统，可通过计算机与仪器、机械及设备相连来控制这些装置的工作。这类系统包括自动仓储系统和自动发货系统。在这些系统中，计算机用于总体控制和监视，而不是对单个设备直接控制。过程控制系统可与业务系统连接（如根据销售额和库存量来决定订单或产品量）。

1.2 嵌入式系统的组成

1.2.1 嵌入式系统的组成结构

嵌入式系统由硬件和软件组成，两类不同的嵌入式系统结构模型如图 1.1 所示。硬件是整个嵌入式操作系统和应用程序运行的平台，不同的应用通常有不同的硬件环境。嵌入式系统的硬件部分包括处理器/微处理器、存储器、I/O 接口及输入/输出设备。嵌入式系统的软件由嵌入式操作系统和应用程序组成。嵌入式操作系统完成嵌入式应用的任务调度和控制等核心功能，嵌入式应用程序运行于操作系统之上，对于一些简单的嵌入式应用系统，应用程序可不需要操作系统的支持，直接运行在底层，如图1.1（a）所示，利用操作系统提供的机制完成特定功能的嵌入式应用。

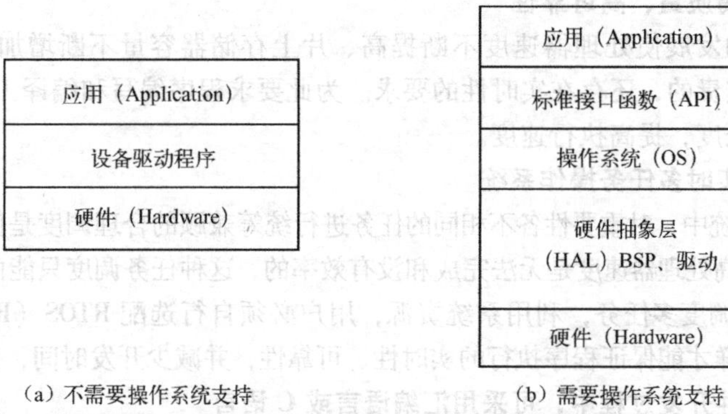

应用（Application）
设备驱动程序
硬件（Hardware）

（a）不需要操作系统支持

应用（Application）
标准接口函数（API）
操作系统（OS）
硬件抽象层（HAL）BSP、驱动
硬件（Hardware）

（b）需要操作系统支持

图1.1 两类不同的嵌入式系统结构模型

硬件平台是整个系统的基础，针对于不同的应用有着不同的硬件平台。其中主芯片、外围器件都与应用紧密相关。硬件平台的多样性是嵌入式系统的一个主要特点。

嵌入式操作系统与硬件接口起到把操作系统与硬件平台相连接的作用。这是整个系统软件的底层部分，其中包括初始化整个系统软件的执行环境、操作系统的启动等。

嵌入式操作系统是整个系统的核心部分，起到承上启下的作用。它完成嵌入式应用任务的调度和控制等核心功能。其中还包括大量的设备驱动程序，通过这些设备驱动程序来和硬件平台打交道。嵌入式操作系统具有可精简、可配置、与上层应用紧密相连等特点。

应用程序与操作系统的接口主要是一些系统所提供的库函数，可供应用程序直接使用。例如，网络的套接字（socket）、应用编程接口（Application Programming Interface，API）函数等。嵌入式应用程序是在操作系统的基础上进行开发的，因此相对于没有操作系统的系统而言，开发量小，系统运行更加稳定和可靠。

1.2.2 嵌入式系统的硬件特点

嵌入式系统的核心硬件是各种类型的嵌入式处理器。嵌入式处理器一般具备以下4个特点。

（1）对实时多任务有很强的支持能力，能完成多任务并且有较短的中断响应时间，从而使内部的代码和实时内核的执行时间减少到最低限度。

（2）具有功能很强的存储区保护功能。这是由于嵌入式系统的软件结构已模块化，而为了避免在软件模块之间出现错误的交叉作用，需要设计强大的存储区保护功能，同时也有利于软件诊断。

（3）可扩展的处理器结构，以能最迅速地开发出满足应用的最高性能的嵌入式微处理器。

（4）嵌入式微处理器必须功耗很低，尤其是用于便携式的无线及移动通信设备中靠电池供电的嵌入式系统更是如此，需要功耗只有mW甚至μW级。

1.2.3 嵌入式系统的软件介绍

在嵌入式系统中，嵌入式操作系统是嵌入式系统应用的核心。嵌入式操作系统是嵌入式系统软/硬件资源的控制中心，它以尽量合理有效的方法组织多个用户共享嵌入式系统的各种资源。其中用户指的是系统程序之上的所有软件。所谓合理有效的方法，指的就是操作系统如何协调并充分利用硬件资源来实现多任务。嵌入式操作系统还有一个特点就是针对不同的平台，系统不是直接可用的，一般需要经过针对专门平台的移植操作系统才能正常工作。

嵌入式系统的软件平台包括系统软件与应用软件，它是实现嵌入式系统功能的关键，与通用计算机不同，嵌入式软件主要有以下特点。

1. 软件要求固态化存储

为了提高执行速度和系统可靠性，嵌入式系统中的软件一般都固化在存储器芯片或嵌入式微控制器本身之中，而不是存储于磁盘等载体中。

2. 软件代码要求高质量、高可靠性

尽管半导体技术的发展使处理器速度不断提高、片上存储器容量不断增加，但在大多数应用中，存储空间仍然是宝贵的，还存在实时性的要求。为此要求程序编写和编译工具的质量要高，以减小程序二进制代码长度，提高执行速度。

3. 系统软件需要实时多任务操作系统

在多任务嵌入式系统中，对重要性各不相同的任务进行统筹兼顾的合理调度是保证每个任务及时执行的关键，单纯通过提高处理器速度是无法完成和没有效率的，这种任务调度只能由优化编写的系统软件来完成。为了合理地调度多任务，利用系统资源，用户必须自行选配 RTOS（Real - Time Operating System）开发平台，这样才能保证程序执行的实时性、可靠性，并减少开发时间，保障软件质量。

4. 嵌入式系统软件开发过程中，可采用汇编语言或 C 语言

对于嵌入式程序开发设计，可以采用 ARM 汇编语言或 C 语言去完成这一工作。

1.3 嵌入式系统的应用领域

由于嵌入式系统具有体积小、性能好、功耗低、可靠性高以及面向行业应用的突出特征，目前已广泛地应用于军事国防、消费电子、信息家电、网络通信、工业控制等领域。其应用领域包括如下几个方面。

1. 工业控制

基于嵌入式芯片的工业自动化设备将获得长足的发展，目前已经有大量的 8/16/32 位嵌入式微控制器在应用中，网络化是提高生产效率和产品质量、减少人力资源主要途径，如工业过程控制、数字机床、电力系统、电网安全、电网设备监测、石油化工系统。就传统的工业控制产品而言，低端型采用的往往是 8 位单片机。但是随着技术的发展，32/64 位的处理器逐渐成为工业控制设备的核心，在未来几年内必将获得长足的发展。

2. 交通管理

在车辆导航、流量控制、信息监测与汽车服务方面，嵌入式系统技术已经获得了广泛的应用，内嵌 GPS 模块，GSM 模块的移动定位终端已经在各种运输行业获得了成功的使用。目前 GPS 设备已经从尖端产品进入了普通百姓的家庭，只需要几千元，就可以随时随地确定位置。

3. 信息家电

信息家电将被作为嵌入式系统最大的应用领域，其中冰箱、空调等的网络化、智能化将引领人们的生活步入一个崭新的空间。即使你不在家里，也可以通过电话线、网络进行远程控制。在这些设备中，嵌入式系统将大有用武之地。

4. 家庭智能管理系统

水、电、煤气表的远程自动抄表，安全防火、防盗系统，其中嵌有的专用控制芯片将代替传统的人工检查，并实现更高、更准确和更安全的性能。目前在服务领域，如远程点菜器等已经体现了嵌入式系统的优势。

5. POS 网络及电子商务

公共交通无接触智能卡（Contactless Smartcard，CSC）发行系统，公共电话卡发行系统，自动售货机，各种智能 ATM 终端将全面走入人们的生活，到时手持一卡就可以行遍天下。

6. 环境工程与自然

水文资料实时监测，防洪体系及水土质量监测、堤坝安全，地震监测网，实时气象信息网，水源和空气污染监测。在很多环境恶劣，地况复杂的地区，嵌入式系统将实现无人监测。

7. 机器人

嵌入式芯片的发展将使机器人在微型化、高智能方面优势更加明显，同时会大幅度降低机器人的价格，使其在工业领域和服务领域获得更广泛的应用。

这些应用中，可以着重投入控制方面的应用。就远程家电控制而言，除了开发出支持TCP/IP的嵌入式系统之外，家电产品控制协议也需要制订和统一，这需要家电生产厂家来做。同理，所有基于网络的远程控制器件都需要与嵌入式系统之间实现接口，然后再由嵌入式系统来控制并通过网络实现控制。所以，开发和探讨嵌入式系统有着十分重要的意义。

1.4 嵌入式处理器

嵌入式处理器是嵌入式系统的核心，是控制、辅助系统运行的硬件单元。范围极其广阔，从最初的4位处理器，目前仍在大规模应用的8位单片机，到最新的受到广泛青睐的32/64位嵌入式CPU。

而目前世界上具有嵌入式功能特点的处理器已经超过1000种，流行体系结构包括MCU、MPU等30多个系列。鉴于嵌入式系统广阔的发展前景，很多半导体制造商都大规模生产嵌入式处理器，并且公司自主设计处理器也已经成为未来嵌入式领域的一大趋势，其中从单片机、DSP到FPGA有着各式各样的品种，速度越来越快，性能越来越强，价格也越来越低。目前嵌入式处理器的寻址空间可以从64KB到16MB，处理速度最快可以达到2000 MIPS，封装从8个引脚到144个引脚不等。

根据其现状，嵌入式处理器可以分成下面几类。

1. 嵌入式微处理器

嵌入式微处理器（Micro Processor Unit，MPU）是由通用计算机中的CPU演变而来的。它的特征是具有32位以上的处理器，具有较高的性能，当然其价格也相应较高。但与计算机处理器不同的是，在实际嵌入式应用中，只保留和嵌入式应用紧密相关的功能硬件，去除其他的冗余功能部分，这样就以最低的功耗和资源实现嵌入式应用的特殊要求。和工业控制计算机相比，嵌入式微处理器具有体积小、质量轻、成本低、可靠性高的优点。目前主要的嵌入式处理器类型有Am186/88、386EX、SC-400、Power PC、68000、MIPS、ARM/ StrongARM系列等。

2. 嵌入式微控制器

嵌入式微控制器（Microcontroller Unit，MCU）的典型代表是单片机，从20世纪70年代末单片机出现到今天，虽然已经经过了30多年的历史，但这种8位的电子器件目前在嵌入式设备中仍然有着极其广泛的应用。单片机芯片内部集成ROM/EPROM、RAM、总线、总线逻辑、定时/计数器、看门狗、I/O、串行口、脉宽调制输出、A/D、D/A、Flash RAM、EEPROM等各种必要功能和外部设备（简称外设）。与嵌入式微处理器相比，微控制器的最大特点是单片化，体积大大减小，从而使功耗和成本下降、可靠性提高。微控制器是目前嵌入式系统工业的主流。微控制器的片上外设资源一般比较丰富，适合于控制，因此称微控制器。

由于MCU低廉的价格，优良的功能，所以拥有的品种和数量最多，比较有代表性的包括8051、MCS-251、MCS-96/196/296、P51XA、C166/167、68K系列以及MCU 8XC930/931、C540、C541，并且支持I2C、CAN-Bus、LCD及众多专用MCU和兼容系列。目前MCU约占嵌入式系统70%的市场份额。近来Atmel出产的Avr单片机由于其集成了FPGA等器件，所以具有很高的性价比，势必将推动单片机获得更大的发展。

3. 嵌入式DSP

嵌入式DSP（Embedded Digital Signal Processor，EDSP）是专门用于信号处理方面的处理器，其在系统结构和指令算法方面进行了特殊设计，具有很高的编译效率和指令的执行速度。在数字滤波、FFT、谱分析等各种仪器上DSP获得了大规模的应用。

DSP的理论算法在20世纪70年代就已经出现，但是由于专门的DSP处理器还未出现，所以这种理论算法也只能通过 MPU 等分立元件实现。MPU 较低的处理速度无法满足 DSP 的算法要求，其应用领域仅仅局限于一些尖端的高科技领域。随着大规模集成电路技术的发展，1982 年世界上诞生了首枚 DSP 芯片。其运算速度比 MPU 快了几十倍，在语音合成和编码解码器中得到了广泛应用。至 20 世纪 80 年代中期，随着 CMOS 技术的进步与发展，第二代基于 CMOS 工艺的 DSP 芯片应运而生，其存储容量和运算速度都得到成倍提高，成为语音处理、图像硬件处理技术的基础。到 20 世纪 80 年代后期，DSP 的运算速度进一步提高，应用领域也从上述范围扩大到了通信和计算机方面。20 世纪 90 年代后，DSP 发展到了第五代产品，集成度更高，使用范围也更加广阔。

目前最为广泛应用的是 TI 的 TMS320C2000/C5000 系列，另外如 Intel 的 MCS－296 和Siemens 的 TriCore 也有各自的应用范围。

4. 片上系统

片上系统（System on Chip，SoC）是追求产品系统最大包容的集成器件，是目前嵌入式应用领域的热门话题之一。SoC 最大的特点是成功实现了软/硬件无缝结合，直接在处理器片内嵌入操作系统的代码模块。而且 SoC 具有极高的综合性，在一个硅片内部运用 VHDL 等硬件描述语言，实现一个复杂的系统。用户不需要再像传统的系统设计一样，绘制庞大复杂的电路板，一点点地连接焊制，只需要使用精确的语言，综合时序设计直接在器件库中调用各种通用处理器的标准，然后通过仿真之后就可以直接交付芯片厂商进行生产。由于绝大部分系统构件都是在系统内部，整个系统就特别简洁，不仅减小了系统的体积和功耗，而且提高了系统的可靠性，提高了设计生产效率。

由于 SoC 往往是专用的，所以大部分都不为用户所知，比较典型的 SoC 产品是 Philips 的 Smart XA。少数通用系列如 Siemens 的 TriCore，Motorola 的 M－Core，某些 ARM 系列器件，Echelon 和 Motorola 联合研制的 Neuron 芯片等。

预计不久的将来，一些大的芯片公司将通过推出成熟的、能占领多数市场的 SoC 芯片，一举击退竞争者。SoC 芯片也将在语音、图像、影视、网络及系统逻辑等应用领域中发挥重要作用。

1.5 嵌入式操作系统

嵌入式操作系统是一种支持嵌入式系统应用的操作系统软件，它是嵌入式系统（包括硬/软件系统）极为重要的组成部分，通常包括与硬件相关的底层驱动软件、系统内核、设备驱动接口、通信协议、图形界面、标准化浏览器等。嵌入式操作系统具有通用操作系统的基本特点，如能够有效管理越来越复杂的系统资源；能够把硬件虚拟化，使得开发人员从繁忙的驱动程序移植和维护中解脱出来；能够提供库函数、驱动程序、工具集，以及应用程序。与通用操作系统相比较，嵌入式操作系统在系统实时高效性、硬件的相关依赖性、软件固态化及应用的专用性等方面具有较为突出的特点。

1.5.1 嵌入式操作系统的种类

一般情况下，嵌入式操作系统可以分为两类：一类是面向控制、通信等领域的实时操作系统，如 Windriver 公司的 VxWorks、ISI 的 pSOS、QNX 系统软件公司的 QNX、ATI 的 Nucleus 等；另一类是面向消费电子产品的非实时操作系统，这类产品包括个人数字助理（PDA）、移动电话、机顶盒、电子书、WebPhone 等。

1. 非实时操作系统

早期的嵌入式系统中没有操作系统的概念，程序员编写嵌入式程序通常直接面对裸机及裸设备。在这种情况下，通常把嵌入式程序分成两部分，即前台程序和后台程序。前台程序通过中段来处理事件，其结构一般为无限循环；后台程序则掌管整个嵌入式系统软/硬件资源的分配、管理以及任务的调度，是一个系统管理调度程序。这就是通常所说的前/后台系统。一般情况下，后台程序也叫任务级程序，前台程序也叫事件处理级程序。在程序运行时，后台程序检查每个任务是否具备运行条件，通过一定的调度算法来完成相应的操作。对于实时性要求特别严格的操作通常由中断来完成，仅在中断服务程序中标记事件的发生，不再做任何工作就退出中断，经过后台程序的调度，转由前台程序完成事件的处理，这样就不会造成在中断服务程序中处理费时的事件而影响后续和其他中断。

实际上，前/后台系统的实时性比预计的要差。这是因为前/后台系统认为所有的任务具有相同的优先级别，即是平等的，而且任务的执行又是通过FIFO队列排队，因而对那些实时性要求高的任务不可能立刻得到处理。另外，由于前台程序是一个无限循环的结构，一旦在这个循环体中正在处理的任务崩溃，使得整个任务队列中的其他任务得不到机会被处理，从而造成整个系统的崩溃。由于这类系统结构简单，几乎不需要RAM/ROM的额外开销，因而在简单的嵌入式应用中被广泛使用。

2. 实时操作系统

实时操作系统是指能在确定的时间内执行其功能并对外部的异步事件做出响应的计算机系统。其操作的正确性不仅依赖于逻辑设计的正确程度，而且与这些操作进行的时间有关。“在确定的时间内”是该定义的核心。也就是说，实时系统是对响应时间有严格要求的。

实时系统对逻辑和时序的要求非常严格，如果逻辑和时序出现偏差将会引起严重后果。实时系统有两种类型：软实时系统和硬实时系统。软实时系统仅要求事件响应是实时的，并不要求限定某一任务必须在多长时间内完成；而在硬实时系统中，不仅要求任务响应要实时，而且要求在规定的时间内完成事件的处理。通常，大多数实时系统是两者的结合。实时应用软件的设计一般比非实时应用软件的设计困难。实时系统的技术关键是如何保证系统的实时性。

实时多任务操作系统是指具有实时性，能支持实时控制系统工作的操作系统。其首要任务是调度一切可利用的资源完成实时控制任务，其次才着眼于提高计算机系统的使用效率，重要特点是要满足对时间的限制和要求。实时操作系统具有如下功能：任务管理（多任务和基于优先级的任务调度）、任务间同步和通信（信号量和邮箱等）、存储器优化管理（含ROM的管理）、实时时钟服务、中断管理服务。实时操作系统具有如下特点：规模小，中断被屏蔽的时间很短，中断处理时间短，任务切换很快。

实时操作系统可分为可抢占型和不可抢占型两类。对于基于优先级的系统而言，可抢占型实时操作系统是指内核可以抢占正在运行任务的CPU使用权并将使用权交给进入就绪态的优先级更高的任务，是内核抢了CPU控制权让别的任务运行。不可抢占型实时操作系统使用某种算法并决定让某个任务运行后，就把CPU的控制权完全交给了该任务，直到它主动将CPU控制权还回来。中断由中断服务程序来处理，可以激活一个休眠态的任务，使之进入就绪态；而这个进入就绪态的任务还不能运行，一直要等到当前运行的任务主动交出CPU的控制权。使用这种实时操作系统的实时性比不使用实时操作系统的系统性能好，其实时性取决于最长任务的执行时间。不可抢占型实时操作系统的缺点也恰恰是这一点，如果最长任务的执行时间不能确定，系统的实时性就不能确定。

可抢占型实时操作系统的实时性好，优先级高的任务只要具备了运行的条件，或者说进入了就绪态，就可以立即运行。也就是说，除了优先级最高的任务，其他任务在运行过程中都可能随时被比它优先级高的任务中断，让后者运行。通过这种方式的任务调度保证了系统的实时性，但是，如果任务之间抢占CPU控制权处理不好，会产生系统崩溃、死机等严重后果。

1.5.2　几种典型的嵌入式操作系统介绍

嵌入式操作系统种类繁多，但大体上可分为商用型和免费性两种。目前商用型的操作系统主要有VxWorks、Windows CE、Palm OS、QNS和LYNX等。它们的优点是功能稳定、可靠，有完善的技术支持和售后服务，而且提供了如图形用户界面和网络支持等高端嵌入式系统要求的许多高级的功能；缺点是价格昂贵且源代码封闭，这就大大影响了开发者的积极性。目前免费性的操作系统主要有Linux和μC/OS-Ⅱ，它们在价格方面具有很大的优势。比如嵌入式Linux操作系统以价格低廉、功能强大、易于移植而且程序源代码全部公开等优点正在被广泛采用。

当前国家大力支持对自主操作系统的研究开发，特别是嵌入式系统需要的高度简练、界面友善、质量可靠、应用广泛、易开发、多任务并且价格低廉的操作系统。下面介绍几种常用的嵌入式操作系统。

1. VxWorks

VxWorks操作系统是美国 WindRiver 公司于 1983 年设计开发的一种嵌入式实时操作系统（RTOS），是 Tornado 嵌入式开发环境的关键组成部分。良好的持续发展能力、高性能的内核及友好的用户开发环境，在嵌入式实时操作系统领域逐渐占据一席之地。

VxWorks 具有可裁剪微内核结构；高效的任务管理；灵活的任务间通信；微秒级的中断处理；支持 POSIX 1003.1b 实时扩展标准；支持多种物理介质及标准的、完整的 TCP/IP 网络协议等。然而其价格昂贵。由于操作系统本身及开发环境都是专有的，价格一般都比较高，通常需花费 10 万元人民币以上才能建起一个可用的开发环境，对每个应用一般还要另外收取版税。一般不提供源代码，只提供二进制代码。由于它们都是专用操作系统，需要专门的技术人员掌握开发技术和维护，所以软件的开发和维护成本都非常高，支持的硬件数量有限。

2. Windows CE

Windows CE 与 Windows 系列有较好的兼容性，无疑是 Windows CE 推广的一大优势。其中 Win CE 3.0 是一种针对小容量、移动式、智能化、32 位且了解设备的模块化实时嵌入式操作系统。为建立针对掌上设备、无线设备的动态应用程序和服务提供了一种功能丰富的操作系统平台，它能在多种处理器体系结构上运行，并且通常适用于那些对内存占用空间具有一定限制的设备。它是从整体上为有限资源的平台设计的多线程、完整优先权、多任务的操作系统。它的模块化设计允许它对从掌上计算机到专用的工业控制器的用户电子设备进行定制。操作系统的基本内核需要至少 200KB 的 ROM。由于嵌入式产品的体积、成本等方面有较严格的要求，所以处理器部分占用空间应尽可能小。系统的可用内存和外存数量也要受到限制，而嵌入式操作系统就运行在有限的内存（一般在 ROM 或快闪存储器）中，因此就对操作系统的规模、效率等提出了较高的要求。从技术角度上讲，Windows CE 作为嵌入式操作系统有很多的缺陷，如没有开放源代码，使应用开发人员很难实现产品的定制；在效率、功耗方面的表现并不出色，而且和 Windows 一样占用过多的系统内存，运用程序庞大；版权许可费也是厂商不得不考虑的因素。

3. μC/OS-Ⅱ

μC/OS-Ⅱ是著名的源代码公开的实时内核，是专为嵌入式应用设计的，可用于 8/16/32 位单片机或数字信号处理器（DSP）。它是在原版本 μC/OS 的基础上做了重大改进与升级，并有了近 10 年的使用实践，有许多成功应用于该实时内核的实例。它具有的特点是：公开源代码，很容易就能把操作系统移植到各个不同的硬件平台上；可移植性，绝大部分源代码是用 C 语言写的，便于移植到其他微处理器上；可固化；可裁剪性，有选择地使用需要的系统服务，以减少所需的存储空间；完全是占先式的实时内核，即总是运行就绪条件下优先级最高的任务；多任务，可管理 64 个任务，任务的优先级必须是不同的，不支持时间片轮转调度法；可确定性，函数调用与服务的执行时间具有其可确定性，不依赖于任务的多少；实用性和可靠性，成功应用该实时内核的实例，是其实用性和可靠性的最好证据。

由于 μC/OS-Ⅱ仅是一个实时内核，这就意味着它不像其他实时存在系统那样提供给用户的只是一些 API 函数接口，还有很多工作需要用户自己去完成。

4. 嵌入式 Linux

嵌入式 Linux 是嵌入式操作系统的一个新成员，其最大的特点是源代码公开并且遵循 GPL 协议，近年来已成为研究热点，据 IDG 预测嵌入式 Linux 将占未来几年的嵌入式操作系统份额的 50%。

由于其源代码公开，人们可以任意修改，以满足自己的应用，并且查错也很容易。遵从GPL，无须为每例应用交纳许可证费，有大量的应用软件可用。其中大部分都遵从GPL，源代码开放并且免费，可以稍加修改后应用于用户自己的系统。有大量免费的优秀开发工具，且都遵从GPL，也是源代码开放的，有庞大的开发人员群体。无须专门的人才，只要懂UNIX/Linux和C语言即可。随着Linux在中国的普及，这类人才越来越多。所以软件的开发和维护成本很低。优秀的网络功能，这在Internet时代尤其重要。稳定——这是Linux本身具备的一个很大优点。内核精悍，运行所需资源少，十分适合嵌入式应用。

支持的硬件数量庞大。嵌入式Linux和普通Linux并无本质区别，PC上用到的硬件嵌入式Linux几乎都支持，而且各种硬件的驱动程序源代码都可以得到，为用户编写自己专有硬件的驱动程序带来很大方便。

在嵌入式系统上运行Linux的一个缺点是Linux体系提供实时性能需要添加实时软件模块。而这些模块运行的内核空间正是操作系统实现调度策略、硬件中断异常和执行程序的部分。由于这些实时软件模块是在内核空间运行的，因此代码错误可能会破坏操作系统从而影响整个系统的可靠性，这对于实时应用将是一个非常严重的弱点。

1.6 嵌入式系统的开发

嵌入式系统是一个复杂而专用的系统，在进行系统开发之前，必须明确定义系统的外部功能和内部软/硬件结构；然后进行系统的设计分割，分别实现硬件规划与设计，应用软件规划与设计以及操作系统的裁剪；在操作系统裁剪和应用软件编码完成后，通常还将它们先移植到同系统结构的CPU的硬件平台上进行远程调试、功能模拟；完整无误后，最后才将操作系统和应用软件移植到自己开发的专用硬件平台上，完成系统的集成。其开发流程如图1.2所示。

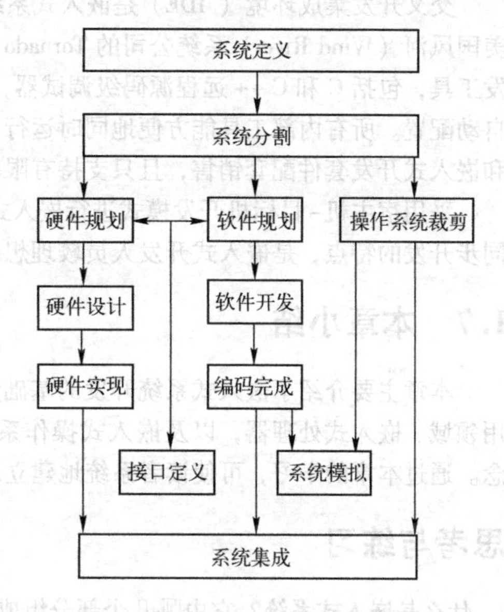

图1.2 嵌入式系统开发流程

完成系统设计分割后，软件和硬件开发可以并行进行，也可以在完成硬件后再实现操作系统和应用软件的开发。

在以上流程中，操作系统的裁剪和应用软件的编码都是在通用的台式机或工作站上完成的，称这样的台式机为宿主机（其操作系统大多为Windows系列、Linux或Solaries等），而待开发的硬件平台通常被称为目标机。这种在宿主机上完成软件功能，然后通过串口或者以太网络将交叉编译生成的目标代码传输并装载到目标机上，并在监控程序或者操作系统的支持下利用交叉调试器进行分析和调试，最后目标机在特定环境下脱离宿主机单独运行的系统开发模式，称之为宿主机-目标机（Host - Target）模式，它是嵌入式系统常采用的一种典型开发模式。简图如图1.3所示。

宿主机
目标机

图1.3 宿主机-目标机开发模式

在宿主机-目标机开发模式中，交叉编译和远程调试是系统开发的重要特征。

1. 交叉编译

宿主机上的CPU结构体系和目标机上的CPU结构体系是不同的，为了实现裁剪后的嵌入式操作系统和应用软件能在目标机上“跑”起来，移植它们之前，必须在宿主机上建立新的编译环境，进行和目标机CPU相匹配的编译，这种编译方式称为交叉编译。新建立的编译环境称之为交叉编译环境。交叉编译环境下的编译工具在宿主机上配置编译实现，必须是针对目标机 CPU 体系的编译工具。只有这样，才能形成源代码编译生成的可执行映像，才会被目标机的 CPU 识别。

2. 远程调试

远程调试是一种允许调试器以某种方式控制目标机上被调试进程的运行方式，并具有查看和修改目标机上内存单元、寄存器，以及被调试进程中变量值等各种调试功能的调试方式。调试器是一个单独运行着的进程。在嵌入式系统中，调试器运行在宿主机的通用操作系统之上，被调试的进程运行在目标机的嵌入式操作系统中，调试器和被调试进程通过串口或者网络进行通信，调试器可以控制、访问被调试进程，读取被调试进程的当前状态，并能够改变被调试进程的运行状态。

嵌入式系统的交叉调试可分为硬件调试和软件调试两种。硬件调试需要使用仿真调试器协助调试过程，硬件调试器是通过仿真硬件的执行过程，让开发者在调试时可以随时了解到系统的当前执行情况。目前嵌入式系统开发中最常用到的硬件调试器是 ROM Monitor 、ROM Emulator、In-Circuit Emulator 和 In-Circuit Debugger。而软件调试则使用软件调试器完成调试过程。通常要在不同的层次上进行，有时需要对嵌入式操作系统的内核进行调试，而有时可能仅仅只需要调试嵌入式应用程序就可以了。

在目标机上，嵌入式操作系统、应用程序代码构成可执行映像。可以在宿主机上生成上述的完整映像，再移植到目标机上；也可以把应用程序做成可加载模块，在目标机操作系统启动后，从宿主机向目标机加载应用程序模块。

交叉开发集成环境（IDE）是嵌入式系统开发的利器，可以有效地缩短开发周期。最著名的如美国风河（Wind River）系统公司的 Tornado Ⅱ。它是一个拥有强大的开发和调试能力的图形界面开发工具，包括 C 和 C++ 远程源码级调试器，目标和工具管理器，系统目标跟踪及内存使用分析和自动配置。所有内部工具能方便地同时运行，很容易实现交互开发。但大多交叉开发集成环境需要和嵌入式开发套件配套销售，且只支持有限的嵌入式 CPU 体系，价格不菲。

采用宿主机-目标机开发模式进行嵌入式系统开发，具有整体思路清晰，便于系统分工，容易同步开发的特点，是嵌入式开发人员较理想的开发方式。

1.7 本章小结

本章主要介绍了嵌入式系统开发的基础知识，包括嵌入式系统的概念、特点、分类、组成、应用领域、嵌入式处理器，以及嵌入式操作系统及开发，内容涉及嵌入式系统开发的基本知识和概念。通过本章的学习，可使读者系统地建立起嵌入式系统开发的整体框架和知识体系。

思考与练习

1. 什么是嵌入式系统？它由哪几个部分组成？
2. 嵌入式系统的三要素是什么？
3. 嵌入式处理器按实时性要求分（软件范畴）可分哪几类？
4. 什么是嵌入式微控制器？
5. 简述嵌入式 DSP 处理器。
6. 列出 5 种以上的嵌入式实时操作系统。
7. 嵌入式系统一般由几层组成，简介其作用。
8. 与通用计算机相比，嵌入式系统有哪些特点？
9. 根据嵌入式的复杂程度，嵌入式系统可分为哪 4 类？
10. 举例介绍嵌入式处理器有哪几类？
11. 从硬件系统来看，嵌入式系统由哪几个部分组成，并画出简图。

第 2 章　ARM 体系结构及工作方式

ARM 处理器核因为其卓越的性能和显著优点，已成为高性能、低功耗、低成本嵌入式处理器核的代名词，得到了众多的半导体厂家和整机厂商的大力支持。本章主要从 ARM 体系结构、嵌入式处理器模式与状态、寄存器、中断与异常等几个方面介绍 ARM 体系结构，使读者对 ARM 体系结构及工作方式有更深刻的理解。

本章主要内容有：

- ARM 的体系结构
- ARM 处理器工作状态
- 嵌入式处理器工作模式
- ARM 处理器寄存器组织
- ARM 异常
- ARM 存储器和存储器映射 I/O
- 协处理器接口
- ARM 系统调试接口
- ATPCS 介绍

2.1　ARM 体系结构简介

2.1.1　ARM 的概念

ARM 是 Advanced RISC Machines 的缩写，是微处理器行业的一家知名企业，该企业设计了大量高性能、廉价、耗能低的 RISC 处理器，并提供相关技术及软件。技术具有性能高、成本低和能耗省的特点。适用于多种领域，如嵌入控制、消费/教育类多媒体、DSP 和移动式应用等。

ARM 将其技术授权给世界上许多著名的半导体、软件和 OEM 厂商，每个厂商得到的都是一套独一无二的 ARM 相关技术资料及服务。利用这种合伙关系，ARM 很快成为许多全球性 RISC 标准的缔造者。目前，总共有 30 多家半导体公司与 ARM 签订了硬件技术使用许可协议，其中包括 Intel、IBM、LG 半导体、NEC、SONY、飞利浦等这样的大公司。至于软件系统的合伙人，则包括微软、升阳国际半导体股份有限公司等一系列知名公司。

ARM 架构是面向低预算市场设计的第一款 RISC 微处理器。

2.1.2　ARM 体系结构的演变

ARM 的设计实现了产品体积非常小，但是性能非常高的特点。由于 ARM 处理器结构简单，使得 ARM 的内核非常小，这样器件的功耗也非常低。

ARM 是精简指令集的计算机（RISC），因为它集成了非常典型的 RISC 结构特性：

(1) 具有一个大的、统一的寄存器文件。

(2) 具有装载/保存结构，数据处理的操作只针对寄存器的内容，而不直接对存储器进行操作。

(3) 具有简单的寻址模式，所有装载/保存的地址都只由寄存器内容和指令域决定。

(4) 具有统一和固定长度的指令域，简化了指令的译码。

此外，ARM 体系结构还具备以下特征：

(1) 每条数据处理指令都对算术逻辑单元（ALU）和移位器控制，以实现对 ALU 和移位器的最大利用。

（2）其地址自动增加和自动减少的寻址模式实现了程序循环的优化。

（3）其多寄存器装载和存储指令实现最大数据吞吐量。

（4）所有指令的条件执行实现最快速的代码执行。

这些在基本 RISC 结构上的增强特性使 ARM 处理器能够在高性能、低代码规模、低功耗和较小的硅片尺寸方面获得良好的平衡。

体系结构板本

从最初开发到现在，ARM 指令集体系结构有了巨大的改进，并且不断地完善和发展。为了清楚地表达每个 ARM 应用实例所使用的指令集，ARM 公司定义了 5 种主要的 ARM 指令集体系结构版本，以版本号 V1 至 V5 表示。

（1）版本 1（V1）在 ARM1 中使用，只有 26 位寻址空间（现已废弃不用），从未商业化，该版本包括：

① 基本的数据处理指令（不包括乘法）；

② 字节、字和半字加载/存储指令（load/store）；

③ 分支指令（branch），包括在子程序调用中使用的分支和链接指令（branch-and-link）；

④ 在操作系统调用中使用的软件中断指令（software interrupt）。

（2）版本 2（V2）仍然只有 26 位寻址空间（现已废弃不用），但相对版本 1 增加了以下内容：

① 乘法和乘加指令；

② 协处理器支持；

③ 快速中断模式中的两个以上的分组寄存器；

④ 原子性（atomic）加载/存储指令 SWP 和 SWPB（稍后版本中称作 V2A）。

（3）版本 3（V3）将寻址范围扩展到 32 位；先前存储于 R15 的程序状态信息存储在新的当前程序状态寄存器（CPSR）中，并且增加了程序状态保存寄存器（SPSR），以便系统出现异常时保存 CPSR 中的内容。此外，版本 3 还增加了两种处理器模式，以便在操作系统代码中有效地使用数据中止异常、取指中止异常和未定义指令异常。相应地，版本 3 指令集发生如下改变：

① 增加了两个指令 MRS 和 MSR，允许访问新的 CPSR 和 SPSR 寄存器。

② 具有修改过去用于异常返回指令的功能，以便继续使用。

（4）版本 4（V4）不再强制要求与以前的版本兼容以支持 26 位体系结构，并且清楚地指明哪个指令会引起未定义指令异常发生。版本 4 在版本 3 的基础上增加了半字加载/存储指令：

① 字节和半字的加载和符号扩展（sign-extend）指令；

② 在 T 变量中，转换到 Thumb 状态的指令；

③ 使用用户（User）模式寄存器的新的特权处理器模式。

（5）版本 5（V5）在版本 4 的基础上，对现在指令的定义进行了必要的修正，对版本 4 体系结构进行了扩展，并增加了指令，具体如下：

① 改进在 T 变量中 ARM/Thumb 状态之间的切换效率；

② 允许非 T 变量和 T 变量一样，使用相同的代码生成技术；

③ 增加计数前导零（count leading zeros）指令，允许更有效的整数除法和中断优先程序；

④ 增加软件断点（software breakpoint）指令；

⑤ 对乘法指令如何设置标志进行了严格定义。

2.1.3 ARM 体系结构的特征

ARM 内核不是一个纯粹的 RISC 体系结构，这是为了使它能够更好地适应嵌入式系统。嵌入式系统关键并不在于追求单纯的处理器速度，而在于有效提高系统性能，保证高代码密度和低功耗，因此ARM指令集合单纯的RISC定义有以下几个方面的不同。

(1) 一些特定指令的周期数可变——并不是所有的ARM指令都是单周期的。例如，多寄存器装载/存储的指令的执行周期就是不确定的，需要根据被传送的寄存器个数而定。如果访问连续的存储器地址，就可以改善性能，因为连续的内存访问通常比随机访问要快。同时，代码密度也得到了提高，因为在函数的起始处和结尾处，多个寄存器的传输是很常用的操作。

(2) 内嵌桶形移位器产生了更为复杂的指令——内嵌桶形移位器是一个硬件部件，在一个输入寄存器被一条指令使用之前，内嵌桶形移位器可以处理该寄存器中的数据。它扩展了许多指令的功能，以此改善了内核的性能，提高了代码密度。

(3) Thumb 16位指令集——ARM内核增加了一套称为Thumb指令的16位指令集，使得内核既能够执行16位指令，也能够执行32位指令，从而增强了ARM内核的功能。16位指令与32位的定长指令相比较，代码密度可以提高约30%。

(4) 条件执行——只有当某个特定条件满足时指令才会被执行。这个特点可以减少分支指令的数目，从而起到改善性能及提高代码密度的作用。

(5) 增强指令———一些功能强大的数字信号处理器指令被加入到标准的ARM指令中，以支持快速的16×16位乘法操作及饱和运算。在某些应用中，传统的方法需要微处理器加上DSP才能实现。ARM的这些增强指令，使得ARM处理器也能够满足这些应用的需要。

2.1.4 ARM系列

ARM公司开发了很多系列的ARM处理器核，目前最新的系列是ARM 11，但ARM 6处理器核及更早的系列已很罕见，ARM 7以后的处理器核也不是都获得广泛应用。目前，应用比较多的是ARM 7系列、ARM 9系列、ARM 9E系列、ARM 10系列、SecurCore系列、Intel的StrongARM、Xscale系列。下面简单介绍这几个系列。

1. ARM 7系列

ARM 7系列包括ARM7TDMI、ARM7TDMI-S、带有高速缓存处理器宏单元的ARM720T和扩充了Jazelle的ARM7EJ-S。该系列处理器提供Thumb 16位压缩指令集和Embedded ICEJTAG软件调试方式，适合应用于更大规模的SoC设计中。其中ARM720T高速缓存处理宏单元还提供8KB缓存、读缓冲和具有内存管理功能的高性能处理器，支持Linux、Symbian OS和Windows CE等操作系统。

ARM 7系列广泛应用于多媒体和嵌入式设备，包括Internet设备、网络和调制解调器设备，以及移动电话、PDA等无线设备。无线信息设备领域的前景广阔，因此，ARM7系列也瞄准了下一代智能化多媒体无线设备领域的应用。

2. ARM 9系列

ARM 9系列有ARM9TDMI、ARM920T和具有高速缓存处理器宏单元的ARM940T。所有的ARM 9系列处理器都具有Thumb压缩指令集和基于Embedded ICE JTAG的软件调试方式。ARM 9系列兼容ARM 7系列，而且能够比ARM 7进行更加灵活的设计。ARM 9采用了5级指令流水线，能够将每一个指令处理分配到5个时钟周期内，也就是说在每一个时钟周期内同时有5个指令在执行。ARM 9五级流水线如图2.1所示。

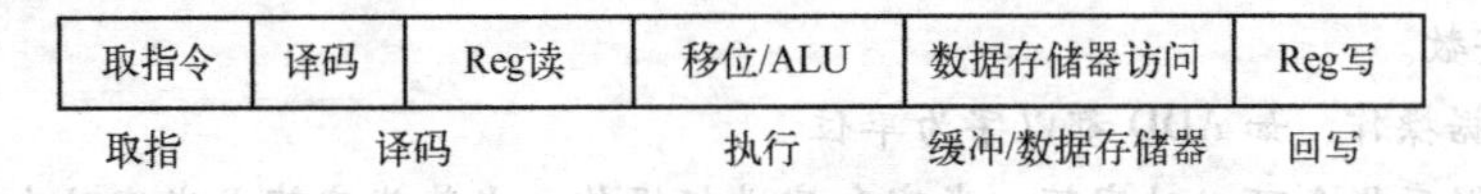

图2.1　ARM 9五级流水线

(1) 取指：从存储器中取出指令，并将其放入指令流水线。

(2) 译码：对指令进行译码。

（3）执行：把一个操作数移位，产生 ALU 的结果。

（4）缓冲/数据存储器：如果需要，则访问数据存储器；否则 ALU 的结果只是简单缓冲 1 个开始/终止周期，以便所有的指令具有同样的流水线流程。

（5）回写：将指令产生的结果写回到寄存器，包括任何从存储器中读取的数据。

ARM 9 系列主要应用于引擎管理、仪器仪表、安全系统、机顶盒、高端打印机、PDA、网络计算机及带有 MP3 音频和 MPEG4 视频多媒体格式的智能电话中。

3. ARM 9E 系列

ARM 9E 系列为综合处理器，包括 ARM926EJ-S 和带有高速缓存处理器宏单元的 ARM966E-S、ARM946E-S 和带有高速缓存处理器宏单元的 ARM966E-S。该系列强化了数字信号处理（DSP）功能，可应用于需要 DSP 与微控制器结合使用的情况，将 Thumb 技术和 DSP 都扩展到 ARM 指令集中，并具有 Embedded ICE-RT 逻辑（ARM 的基于 Embedded ICE JTAG 软件调试的增强版本），更好地适应了实时系统的开发需要。同时其内核在 ARM 9 处理器内核的基础上使用了 Jazelle 增强技术，该技术支持一种新的 Java 操作状态，允许在硬件中执行 Java 程序代码。

4. ARM 10 系列

ARM 10 系列包括 ARM1020E 和 ARM1020E 微处理器核。其核心在于使用向量浮点（VFP）单元 VFP10 提供高性能的浮点解决方案，从而极大地提高了处理器的整型和浮点运算性能，为用户界面的 2D 和 3D 图形引擎应用夯实基础，如视频游戏机和高性能打印机等。

5. SecurCore

SecurCore 系列涵盖了 SC100、SC110、SC200 和 SC210 处理核。该系列处理器主要针对新兴的安全市场，以一种全新的安全处理器设计为智能卡和其他安全 IC 开发提供独特的 32 位系统设计，并具有特定的反伪造方法，从而有助于防止对硬件和软件的盗版。

6. StrongARM 和 Xscale

StrongARM 处理器将 Intel 处理器技术和 ARM 体系结构融为一体，致力于为手提式通信和消费电子类设备提供理想的解决方案。Intel Xscale 微体系结构则提供全性能、高性价比、低功耗的解决方案，并且支持 16 位 Thumb 指令和集成数字信号处理（DSP）指令。

2.1.5 ARM 存储数据类型

ARM 9 处理器支持下列 3 种数据类型：

（1）字节：8 位；

（2）半字：16 位（必须分配为占用 2 个字节）；

（3）字：32 位（必须分配为占用 4 个字节）。

注意：

（1）ARM 9 结构 V4T 版及以上版本都支持这 3 种数据。ARM 结构 V4T 版之前的版本只支持字节和字（ARM920T 是基于 ARM 结构第 V4T 版）。

（2）当任意一种类型描述为 unsigned 时，N 位数据值使用正常的二进制格式表示范围为 $0 \sim +2N-1$ 的非负整数。

（3）当任意一种类型描述为 signed 时，N 位数据值使用 2 的补码格式表示范围为 $-2N-1 \sim +2N-1-1$ 的整数。

（4）所有数据操作，如 ADD 都以字为单位。

（5）装载和保存指令可以对字节、半字和字进行操作，当装载字节或半字时自动实现零扩展或符号扩展。

（6）ARM 指令的长度刚好是 1 个字（分配为占用 4 个字节）。Thumb 指令的长度刚好是一个半字（占用 2 个字节）。

2.1.6　ARM 存储器层次

微处理器希望存储器的容量大、速度快。但容量大者速度慢；速度快者容量小。解决方法是构建一个由多级存储器组成的复合存储器系统。

两级存储器方案

一般包括：一个容量小但速度快的从存储器和一个容量大但速度慢的主存储器。

宏观上看这个存储器系统像一个既大又快的存储器。这个容量小但速度快的元件是 Cache，它自动地进行保存处理器经常用到的指令和数据的复制。

2.2　ARM 处理器工作状态

ARM920T 处理器内核使用 ARM V4T 结构实现，该结构包含 32 位 ARM 指令集和 16 位 Thumb 指令集。因此 ARM920T 处理器有两种操作状态：

（1）ARM 状态（32 位），这种状态下执行的是字方式的 ARM 指令；

（2）Thumb 状态（16 位），这种状态下执行半字方式的 Thumb 指令。

在 Thumb 状态中，程序计数器（PC）使用 bit1 来选择切换半字。

注意：ARM 和 Thumb 状态间的切换并不影响处理器模式或寄存器内容。

这里可以使用 BX 指令将 ARM920T 内核的操作状态在 ARM 状态和 Thumb 状态之间进行切换，其例子见指令举例 2.1。

所有的异常处理都在 ARM 状态中执行。如果异常发生在 Thumb 状态中，处理器会切换到 ARM 状态，在异常处理返回时再自动切换回 Thumb 状态。

指令举例 2.1　状态切换的例子

```
;从 ARM 状态转变为 Thumb 状态
    LDR R0, =Lable+1
    BX R0
;从 Thumb 状态转变为 ARM 状态
    LDR R0, =Lable
    BX R0
```

2.3　ARM 处理器工作模式

ARM 9 体系结构支持 7 种处理器模式：用户模式、快中断模式、中断模式、管理模式、中止模式、未定义模式和系统模式。ARM920T 完全支持这 7 种模式，具体参考如表 2.1 所示。除用户模式外，其他模式均为特权模式。ARM 内部寄存器和一些片内外设在硬件设计上只允许（或可选为只允许）特权模式下访问。此外，特权模式可以自由地切换处理器模式，而用户模式不能直接切换到别的模式。

表 2.1　处理器模式

处理器模式	说　明	备　注
用户（usr）	正常程序工作模式	不能直接切换到其他模式
快中断（fiq）	支持高速数据传输及通道处理	FIR 异常响应时进入此模式
中断（irq）	用于通用中断处理	IRQ 异常响应时进入此模式
管理（svc）	操作系统保护代码	系统复位和软件中断响应时进入此模式
中止（abt）	用于支持虚拟内存和/或存储器保护	在 ARM7TDMI 没有大用处
未定义（und）	支持硬件协处理器的软件仿真	未定义指令异常响应时进入此模式
系统（sys）	用于支持操作系统的特权任务等	与用户类似，但具有可以直接切换到其他模式等特权

有五种处理器模式称为异常模式，分别是：快中断模式、中断模式、管理模式、中止模式和未定义模式。这些模式除了可以通过程序切换进入外，也可以由特定的异常进入其中。当特定的异常出现时，处理器进入相应的模式。每种模式都有某些附加的寄存器，以避免异常退出时用户模式的状态出现不可靠情况。

至于系统模式，它与用户模式一样，不能由异常进入，而且使用与用户模式完全相同的寄存器。然而它是特权模式，不受用户模式的限制。有这个模式，操作系统要访问用户模式的寄存器就比较方便。同时，操作系统的一些特权任务可以使用这个模式以访问一些受控的资源而不必担心异常出现时的任务状态变得不可靠。

2.4 ARM 处理器寄存器组织

在 ARM920T 处理器内部有 37 个寄存器用户可见的寄存器。

(1) 31 个通用 32 位寄存器，在 ARM 公司文件中它们的名称为：R0 ~ R15、R13_svc、R14_svc、R13_abt、R14_abt、R13_und、R14_und、R13_irq、R14_irq 和 R8_fiq ~ R14_fiq。

(2) 6 个状态寄存器，在 ARM 公司文件中它们的名称为：CPSR、SPSR_svc、SPSR_abt、SPSR_und、SPSR_irq 和 SPSR_fiq。

这些寄存器并不是在同一时间全都可以被访问的。处理器状态和操作模式决定了程序员可以访问哪些寄存器。

2.4.1 ARM 状态下的寄存器组织

1. 各模式可访问的寄存器

在 ARM 状态中，16 个通用寄存器和 2 个状态寄存器可在任何时候同时被访问。在特权模式中，与模式相关的分组寄存器可以被访问。每种模式所能访问的寄存器如表 2.2 所示。

表 2.2 ARM 状态各模式下的寄存器

寄存器类别	寄存器在汇编中的名称	各模式实际访问的寄存器						
		用户	系统	管理	中止	未定义	中断	快中断
通用寄存器和程序计数器	R0(a1)	R0						
	R1(a2)	R1						
	R2(a3)	R2						
	R3(a4)	R3						
	R4(v1)	R4						
	R5(v2)	R5						
	R6(v3)	R6						
	R7(v4)	R7						
	R8(v5)	R8						R8_fiq
	R9(SB. v6)	R9						R9_fiq
	R10(SL. v7)	R10						R10_fiq
	R11(FR. v8)	R11						R11_fiq
	R12(IP)	R12						R12_fiq
	R13(SP)	R13		R13_svc	R13_abt	R13_und	R13_irq	R13_fiq
	R14(LR)	R14		R14_svc	R14_abt	R14_und	R14_irq	R14_flq
	R15(PC)	R15						
状态寄存器	CPSR	CPSR						
	SPSR	无		SPSR_svc	SPSR_abt	SPSR_und	SPSR_irq	SPSR_fiq

注意： 表2.2中括号内为ATPCS中寄存器的命名，可以使用RN汇编伪指令将寄存器定义多个名字。其中，ADS 1.2的汇编程序直接支持这些名称，但注意a1～a4，v1～v8必须用小写字母。

2. 一般的通用寄存器

在汇编语言中寄存器R0～R13为保存数据或地址值的通用寄存器。其中寄存器R0～R7为未分组寄存器。这意味着对于任何处理器模式，它们中的每一个都对应于相同的32位物理寄存器。它们是完全通用的寄存器，不会被体系结构作为特殊的用途，并且可用于任何使用通用寄存器的指令。

寄存器R8～R14为分组寄存器。它们所对应的物理寄存器取决于当前的处理器模式。几乎所有允许使用通用寄存器的指令都允许使用分组寄存器。

寄存器R8～R12是有两个分组的物理寄存器。一个用于除FIQ模式之外的所有寄存器模式（R8～R12），另一个用于FIQ模式（R8_fiq～R12_fiq）。

寄存器R8～R12在ARM体系结构中没有特定的用途。不过对于那些只使用R8～R14就足够处理的简单中断来说，FIQ所单独使用的这些寄存器可实现快速的中断处理。

寄存器R13和R14分别有6个分组的物理寄存器。一个用于用户和系统模式，其余5个分别用于5种异常模式。

3. 堆栈指针R13

寄存器R13通常作为堆栈指针（SP）。在ARM指令集当中，没有以特殊方式使用R13的指令或其他功能，只是习惯上都这样使用。但是在Thumb指令集中存在使用R13的指令。

每个异常模式都有其自身的R13分组版本，它通常指向由异常模式所专用的堆栈。在入口处，异常处理程序通常将其他要使用的寄存器值保存到这个堆栈。通过返回时将这些值重新装入寄存器中，异常处理程序可确保异常发生时的程序状态不会被破坏。

4. 链接寄存器R14

寄存器R14（也称为链接寄存器或LR）在结构上有两个特殊功能：

（1）在每种模式下，模式自身的R14版本用于保存子程序返回地址。当使用BL或BLX指令调用子程序时，R14设置为子程序返回地址。子程序返回则通过将R14复制到程序计数器来实现。通常有下列两种方式：

（a）执行下列指令之一：

```
MOV PC,LR
BX LR
```

（b）或是在子程序入口，使用下列形式的指令将R14存入堆栈：

```
STMFD SP!,{<registers>,LR}
```

并使用匹配的指令返回：

```
LDMFD SP!,{<registers>,PC}
```

（2）当发生异常时，将R14对应的异常模式版本设置为异常返回地址（有些异常有一个小常量的偏移）。异常返回的执行类似于子程序返回，只是使用不同的指令来确保被异常中断的程序状态能够完全恢复。

寄存器R14在其他任何时候可作为一个通用寄存器。

注意： 当嵌套异常发生时，这两个异常可能会发生冲突。例如，如果用户在用户模式下执行程序时发生了IRQ中断，用户模式寄存器不会被破坏。但如果运行在IRQ模式下的中断处理程序重新使能IRQ中断，并且发生了嵌套的IRQ中断时，外部中断处理程序保存在R14_irq中的任何值都将被嵌套中断的返回地址所覆盖。

系统程序员应当小心处理这样的事件，通常处理的方法是确保R14的对应版本在发生嵌套中断时不再保存任何有意义的值（可行的方法是将 R14 入栈）。当使用直接的方法难于处理时，最好在进入异常处理程序后，重新在中断或允许嵌套异常发生之前，切换到其他处理器模式。（在 ARM 结构第 4 版和以上版本，系统模式通常是这种情况下最好的模式。）

5. 程序计数器 R15

寄存器 R15 保存程序计数器（PC），它总是用于特殊的用途。它经常可用于通用寄存器 R0 ~ R14 所使用的位置（即在指令编码中 R15 与 R0 ~ R14 的地位一样，只是指令执行的结果不同），因此可以认为它是一个通用寄存器。但是对于它的使用还有许多与指令相关的限制或特殊情况。这些将在具体的指令描述中提到。通常，如果 R15 使用的方式超出了这些限制，那么指令将是不可预测的。

读取程序计数器的一般限制

当指令对 R15 的读取没有超过任何对 R15 使用的限制时，读取的值是指令的地址加上 8 个字节。由于 ARM 指令总是以字为单位，结果的 bit[1:0] 总是为 0。

这种读取 PC 的方式主要用于对附近的指令和数据进行快速、与位置无关的寻址，包括程序中与位置无关的转移。

当使用 STR 或 STM 指令保存 R15 时，出现了上述规则的一个例外。这些指令可将指令地址加 8 个字节保存（和其他指令读取 R15 一样）或将指令自身地址加 12 个字节（将来还可能出现别的数据）。偏移量是 8 还是 12（或是其他数值）字节取决于 ARM 的实现（也就是说，与芯片有关）。对于某个具体的芯片，它是个常量。这样使用 STR 和 STM 指令是不可移植的。由于这个例外，最好避免使用 STR 和 STM 指令来保存 R15。如果很难做到，那么应当在程序中使用合适的指令序列以确定当前使用的芯片所使用的偏移量。例如，使用指令举例 2.2 所示的指令序列将这个的偏移量存入 R0 中。

指令举例 2.2　取具体芯片关于存储 PC 时的偏移量

```
SUB R1,PC,#4          ; R1 = 下面 STR 指令的地址
STR PC,[R0]           ;保存 STR 指令地址 + 偏移量
LDR R0,[R0]           ;然后重装
SUB R0,R0,R1          ;计算偏移量
```

写程序计数器的一般限制

当执行一条执行写 R15 的指令没有超出任何对它使用的限制时，写入 R15 的正常结果值被当成一个指令地址，程序从这个地址处继续执行（相当于执行一次无条件跳转）。由于 ARM 指令以字为边界，因此写入 R15 的值的 bit[1:0] 通常为 0b00。具体的规则取决于所使用的结构的版本：

（1）在 ARM 结构 V3 版及以下版本中，写入 R15 的值的 bit[1:0] 被忽略，因此指令的实际目标地址（写入 R15 的值）和 0xFFFFFFFC 相与。

（2）在 ARM 结构 V4 版（ARM920T 基于 V4T 版）及以上版本中，写入 R15 的值的 bit[1:0] 必须为 0b00。如果不是，结果将不可预测。

6. 程序状态寄存器

所有模式共享一个程序状态寄存器（CPSR），在异常模式中，另外一个寄存器程序状态保存寄存器（SPSR）可以被访问。每种异常具有自己的 SPSR，在进入异常时它保存 CPSR 的当前值，异常退出时可同它恢复 CPSR。

ARM920T 内核包含 1 个 CPSR 和 5 个 SPSR 供异常处理程序使用。ARM920T 内核所有处理器状态都保存在 CPSR 中。当前的操作处理器状态位于程序状态寄存器（CPSR）当中。CPSR 包含：

（1）4 个条件代码标志（负（N）、零（Z）、进位（C）和溢出（V））；

（2）2 个中断禁止位，分别用于一种类型的中断；

（3）5 个对当前处理器模式进行编码的位；

（4）1 个用于指示当前执行指令（ARM 还是 Thumb）的位。

每个异常模式还带有一个程序状态保存寄存器（SPSR），它用于保存任务在异常发生之前的

CPSR。CPSR 和 SPSR 通过特殊指令进行访问。

CPSR 的各位的分配如图 2.2 所示。

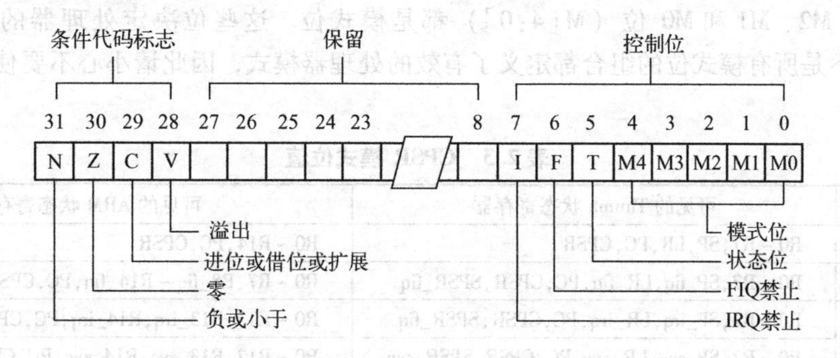

图 2.2 程序状态寄存器的格式

注意：为了保持与将来的 ARM 处理器兼容，并且作为一种良好的习惯，在更改 CPSR 时，建议使用读–修改–写的方法。

1）条件代码标志

大多数数值处理指令可以选择是否修改条件代码标志。一般的，如果指令带 S 后缀，则指令会修改条件代码标志；但有一些指令总是改变条件代码标志。

N、Z、C 和 V 位都是条件代码标志。可以通过算术和逻辑操作来设置这些位。这些标志还可通过 MSR 和 LDM 指令进行设置。ARM920T 处理器对这些位进行测试以决定是否执行一条指令。

各标志位的含义如下：

N——运算结果的 b31 位值。对于有符号二进制补码，结果为负数时 N = 1，结果为正数或零时 N = 0；

Z——指令结果为 0 时 Z = 1（通常表示比较结果"相等"），否则 Z = 0；

C——使用加法运算（包括 CMN 指令），b31 位产生进位时 C = 1，否则 C = 0。使用减法运算（包括 CMP 指令），b31 位产生借位时 C = 0，否则 C = 1。对于结合移位操作的非加法/减法指令，C 为 b31 位最后的移出值，其他指令 C 通常不变；

V——使用加法/减法运算，当发生有符号溢出时 V = 1，否则 V = 0，其他指令 V 通常不变。

在 ARM 状态中，所有指令都可按条件来执行。在 Thumb 状态中，只有分支指令可按条件来执行。

2）控制位

CPSR 的最低 8 位为控制位。它们分别是：

- 中断禁止位；
- T 位；
- 模式位。

当发生异常时，控制位改变。当处理器在一个特权模式下操作时，可用软件操作这些位。

（1）中断禁止位

I 和 F 位都是中断禁止位：

- 当 I 位置位时，IRQ 中断被禁止；
- 当 F 位置位时，FIQ 中断被禁止。

（2）T 位

T 位反映了正在操作的状态：

- 当 T 位置位时，处理器正在 Thumb 状态下运行；
- 当 T 位清零时，处理器正在 ARM 状态下运行。

注意： 绝对不要强制改变 CPSR 寄存器中的 T 位。如果这样做，处理器会进入一个无法预知的状态。

(3) 模式位

M4、M3、M2、M1 和 M0 位（M[4:0]）都是模式位。这些位决定处理器的操作模式，如表2.3所示。不是所有模式位的组合都定义了有效的处理器模式，因此请小心不要使用表中所没有列出的组合。

表 2.3 CPSR 模式位值

M[4:0]	模式	可见的 Thumb 状态寄存器	可见的 ARM 状态寄存器
10000	用户	R0 ~ R7,SP,LR,PC,CPSR	R0 ~ R14,PC,CPSR
10001	快中断	R0 ~ R7,SP_fiq,LR_fiq,PC,CPSR,SPSR_fiq	R0 ~ R7,R8_fiq ~ R14_fiq,PC,CPSR,SPSR_fiq
10010	中断	R0 ~ R7,SP_irq,LR_irq,PC,CPSR,SPSR_fiq	R0 ~ R12,R13_irq,R14_irq,PC,CPSR,SPSR_fiq
10011	管理	R0 ~ R7,SP_svc,LR_svc,PC,CPSR,SPSR_svc	R0 ~ R12,R13_svc,R14_svc,PC,CPSR,SPSR_svc
10111	中止	R0 ~ R7,SP_abt,LR_abt,PC,CPSR,SPSR_abt	R0 ~ R12,R13_abt,R14_abt,PC,CPSR,SPSR_abt
11011	未定义	R0 ~ R7,SP_und,LR_und,PC,CPSR,SPSR_und	R0 ~ R2,R13_und,R14_und,PC,CPSR,SPSR_und
11111	系统	R0 ~ R7,SP,LR,PC,CPSR	R0 ~ R14,PC,CPSR

注意： 如果将非法值写入 M[4:0]中，处理器将进入一个无法恢复的模式。

3) 保留位

CPSR 中的保留位被保留以便将来使用。当改变 CPSR 标志和控制位时，请确认没有改变这些保留位。另外，请确保程序不依赖于包含特定值的保留位，因为将来的处理器可能会将这些位设置为1 或者0。

2.4.2 Thumb 状态下的寄存器组织

1. 各模式可访问的寄存器

Thumb 状态寄存器集是 ARM 状态集的子集。程序员可直接访问这些寄存器集，包括：

(1) 8 个通用寄存器 R0 ~ R7；

(2) PC；

(3) 堆栈指针（SP）；

(4) 连接寄存器（LR）；

(5) CPSR（有条件的访问）。

每个特权模式都有分组的 SP 和 LR。Thumb 寄存器的详细情况如表 2.4 所示。

注意： 表2.4 中，括号内为 ATPCS 中寄存器的命名，可以使用 RN 汇编伪指令将寄存器定义为多个名字。其中，ADS1.2 的汇编程序直接支持这些名称，但注意 a1 ~ a4，v1 ~ v4 必须用小写字母。

2. 一般的通用寄存器

在汇编语言中寄存器 R0 ~ R7 为保存数据或地址值的通用寄存器。对于任何处理器模式，它们中的每一个都对应于相同的32 位物理寄存器。它们是完全通用的寄存器，不会被体系结构作为特殊的用途，并且可用于任何使用通用寄存器的指令。

3. 堆栈指针 SP

堆栈指针 SP 对应 ARM 状态的寄存器 R13。每个异常模式都有其自身的 SP 分组版本，它通常指向由异常模式所专用的堆栈。在入口处，异常处理程序通常将其他要使用的寄存器值保存到这个堆栈。通过返回时将这些值重新装入到寄存器中，异常处理程序可确保异常发生时的程序状态不会被破坏。要注意的是某种原因使处理器进入异常时，处理器自动进入 ARM 状态。

4. 链接寄存器 LR

链接寄存器 LR 对应 ARM 状态寄存器 R14，在结构上有两个特殊功能。唯一要注意的是某种原因使处理器进入异常时，处理器将自动进入 ARM 状态。

表 2.4　Thumb 状态各模式下的寄存器

寄存器类别	寄存器在汇编语言中的名称	用户	系统	管理	中止	未定义	中断	快中断
通用寄存器和程序计数器	R0(a1)	R0						
	R1(a2)	R1						
	R2(a3)	R2						
	R3(a4)	R3						
	R4(v1)	R4						
	R5(v2)	R5						
	R6(v3)	R6						
	R7(v4,WR)	R7						
	SP	R13		R13_svc	R13_abt	R13_und	R13_irq	R13_fiq
	LR	R14		R14_svc	R14_abt	R14_und	R14_irq	R14_fiq
	PC	R15						
状态寄存器	CPSR	CPSR						

5. ARM 状态寄存器和 Thumb 状态寄存器之间的关系

Thumb 状态寄存器与 ARM 状态寄存器有如下的关系：

(1) Thumb 状态 R0 ~ R7 与 ARM 状态 R0 ~ R7 相同；

(2) Thumb 状态 CPSR 和 SPSR 与 ARM 状态 CPSR 和 SPSR 相同；

(3) Thumb 状态 SP 映射到 ARM 状态 R13；

(4) Thumb 状态 LR 映射到 ARM 状态 R14；

(5) Thumb 状态 PC 映射到 ARM 状态 PC （R15）。

上述这些关系如图 2.3 所示。

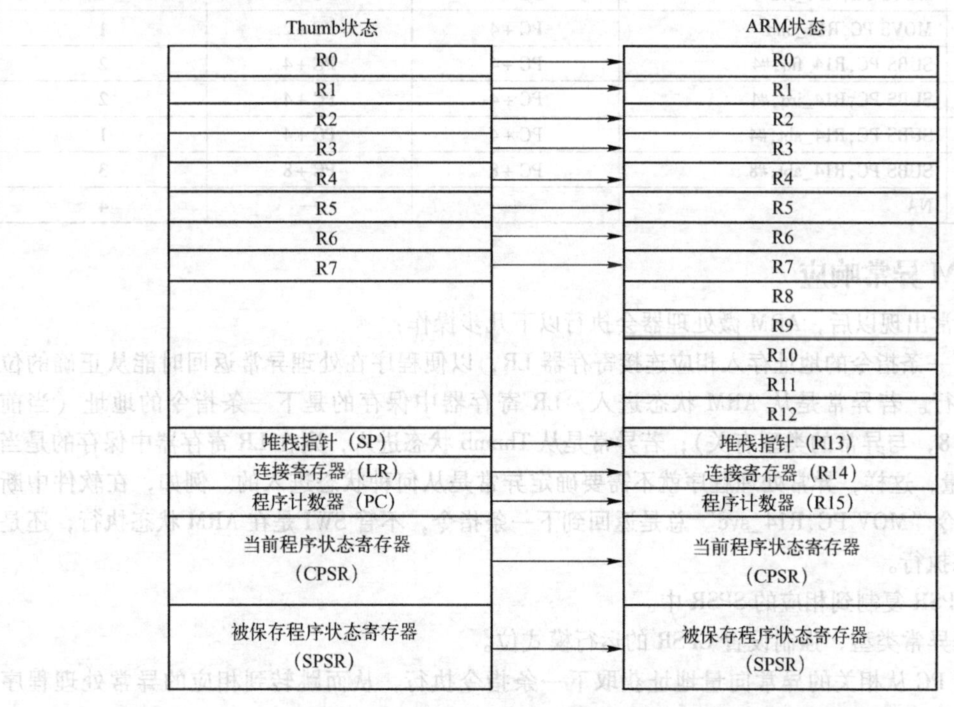

图 2.3　Thumb 寄存器在 ARM 状态寄存器上的映射

注：寄存器 R0 ~ R7 为低寄存器。寄存器 R8 ~ R15 为高寄存器。

6. 在 Thumb 状态中访问高寄存器

在 Thumb 状态中，高寄存器（R8 ~ R15）不是标准寄存器集的一部分。汇编语言程序员对它们的访问受到限制，但可以将它们用于快速暂存。

可以使用 MOV 指令的特殊变量将一个值从低寄存器（R0 ~ R7）转移到高寄存器，或者从高寄存器转移到低寄存器。CMP 指令可用于比较高寄存器和低寄存器的值。ADD 指令可用于将高寄存器的值与低寄存器的值相加。

2.5 ARM 异常

只要正常的程序流被暂时中止，处理器就进入异常模式。例如，响应一个来自外设的中断。在处理异常之前，ARM920T 内核保存当前的处理器状态，这样当处理程序结束时可以恢复执行原来的程序。如果同时发生两个或更多异常，那么将按照固定的顺序来处理异常。

2.5.1 ARM 异常概述

ARM 体系结构支持 7 种异常，具体含义如表 2.5 所示。

注意：

（1）表 2.5 中，PC 地址应是具有预取中止的 BL/SWI/未定义指令所取的地址。

（2）表 2.5 中，PC 地址应是从 FIQ 或 IRQ 取得不能执行的指令的地址。

（3）表 2.5 中，PC 地址应是产生数据中止的加载或存储指令的地址。

（4）系统复位时，保存在 R14_svc 中的值是不可预知的。

表 2.5 ARM 异常的具体含义

	返回指令	以前的状态		注意
		ARM R14_x	Thumb R14_x	
BL	MOV PC,R14	PC +4	PC +2	1
SWI	MOVS PC,R14_svc	PC +4	PC +2	1
UDEF	MOVS PC,R14_und	PC +4	PC +2	1
FIQ	SUBS PC,R14_fiq,#4	PC +4	PC +4	2
IRQ	SUBS PC,R14_irq,#4	PC +4	PC +4	2
PABT	SUBS PC,R14_abt,#4	PC +4	PC +4	1
DABT	SUBS PC,R14_abt,#8	PC +8	PC +8	3
RESET	NA	—	—	4

2.5.2 ARM 异常响应

当一个异常出现以后，ARM 微处理器会执行以下几步操作：

（1）将下一条指令的地址存入相应连接寄存器 LR，以便程序在处理异常返回时能从正确的位置重新开始执行。若异常是从 ARM 状态进入，LR 寄存器中保存的是下一条指令的地址（当前 PC +4 或 PC +8，与异常的类型有关）；若异常是从 Thumb 状态进入，则在 LR 寄存器中保存的是当前 PC 的偏移量，这样，异常处理程序就不需要确定异常是从何种状态进入的。例如，在软件中断异常 SWI，指令“MOV PC,R14_svc”总是返回到下一条指令，不管 SWI 是在 ARM 状态执行，还是在 Thumb 状态执行。

（2）将 CPSR 复制到相应的 SPSR 中。

（3）根据异常类型，强制设置 CPSR 的运行模式位。

（4）强制 PC 从相关的异常向量地址获取下一条指令执行，从而跳转到相应的异常处理程序处。还可以设置中断禁止位，以禁止中断发生。

如果异常发生时，处理器处于 Thumb 状态，则当异常向量地址加载到 PC 时，处理器将自动切换到ARM状态。

ARM微处理器对异常的响应过程用伪码可以描述为：

```
R14_<Exception_Mode>=Return Link
SPSR_<Exception_Mode>=CPSR
CPSR[4:0]=Exception Mode Number
CPSR[5]=0;当运行于ARM工作状态时
If <Exception_Mode>==Reset or FIQ then
    ;当响应FIQ异常时,禁止新的FIQ异常
    CPSR[6]=1
    CPSR[7]=1
PC=Exception Vector Address
```

2.5.3 ARM异常返回

异常处理完毕之后，ARM微处理器会执行以下几步操作从异常返回：

(1) 将连接寄存器LR的值减去相应的偏移量后送到PC中。

(2) 将SPSR复制回CPSR中。

(3) 若在进入异常处理时设置了中断禁止位，要在此清除。

可以认为应用程序总是从复位异常处理程序开始执行的，因此复位异常处理程序不需要返回。

2.5.4 ARM异常进入/退出

表2.6所示为进入异常时变量R14所保存的PC值及退出异常处理程序所推荐使用的指令。

表2.6 ARM异常进入/退出

异常或入口	返回指令	之前的状态		备注
		ARM R14_x	Thumb R14_x	
BL	MOV PC,R14	PC+4	PC+2	此处PC为BL/SWI/未定义的指令取指或者预取中止指令的地址
SWI	MOVS PC,R14_svc	PC+4	PC+2	
未定义的指令	MOVS PC,R14_und	PC+4	PV+2	
预取中止	SUBS PC,R14_abt,#4	PC+4	PC+4	
快中断	SUBS PC,R14_fiq,#4	PC+4	PC+4	此处PC为由于FIQ或IRQ占先而没有被执行的指令的地址
中断	SUBS PC,R14_irq,#4	PC+4	PC+4	
数据中止	SUBS PC,R14_abt,#8	PC+8	PC+8	此处PC为产生数据中止的装载或保存指令的地址
复位	无	—	—	复位时保存在R14_svc中的值不可预知

注意： *表2.6中，“MOVS PC,R14_svc”是指在在管理模式下执行“MOVS PC,R14”指令。“MOVS PC,R14_und”和“SUBS PC,R14_abt,#4”等指令也是类似的。*

如果异常处理程序已经把返回地址复制到堆栈，可以使用一条多寄存器传送指令来恢复用户寄存器并实现返回。如指令举例2.3所示，以普通中断为例说明这种情况。

指令举例2.3 断处理代码的开始部分与退出部分

```
SUB LR,LR,#4 ;计算返回地址
STMFD SP!,{R0-R3,LR} ;保存使用到的寄存器
…
LDMFD SP!,{R0-R3,PC}^;中断返回
```

指令举例2.3中，中断返回指令的寄存器列表（其中必须包括PC）后的“^”符号表示这是一条特殊形式的指令。这条指令在从存储器中装载PC的同时（PC是最后恢复的），CPSR也得到恢复。这里使用的堆栈指针SP（R13）是属于异常模式的寄存器，每个异常模式都有自己的堆栈指

针。这个堆栈指针必须在系统启动时初始化。

2.5.5 ARM 异常描述

1. FIQ

FIQ（Fast Interrupt Request）异常是为了支持数据传输或者通道处理而设计的。在 ARM 状态下，系统有足够的私有寄存器，从而可以避免对寄存器保存的需求，并减小系统上下文切换的开销。

若将 CPSR 的 F 位置为 1，则会禁止 FIQ 中断，若将 CPSR 的 F 位清零，处理器会在指令执行时检查 FIQ 的输入。注意只有在特权模式下才能改变 F 位的状态。

可由外部通过对处理器上的 nFIQ 引脚输入低电平产生 FIQ。不管是在 ARM 状态还是在 Thumb 状态下进入 FIQ 模式，FIQ 处理程序均会执行以下指令从 FIQ 模式返回：

```
SUBS PC,R14_fiq,#4
```

该指令将寄存器 R14_fiq 的值减去 4 后，复制到程序计数器 PC 中，从而实现从异常处理程序中的返回，同时将 SPSR_mode 寄存器的内容复制到当前程序状态寄存器 CPSR 中。

2. IRQ

IRQ（Interrupt Request）异常属于正常的中断请求，可通过对处理器的 nIRQ 引脚输入低电平产生，IRQ 的优先级低于 FIQ，当程序执行进入 FIQ 异常时，IRQ 可能被屏蔽。

若将 CPSR 的 I 位置为 1，则会禁止 IRQ 中断，若将 CPSR 的 I 位清零，处理器会在指令执行完之前检查 IRQ 的输入。注意只有在特权模式下才能改变 I 位的状态。

不管是在 ARM 状态还是在 Thumb 状态下进入 IRQ 模式，IRQ 处理程序均会执行以下指令从 IRQ 模式返回：

```
SUBS PC,R14_irq,#4
```

该指令将寄存器 R14_irq 的值减去 4 后，复制到程序计数器 PC 中，从而实现从异常处理程序中的返回，同时将 SPSR_mode 寄存器的内容复制到当前程序状态寄存器 CPSR 中。

3. Abort 中止

产生中止异常 Abort 意味着对存储器的访问失败。ARM 微处理器在存储器访问周期内检查是否发生中止异常。

中止异常包括两种类型：

(1) 指令预取中止：发生在指令预取时。

(2) 数据中止：发生在数据访问时。

当指令预取访问存储器失败时，存储器系统向 ARM 处理器发出存储器中止（Abort）信号，预取的指令被记为无效，但只有当处理器试图执行无效指令时，指令预取中止异常才会发生，如果指令未被执行，如在指令流水线中发生了跳转，则预取指令中止不会发生。

若数据中止发生，系统的响应与指令的类型有关。

当确定了中止的原因后，Abort 处理程序均会执行以下指令从中止模式返回，无论是在 ARM 状态还是 Thumb 状态：

```
SUBS PC,R14_abt,#4   ;指令预取中止
SUBS PC,R14_abt,#8   ;数据中止
```

以上指令恢复 PC（从 R14_abt）和 CPSR（从 SPSR_abt）的值，并重新执行中止的指令。

4. 软件中断

软件中断 Software Interrupt 指令（SWI）用于进入管理模式，常用于请求执行特定的管理功能。软件中断处理程序执行以下指令从 SWI 模式返回，无论是在 ARM 状态还是 Thumb 状态：

```
MOV PC,R14_svc
```

以上指令恢复PC（从R14_svc）和CPSR（从SPSR_svc）的值，并返回到SWI的下一条指令。

5. 未定义指令

当ARM处理器遇到不能处理的指令时，会产生未定义指令Undefined Instruction异常。采用这种机制，可以通过软件仿真扩展ARM或Thumb指令集。

在仿真未定义指令后，处理器执行以下程序返回，无论是在ARM状态还是Thumb状态：

```
MOVS PC,R14_und
```

以上指令恢复PC（从R14_und）和CPSR（从SPSR_und）的值，并返回到未定义指令后的下一条指令。

2.5.6 ARM异常向量表

异常向量地址如表2.7所示。在表2.7中，I和F表示先前的值。

表2.7 异常向量

地址	异常	进入时的模式	进入时I的状态	进入时F的状态
0x0000000C	中止（预取）	中止	I	F
0x00000010	中止（数据）	中止	I	F
0x00000014	保留	保留	—	—
0x00000018	IRQ	中断	禁止	F
0x0000001C	FIQ	快中断	禁止	禁止

2.5.7 ARM异常优先级

当多个异常同时发生时，一个固定的优先级系统决定它们被处理的顺序：

(1) 复位（最高优先级）；

(2) 数据中止；

(3) FIQ；

(4) IRQ；

(5) 预取中止；

(6) 未定义指令；

(7) SWI（最低优先级）。

以下异常不能一起发生：

(1) 未定义的指令和SWI异常互斥。它们分别对应于当前指令的一个特定（非重叠）译码。

(2) 当FIQ使能，并且在发生FIQ的同时产生了一个数据中止，ARM920T内核进入数据中止处理程序，然后立即转到FIQ向量。从FIQ的正常返回使数据中止处理程序恢复执行。数据中止的优先级必须高于FIQ以确保数据转移错误不会被漏过。必须将异常入口的时间增加到系统中最坏情况下FIQ的延迟时间。

2.6 ARM存储器和存储器映射I/O

ARM920T处理器采用冯·诺依曼（Von Neumann）结构，指令和数据共用一条32位数据总线。只有装载、保存和交换指令可以访问存储器中的数据。

ARM 9的规范仅定义了处理器核与存储系统之间的信号及时序（局部总线），而现实的芯片一般在外部总线与处理器核的局部总线之间有一个存储器管理部件，负责将局部总线的信号和时序转换为现实的外部总线信号和时序。因此，外部总线的信号和时序与具体的芯片相关，不是ARM 9的标准。具体到某个芯片的外部存储系统的设计需要参考其芯片的数据手册或使用手册等资料。

ARM920T 处理器将存储器视为一个从 0 开始的线性递增的字节集合：

（1）字节 0 ~ 3 保存第 1 个存储的字；

（2）字节 4 ~ 7 保存第 2 个存储的字；

（3）字节 8 ~ 11 保存第 3 个存储的字。

ARM920T 处理器可以将存储器中的字以下列格式存储：

（1）大端（Big - Endian）格式；

（2）小端（Little - Endian）格式。

2.6.1 ARM 体系的存储空间

ARM 结构使用单个平面的 2^{32} 个 8 位字节地址空间。字节地址按照无符号数排列，从 0 ~ （$2^{32}-1$）。

地址空间可视为包含 2^{30} 个 32 位字，地址以字为单位进行分配。也就是将地址除以 4。地址为 A 的字包含 4 个字节，地址分别为 A，A + 1，A + 2 和 A + 3。

在 ARM 结构 V4T 及以上版本中（ARM920T 基于 V4T 版本），地址空间还可被视为包含 2^{31} 个 16 位半字。地址按照半字进行分配。地址为 A 的半字包含 2 个字节，地址分别为 A 和A + 1。

地址计算通常通过普通的整数指令来实现。这意味着如果地址向上或向下溢出地址空间，通常会发生翻转。也就是说计算的结果以 2^{32} 为模。但是如果地址空间在将来进行扩展，为了降低不兼容性，程序不应依赖于该特性进行编写。如果地址的计算没有发生翻转，那么结果仍然在范围 0 ~ ($2^{31}-1$) 内。

大多数指令通过指令所指定的偏移量与 PC 值相加并将结果写入 PC 来计算目标地址。如下面的计算：

（当前指令的地址）+ 8 + 偏移量

溢出地址空间，那么该指令依赖于地址的翻转，因此在技术上是不可预测的。因此穿过地址 0xFFFFFFFF 的向前转移和穿过地址 0x00000000 的向后转移都不应使用。

另外，正常连续执行的指令实际上是通过计算（当前指令的地址）+4 来确定下一条要执行的指令。如果该计算溢出了地址空间的顶端，结果同样不可预测。换句话说，程序不应信任在地址 0xFFFFFFFC 处的指令之后连续执行的位于地址 0x00000000 的指令。

注意：上述原则不只适用于执行的指令，还包括指令条件代码检测失败的指令。大多数 ARM 在当前执行的指令之前执行预取指令。如果预取操作溢出了地址空间的顶端，则不会产生执行动作并导致不可预测的结果，除非预取的指令实际上已经执行。

LDR、LDM、STR 和 STM 指令在增加的地址空间访问一连串的字，每次装载或保存，存储器地址都会加 4。如果计算溢出了地址空间的顶端，结果是不可预测的。换句话说，程序在使用这些指令时不应使其溢出。

2.6.2 ARM 存储器格式

地址空间的规则要求字地址 A 满足：

（1）位于地址 A 的字包含的字节位于地址 A，A + 1，A + 2 和 A + 3；

（2）位于地址 A 的半字包含的字节位于地址 A 和 A + 1；

（3）位于地址 A + 2 的半字包含的字节位于地址 A + 2 和 A + 3；

（4）位于地址 A 的字包含的半字位于地址 A 和 A + 2。

但是这样并不能完全定义字、半字和字节之间的映射。存储器系统使用下列两种映射机制中的一种。

1. 对于小端存储器系统

在小端（Little - Endian）存储器系统格式中，一个字当中最低地址的字节被视为最低位字节，最高地址字节被视为最高位字节。因此存储器系统字节 0 连接到数据线 7 ~ 0，如图 2.4 所示。

2. 大端存储器系统

在大端（Big - Endian）存储器系统格式中，ARM920T 处理器将最高位字节保存在最低地址字节，最低位字节保存在最高地址字节。因此存储器系统字节0连接到数据线31～24。如图2.5所示。

	31 24	23 16	15 8	7 0	字地址
高地址	11	10	9	8	8
↑	7	6	5	4	4
低地址	3	2	1	0	0

图2.4 字内字节的小端地址

	31 24	23 16	15 8	7 0	字地址
高地址	8	9	10	11	8
↑	4	5	6	7	4
低地址	0	1	2	3	0

图2.5 字内字节的大端地址

一个具体的基于ARM芯片可能只支持小端存储器系统，也可能只支持大端存储器系统，还可能两者都支持。

ARM指令集不包含任何直接选择大/小端的指令。但是一个同时支持大/小端的基于ARM的芯片可以在硬件上配置（一般使用芯片的引脚来配置）来匹配存储器系统所使用的规则。如果芯片有一个标准系统控制协处理器，系统控制协处理器的寄存器1的bit7可用于改变配置输入。

如果一个基于ARM的芯片将存储器系统配置为其中一种存储器格式（如小端存储器），而实际连接的存储器系统配置为相反的格式（如大端存储器），那么只有以字为单位的指令取指、数据装载和数据保存能够可靠实现。其他的存储器访问将出现不可预期的结果。

当标准系统控制协处理器连接到支持大小端的ARM处理器时，协处理器寄存器1的第7位在复位时清零。这表示ARM处理器在复位后立即配置为小端存储器系统。如果它连接到一个大端存储器系统，复位处理程序所要尽早做的事情之一就是切换到大端存储器系统，并必须在任何可能的字节或半字数据访问发生或Thumb指令执行之前执行。

注意： *存储器格式的规则意味着字的装载和保存并不受配置的大/小端的影响。因此不可能通过保存一个字，改变存储器格式，然后重装已保存的字使该字当中字节的顺序翻转。一般来说，改变ARM处理器配置的存储器格式，使其不同于连接的存储器系统并没有什么用处，因为这样做的结果并不会产生一个额外的定义结构的操作。因此通常只在复位时改变存储器格式的配置使其匹配存储器系统的存储器格式。*

2.6.3 非对齐存储器访问操作

ARM结构通常期望所有的存储器访问都要合理对齐。具体来说就是字访问的地址通常是字对齐的，而半字访问使用的地址是半字对齐的。不按这种方式对齐的存储器访问称为非对齐存储器访问。

1. 非对齐的指令取指

如果在ARM状态下将一个非字对齐的地址写入R15，结果通常不可预测。如果在Thumb状态下将一个非半字对齐的地址写入R15，地址位bit[0]通常被忽略。结果在ARM状态下，有效代码从R15读出值的bit[1:0]为0，而在Thumb状态下读出的R15值的bit0为0。

当规定忽略这些位时，ARM的实现不要求在指令取指时将这些位清零。可以将写入R15的值不加改变地发送到存储器，并在ARM或Thumb指令取指时请求系统忽略地址位bit[1:0]或bit[0]。

2. 非对齐的数据访问

产生非对齐访问的装载/保存指令会出现在下列定义的动作之中：

(1) 不可预测；

(2) 忽略造成访问不对齐的低地址位。这意味着在半字访问时使用公式（地址 AND 0xFFFFFFFE），而在字访问时使用公式（地址 AND 0xFFFFFFFC）；

(3) 对存储器访问本身忽略造成访问不对齐的低地址位，然后使用这些低地址位控制装载数据的循环（该动作只适用于LDR和SWP指令）。

这3个选项中的哪一个适用于装载/保存指令取决于具体的指令。

在将地址发送到存储器时，ARM 的实现不要求将造成不对齐的低地址位清零。可以将装载/保存指令计算出的地址不加改变地发送到存储器，并在半字访问或字访问时请求存储器系统忽略地址位 bit[0]或 bit[1:0]。

2.6.4 存储器映射 I/O

执行 ARM 系统 I/O 功能的标准方法是使用存储器映射的 I/O。装载或保存 I/O 值时，使用提供给 I/O 功能的特殊存储器地址。通常，从存储器映射的 I/O 地址装载用于输入，而保存到存储器映射的 I/O 地址则用于输出。装载和保存都可用于执行控制功能，用于取代它们正常的输入或输出功能。

存储器映射的 I/O 位置的动作通常不同于正常的存储器位置的动作。例如，正常存储器位置的两次连续装载每次都会返回相同的值，除非中间插入了保存操作。对于存储器映射的 I/O 位置，第二次装载返回的值可以不同于第一次返回的值，因为第一次装载的副作用（如从缓冲区移走已装载的值）或是因为插入另一个存储器映射 I/O 位置的装载和保存的副作用造成返回值不同。

这些区别主要影响高速缓存的使用和存储器系统的写缓冲区，具体信息请参考相关资料。一般来说，存储器映射的 I/O 位置通常标示为无高速缓存和无缓冲区，以避免对它们进行访问的次数、类型、顺序或时序发生改变。

不同 ARM 实现（可以理解为不同的芯片）存储器指令取指时会有相当大的区别。因此强烈建议存储器映射的 I/O 位置只用于数据的装载和保存，不用于指令取指。任何依赖于从存储器映射 I/O 位置取指的系统设计都可能难于移植到将来的 ARM 中实现。

1. 对存储器映射 I/O 的数据访问

一个指令序列在执行时会在不同的点访问数据存储器，产生装载和保存访问的时序。如果这些装载和保存访问的是正常的存储器位置，那么它们在访问相同的存储器位置时只是执行交互操作。结果，对不同存储器位置的保存和装载可以按照不同于指令的顺序执行，但不会改变最终的结果。这种改变存储器访问顺序的自由方式可被存储器系统用来提高性能（如通过使用高速缓存和写缓冲区）。

此外，对同一存储器位置的访问还拥有其他可用于提升性能的特性，其中包括：

（1）从相同的位置连续加载（没有插入存储）产生相同的结果。

（2）从一个位置执行加载操作，将返回最后保存到该位置的值。

（3）对某个数据规格的多次访问有时可合并成单独的更大规模的访问。例如，分别存储一个字所包含的两个半字可合并成单个字的存储。

但是如果存储器字、半字或字节访问的对象是存储器映射的 I/O 位置。一次访问会产生副作用，使后续访问改变成一个不同的地址。如果是这样，那么不同时间顺序的访问将会使代码序列产生不同的最终结果。因此访问存储器映射的 I/O 位置时不能进行优化，它们的时间顺序绝对不能改变。

对于存储器映射的 I/O，另外还有很重要的一点就是每次存储器访问的数据规格都不会改变。例如，在访问存储器映射的 I/O 时，一个指定从 4 个连续字节地址读出数据的代码序列不能合并成单个字的读取，否则会使代码序列的最终执行结果不同于期望的结果。类似地，将字的访问分解成多个字节的访问可能会导致存储器映射的 I/O 设备无法按照预期进行操作。

每个 ARM 的实现（可以理解为具体的基于 ARM 的芯片）都提供一套机制来保证在数据存储器访问时不会改变访问的次数、数据的规格或时间顺序。该机制包含了实现定义的要求，在存储器访问时保护访问的次数、数据规格和时间顺序。如果在访问存储器映射的 I/O 时不符合这些要求，可能会发生不可预期的动作。

典型的要求包括：

(1) 限制存储器映射 I/O 位置的存储器属性。例如，在标准存储器系统结构中，存储器位置必须是无高速缓存和无缓冲区的。

(2) 限制访问存储器映射 I/O 位置的规格或对齐方式。例如，如果一个 ARM 实现带有 16 位外部数据总线，它可以禁止对存储器映射的I/O使用32位访问，因为32位访问无法在单个总线周期内执行。

（3）要求额外的外部硬件。例如，带16位外部数据总线的ARM实现可以允许对存储器映射的I/O使用32位访问，但要求外部硬件将两个16位总线访问合并成对I/O设备的单个32位访问。

如果数据存储器访问序列包含一些符合要求的访问和一些不符合要求的访问，那么：

（1）符合要求的访问其数据规格和数目都被保护，没有互相合并或者也没有与不符合要求的访问以任何方式合并。不符合要求的访问可以互相合并。

（2）符合要求的访问彼此的时间顺序被保护，但它们相对于那些不符合要求访问的时间顺序不能保证。

2. LDM和STM指令的时间顺序

LDM指令对存储器中的连续字执行连续的加载。STM指令将多个数据存储到存储器的连续字单元中。上面所描述的访问存储器映射I/O的规则适用于这些指令当中连续字的访问，和在一串单个存储器访问指令序列中应用的方式一样。

LDM或STM指令所执行的存储器访问序列的时间顺序只在有限的环境下由结构所定义。这些规则包括：

（1）如果指令中所列寄存器包含PC，存储器访问的序列并未定义（意味着这样的LDM和STM指令不适合访问存储器映射的I/O）。

（2）如果指令中所列寄存器不包含PC，存储器访问序列的时间顺序按照存储器地址排列，从最低地址开始，到最高地址结束（该顺序与加载和存储寄存器列表里的寄存器升序排列相同）。

（3）如果所有由LDM或STM产生的存储器访问都符合实现定义的存储器映射I/O位置的要求，那么它们的数目、数据规格和时间顺序都被保护。

（4）如果有些由LDM或STM产生的存储器访问符合实现定义的存储器映射I/O位置的要求，而有些不符合，那么它们的数目、数据规格和时间顺序不能确保被保护。

ARM处理器和存储器系统甚至不必保护符合该要求访问的时间顺序。这是正常规则的一个例外，它适用于有些访问符合要求而有些访问不符合要求的情况。

例如，使用标准存储器系统时，如果LDM或STM指令穿过了存储器中高速缓存的区域和无高速缓存、无缓冲区的区域之间的边界，存储器访问的时间顺序将无法确保得到保护。因此这样的LDM和STM指令不适用于存储器映射I/O。

2.7　协处理器接口

ARM920T处理器指令集可以帮助用户通过协处理器来实现特殊的附加指令。这些协处理器是与ARM920T内核相结合的单独的处理单元。一个典型的协处理器包括：

（1）指令流水线；

（2）指令译码逻辑；

（3）寄存器分组；

（4）带独立数据通路的特殊处理逻辑。

协处理器和ARM920T处理器连接到同一个数据总线，这意味着协处理器可以对指令流中的指令进行译码并执行其所支持的指令。每条指令的处理都沿着ARM920T处理器流水线和协处理器流水线同时进行。

指令的执行由ARM920T内核与协处理器共同实现。

ARM920T内核：

（1）求出条件代码的值以确定指令是否必须由协处理器执行，然后使用CPnI（内核与协处理器的握手信号）通知系统中的所有协处理器。

（2）产生指令所要求的地址（包括下一条指令的预取）来填充流水线。

（3）如果出现协处理器不接受的指令，则执行未定义指令陷阱。

协处理器：

（1）对指令进行译码以确定是否能接收。

（2）通过 CPA 和 CPB（内核与协处理器的握手信号）指示它是否接收这一指令。

（3）从自身的寄存器组当中取出任何需要的值。

（4）执行指令所要求的操作。

如果协处理器无法执行某条指令，则执行未定义指令陷阱。用户可以选择在软件中仿真协处理器功能或设计一个专用的协处理器。

2.7.1 可用的协处理器

一个系统中最多可连接 16 个协处理器，每个协处理器都通过唯一的 ID 标志。ARM920T 处理器包含两个内部协处理器：

（1）CP14 通信通道协处理器；

（2）CP15 为 CACHE 和 MMU 功能提供的系统控制协处理器。

因此，用户不能将外部协处理器的编号分配为 14 和 15。ARM 还保留了其他的协处理器编号，如表 2.8 所示。

表 2.8 可用的协处理器

协处理器编号	分　配	协处理器编号	分　配
15	系统控制	7:4	可供芯片设计者使用
14	调试控制器	3:0	保留
13:8	保留		

2.7.2 关于未定义的指令

ARM920T 处理器执行完全的 ARM 结构 v4 未定义指令的处理。这意味着 ARM 体系结构参考手册中定义为 UNDEFINED 的任何指令都会使 ARM920T 处理器执行未定义指令陷阱。任何一个不被协处理器接收的指令也会使 ARM920T 处理器执行未定义指令陷阱。

2.8 ARM 系统调试接口

2.8.1 系统信号和调试工具

传统调试工具及调试方法存在过分依赖芯片引脚的特点，不能在处理器高速运行下正常工作，而且占用系统资源，不能实时跟踪和设置硬件断点，价格过于昂贵。

SoC 信号特点是目前高度集成的嵌入式 SoC 应用，有很多动作都不在芯片的外部 I/O 上体现，一些内部模块的控制、存储器的总线信号也并不完全出现在芯片的外部 I/O 引脚上。这种深度嵌入、软件越来越复杂的发展趋势给传统的调试工具带来了极大的挑战，调试经常是一个很大的难题，也给嵌入式开发工作带来了不便，这就需要更先进的调试技术和调试工具。

2.8.2 JTAG 接口及应用

1. JTAG 接口

JTAG（Joint Test Action Group，联合测试工作组）是一种国际标准测试协议（IEEE 1149.1 兼容），主要用于芯片内部测试。现在多数的高级器件都支持 JTAG 协议，如 DSP、FPGA 器件等。标准的 JTAG 接口是 4 线：TMS、TCK、TDI 和 TDO，分别为模式选择、时钟、数据输入和数据输出线。

JTAG 接口最初是用来对芯片进行测试的，JTAG 的基本原理是在器件内部定义一个 TAP（Test Access Port，测试访问口）通过专用的 JTAG 测试工具对内部节点进行测试。JTAG 测试允许多个器件通过 JTAG 接口串联在一起，形成一个 JTAG 链，能实现对各个器件分别测试。如今，JTAG 接口还常用于实现 ISP（In – System Programmer，在线系统编程），对 FLASH 等器件进行编程。

JTAG 编程方式是在线编程，传统生产流程中先对芯片进行预编程然后再装配到电路板上，简化的流程是先固定器件到电路板上，再用 JTAG 编程，从而大大加快工程进度。JTAG 接口可对 DSP 芯片内部的所有部件进行编程。

2. JTAG 仿真器

JTAG 仿真器也称为 JTAG 的在线调试器 ICD，是通过 ARM 芯片的 JTAG 边界扫描口进行调试的设备。

JTAG 仿真器连接比较方便，实现价格比较便宜，是通过现有的 JTAG 边界扫描口与 ARM CPU 核通信，实现了完全非插入式调试。它不使用片上资源，无须目标存储器，不占用目标系统的任何端口。基于 JTAG 仿真器的调试是目前 ARM 开发中采用最多的一种方式。大多数 ARM 设计采用了片上 JTAG 接口，并将它作为其测试和调试方法的重要组成。

3. JTAG 仿真器的功能

JTAG 仿真器与计算机的连接是通过 ARM 处理器特有的 JTAG 边界扫描接口与目标机通信进行调试，并可以通过并口或串口、USB 口等与宿主机 PC 通信。

JTAG 仿真器的功能基于 JTAG 的 ARM 的内核调试通道，具有典型的 ICE（In – Circuit Emulator）功能，通过配置，支持设置断点、观察点调试运行、处理器状态、系统状态访问及下载固化程序等。

2.8.3　ETM 接口

ETM（Embedded Trace Macrocell）嵌入式跟踪宏单元连接到 ARM 处理器内部，能够实现对执行代码的实时跟踪，并将跟踪信息压缩，通过一个窄带的名叫“跟踪端口”进行输出。

1. ETM 调试工具

ETM 调试工具利用外部跟踪端口分析仪（一个连接计算机和 ARM 跟踪引脚的设备），在软件调试器的控制下捕获跟踪信息。

2. ETM 接口的应用

ETM 接口是通过跟踪宏单元 ETM 外部跟踪端口分析仪、安装在计算机上的调试和分析软件以及嵌入式实时跟踪，实时观察其操作过程，使得对应用程序的调试更加全面、客观和真实。

ARM 开发者通过 Embedded ICE 和 ETM 获得传统意义的在线仿真器（ICE）工作能够提供的各种功能。通过这些技术能够全面观察应用代码的实时行为，并且能够设置断点、检查并修改处理器寄存器和存储单元，并且总是能够严格地反链接到高级语言源代码，构成 ARM 完整的调试，实时跟踪的完整解决方案降低了开发成本。

2.9　ATPCS 介绍

为了使单独编译的 C 语言程序和汇编语言程序之间能够相互调用，必须为子程序间的调用设置一定的规则。

ATPCS 规定了一些子程序间调用的基本规则。这些基本规则包括子程序调用过程中寄存器的使用规则，数据栈的使用规则，参数的传递规则。为适应一些特定的需要，对这些基本的调用规则进行一些修改并集中不同的子程序调用规则。这些特定的调用规则包括：

（1）支持数据栈限制检查的 ATPCS。

（2）支持只读段位置无关的 ATPCS。

（3）支持可读/写段位置无关的 ATPCS。

（4）支持 ARM 程序和 Thumb 程序混合使用的 ATPCS。

（5）处理浮点运算的 ATPCS。

有调用关系的所有子程序必须遵守同一种 ATPCS。编译器或者汇编器在 ELF 格式的目标文件中设置相应的属性，表示拥护选定的ATPCS类型。对应于不同类型的ATPCS规则，有相应的C语言库，连接器根据用户制定的ATPCS类型连接相应的C语言库。

使用ADS的C语言编译器编译的C语言子程序满足用户指定的ATPCS类型。而对于汇编语言程序来说，完全要依赖于用户来保证各子程序满足选定的ATPCS类型。具体来说，汇编语言程序必须满足：

（1）在子程序编写时必须遵守相应的ATPCS规则。

（2）数据栈的使用要遵守相应的ATPCS规则。

（3）在汇编编译器中使用 - apcs 选项。

2.10 本章小结

本章首先介绍了ARM微处理器的一些关键技术，如ARM的概念、ARM体系结构的演变及特征、ARM系列等。接着，介绍了ARM处理器的工作状态、ARM处理器的工作模式、ARM处理器寄存器组织，然后详细介绍了ARM异常和ARM存储器映射等知识。

思考与练习

1. ARM体系结构有哪些特征？
2. ARM工作状态有哪两种？它们是如何切换的？
3. ARM有哪几种处理器模式？
4. 在复位后，ARM处理器处于何种模式、何种状态？
5. ARM核有多少个寄存器？
6. 什么寄存器用于存储PC和链接寄存器？
7. R13通常用来存储什么？
8. 哪种模式使用的寄存器最少？
9. CPSR的哪一位反映了处理器的状态？
10. 所有的Thumb指令采取什么对齐方式？
11. ARM有哪几个异常类型？
12. 简要阐述ARM的异常处理过程。
13. 哪些机制使得FIQ响应速度快？
14. ARM920T中的T含义是什么？
15. ARM920T采用几级流水线？使用何种存储器编址方式？
16. ARM处理器模式和ARM处理器状态有何区别？
17. 分别列举ARM的处理器模式和状态。
18. PC和LR分别使用哪个寄存器？
19. ARM和Thumb指令的边界对齐有何不同？
20. 描述一下如何禁止IRQ和FIQ的中断。
21. 定义R0 = 0x12345687，假设使用存储指令将R0的值存放在0x4000单元中。如果存储器格式为大端格式，请写出在执行加载指令将存储器0x4000单元的内容取出存放到R2寄存器操作后所得R2的值。如果存储器格式改为小端格式，所得的R2值又为多少？低地址0x4000单元的字节内容分别是多少？
22. 描述一下ARM920T的产生异常的条件分别是什么。各种异常会使处理器进入哪种模式？进入异常时内核有何操作，各种异常的返回指令又是什么？

第 3 章　ARM 处理器的指令系统

本章主要从 ARM 指令寻址方式、ARM 指令分类等几个方面全面系统地介绍 ARM 9 指令集，并给出指令使用例子和一定功能的汇编语言程序段，主要介绍 Thumb 指令集的概念和特点，并且与 ARM 指令进行对比。通过本章的学习，可使读者掌握 ARM 汇编指令的使用和汇编语言程序设计的方法。

本章主要内容有：

- ARM 处理器寻址方式
- ARM 指令集
- Thumb 指令集

3.1　ARM 指令集概述

ARM 处理器是基于精简指令集计算机（RISC）原理设计的，与基于复杂指令集原理设计的处理器相比较，指令集和相关译码机制较为简单。ARM 指令有 32 位 ARM 指令集与 16 位 Thumb 指令集，ARM 指令集效率高，但代码密度低；而 Thumb 指令集具有较高的代码密度，却仍然保持 ARM 的大多数性能上的优势，它是 ARM 指令集的子集。

所有的 ARM 指令都是可以有条件执行的，而 Thumb 指令仅有一条指令具备条件执行功能。ARM 程序和 Thumb 程序可相互调用，相互间的状态切换开销几乎为零。

ARM 微处理器的指令集是加载/存储型的，即指令集仅能处理寄存器中的数据，而且处理结果都要放回寄存器中，而对系统存储器的访问则需要通过专门的加载/存储指令来完成。

3.1.1　指令分类和指令格式

1. 指令分类

ARM 指令集可分为五大类指令，分别是：

（1）分支指令；

（2）数据处理指令；

（3）加载和存储指令；

（4）协处理器指令；

（5）杂项指令。

大多数的数据处理指令和一种协处理器指令可以根据结果使 CPSR 寄存器当中的 4 个条件代码标志（N，Z，C 和 V）更新。注意是“可以”而不是“一定”。当指令带 S 后缀时一般要更新条件代码标志。否则一般不更新。不过有例外的情况，本书后续章节再详细介绍。

几乎所有的 ARM 指令都包含一个 4 位的条件域。如果条件代码标志在指令开始执行时指示条件为真，那么指令正常执行，否则指令不执行。14 个可用的条件允许：

（1）测试相等或不相等；

（2）测试不相等调节 <，<=，> 和 >=，包括有符号和无符号运算；

（3）单独测试每个条件代码标志。

条件域的第 16 个值用于那些不允许条件执行的指令。

这个条件域在指令中由指令的条件码后缀指定，如指令举例 3.1 所示。

指令举例 3.1　指令的条件执行

正常指令（总是执行）：

```
B Lable
```

相等执行：

```
BEQ Lable
```

1）分支指令

标准分支指令除了允许数据处理或加载指令通过写 PC 来改变控制流以外，还提供了一个 24 位有符号偏移，可实现最大 32MB 向前或向后的转移。

转移和连接（BL）选项在跳转后将指令地址保存在 R14（LR）当中。这样通过将 LR 复制到 PC 可实现子程序的返回。

另外有的分支指令可在指令集之间进行切换，此时，分支指令执行完成后处理器继续执行 Thumb 指令集的指令。这样就允许 ARM 代码调用 Thumb 子程序，而 ARM 子程序也可返回到 Thumb 调用程序。Thumb 指令集中相似的指令可实现对应的 Thumb→ARM 的切换。

2）数据处理指令

数据处理指令在通用寄存器上执行计算。ARM920T 的数据处理指令分为 3 种类型：算术/逻辑指令、比较指令和乘法指令。

（1）算术/逻辑指令。算术/逻辑指令一共有 12 条，它们使用相同的指令格式。它们最多使用两个源操作数来执行算术或逻辑操作，并将结果写入目标寄存器。也可选择根据结果更新条件代码标志。

两个源操作数其中一个一定是寄存器，另一个有两种基本形式：

① 立即数或是寄存器值，可选择移位。

② 如果操作数是一个移位寄存器，移位计数可以是一个立即数或另一个寄存器的值。可以指定 4 种移位的类型。每一条算术/逻辑指令都可以执行算术/逻辑和移位操作。这样就可轻松实现各种不同的分支指令。

（2）比较指令。比较指令有 4 条，它们使用与算术/逻辑指令相同的指令格式。比较指令根据两个源操作数执行算术或逻辑操作，但不将结果写入寄存器。它们总是根据结果更新条件代码标志。比较指令源操作数的格式与算术/逻辑指令相同，具有移位操作的功能。

（3）乘法指令。乘法指令分成两类。这两类指令都将 32 位寄存器值相乘并保存结果：

① 32 位结果：在一个寄存器中保存 32 位结果。

② 64 位结果：在两个独立的寄存器中保存 64 位结果。

乘法指令的这两种类型都可选择执行累加操作。

3）加载和存储指令

装载和保存指令包括装载和保存寄存器、装载和保存多个寄存器和交换寄存器和存储器内容。

（1）加载和存储寄存器。加载寄存器指令可将一个 32 位字、一个 16 位半字或一个 8 位字节从存储器装入寄存器。字节和半字在加载时自动实现零扩展和符号扩展。保存寄存器指令可以将一个 32 位字、一个 16 位半字或一个 8 位字节从寄存器保存到存储器。

加载和存储寄存器指令有 3 种主要的寻址模式，这 3 种模式都使用指令所指定的基址寄存器和偏移量：

① 在偏移寻址模式中，将基址寄存器值加上或减去一个偏移量得到存储器地址。

② 在前变址寻址模式中，存储器地址的构成方式和偏移寻址模式相同，但存储器地址会回写到基址寄存器。

③ 在后变址寻址模式中，存储器地址为基址寄存器的值。基址寄存器的值加上或减去偏移量的结果写入基址寄存器。

在每种情况下，偏移量都可以是一个立即数或是一个变址寄存器的值。基于寄存器的偏移量也可使用移位操作来调整。

由于PC是一个通用寄存器，可以通过将32位值直接装入PC跳转到4GB存储器空间的任何地址。

（2）加载和存储多个寄存器。加载多个寄存器（LDM）和存储多个寄存器（STM）指令可以对任意数目的通用寄存器执行块转移。支持4种寻址模式：①前递增；②后递增；③前递减；④后递减。

基地址由一个寄存器值指定，它在转移后可选择更新。由于子程序返回地址和PC值位于通用寄存器当中，使用LDM和STM可构成非常高效的子程序入口和出口：

（1）子程序入口处的单个STM指令可将寄存器内容和返回地址压入堆栈，在处理中更新堆栈指针。

（2）子程序出口处的单个LDM指令可将寄存器内容从堆栈恢复，将返回地址装入PC并更新堆栈指针。

LDM和STM指令还可用于实现非常高效的块复制和相似的数据移动算法。

（3）交换寄存器和存储器内容。交换指令（SWP）执行下列操作步骤：①从寄存器指定的存储器位置存入一个值；②将寄存器内容保存到同一个存储器位置；③将步骤①存入的值写入一个寄存器。

如果步骤②和步骤③指定同一个寄存器，那么存储器和寄存器的内容就实现了互换。

交换指令执行一个特殊的不可分割的总线操作，该操作允许信号量的更新并支持32位字和8位字节信号量。

4）协处理器指令

协处理器指令有3种类型：

（1）数据处理指令：启动一个协处理器专用的内部操作。

（2）数据转移指令：将数据在协处理器和存储器之间进行转移。转移的地址由ARM处理器计算。

（3）寄存器转移指令：允许协处理器值转移到ARM寄存器或将ARM寄存器值转移到协处理器。

5）杂项指令

杂项指令包括状态寄存器转移指令和异常产生指令。状态寄存器转移指令将CPSR或SPSR的内容转移到一个通用寄存器，或者反过来将通用寄存器的内容写入CPSR或SPSR寄存器。

（1）设定条件代码标志的值；

（2）设定中断使能位的值；

（3）设定处理器模式。

有两种类型的指令用于产生特定的异常，但在ARM920T仅实现了一种，它就是软件中断指令。

SWI指令导致产生软件中断异常。它通常用于向操作系统请求调用OS定义的服务。SWI指令导致的处理器进入管理模式（一种特权模式）。这样一个非特权任务就可以对特权的功能进行访问，但是只能以OS所允许的方式访问。

2. 指令格式

1）ARM指令的基本格式如下：

```
<opcode> {<cond>} {S} <Rd>, <Rn>{, <operand2>}
```

其中，< >号内的项是必需的，{ }号内的项是可选的。如<opcode>是指令助记符，这是必须书写的，而{<cond>}为指令执行条件，是可选项。若不书写则使用默认条件AL（无条件执行）。

ARM指令中的opcode为指令助记符，如LDR、STR等；cond为执行条件，如EQ、NE等；S指是否影响CPSR寄存器的值；Rd指目标寄存器；Rn表示第1个操作数的寄存器；operand2表示第 2 个操作数。该指令格式举例如下：

```
LDR R0,[R1] ;读取 R1 地址上的存储器单元内容,执行条件 AL
BEQ DATAEVEN ;分支指令,执行条件 EQ,即相等则跳转到 DATAEVEN
ADDS R1,R1,#1 ;加法指令,R1 +1 => R1,影响 CPSR 寄存器(S)
SUBNES R1,R1,#0x10 ;条件执行减法运算(NE),R1 -0x10 => R1,影响 CPSR 寄存器(S)
```

2）第 2 个操作数

在 ARM 指令中，灵活地使用第 2 个操作数能够提高代码效率。第 2 个操作数的形式如下：

（1）#immed_8r——常数表达式。该常数必须对应 8 位位图（pattern），即常数是由一个 8 位的常数循环移位偶数位得到。

合法常量：0x3FC(0xFF ≪2)、0、0xF0000000(0xF0 ≪24)、200(0xC8)、0xF0000001(0x1F ≪28)。

非法常量：0x1FE、511、0xFFFF、0x1010、0xF0000010。

常数表达式应用举例：

```
MOV R0,#1 ; R0 =1
AND R1,R2,#0x0F ; R2 与 0x0F,结果保存在 R1
LDR R0,[R1],#-4 ;读取 R1 地址的存储器单元内容,且 R1 =R1 -4
```

（2）Rm——寄存器方式。在寄存器方式下，操作数即为寄存器的数值。

寄存器方式应用举例：

```
SUB R1,R1,R2 ; R1 -R2 =>R1
MOV PC,R0 ; PC =R0,程序跳转到指定地址
LDR R0,[R1],-R2 ;读取 R1 地址上的存储器单元内容并存入 R0,且 R1 =R1 -R2
```

（3）Rm，shift——寄存器移位方式。将寄存器的移位结果作为操作数，但 Rm 值保存不变，移位方法如下：

ASR #n 表示算术右移 n 位（$1 \leqslant n \leqslant 32$）。

LSL #n 表示逻辑左移 n 位（$1 \leqslant n \leqslant 31$）。

LSR #n 表示逻辑右移 n 位（$1 \leqslant n \leqslant 32$）。

ROR #n 表示循环右移 n 位（$1 \leqslant n \leqslant 31$）。

RRX 表示带扩展的循环右移 1 位。

type Rs，其中，type 为 ASR、LSL、LSR 和 ROR 中的一种；Rs 为偏移量寄存器，低 8 位有效。若其值大于或等于 32，则第 2 个操作数的结果为 0（ASR，ROR 例外）。

寄存器偏移方式应用举例：

```
ADD R1,R1,R1,LSL #3 ; R1 =R1X9
SUB R1,R1,R2,LSR #2 ; R1 =R1 -R2 /4
```

R15 为处理器的程序计数器 PC，一般不要对其进行操作，而且有些指令是不允许使用 R15 的，如 UMULL 指令。

3.1.2 ARM 指令的条件码

使用指令条件码可实现高效的逻辑操作，提高代码效率。指令条件码表如表 3.1 所示。

表 3.1 指令条件码表

操作码	条件码助记符	标　志	含　义
0000	EQ	Z=1	相等
0001	NE	Z=0	不相等
0010	CS/HS	C=1	无符号数大于或等于

续表

操作码	条件码助记符	标　志	含　义
0011	CC/LO	C = 0	无符号数小于
0100	MI	N = 1	负数
0101	PL	N = 0	正数或零
0110	VS	V = 1	溢出
0111	VC	V = 0	没有溢出
1000	HI	C = 1，Z = 0	无符号数大于
1001	LS	C = 0，Z = 1	无符号数小于或等于
1010	GE	N = V	有符号数大于或等于
1011	LT	N! = V	有符号数小于
1100	GT	Z = 0，N = V	有符号数大于
1101	LE	Z = 1，N! = V	有符号数小于或等于
1110	AL	任何	无条件执行（指令默认条件）
1111	NV	任何	从不执行（不要使用）

对于 Thumb 指令集，只有 B 指令具有条件码执行功能。此指令的条件码同表 3.1。但如果为无条件执行时，条件码助记符 AL 不能在指令中书写。

条件码应用举例如下：

比较两个值大小，并进行相应加 1 处理，C 代码为：

```
if(a>b) a++;
else b++;
```

对应的 ARM 指令如下（其中 R0 为 a，R1 为 b）：

```
CMP R0,R1 ；R0 与 R1 比较
ADDHI R0,R0,#1 ；若 R0 > R1，则 R0 = R0 + 1
ADDLS R1,R1,#1 ；若 R0≤1，则 R1 = R1 + 1
```

若两个条件均成立，则将这两个数值相加，C 代码为：

```
if((a!=10)&&(b!=20)) a=a+b;
```

对应的 ARM 指令如下，其中 R0 为 a，R1 为 b：

```
CMP R0,#10 ；比较 R0 是否为 10
CMPNE R1,#20 ；若 R0 不为 10，则比较 R1 是否为 20
ADDNE R0,R0,R1 ；若 R0 不为 10 且 R1 不为 20，指令执行，R0 = R0 + R1
```

3.2　ARM 处理器寻址方式

寻址方式是根据指令中给出的地址码字段来实现寻找真实操作数地址的方式。ARM 处理具有 9 种基本寻址方式。

3.2.1　寄存器寻址

操作数的值在寄存器中，指令中的地址码字段指出的是寄存器编号，指令执行时直接取出寄存器值来操作。寄存器寻址指令举例如下：

```
MOV R1,R2 ；将 R2 的值存入 R1
SUB R0,R1,R2 ；将 R1 的值减去 R2 的值，结果保存到 R0
```

3.2.2 立即寻址

立即寻址指令中的操作码字段后面的地址码部分即是操作数本身，也就是说，数据就包含在指令当中，取出指令也就取出了可以立即使用的操作数（这样的数称为立即数）。立即寻址指令举例如下：

```
SUBS R0,R0,#1 ；R0 减 1,结果放入 R0,并且影响标志位
MOV R0,#0xFF000 ;将立即数 0xFF000 载入 R0 寄存器
```

立即数要以“#”号为前缀，表示 16 进制数值时以“0x”表示。

3.2.3 寄存器移位寻址

寄存器移位寻址是 ARM 指令集特有的寻址方式。当第 2 个操作数是寄存器移位方式时，第 2 个寄存器操作数在与第 1 个操作数结合之前，选择进行移位操作。寄存器移位寻址指令举例如下：

```
MOV R0,R2,LSL #3 ；R2 的值左移 3 位,结果放入 R0,即是 R0 = R2 ×8
ANDS R1,R1,R2,LSL R3 ；R2 的值左移 R3 位,然后和 R1 相“与”操作,结果放入 R1
```

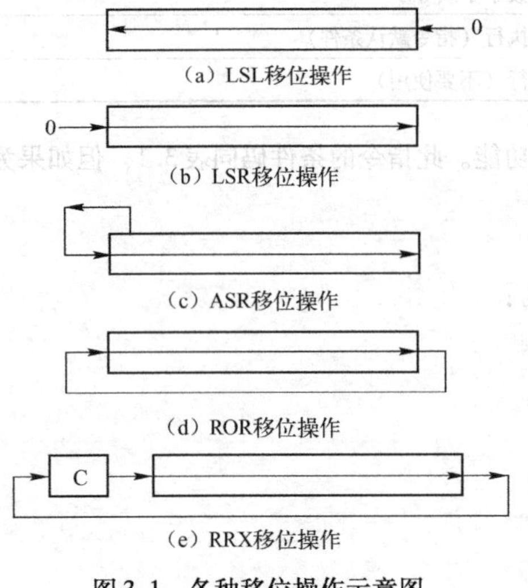

图 3.1 各种移位操作示意图

可采用的移位操作如下：

(1) LSL 移位操作：逻辑左移（Logical Shift Left），寄存器中字的低端空出的位补 0。

(2) LSR 移位操作：逻辑右移（Logical Shift Right），寄存器中字的高端空出的位补 0。

(3) ASR 移位操作：算术右移（Arithmetic Shift Right），移位过程中保持符号位不变，即若源操作数为正数，则字的高端空出的位补 0，否则补 1。

(4) ROR 移位操作：循环右移（Rtate Right），由字的低端移出的位填入字的高端空出的位。

(5) RRX 移位操作：带扩展的循环右移（Rotate Right eXtended by 1 place），操作数右移一位，高端空出的位用原 C 标志值填充。

各种移位操作如图 3.1 所示。

3.2.4 寄存器间接寻址

寄存器间接寻址指令中的地址码给出的是一个通用寄存器的编号，所需的操作数保存在寄存器指定地址的存储单元中，即寄存器为操作数的地址指针。寄存器间接寻址指令举例如下：

```
LDR R1,[R2] ;将 R2 指向的存储单元的数据读出,保存在 R1 中
SWP R1,R1,[R2] ;将寄存器 R1 的值和 R2 指定的存储单元的内容交换
```

3.2.5 基址寻址

基址寻址就是将基址寄存器的内容与指令中给出的偏移量相加，形成操作数的有效地址。基址寻址用于访问基址附近的存储单元，常用于查表、数组操作、功能部件寄存器访问等。基址寻址指令举例如下：

```
LDR R2,[R3,#0x0C]      ；读取 R3 +0x0C 地址上的存储单元的内容,放入 R2
STR R1,[R0,#-4]!       ；先 R0 = R0 -4,然后把 R1 的值寄存到 R0 指定的存储单元
LDR R1,[R0,R3,LSL #1];将 R0 +R3 ×2 地址上的存储单元的内容读出,存入 R1;
```

3.2.6 多寄存器寻址

多寄存器寻址即一次可传送几个寄存器值，允许一条指令传送 16 个寄存器的任何子集或所有寄存器。多寄存器寻址指令举例如下：

```
LDMIA R1!,{R2 - R7,R12}  ; 将 R1 指向的单元中的数据读出到 R2—R7,R12 中(R1 自动加1)
STMIA R0!,{R2 - R7,R12}  ; 将寄存器 R2—R7,R12 的值保存到 R0 指向的存储单元中(R0 自动加1)
```

使用多寄存器寻址指令时，寄存器子集的顺序是由小到大的顺序排列，连续的寄存器可用“-”连接，否则用“,”分隔书写。

3.2.7　堆栈寻址

堆栈是一种按特定顺序进行存取的存储区，操作顺序分为“后进先出”或“先进后出”。堆栈寻址是隐含的，它使用一个专门的寄存器（堆栈指针）指向一块存储区域（堆栈），指针所指向的存储单元即堆栈的栈顶。存储器堆栈可分为以下两种：

（1）向上生长：向高地址方向生长，称为递增堆栈。

（2）向下生长：向低地址方向生长，称为递减堆栈。

堆栈指针指向最后压入的堆栈的有效数据项，称为满堆栈；堆栈指针指向下一个待压入数据的空位置，称为空堆栈。这样就有 4 种类型的堆栈表示递增和递减的满/空堆栈的各种组合。

（1）满递增：堆栈通过增大存储器的地址值向上增长，堆栈指针指向内含有效数据项的最高地址，如指令 LDMFA、STMFA 等。

（2）空递增：堆栈通过增大存储器的地址值向上增长，堆栈指针指向堆栈上的第一个空位置，指令如 LDMEA、STMEA 等。

（3）满递减：堆栈通过减小存储器的地址值向下增长，堆栈指针指向内含有效数据项的最低地址，如指令 LDMFD、STMFD 等。

（4）空递减：堆栈通过减小存储器的地址值向下增长，堆栈指针向堆栈下的第一个空位置。指令如 LDMED、STMED 等。

堆栈寻址指令举例如下：

```
STMFD SP!,{R1 - R7,LR} ;将 R1 ~ R7、LR 入栈.满递减堆栈.
LDMFD SP!,{R1 - R7,LR} ;数据出栈,放入 R1 ~ R7、LR 寄存器.满递减堆栈.
```

3.2.8　块复制寻址

多寄存器传送指令用于将一块数据从存储器的某一位置复制到另一位置。块复制寻址指令举例如下：

```
STMIA R0!,{R1 - R7}    ;将 R1 ~ R7 的数据保存到存储器中.存储指针在保存第一个值之后增加,
                       ;增长方向为向上增长.
STMIB R0!,{R1 - R7}    ;将 R1 ~ R7 的数据保存到存储器中.存储指针在保存第一个值之前增加,
                       ;增长方向为向上增长.
STMDA R0!,{R1 - R7}    ;将 R1 ~ R7 的数据保存到存储器中.存储指针在保存第一个值之后增加,
                       ;增长方向为向下增长.
STMDB R0!,{R1 - R7}    ;将 R1 ~ R7 的数据保存到存储器中.存储指针在保存第一个值之前增加,
                       ;增长方向为向下增长.
```

3.2.9　相对寻址

相对寻址是基址寻址的一种变通。由程序计数器 PC 提供基准地址，指令中的地址码字段作为偏移量，两者相加后得到的地址即为操作数的有效地址。相对寻址指令举例如下：

```
BL SUBR1 ;调用到 SUBR1 子程序
BEQ LOOP ;条件跳转到 LOOP 标号处
……
LOOP MOV R6,#1
……
SUBR1
……
```

3.3 ARM 指令分类介绍

在介绍 ARM 指令集之前，先看一个简单的 ARM 汇编程序，通过这一段程序读者可以了解 ARM 汇编指令格式、程序结构及基本风格，完整代码如指令举例 3.2 所示。

指令举例 3.2　寄存器相加

```
;文件名:TEST1.S                                          (1)
;功能:实现两个寄存器相加                                  (2)
;说明:使用 ARMulate 软件仿真调试                           (3)
AREA Example1,CODE,READONLY ;声明代码段 Example1         (4)
ENTRY ;标示程序入口                                      (5)
    CODE32 ;声明 32 位 ARM 指令                          (6)
START MOV R0,#0 ;设置参数                                (7)
    MOV R1,#10                                           (8)
LOOP BL ADD_SUB ;调用子程序 ADD_SUB                       (9)
    B LOOP ;跳转到 LOOP                                  (10)
                                                         (11)
ADD_SUB                                                  (12)
ADDS R0,R0,R1 ; R0 = R0 + R1                             (13)
MOV PC,LR ;子程序返回                                     (14)
                                                         (15)
END ;文件结束                                             (16)
```

第(1)、(2)、(3)行为程序说明，使用“;”进行注释，“;”号后面至行结束均为注释内容；第(4)行声明一个代码段，ARM 汇编程序至少要声明一个代码段；第(5)行标示程序入口，在仿真调试时会从指定入口处开始运行程序；第(6)行声明 32 位 ARM 指令，ARM920T 复位后是 ARM 状态；第(7)~(14)行为实际代码，标号要顶格书写（如 START、LOOP、ADD_SUB），而指令不能顶格书写。BL 为调用子程序指令，它会把返回地址（下一条指令的地址）存到 LR，然后跳转到子程序 ADD_SUB。子程序 ADD_SUB 处理结束后，将 LR 的值装入 PC 即可返回；第(11)和(15)行为空行，目的在于增强程序的可读性；第(16)行用于指示汇编源文件结束，每一个 ARM 汇编文件均要用 END 声明结束。

3.3.1 分支指令

在 ARM 中有两种方式可以实现程序的跳转，一种是使用分支指令直接跳转，另一种则是直接向 PC 寄存器赋值实现跳转。分支指令有分支指令 B、带链接的分支指令 BL、带状态切换的分支指令 BX。

ARM 分支指令如表 3.2 所示。

表 3.2　ARM 分支指令

助 记 符	说　明	操　作	条件码位置
B label	分支指令	PC←label	B {cond}
BL label	带链接的分支指令	LR←PC - 4，PC←label	BL {cond}
BX Ram	带状态切换的分支指令	PC←label，切换处理器状态	BX {cond}

1. B——分支指令

B 指令用于跳转到指定的地址执行程序，其指令格式如下：

```
B{cond} label
```

指令编码格式如下所示：

31 28	27 26 25	24	23 0
cond	1 0 1	L	signed_immed_24

其中，signed_immed_24表示24位有符号立即数（偏移量）；L用于区别分支（L为0）或带链接的分支指令（L为1）。

分支指令B举例如下：

```
B WAITA ;跳转到WAITA标号处
B 0x1234 ;跳转到绝对地址0x1234处
```

分支指令B限制在当前指令的±32M字节地址范围内（ARM指令为字对齐，最低2位地址固定为0）。

2. BL——带连接的分支指令

BL指令先将下一条指令的地址复制到R14（即LR）连接寄存器中，然后跳转到指定地址运行程序。指令格式如下：

```
BL{cond} label
```

指令编码格式如下所示：

31 28	27 26 25	24	23 0
cond	1 0 1	L	signed_immed_24

其中，signed_immed_24表示24位有符号立即数（偏移量）。L用于区分区别分支（L为0）或带连接的分支指令（L为1）。

带连接的分支指令BL举例如下：

```
BL DELAY
```

分支指令BL限制在当前指令的±32M字节地址范围内，BL指令用于子程序调用。

3. BX——带状态切换的分支指令

BX指令实现跳转到Rm指定的地址执行程序，若Rm的位[0]为1，则跳转时自动将CPSR中的标志T置位，即把目标地址的代码解释为Thumb代码；若Rm的位[0]为0，则跳转时自动将CPSR中的标志T复位，即把目标地址的代码解释为ARM代码。指令格式如下：

```
BX{cond} Rm
```

指令编码格式如下所示：

31 28	27 4	3 0
cond	0 0 0 1 0 0 1 0 1 1 1 1 1 1 1 1 1 1 1 1 0 0 0 1	Rm

其中，Rm为目标地址寄存器。带状态切换的分支指令BX举例如下：

```
ADRL R0,ThumbFun+1
BX R0 ;跳转到R0指定的地址,并根据R0的最低位来切换处理器状态
```

3.3.2 数据处理指令

数据处理指令大致可分为4类：数据传送指令（如MOV,MVN）、算术逻辑运算指令（如ADD,SUB,AND）、比较指令（如CMP,TST）、乘法指令。数据处理指令只能对寄存器的内容进行操作。所有ARM数据处理指令均可选择使用S后缀，并影响状态标志。比较指令CMP,CMN,TST和TEQ不需要后缀S，它们会直接影响状态标志。

ARM数据处理指令如表3.3所示。

表 3.3 ARM 数据处理指令

助 记 符	说 明	操 作	条件码位置
MOV Rd,operand2	数据传送	Rd←operand2	MOV{cond}{S}
MVN Rd,operand2	数据非传送	Rd←(~operand2)	MVN{cond}{S}
ADD Rd,Rn,operand2	加法运算指令	Rd←Rn+operand2	ADD{cond}{S}
SUB Rd,Rn,operand2	减法运算指令	Rd←Rn-operand2	SUB{cond}{S}
RSB Rd,Rn,operand2	逆向减法指令	Rd←operand2-Rn	RSB{cond}{S}
ADC Rd,Rn,operand2	带进位加法	Rd←Rn+operand2+Carry	ADC{cond}{S}
SBC Rd,Rn,operand2	带进位减法指令	Rd←Rn-operand2-(NOT)Carry	SBC{cond}{S}
RSC Rd,Rn,operand2	带进位逆向减法指令	Rd←operand2-Rn-(NOT)Carry	RSC{cond}{S}
AND Rd,Rn,operand2	逻辑与操作指令	Rd←Rn&operand2	AND{cond}{S}
ORR Rd,Rn,operand2	逻辑或操作指令	Rd←Rn|operand2	ORR{cond}{S}
EOR Rd,Rn,operand2	逻辑异或操作指令	Rd←Rn^operand2	EOR{cond}{S}
BIC Rd,Rn,operand2	位清除指令	Rd←Rn&(~operand2)	BIC{cond>{S}
CMP Rn,operand2	比较指令	标志 N、Z、C、V←Rn-operand2	CMP{cond}
CMN Rn,operand2	负数比较指令	标志 N、Z、C、V←Rn+operand2	CMN{cond}
TST Rn,operand2	位测试指令	标志 N、Z、C、V←Rn&operand2	TST{cond}
TEQ Rn,operand2	相等测试指令	标志 N、Z、C、V←Rn^operand2	TEQ{cond}

ARM 数据处理指令编码格式如下所示：

31 28	27 26	25	24 21	20	19 16	15 12	11 0
cond	0 0	I	opcode	S	Rn	Rd	operand2

其中，opcode 为数据处理指令操作码。I 用于区别立即数（I 为 1）或寄存器移位（I 为 0）。S 用于设置条件码。Rn 为第一操作数寄存器。Rd 为目标寄存器。operand2 为第二个操作数。

若指令不需要全部的可用操作数时（如 MOV 指令的 Rn），不用的寄存器域应设置为 0（由编译器自动完成）。对于比较指令，b20 位固定为 1。ARM 数据处理指令操作码如表 3.4 所示。

表 3.4 ARM 数据处理指令操作码

操作码	指令助记符	说 明	操作码	指令助记符	说 明
0000	AND	逻辑与操作指令	1000	TST	位测试指令
0001	EOR	逻辑异或操作指令	1001	TEQ	相等测试指令
0010	SUB	减法运算指令	1010	CMP	比较指令
0011	RSB	逆向减法指令	1011	CMN	负数比较指令
0100	ADD	加法运算指令	1100	ORR	逻辑或操作指令
0101	ADC	带进位加法	1101	MOV	数据传送
0110	SBC	带进位减法指令	1110	BIC	位清除指令
0111	RSC	带进位逆向减法指令	1111	MVN	数据非传送

1. 数据传送指令

1）MOV——数据传送指令

MOV 将 8 位图（pattern）立即数或寄存器（operand2）的值传送到目标寄存器（Rd），可用于移位运算等操作。该指令格式如下：

```
MOV{cond}{S} Rd,operand2
```

MOV 指令举例如下：

```
MOV R1,#0x10 ; R1 =0x10
```

```
MOV R0,R1 ; R0 = R1
MOVS R3,R1,LSL #2 ; R3 = R1 << 2,并影响标志位
MOV PC,LR ; PC = LR,子程序返回
```

2）MVN——*数据非传送指令*

MVN 指令将 8 位图（pattern）立即数或寄存器（operand2）按位取反后传送到目标寄存器（Rd），因为其具有取反功能，所以可以装载范围更广的立即数。该指令格式如下：

```
MVN{cond}{S} Rd,operand2
```

MVN 指令举例如下：

```
MVN R1,#0xFF ; R1 = 0xFFFFFF00
MVN R1,R2 ;将 R2 取反,结果存到 R1
```

2. 算术逻辑运算指令

1）ADD——*加法运算指令*

ADD 指令将 operand2 的值与 Rn 寄存器的值相加，结果保存到 Rd 寄存器。该指令格式如下：

```
ADD{cond}{S} Rd,Rn,operand2
```

ADD 指令举例如下：

```
ADDS R1,R1,#1 ; R1 = R1 + 1
ADD R1,R1,R2 ; R1 = R1 + R2
ADDS R3,R1,R2,LSL #2 ; R3 = R1 + R2 << 2
```

2）SUB——*减法运算指令*

SUB 指令用寄存器 Rn 的值减去 operand2 的值，结果保存到 Rd 寄存器中。该指令格式如下：

```
SUB{cond}{S} Rd,Rn,operand2
```

SUB 指令举例如下：

```
SUBS R0,R0,#1 ; R0 = R0 - 1
SUBS R2,R1,R2 ; R2 = R1 - R2
SUB R6,R7,#0x10 ; R6 = R7 - 0x10
```

3）RSB——*逆向减法指令*

RSB 指令将 operand2 的值减去 Rn 的值，结果保存到 Rd 寄存器中。该指令格式如下：

```
RSB{cond}{S} Rd,Rn,operand2
```

RSB 指令举例如下：

```
RSB R3,R1,#0xFF00 ; R3 = 0xFF00 - R1
RSBS R1,R2,R2,LSL #2 ; R1 = R2 << 2 - R2 = R2 × 3
RSB R0,R1,#0 ; R0 = - R1
```

4）ADC——*带进位加法指令*

将 operand2 的值与 Rn 寄存器的值相加，再加上 CPSR 中的 C 条件标志位，结果保存到 Rd 寄存器，该指令格式如下：

```
ADC{cond}{S} Rd,Rn,operand2
```

ADC 指令举例如下：

```
ADDS R0,R0,R2
ADC R1,R1,R3 ;使用 ADC 实现 64 位加法,(R1、R0) = (R1、R0) + (R3、R2)
```

5）SBC——*带进位减法指令*

SBC 指令用寄存器 Rn 的值减去 operand2 的值，再减去 CPSR 中的 C 条件标志位的非（若 C 标

志清零，则结果减去 1)，结果保存到 Rd 寄存器中。该指令格式如下：

```
SBC{cond}{S} Rd,Rn,operand2
```

SBC 指令举例如下：

```
SUBS R0,R0,R2
SBC R1,R1,R3 ;使用 SBC 实现 64 位减法,(R1、R0) = (R1、R0) - (R3、R2)
```

6) RSC——带进位逆向减法指令

RSB 指令用寄存器 operand2 的值减去 Rn 的值，再减去 CPSR 中的 C 条件标志位，结果保存到 Rd 寄存器中。该指令格式如下：

```
RSC{cond}{S} Rd,Rn,operand2
```

RSC 指令举例如下：

```
RSBS R2,R0,#0
RSC R3,R1,#0 ;使用 RSC 指令实现求 64 位数值的负数
```

7) AND——逻辑“与”操作指令

AND 指令将 operand2 的值与寄存器 Rn 的值按位作逻辑“与”操作，并将结果保存到 Rd 寄存器中。该指令格式如下：

```
AND{cond}{S} Rd,Rn,operand2
```

AND 指令举例如下：

```
ANDS R0,R0,#0x01 ; R0 = R0&0x01,取出最低位数据
AND R2,R1,R3 ; R2 = R1&R3
```

8) ORR——逻辑“或”操作指令

ORR 指令将 operand2 的值与寄存器 Rn 的值按位作逻辑“或”操作，结果保存到 Rd 寄存器中。该指令格式如下：

```
ORR{cond}{S} Rd,Rn,operand2
```

ORR 指令举例如下：

```
ORR R0,R0,#0x0F ;将 R0 的低 4 位置 1
MOV R1,R2,LSR #24
ORR R3,R1,R3,LSL #8 ;使用 ORR 指令将 R2 的高 8 位数据移入到 R3 低 8 位中
```

9) EOR——逻辑“异或”操作指令

EOR 指令将 operand2 的值与寄存器 Rn 的值按位作逻辑“异或”操作，结果保存到 Rd 寄存器中。该指令格式如下：

```
EOR{cond}{S} Rd,Rn,operand2
```

EOR 指令举例如下：

```
EOR R1,R1,#0x0F ;将 R1 的低 4 位取反
EOR R2,R1,R0 ; R2 = R1^R0
EORS R0,R5,#0x01 ;将 R5 和 0x01 进行逻辑异或,结果保存到 R0,并影响标志位
```

10) BIC——位清除指令

BIC 指令将寄存器 Rn 的值与 operand2 的值的反码按位作逻辑“与”操作，结果保存到 Rd 寄存器中。该指令格式如下：

```
BIC{cond}{S} Rd,Rn,operand2
```

BIC 指令举例如下：

```
BIC R1,R1,#0x0F ;将 R1 的低 4 位清零,其他位不变 BIC R1,R2,R3 ;将 R3 的反码和 R2 相逻辑"与",结果保存到 R1 中
```

3. 比较指令

1) CMP——比较指令

CMP 指令将寄存器 Rn 的值减去 operand2 的值，根据操作的结果更新 CPSR 中的相应条件标志位，以便后面的指令根据相应的条件标志来判断是否执行。该指令格式如下：

```
CMP{cond} Rn,operand2
```

CMP 指令举例如下：

```
CMP R1,#10 ; R1 与 10 比较,设置相关标志位
CMP R1,R2 ; R1 与 R2 比较,设置相关标志位
```

CMP 指令与 SUBS 指令的区别在于 CMP 指令不保存运算结果。在进行两个数据的大小判断时，常用 CMP 指令及相应的条件码来操作。

2) CMN——负数比较指令

CMN 指令使用寄存器 Rn 的值加上 operand2 的值，根据操作的结果更新 CPSR 中的相应条件标志位，以便后面的指令根据相应的条件标志来判断是否执行。该指令格式如下：

```
CMN{cond} Rn,operand2
```

CMN 指令举例如下：

```
CMN R0,#1 ; R0 +1,判断 R0 是否为 1 的补码.若是,则 Z 置位
```

CMN 指令与 ADDS 指令的区别在于 CMN 指令不保存运算结果。CMN 指令可用于负数比较，如 CMN R0，#1 指令则表示 R0 与 -1 比较，若 R0 为 -1（即 1 的补码），则 Z 置位；否则 Z 复位。

3) TST——位测试指令

TST 指令将寄存器 Rn 的值与 operand2 的值按位作逻辑“与”操作，根据操作的结果更新 CPSR 中的相应条件标志位，以便后面的指令根据相应的条件标志来判断是否执行。其指令格式如下：

```
TST{cond} Rn,operand2
```

TST 指令举例如下：

```
TST R0,#0x01 ;判断 R0 的最低位是否为 0
TST R1,#0x0F ;判断 R1 的低 4 位是否为 0
```

TST 指令与 ANDS 指令的区别在于 TST 指令不保存运算结果。TST 指令通常与 EQ,NE 条件码配合使用，当所有测试位均为 0 时，EQ 有效，而只要有一个测试位不为 0，则 NE 有效。

4) TEQ——相等测试指令

TEQ 指令将寄存器 Rn 的值与 operand2 的值按位作逻辑“异或”操作，根据操作的结果更新 CPSR 中的相应条件标志位，以便后面的指令根据相应的条件标志来判断是否执行。该指令格式如下：

```
TEQ{cond} Rn,operand2
```

TEQ 指令举例如下：

```
TEQ R0,R1 ;比较 R0 与 R1 是否相等(不影响 V 位和 C 位)
```

TEQ 指令与 EORS 指令的区别在于 TEQ 指令不保存运算结果。使用 TEQ 进行相等测试时，常与 EQ，NE 条件码配合使用。当两个数据相等时，EQ 有效；否则 NE 有效。

4. 乘法指令

ARM920T 具有 32×32 乘法指令，32×32 乘加指令，32×32 结果为 64 位的乘/乘加指令。ARM 乘法指令如表 3.5 所示。

表 3.5 ARM 乘法指令

助记符	说　明	操　作	条件码位置
MUL　Rd,Rm,Ks	32 位乘法指令	Rd←Rm * Rs(Rd≠Rm)	MUL{cond}{S}
MLA　Rd,Rm,Rs,Rn	32 位乘加指令	Rd←Rm * Rs + Rn(Rd≠Rm)	MLA{cond}{S}
UMULL RdLo,RdHi,Rm,Rs	64 位无符号乘法指令	(RdLo,RdHi)←Rm * Rs	UMULL{cond}{S}
UMLAL RdLo,RdHi,Rm,Rs	64 位无符号乘加指令	(RdLo,RdHi)←Rm * Rs + (RdLo,RdHi)	UMLAL{cond}{S}
SMULL RdLo,RdHi,Rm,Rs	64 位有符号乘法指令	(RdLo,RdHi)←Rm * Rs	SMULL{cond}{S}
SMLAL RdLo,RdHi,Rm,Rs	64 位有符号乘加指令	(RdLo,RdHi)←Rm * Rs + (RdLo,RdHi)	SMLAL{cond}{S}

ARM 乘法指令编码格式如下所示：

31　　28	27	24	23 22 21	20	19　　16	15　　12	11　　8	7 6 5 4	3　　0
cond	0 0 0	0	opcode	S	Rd/RdHi	Rn/RdLo	Rs	1 0 0 1	Rm

其中，opcode 为乘法指令操作码。S 为设置条件码。Rm 为被乘数寄存器。Rs 为乘数的寄存器。Rn/RdLo 用于 MLA 指令相加的寄存器或 64 位乘法指令的目标寄存器（低 32 位）。Rd/RdHi 用于目标寄存器或 64 位乘法指令的目标寄存器（高 32 位）。

若指令不需要全部的可用操作数时（如 MUL 指令的 Rn），不用的寄存器域应设置为 0（由编译器自动完成）。ARM 乘法指令操作码如表 3.6 所示。

表 3.6 ARM 乘法指令操作码

操作码	指令助记符	说　明
000	MUL	32 位乘法指令
001	MLA	32 位乘加指令
100	UMULL	64 位无符号乘法指令
101	UMLAL	64 位无符号乘加指令
110	SMULL	64 位有符号乘法指令
111	SMLAL	64 位有符号乘加指令

1）MUL——32 位乘法指令

MUL 指令将 Rm 寄存器和 Rs 寄存器中的值相乘，结果的低 32 位数保存到 Rd 寄存器中。该指令格式如下：

```
MUL{cond}{S} Rd,Rm,Rs
```

MUL 指令举例如下：

```
MUL R1,R2,R3 ; R1 = R2 × R3
MULS R0,R3,R7 ; R0 = R3 × R7,同时设置 CPSR 中的 N 位和 Z 位
```

2）MLA——32 位乘加指令

MLA 指令将 Rm 寄存器和 Rs 寄存器中的值相乘，再将乘积加上第 3 个操作数，结果的低 32 位数保存到 Rd 寄存器中。该指令格式如下：

```
MLA{cond}{S} Rd,Rm,Rs,Rn
```

MLA 指令举例如下：

```
MLA R1,R2,R3,R0 ; R1 = R2 × R3 + R0
```

3）UMULL——64 位无符号乘法指令

UMULL 指令将 Rm 寄存器和 Rs 寄存器中的值作无符号数相乘，结果的低 32 位数保存到 RdLo 中，而高 32 位数保存到 RdHi 中。该指令格式如下：

```
UMULL{cond}{S} RdLo,RdHi,Rm,Rs
```

UMULL 指令举例如下：

```
UMULL R0,R1,R5,R8 ;(R1、R0) = R5 × R8
```

4）UMLAL——64 位无符号乘加指令

UMLAL 指令将 Rm 寄存器和 Rs 寄存器中的值作无符号数相乘，64 位乘积与 RdHi 和 RdLo 相

加，结果的低32位数保存到RdLo中，而高32位数保存到RdHi中。该指令格式如下：

```
UMLAL{cond}{S} RdLo,RdHi,Rm,Rs
```

UMLAL指令举例如下：

```
UMLAL R0,R1,R5,R8 ;(R1、R0) = R5 ×R8 + (R1、R0)
```

5）SMULL——64位有符号乘法指令

SMULL指令将Rm寄存器和Rs寄存器中的值作有符号数相乘，结果的低32位数保存到RdLo中，而高32位数保存到RdHi中。该指令格式如下：

```
SMULL{cond}{S} RdLo,RdHi,Rm,Rs
```

SMULL指令举例如下：

```
SMULL R2,R3,R7,R6 ;(R3、R2) = R7 ×R6
```

6）SMLAL——64位有符号乘加指令

SMLAL指令将Rm寄存器和Rs寄存器中的值作有符号数相乘，其64位乘积与RdHi和RdLo相加，结果的低32位数保存到RdLo中，而高32位数保存到RdHi中。该指令格式如下：

```
SMLAL{cond}{S} RdLo,RdHi,Rm,Rs
```

SMLAL指令举例如下：

```
SMLAL R2,R3,R7,R6 ;(R3、R2) = R7 ×R6 + (R3、R2)
```

3.3.3 存储器访问指令

ARM处理器是加载/存储体系结构的典型的RISC处理器，对存储器的访问只能使用加载和存储指令实现。ARM的加载/存储指令可实现字、半字、无符号/有符号字节操作；多寄存器加载/存储指令可实现一条指令加载/存储多个寄存器的内容，大大提高了效率；SWP指令是一条寄存器和存储器内容交换的指令，可用于对信号量操作等。ARM处理器是冯·诺依曼存储结构，程序空间、RAM空间及I/O映射空间统一编址，除对RAM操作以外，对外围I/O、程序数据的访问均要通过加载/存储指令进行。

ARM存储器访问指令如表3.7所示。

表3.7　ARM存储器访问指令

助记符	说明	操作	条件码位置
LDR Rd,addressing	加载字数据	Rd←[addressing],addressing索引	LDR{cond}
LDRB Rd,addressing	加载无符号字节数据	Rd←[addressing],addressing索引	LDR{cond}B
LDRT Rd,addressing	以用户模式加载字数据	Rd←[addressing],addressing索引	LDR{cond}T
LDRBT Rd,addressing	以用户模式加载无符号字节数据	Rd←[addressing],addressing索引	LDR{cond}BT
LDRH Rd,addressing	加载无符号半字数据	Rd←[addressing],addressing索引	LDR{cond}H
LDRSB Rd,addressing	加载有符号字节数据	Rd←[addressing],addressing索引	LDR{cond}SB
LDRSH Rd,addressing	加载有符号半字数据	Rd←[addressing],addressing索引	LDR{cond}SH
STR Rd,addressing	存储字数据	[addressing]←Rd,addressing索引	STR{cond}
STRB Rd,addressing	存储字节数据	[addressing]←Rd,addressing索引	STR{cond}B
STRT Rd,addressing	以用户模式存储字数据	[addressing]←Rd,addressing索引	STR{cond}T
STRBT Rd,addressing	以用户模式存储字节数据	[addressing]←Rd,addressing索引	STR{cond}BT
STRH Rd,addressing	存储半字数据	[addressing]←Rd,addressing索引	STR{cond}H
LDM{mode) Rn{!},reglist	多寄存器加载	reglist←[Rn…],Rn回写等	LDM{cond}{mode}
STM{mode} Rn{!},reglist	多寄存器存储	[Rn…]←reglist,Rn回写等	STM{cond}{mode}
SWP Rd,Rm,Rn	寄存器和存储器字数据交换	Rd←[Rn],[Rn]←Rm(Rn≠Rd或Rm)	SWP{cond}
SWPB Rd,Rm,Rn	寄存器和存储器字节数据交换	Rd←[Rn],[Rn]←Rm(Rn≠Rd或Rm)	SWP{cond}B

1. LDR 和 STR——加载/存储指令

1）加载/存储字和无符号字节指令

使用 STR 指令将寄存器中的单一字节或字存储到内存，使用 LDR 指令从内存中读取单一字节或字载入寄存器。该指令格式如下：

```
LDR{cond}{T} Rd,<地址> ;加载指定地址上的数据(字),放入 Rd 中
STR{cond}{T} Rd,<地址> ;存储数据(字)到指定地址的存储单元,要存储的数据在 Rd 中
LDR{cond}B{T} Rd,<地址> ;加载字节数据,放入 Rd 中,即 Rd 最低字节有效,高 24 位清零
STR{cond}B{T} Rd,<地址> ;存储字节数据,要存储的数据在 Rd,最低字节有效
```

其中，T 为可选后缀。若指令有 T，那么即使处理器是在特权模式下，存储系统也将其访问看成是处理器是在用户模式下。T 在用户模式下无效，不能与前索引偏移一起使用。

该指令编码格式所示：

31　　28	27	26	25	24	23	22	21	20	19　　16	15　　12	11　　0
cond	0	1	I	P	U	B	W	L	Rn	Rd	addressing_mode_specific

其中，I，P，U，W 用于区别不同的地址模式（偏移量）。I 为 0 时，偏移量为 12 位立即数；I 为 1 时，偏移量为寄存器移位；P 表示前/后变址，U 表示加/减，W 表示回写。L 用于区别加载（L 为 1 时）或存储（L 为 0 时）。B 用于区别字节访问（B 为 1 时）或字访问（B 为 0 时）。Rn 为基址寄存器；Rd 为源/目标寄存器。

LDR/STR 指令寻址是非常灵活的，它由两部分组成，一部分为一个基址寄存器，可以为任何一个通用寄存器；另一部分为一个地址偏移量。地址偏移量有以下 3 种格式：

（1）立即数。立即数可以是一个无符号的数值。这个数据可以加到基址寄存器，也可以从基址寄存器中减去这个数值。该指令举例如下：

```
LDR R1,[R0,#0x12] ;将 R0 +0x12 地址处的数据读出,保存到 R1 中(R0 的值不变)
LDR R1,[R0,#-0x12];将 R0 -0x12 地址处的数据读出,保存到 R1 中(R0 的值不变)
LDR R1,[R0] ;将 R0 地址处的数据读出,保存到 R1 中(零偏移)
```

（2）寄存器。寄存器中的数值可以加到基址寄存器，也可以从基址寄存器中减去这个数值。该指令举例如下：

```
LDR R1,[R0,R2] ;将 R0 +R2 地址处的数据读出,保存到 R1 中(R0 的值不变)
LDR R1,[R0,-R2] ;将 R0 -R2 地址处的数据读出,保存到 R1 中(R0 的值不变)
```

（3）寄存器及移位常数。寄存器移位后的值可以加到基址寄存器中，也可以从基址寄存器中减去这个数值。该指令举例如下：

```
LDR R1,[R0,R2,LSL #2] ;将 R0 +R2 ×4 地址处的数据读出,保存到 R1 中(R0、R2 的值不变)
LDR R1,[R0,-R2,LSL #2] ;将 R0 -R2 ×4 地址处的数据读出,保存到 R1 中(R0、R2 的值不变)
```

按寻址方式的地址计算方法分，加载/存储指令有以下 4 种形式：

（1）零偏移。将 Rn 的值作为传送数据的地址，即地址偏移量为 0。该指令举例如下：

```
LDR Rd,[Rn]
```

（2）前索引偏移。在数据传送之前，将偏移量加到 Rn 中，其结果作为传送数据的存储地址。若使用后缀“!”，则结果写回到 Rn 中，且 Rn 的值不允许为 R15。该指令举例如下：

```
LDR Rd,[Rn,#0x04]!
LDR Rd,[Rn,#-0x04]
```

（3）程序相对偏移。程序相对偏移是前索引形式的另一个版本。汇编器由 PC 寄存器计算偏移量，并将 PC 寄存器作为 Rn 生成前索引指令。不能使用后缀“!”。该指令举例如下：

```
LDR Rd,label ; label 为程序标号,label 必须是在当前指令的 ±4KB 范围内
```

(4) 后索引偏移。Rn 的值用做传送数据的存储地址。在数据传送后，将偏移量与 Rn 的值相加，结果写回到 Rn 中。Rn 不允许是 R15。该指令举例如下：

```
LDR Rd,[Rn],#0x04
```

地址对齐——大多数情况下，必须保证用于 32 位传送的地址是 32 位对齐的。

加载/存储字和无符号字节指令举例如下：

```
LDR R2,[R5]          ;读取 R5 指定地址上的数据(字),放入 R2 中
STR R1,[R0,#0x04]    ;将 R1 的数据存储到 R0 + 0x04 的存储单元,R0 值不变
LDRB R3,[R2],#1      ;读取 R2 地址上的一字节数据,并保存在到 R3 中,R2 = R2 + 1
STRB R6,[R7]         ;将 R6 的数据保存到 R7 指定的地址中,只存储一字节数据
```

2) 加载/存储半字和有符号字节指令

这类 LDR/STR 指令可加载/存储有符号字节和无符号半字数据。它的偏移量格式、寻址方式与加载/存储字和无符号字节指令相同。该指令格式如下：

```
LDR{cond}SB Rd,<地址>    ;加载指定地址上的数据(有符号字节),放入 Rd 中
LDR{cond}SH Rd,<地址>    ;加载指定地址上的数据(有符号半字),放入 Rd 中
LDR{cond}H Rd,<地址>     ;加载半字数据,放入 Rd 中,即 Rd 最低 16 位有效,
                         ;高 16 位清零
STR{cond}H Rd,<地址>     ;存储半字数据,要存储的数据在 Rd,最低 16 位有效
```

说明：有符号字节或有符号半字的加载，是用“符号位”扩展到 32 位；无符号半字传送是用 0 扩展到 32 位。

指令编码格式如下：

31　　28	27	26	25	24	23	22	21	20	19　　16	15　　12	11　　8	7	6	5	4	3　　0
cond	0	0	0	P	U	I	W	L	Rn	Rd	addr_mode	1	S	H	1	addr_mode

其中，I，P，U，W 用于区别不同的地址模式（偏移量）。当 I 为 0 时，偏移量为 8 位立即数；当 I 为 1 时，偏移量为寄存器偏移。这里 P 表示前/后变址，U 表示加/减，W 表示回写。L 用于区别加载（L 为 1）或存储（L 为 0）。S 用于区别有符号访问（S 为 1）和无符号访问（S 为 0）。H 用于区别半字访问（H 为 1）或字节访问（H 为 0）。Rn 为基址寄存器。Rd 为源/目标寄存器。

地址对齐——半字传送的地址必须为偶数，非半字对齐的半字加载将使 Rd 内容不可靠；非半字对齐的半字存储将使指定地址的 2 字节存储内容不可靠。

加载/存储半字和有符号字节指令举例如下：

```
LDRSB R1,[R0,R3]     ;将 R0 + R3 地址上的字节数据读出到 R1,高 24 位用符号位扩展
LDRSH R1,[R9]        ;将 R9 地址上的半字数据读出到 R1,高 16 位用符号位扩展
LDRH R6,[R2],#2      ;将 R2 地址上的半字数据读出到 R6,高 16 位用 0 扩展,R2 = R2 + 2
STRH R1,[R0,#2]!     ;将 R1 的数据保存到 R0 + 2 指示的地址中,只存储低 2 字节数据,R0 = R0 +
2
```

LDR/STR 指令用于对内存变量的访问、内存缓冲区数据的访问、查表和对外围部件的控制操作等。若使用 LDR 指令加载数据到 PC 寄存器，则实现程序跳转功能。

2. LDM 和 STM——多寄存器加载/存储指令

多寄存器加载/存储指令可以实现在一组寄存器和连续的内存单元之间传输数据。LDM 为加载多个寄存器；STM 为存储多个寄存器。允许一条指令传送 16 个寄存器的任何子集或所有寄存器。指令格式如下：

```
LDM{cond}<模式> Rn{!},reglist{^}
```

```
STM{cond}<模式> Rn{!},reglist{^}
```

指令编码格式如下：

31　28	27	26	25	24	23	22	21	20	19　16	15　0
cond	1	0	0	P	U	S	W	L	Rn	register list

其中，register list 为寄存器列表，b0 位与 R0 对应，b15 位与 R15 对应。P,U,W 用于区别不同的地址模式。P 表示前/后变址，U 表示加/减，W 表示回写。S 用于恢复 CPSR 和强制用户位。当 PC 寄存器包含在 DM 指令的 reglist 中，且 S 为 1 时，则当前模式的 SPSR 将被复制到 CPSR，成为一个原子的返回和恢复状态指令；若 reglist 不包含 PC 寄存器，且 S 为 1 时，则加载/存储的是用户模式的寄存器。L 用于区别加载（L 为 1）或存储（L 为 0）。Rn 为基址寄存器。

LDM/STM 的主要用途是对现场保护及数据复制、参数传送等，其模式有如下 8 种（前面 4 种用于数据块的传输，后面 4 种是用于堆栈操作）：

（1）IA：每次传送后地址加 4；

（2）IB：每次传送前地址加 4；

（3）DA：每次传送后地址减 4；

（4）DB：每次传送前地址减 4；

（5）FD：满递减堆栈；

（6）ED：空递减堆栈；

（7）FA：满递增堆栈；

（8）EA：空递增堆栈。

在指令格式中，寄存器 Rn 为基址寄存器，装有传送数据的初始地址，其中寄存器 Rn 不允许为 R15；后缀“!”表示最后的地址写回到 Rn 中。寄存器列表 reglist 可包含多于一个寄存器或包含寄存器范围，使用“,”分开，如{R1,R2,R6—R9}，寄存器由小到大排列；“^”后缀不允许在用户模式或系统模式下使用，若在 LDM 指令且寄存器列表中包含有 PC 时使用，那么除了表示正常的多寄存器传送外，还将 SPSR 也复制到 CPSR 中，这可用于异常处理返回。使用“^”后缀进行数据传送且寄存器列表不包含 PC 时，加载/存储的是用户模式的寄存器，而不是当前模式的寄存器。

当 Rn 在寄存器列表中且使用后缀“!”时，对于 STM 指令，若 Rn 为寄存器列表中的最低数字的寄存器，则会将 Rn 的初值保存；其他情况下 Rn 的加载值和存储值不可预知。

地址对齐——这些指令忽略地址的位[1:0]。

多寄存器加载/存储指令举例如下：

```
LDMIA R0!,{R3-R9}        ;加载 R0 指向的地址上的多字数据,保存到 R3—R9 中,
                         ;R0 值更新
STMIA R1!,{R3-R9}        ;将 R3—R9 的数据存储到 R1 指向的地址上,R1 值更新
STMFD SP!,{R0-R7,LR}     ;现场保存,将 R0—R7、LR 入栈
LDMFD SP!,{R0-R7,PC}^    ;恢复现场,异常处理返回
```

在进行数据复制时，先设置好源数据指针和目标指针，然后使用块复制寻址指令 LDMIA/STMIA、LDMIB/STMIB、LDMDA/STMDA、LDMDB/STMDB 进行读/取和存储操作。而进行堆栈操作时，则要先设置堆栈指针，一般使用 SP，然后使用堆栈寻址指令 STMFD/LDMFD、STMED/LDMED、STMFA/LDMFA 和 STMEA/LDMEA 实现堆栈操作。多寄存器传送指令示意图如图 3.2 所示，其中 R1 为指令执行前的基址寄存器，R1′则为指令执行完后的基址寄存器。

使用多寄存器传送指令时，基址寄存器的地址是增长的方向和其加载/存储数据之前还是之后增长/减少，其对应关系如表 3.8 所示。

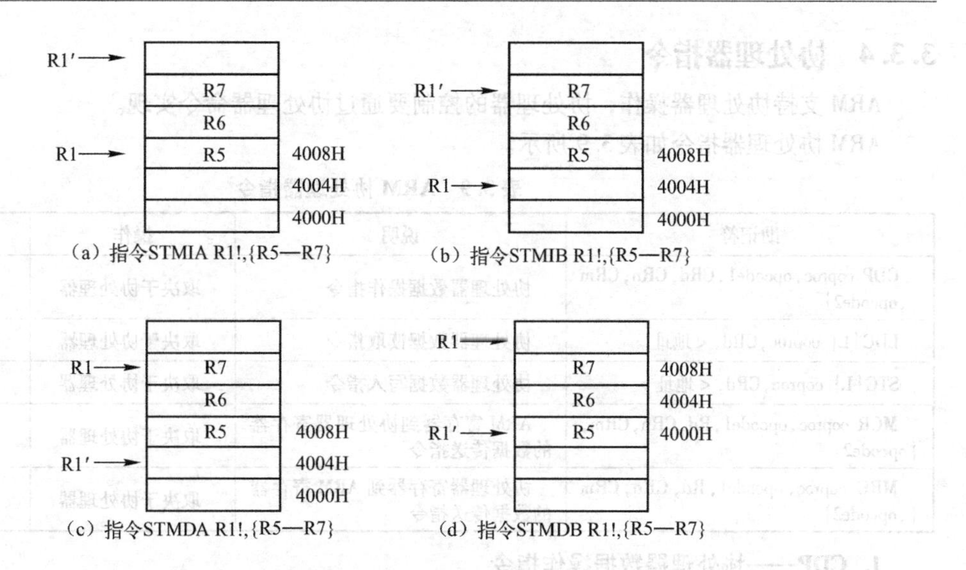

（a）指令STMIA R1!,{R5—R7}　（b）指令STMIB R1!,{R5—R7}

（c）指令STMDA R1!,{R5—R7}　（d）指令STMDB R1!,{R5—R7}

图 3.2　多寄存器传送指令示意图

表 3.8　多寄存器传送指令映射

增长的先后 \ 增长的方向		向上生长		向下生长	
		满	空	满	空
增加	之前	STMIB STMFA			LDMIB LDMED
	之后		STMIA STMEA	LDMIA LDMFD	
减少	之前		LDMDB LDMEA	STMDB STMFD	
	之后	LDMDA LDMFA			STMDA STMED

3. SWP——寄存器和存储器交换指令

SWP 指令用于将一个内存单元（该单元地址放在寄存器 Rn 中）的内容读取到一个寄存器 Rd 中，同时将另一个寄存器 Rm 的内容写入到该内存单元中。使用 SWP 可实现对信号量的操作。

该指令格式如下：

```
SWP{cond}{B} Rd,Rm,[Rn]
```

其中，B 为可选后缀，若有 B，则交换字节，否则交换 32 位字；Rd 为数据从存储器加载到的寄存器；Rm 的数据用于存储到存储器中，若 Rm 与 Rn 相同，则为寄存器与存储器内容进行交换；Rn 为要进行数据交换的存储器地址，Rn 不能与 Rd 和 Rm 内容相同。

指令编码格式如下：

31　28	27 26 25 24 23	22	21	20	19　16	15　12	11　4	3　0
cond	0 0 0 1 0	B	0	0	Rn	Rd	0 0 0 0 1 0 0 1	Rm

其中，B 用于区别无符号字节（B 为 1）或字（B 为 0）。Rm 为源寄存器。Rd 为目标寄存器。Rn 为基址寄存器。SWP 指令举例如下：

```
SWPR1,R1,[R0]  ;将 R1 的内容与 R0 指向的存储单元的内容进行交换
SWPB R1,R2,[R0] ;将 R0 指向的存储单元内容读取一字节数据到 R1 中(高 24 位清零),并将 R2 的内容
                 写入到该内存单元中(最低字节有效)
```

3.3.4 协处理器指令

ARM 支持协处理器操作，协处理器的控制要通过协处理器命令实现。

ARM 协处理器指令如表 3.9 所示。

表 3.9 ARM 协处理器指令

助记符	说明	操作	条件码位置
CDP coproc,opcode1,CRd,CRn,CRm{,opcode2}	协处理器数据操作指令	取决于协处理器	CDP{cond}
LDC{L} coproc,CRd,<地址>	协处理器数据读取指令	取决于协处理器	LDC {cond} {L}
STC{L} coproc,CRd,<地址>	协处理器数据写入指令	取决于协处理器	STC{cond}{L}
MCR coproc,opcode1,Rd,CRn,CRm,{opcode2}	ARM 寄存器到协处理器寄存器的数据传送指令	取决于协处理器	MCR {cond}
MRC coproc,opcode1,Rd,CRn,CRm{,opcode2}	协处理器寄存器到 ARM 寄存器的数据传送指令	取决于协处理器	MCR{cond}

1. CDP——协处理器数据操作指令

ARM 处理器通过 CDP 指令通知 ARM 协处理器执行特定的操作。该操作由协处理器完成，即对命令的参数解释与协处理器有关，指令的使用取决于协处理器。若协处理器不能成功地执行该操作，将产生未定义指令异常中断。该指令格式如下：

```
CDP{cond} coproc,opcode1,CRd,CRn,CRm{,opcode2}
```

其中，coproc 为指令操作的协处理器名，标准名为 Pn，n 值为 0 ~ 15；opcode1 为协处理器的特定操作码；CRd 作为目标寄存的协处理器寄存器；CRn 用于存放第 1 个操作数的协处理器寄存器；CRm 用于存放第 2 个操作数的协处理器寄存器；opcode2 为可选的协处理器特定操作码。

指令编码格式如下：

31　　28	27　　24	23　　20	19　　16	15　　12	11　　8	7　　4	3　　0
cond	1 1 1 0	opcode1	CRn	CRd	cp_num	opcode2	CRm

其中，cp_num 为协处理器编号。

CDP 指令举例如下：

```
XCDPp7,0,c0,c2,c3,0 ;协处理器 7 操作,操作码为 0,可选操作码为 0
CDPp6,1,c3,c4,c5    ;协处理器 6 操作,操作码为 1
```

2. LDC——协处理器数据读取指令

LDC 指令从某一连续的内存单元将数据读取到协处理器的寄存器中。进行协处理器数据的传送，由协处理器来控制传送的字数。若协处理器不能成功地执行该操作，将产生未定义指令异常中断。该指令格式如下：

```
LDC{cond}{L} coproc,CRd,<地址>
```

其中，L 为可选后缀，指明是长整数传送；coproc 为指令操作的协处理器名，标准名为 pn，*n* 值为 0 ~ 15；CRd 作为目标寄存的协处理器寄存器；<地址>表示指定的内存地址。

指令编码格式如下：

31　　28	27	26	25	24	23	22	21	20	19　　16	15　　12	11　　8	7　　0
cond	1	1	0	P	U	N	W	1	Rn	CRd	cp_num	8_bit_word_offset

其中，cp_num 为协处理器编号；8_bit_word_offset 为 8 位立即数偏移；P，U，W 用于区别不同的地

址模式，P 表示前/后变址，U 表示加/减，W 表示回写；N 表示数据的大小（依赖于协处理器）。

LDC 指令举例如下：

```
LDC p5,c2,[R2,#4]        ;读取 R2 +4 指向的内存单元的数据,传送到协处理器
                         ;p5 的 c2 寄存器中
LDC p6,c2,[R1]           ;读取 R1 指向的内存单元的数据,传送到协处理器 p6
                         ;的 c2 寄存器中
```

3. STC——协处理器数据写入指令

STC 指令将协处理器的寄存器数据写入到某一连续的内存单元中。进行协处理器数据的数据传送，由协处理器来控制传送的字数。若协处理器不能成功地执行该操作，将产生未定义指令异常中断。该指令格式如下：

```
STC{cond}{L} coproc,CRd,<地址>
```

其中，L 为可选后缀，指明是长整数传送；coproc 为指令操作的协处理器名，标准名为 pn，*n* 值为 0～15；CRd 作为目标寄存的协处理器寄存器；<地址>为指定的内存地址。

指令编码格式如下：

31　28	27	26	25	24	23	22	21	20	19　16	15　12	11　8	7　0
cond	1	1	0	P	U	N	W	0	Rn	CRd	cp_num	8_bit_word_offset

其中，cp_num 为协处理器编号；8_bit_word_offset 指 8 位立即数偏移；P，U，W 用于区别不同的地址模式，P 表示前/后变址，U 表示加/减，W 表示回写；N 表示数据大小（依赖于协处理器）。

STC 指令举例如下：

```
STC p5,c1,[R0]
STC p5,c1,[R0,#-0x04]
```

4. MCR——ARM 寄存器到协处理器寄存器的数据传送指令

MCR 指令将 ARM 寄存器中的数据传送到协处理器的寄存器中。若协处理器不能成功地执行该操作，将产生未定义指令异常中断。该指令格式如下：

```
MCR{cond} coproc,opcode1,Rd,CRn,CRm{,opcode2}
```

其中，coproc 为指令操作的协处理器名，标准名为 pn，*n* 值为 0～15；opcode1 为协处理器的特定操作码；Rd 作为目标寄存的协处理器寄存器。CRn 用于存放第 1 个操作数的协处理器寄存器；CRm 用于存放第 2 个操作数的协处理器寄存器；opcode2 为可选的协处理器特定操作码。

指令编码格式如下：

31　28	27　24	23　21	20	19　16	15　12	11　8	7　5	4	3　0
cond	1 1 1 0	opcode1	0	CRn	Rd	cp_num	opcode2	1	CRm

其中，cp_num 为协处理器编号。

MCR 指令举例如下：

```
MCR  p6,2,R7,c1,c2
MCR  p7,0,R1,c3,c2,1
```

5. MRC——协处理器寄存器到 ARM 寄存器的数据传送指令

MRC 指令将协处理器寄存器中的数据传送到 ARM 寄存器中。若协处理器不能成功地执行该操作，将产生未定义指令异常中断。该指令格式如下：

```
MRC{cond} coproc,opcode1,Rd,CRn,CRm{,opcode2}
```

其中，coproc 为指令操作的协处理器名，标准名为 pn，*n* 值为 0 ~ 15；opcode1 为协处理器的特定操作码；Rd 作为目标寄存的协处理器寄存器；CRn 用于存放第 1 个操作数的协处理器寄存器；CRm 用于存放第 2 个操作数的协处理器寄存器；Opcode2 为可选的协处理器特定操作码。

指令编码格式如下：

31　28	27　24	23　21	20	19　16	15　12	11　8	7　5	4	3　0
cond	1 1 1 0	opcode1	1	CRn	Rd	cp_num	opcode2	1	CRm

其中，cp_num 为协处理器编号。

MRC 指令举例如下：

```
MRC   p5,2,R2,c3,c2
MRC   p7,0,R0,c1,c2,1
```

3.3.5 杂项指令

ARM 杂项指令如表 3.10 所示。

表 3.10　ARM 杂项指令

助 记 符	说 明	操 作	条件码位置
SWI　immed_24	软中断指令	产生软中断，处理器进入管理模式	SWI{cond}
MRS　Rd,psr	读状态寄存器指令	Rd←psr,psr 为 CPSR 或 SPSR	MRS{cond}
MSR　psr_fields,Rd/#immed_8r	写状态寄存器指令	psr_fields←Rd/#immed_8r,psr 为 CPSR 或 SPSR	MSR{cond}

1. SWI——软中断指令

SWI 指令用于产生软中断，从而实现从用户模式变换到管理模式，CPSR 保存到管理模式的 SPSR 中，执行转移到 SWI 向量。在其他模式下也可使用 SWI 指令，处理器同样地切换到管理模式。该指令格式如下：

```
SWI{cond} immed_24
```

其中，immed_24 24 位立即数，值为 0 ~ 16777215 之间的整数。

指令编码格式如下：

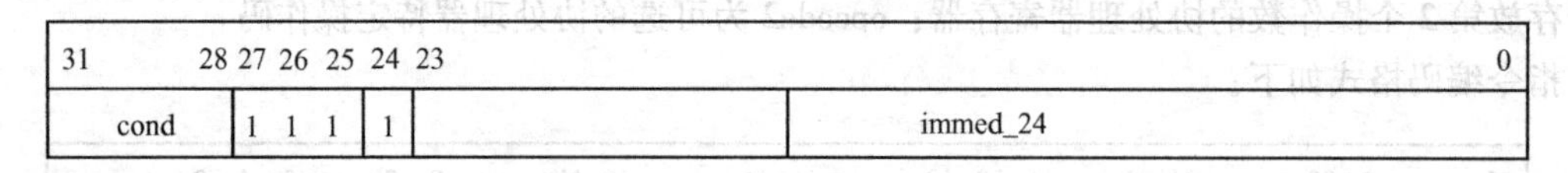

31　28	27 26 25	24	23　0
cond	1 1 1	1	immed_24

SWI 指令举例如下：

```
SWI    0            ;软中断,中断立即数为 0
SWI    0x123456     ;软中断,中断立即数为 0x123456
```

使用 SWI 指令时，通常使用以下两种方法进行传递参数，SWI 异常中断处理程序就可以提供相关的服务，这两种方法均由用户软件决定。SWI 异常中断处理程序要通过读取引起软中断的 SWI 指令，以取得 24 位立即数。

(1) 指令中 24 位的立即数指定了用户请求的服务类型，参数通过通用寄存器传递。

```
MOV R0,#34          ;设置子功能号为 34
SWI 12              ;调用 12 号软中断
```

（2）指令中的 24 位立即数被忽略，用户请求的服务类型由寄存器 R0 的值决定，参数通过其他的通用寄存器传递。

```
MOV R0,#12          ;调用 12 号软中断
MOV R1,#34          ;设置子功能号为 34
SWI 0
```

在 SWI 异常中断处理程序中，取出 SWI 立即数的步骤为：首先确定引起软中断的 SWI 指令是 ARM 指令还是 Thumb 指令，这可通过对 SPSR 访问得到；然后要取得该 SWI 指令的地址，可通过访问 LR 寄存器得到；接着读出指令，分解出立即数，如指令举例 3.3 所示。

指令举例 3.3 读取 SWI 立即数

```
T_bit EQU 0x20
SWI_Handler
STMFD SP!,{R0 - R3,R12,LR}              ;现场保护
MRS R0,SPSR                             ;读取 SPSR
    STMFD SP!,{R0}                      ;保存 SPSR
    TST R0,#T_bit                       ;测试 T 标志位
    LDRNEH R0,[LR,# - 2]                ;若是 Thumb 指令,读取指令码(16 位)
    BICNE R0,R0,#0xFF00                 ;取得 Thumb 指令的 8 位立即数
    LDREQ R0,[LR,# - 4]                 ;若是 ARM 指令,读取指令码(32 位)
    BICEQ R0,R0,#0xFF000000             ;取得 ARM 指令的 24 位立即数
    ……
    LDMFD SP!,{R0 - R3,R12,PC}^         ;SWI 异常中断返回
```

2. MRS——读状态寄存器指令

在 ARM 处理器中，只有 MRS 指令可以将状态寄存器 CPSR 或 SPSR 内容读出到通用寄存器中。其指令格式如下：

```
MRS{cond} Rd,psr
```

其中，Rd 为目标寄存器，Rd 不允许为 R15；psr 为 CPSR 或 SPSR。

指令编码格式如下：

31 28	27 23	22	21	20	19 16	15 12	11 0
cond	0 0 0 1 0	R	0	0	1 1 1 1	Rd	0 0 0 0 0 0 0 0 0 0 0 0

其中，R 用于区别 CPSR（R 为 0）或 SPSR（R 为 1）。

MRS 指令举例如下：

```
MRS R1,CPSR          ;将 CPSR 状态寄存器读取,保存到 R1 中
MRS R2,SPSR          ;将 SPSR 状态寄存器读取,保存到 R2 中
```

MRS 指令读取 CPSR，可用来判断 ALU 的状态标志，或 IRQ、FIQ 中断是否允许等。

在异常处理程序中，读 SPSR 可知道异常前的处理器状态等。MRS 与 MSR 配合使用，实现 CPSR 或 SPSR 寄存器的读—修改—写操作，可用来进行处理器模式切换、允许/禁止 IRQ/FIQ 中断等设置，如指令举例 3.4 和指令举例 3.5 所示。另外，进程切换或允许异常中断嵌套时，也需要使用 MRS 指令读取 SPSR 状态值，并保存起来。

指令举例 3.4 使能 IRQ 中断

```
ENABLE_IRQ
    MRS R0,CPSR
    BIC R0,R0,#0x80
    MSR CPSR_c,R0
```

```
    MOV PC,LR
```

指令举例 3.5　禁能 IRQ 中断

```
DISABLE_IRQ
    MRS R0 CPSR
    ORR R0,R0,#0x80
    MSR CPSR_c,R0
    MOV PC,LR
```

3. MSR——写状态寄存器指令

在 ARM 处理器中，只有 MSR 指令可以直接设置状态寄存器 CPSR 或 SPSR。指令格式如下：

```
MSR{cond}    psr_fields,#immed_8r
MSR{cond}    psr_fields,Rm
```

其中，psr 为 CPSR 或 SPSR。field 为指定传送的区域，可以是以下的一种或多种选择（字母必须为小写）：①c 用于控制域屏蔽字节（psr[7…0]）；②x 用于扩展域屏蔽字节（psr[15…8]）；③s 用于状态域屏蔽字节（psr[23…16]）；④f 用于标志域屏蔽字节（psr[31…24]）。immed_8r 表示要传送到状态寄存器指定域的立即数，8 位。Rm 是要传送到状态寄存器指定域数据的源寄存器。操作数为立即数的指令编码格式如下：

31　28	27　23	22	21	20	19　16	15　12	11　8	7　0
cond	0 0 1 1 0	R	1	0	field_mask	1 1 1 1	rotate_imm	8_bit_immediate

操作数为寄存器的指令编码格式如下：

31　28	27　23	22	21	20	19　16	15　12	11　4	3　0
cond	0 0 0 1 0	R	1	0	field_mask	1 1 1 1	0 0 0 0 0 0 0 0	Rm

其中，R 用于区别 CPSR（R 为 0）或 SPSR（R 为 1）；field_mask 表示域屏蔽；rotate_imm 表示立即数对齐；8_bit_immediate 为 8 位立即数；Rm 为操作数寄存器。

MSR 指令举例如下：

```
MSR   CPSR_c,#0xD3      ;CPSR[7…0] = 0xD3,即切换到管理模式
MSR   CPSR_cxsf,R3      ;CPSR = R3
```

只有在特权模式下才能修改状态寄存器。

程序中不能通过 MSR 指令直接修改 CPSR 中的 T 控制位来实现 ARM 状态与 Thumb 状态的切换，必须使用 BX 指令完成处理器状态的切换（因为 BX 指令属分支指令，它会打断流水线状态，实现处理器状态切换）。MRS 与 MSR 配合使用，可以实现 CPSR 或 SPSR 寄存器的读—修改—写操作，可用来进行处理器模式切换、允许/禁止 IRQ/FIQ 中断等设置，如指令举例 3.6 所示。

指令举例 3.6　堆栈指令初始化

```
INITSTACK
MOV R0,LR;保存返回地址
;设置管理模式堆栈
MSR CPSR_c,#0xD3
LDR SP,StackSvc
;设置中断模式堆栈
MSR CPSR_c,#0xD2
LDR SP,StackIrq
……
```

3.3.6 几个常用的伪指令

ARM 伪指令不是 ARM 指令集中的指令，只是为了编程方便编译器定义了伪指令，使用时可以像其他 ARM 指令一样使用，但在编译时这些指令将被等效的 ARM 指令代替。ARM 伪指令有分别为 ADR 小范围的地址读取伪指令、ADRL 中等范围的地址读取伪指令、LDR 大范围的地址读取伪指令和 NOP 空操作伪指令。

1. ADR——小范围的地址读取伪指令

ADR 伪指令将基于 PC 相对偏移的地址值或基于寄存器相对偏移的地址值读取到寄存器中。在汇编编译源程序时，ADR 伪指令被编译器替换成一条合适的指令。通常，编译器用一条 ADD 指令或 SUB 指令来实现该 ADR 伪指令的功能，若不能用一条指令实现，则产生错误，编译失败。ADR 伪指令格式如下：

```
ADR{cond} register,expr
```

其中，register 为加载的目标寄存器。expr 为地址表达式。当地址值是非字对齐时，取值范围是 -255 ~ 255 字节；当地址值是字对齐时，取值范围是 -1020 ~ 1020 字节。对于基于 PC 相对偏移的地址值时，给定范围是相对当前指令地址后两个字处。

ADR 伪指令举例如下：

```
LOOP MOV R1,#0xF0
  ……
  ADR R2,LOOP;将 LOOP 的地址放入 R2
  ADR R3,LOOP +4
```

可以用 ADR 加载地址实现查表功能，如指令举例 3.7 所示。

指令举例 3.7　小范围地址的加载

```
  ……
  ADR R0,DISP_TAB       ;加载转换表地址
  LDRB R1,[R0,R2]       ;使用 R2 作为参数,进行查表
……
DISP_TAB
  DCB 0xC0,0xF9,0xA4,0xB0,0x99,0x92,0x82,0xF8,0x80,0x90
```

2. ADRL——中等范围的地址读取伪指令

ADRL 指令将基于 PC 相对偏移的地址值或基于寄存器相对偏移的地址值读取到寄存器中，它比 ADR 伪指令可以读取更大范围的地址。在汇编编译源程序时，ADRL 伪指令被编译器替换成两条合适的指令。若不能用两条指令实现 ADRL 伪指令功能，则产生错误，编译失败。ADRL 伪指令格式如下：

```
ADRL{cond} register,expr
```

其中，register 为加载的目标寄存器。Expr 是地址表达式。当地址值是非字对齐时，取值范围是 -64KB ~ 64KB；当地址值是字对齐时，取值范围是 -256KB ~ 256KB。

ADRL 伪指令举例如下：

```
    ADRL R0,DATA_BUF
    ……
    ADRL R1,DATA_BUF +80
    ……
DATA_BUF
    SPACE 100 ;定义 100 字节缓冲区
```

可以用 ADRL 加载地址，实现程序跳转，如指令举例 3.8 所示。

指令举例 3.8　中等范围地址的加载

```
……
    ADR LR,RETURN1 ;设置返回地址
    ADRLR1,Thumb_Sub +1        ;取得 Thumb 子程序入口地址,且在 R1 的 0 位置 1
    BX R1                      ;调用 Thumb 子程序,并切换处理器状态
RETURN1
    ……
    CODE 16
Thumb_Sub
    MOV R1,#10
    ……
```

3. LDR——大范围的地址读取伪指令

LDR 伪指令用于加载 32 位的立即数或一个地址值到指定寄存器。在汇编编译源程序时，LDR 伪指令被编译器替换成一条合适的指令。若加载的常数未超出 MOV 或 MVN 的范围，则使用 MOV 或 MVN 指令代替该 LDR 伪指令，否则汇编器将常量放入文字池，并使用一条程序相对偏移的 LDR 指令从文字池读出常量。LDR 伪指令格式如下：

```
LDR{cond} register, = expr/label - expr
```

其中，register 为加载的目标寄存器；expr 为 32 位立即数；label - expr 是基于 PC 的地址表达式或外部表达式。

LADR 伪指令举例如下：

```
LDR R0, = 0x12345678              ;加载 32 位立即数 0x12345678
LDR R0, = DATA_BUF + 60           ;加载 DATA_BUF 地址 + 60
……
LTORG                             ;声明文字池
……
```

伪指令 LDR 常用于加载芯片外围功能部件的寄存器地址（32 位立即数），以实现各种控制操作，如指令举例 3.9 所示。

指令举例 3.9　加载 32 位立即数

```
……
LDR R0, = IOPIN         ;加载 GPIO 的寄存器 IOPIN 的地址
LDR R1,[R0]             ;读取 IOPIN 寄存器的值
……
LDR R0, = IOSET
LDR R1, = 0x00500500
STR R1,[R0]             ;IOSET = 0x00500500
……
```

从 PC 到文字池的偏移量必须小于 4KB。

与 ARM 指令的 LDR 相比，伪指令的 LDR 的参数有 “=” 号。

4. NOP——空操作伪指令

NOP 伪指令在汇编时将会被代替成 ARM 中的空操作，比如可能为 “MOV R0, R0” 指令等。NOP 伪指令格式如下：

```
NOP
```

NOP 可用于延时操作，如指令举例 3.10 所示。

指令举例 3.10　软件延时

```
……
DELAY1
  NOP
  NOP
  NOP
  SUBS R1,R1,#1
  BNE DELAY1
……
```

3.4　Thumb 指令分类介绍

为兼容数据总线宽度为 16 位的应用系统，ARM 体系结构除了支持执行效率很高的 32 位 ARM 指令集以外，同时支持 16 位的 Thumb 指令集。Thumb 指令集是 ARM 指令集的一个子集，允许指令编码为 16 位的长度。与等价的 32 位代码相比较，Thumb 指令集在保留 32 代码优势的同时，大大节省了系统的存储空间。

所有的 Thumb 指令都有对应的 ARM 指令，而且 Thumb 的编程模型也对应于 ARM 的编程模型，在应用程序的编写过程中，只要遵循一定调用的规则，Thumb 子程序和 ARM 子程序就可以互相调用。当处理器在执行 ARM 程序段时，称 ARM 处理器处于 ARM 工作状态；当处理器在执行 Thumb 程序段时，称 ARM 处理器处于 Thumb 工作状态。

与 ARM 指令集相比较，Thumb 指令集中的数据处理指令的操作数仍然是 32 位，指令地址也为 32 位，但 Thumb 指令集为实现 16 位的指令长度，舍弃了 ARM 指令集的一些特性，如大多数的 Thumb 指令是无条件执行的，而几乎所有的 ARM 指令都是有条件执行的；大多数的 Thumb 数据处理指令的目的寄存器与其中一个源寄存器相同。

由于 Thumb 指令的长度为 16 位，即只用 ARM 指令一半的位数来实现同样的功能，所以要实现特定的程序功能，所需的 Thumb 指令的条数较 ARM 指令系数要多。在一般的情况下，Thumb 指令与 ARM 指令的时间效率和空间效率关系为：

（1）Thumb 代码所需的存储空间为 ARM 代码的 60% ~70%；

（2）Thumb 代码使用的指令数比 ARM 代码多 30% ~40%；

（3）若使用 32 位的存储器，ARM 代码比 Thumb 代码运算快 40%；

（4）若使用 16 位的存储器，Thumb 代码比 ARM 代码运算快 40% ~50%；

（5）与 ARM 代码相比较，使用 Thumb 代码，存储器的功耗会降低 30%。

显然，ARM 指令集和 Thumb 指令集各有优点，若对系统的性能有较高要求，应使用 32 位的存储系统和 ARM 指令集，若对系统的成本及功耗有较高要求，则应使用 16 位的存储系统和 Thumb 指令集。当然，若两者结合使用，充分发挥其各自的优点，会取得更好的效果。

3.4.1　分支指令

1. 分支 B 指令

分支 B 指令是 Thumb 指令集中唯一的有条件指令。

该指令格式为：

```
B{cond} label
```

其中，label 是程序相对偏移表达式，通常是在同一代码块内的标号。若使用 cond，则 label 必须在当前指令的 -256KB ~ +256KB 范围内。若指令是无条件的，则 label 必须在 ±2KB 范围内。若 cond 满足或不使用 cond，则 B 指令引起处理器转移到 label。

label 必须在指定限制内。ARM 链接器不能增加代码来产生更长的跳转。

指令示例如下：

```
B dloop
BEG sectB
```

2. 带链接的长分支 BL 指令

带链接的长分支 BL 指令格式为：

```
BL label
```

其中，label 为程序相对转移表达式。BL 指令将下一条指令的地址复制到 R14（链接寄存器），并引起处理器转移到 label。

BL 指令不能转移到当前指令 ±4MB 以外的地址。必要时，ARM 链接器插入代码以允许更长的跳转。

BL 指令示例如下：

```
BL extract
```

3. 分支并可选地切换指令集的 BX 指令

BX 指令格式为：

```
BX  Rm
```

其中，Rm 是装有分支目的地址的 ARM 寄存器。Rm 的位［0］不用于地址部分。若 Rm 的位［0］清零，则位［1］也必须清零，该指令清除 CPSR 中的标志 T，目的地址的代码被解释为 ARM 代码，BX 指令引起处理器转移到 Rm 存储的地址。若 Rm 的位［0］置位，则指令集切换到 Thumb 状态。

BX 指令示例为：

```
BX  R5
```

4. 带链接分支并可选地交换指令集的 BLX 指令

BLX 指令格式为：

```
BLX   Rm
BLX  label
```

其中，Rm 是装有分支目的地址的 ARM 寄存器。Rm 的位［0］不用于地址部分。若 Rm 的位［0］清零，该则位［1］必须也清零，该指令清除 CPSR 中的标志 T，目的地址的代码被解释为 ARM 代码。Label 为程序相对偏移表达式，“BLX label” 始终引起处理器切换到 ARM 状态。

BLX 指令可用于复制下一条指令的地址到 R14；引起处理器转移到 label 或 Rm 存储的地址。如果 Rm 的位［0］清零，或使用 “BLX label” 形式，则指令集切换到 ARM 状态。该指令不能使处理器转移到当前指令 ±4Mb 范围以外的地址。必要时，ARM 链接器插入代码以允许更长的跳转。

BLX 指令示例如下：

```
BLX  R6
BLX   armsub
```

3.4.2 数据处理指令

1. ADD 和 SUB——低寄存器加法和减法

对于低寄存器操作，ADD 和 SUB 指令各有如下 3 种形式：

（1）两个寄存器的内容相加或相减，结果放到第 3 个寄存器中。

（2）寄存器中的值加上或减去一个取值在 -7 ~ +7 范围内的整数，结果放到另一个不同的寄存器中。

（3）寄存器中的值加上或减去一个取值在 -255 ~ +255 范围内的整数，结果放回同一个寄存器中。

该指令格式为：

```
op Rd,Rn,Rm
op Rd,Rn,#expr3
op Rd,#expr8
```

其中：

（1）op 为 ADD 或 SUB。

（2）Rd 表示目的寄存器。它也用做“op Rd，#expr8”的第 1 个操作数。

（3）Rn 为第一操作数寄存器。

（4）Rm 为第二操作数寄存器。

（5）expr3：表达式，为取值在 -7 ~ +7 范围内的整数（3 位立即数）。

（6）expr8：表达式，为取值在 -255~ +255 范围内的整数（8 位立即数）。

“op Rd，Rn，Rm”表示执行 Rn + Rm 或 Rn - Rm 操作，结果放在 Rd 中。

“op Rd，Rn，#expr3”表示执行 Rn + expr3 或 Rn - expr3 操作，结果放在 Rd 中。

“op Rd，#expr8”表示执行 Rd + expr8 或 Rd - expr8 操作，结果放在 Rd 中。

expr3 或 expr8 为负值的 ADD 指令汇编成相对应的带正数常量的 SUB 指令，expr3 或 expr8 为负值的 SUB 指令汇编成相对应的带正数常量的 ADD 指令。

Rd，Rn 和 Rm 必须是低寄存器（R0 ~ R7），这些指令更新标志为 N，Z，C 和 V。

该指令示例如下：

```
ADD R3,R1,R5
SUB R0,R4,#5
ADD R7,#201
```

2. ADD——高或低寄存器加法

此处的 ADD 指令是高或低寄存器的 ADD 指令格式。它的作用是将寄存器中值相加，结果送回到第一操作数寄存器。

该指令格式为：

```
ADD Rd,Rm
```

其中，Rd 为目的寄存器，也是第一操作数寄存器；Rm 为第二操作数寄存器。这条指令将 Rd 和 Rm 中的值相加，结果放在 Rd 中。

当 Rd 和 Rm 是 R0—R15 中的任何一个时，指令“ADD Rd，Rm”汇编成指令“ADD Rd，Rd，Rm”；若 Rd 和 Rm 都是低寄存器（R0 ~ R7），则更新条件码标志 N，Z，C 和 V，其他情况下这些标志不受影响。

该指令示例如下：

```
ADD R12,R4
```

3. ADD 和 SUB——SP

ADD 和 SUB——SP 指令实现 SP 加上或减去立即数常量。

该指令格式为：

```
ADD SP,#expr
SUB SP,#expr
```

其中，expr 为表达式，取值（在汇编时）为 -508 ~ +508 范围内的 4 的整倍数。该指令把 expr 的值加到 SP 的值上或用 SP 的值减去 expr 的值，结果放到 SP 中。

expr 为负值的 ADD 指令汇编成相对应的带正数常量的 SUB 指令，expr 为负值的 SUB 指令汇编成相对应的带正数常量的 ADD 指令。

该条指令不影响条件码标志。

该指令示例如下：

```
ADD SP,#32
SUB SP,#96
```

4. ADD——PC 或 SP 相对偏移

ADD——PC 或 SP 相对偏移指令的作用使 SP 或 PC 值加一立即数常量，结果放入低寄存器。

该指令格式为：

```
ADD Rd,Rp,#expr
```

其中，Rd 为目的寄存器。Rd 必须在 R0 ~ R7 范围内；Rp 为 SP 或 PC；expr 是表达式，取值（汇编时）为在 0 ~ 1020 范围内的 4 的整倍数。

这条指令把 expr 加到 Rp 的值中，结果放入 Rd。若 Rp 是 PC，则使用值是（当前指令地址 +4）AND &FFFFFFC，即忽略地址的低 2 位。该指令不影响条件码标志。

该指令示例如下：

```
ADD R6,SP,#64
ADD R2,PC,#980
```

5. ADC、SBC 和 MUL

ADC、SBC 和 MUL 分别为带进位的加法、带进位的减法和乘法。

该指令格式为：

```
op Rd,Rm
```

其中，op 为 ADC、SBC 或 MUL；Rd 为目的寄存器，也是第一操作数寄存器；Rm 为第二操作数寄存器，Rd、Rm 必须是低寄存器。

ADC 指令将带进位标志的 Rd 和 Rm 的值相加，结果放在 Rd 中，用这条指令可组合成多字加法。

SBC 指令考虑进位标志，从 Rd 值中减去 Rm 的值，结果放入 Rd 中，用这条指令可组合成多字减法。

MUL 则进行 Rd 和 Rm 值的乘法，结果放入 Rd 中。

Rd 和 Rm 必须是低寄存器（R0 ~ R7），ADC 和 SBC 的更新标志为 N、Z、C 和 V，MUL 指令的更新标志为 N 和 Z。

在 ARMV4 及以前版本中，MUL 会使标志 C 和 V 不可靠；在 ARMV5 及以后版本中，MUL 不影响标志 C 和 V。

该指令示例如下：

```
ADC R2,R4
SBC R0,R1
MUL R7,R6
```

6. 按位逻辑操作 AND、ORR、EOR 和 BIC

按位逻辑操作 AND、ORR、EOR 和 BIC 指令格式为：

```
op Rd,Rm
```

其中，op 代表 AND、ORR、EOR 或 BIC；Rd 为目的寄存器，它也包含第一操作数，Rd 必须在 R0 ~ R7 范围内；Rm 为第二操作数寄存器，Rm 必须在 R0 ~ R7 范围内。

这些指令用于对 Rd 和 Rm 中的值进行按位逻辑操作，结果放在 Rd 中，具体操作内容如下：

AND 指令：进行逻辑“与”操作；ORR 指令：进行逻辑“或”操作；EOR 指令：进行逻辑“异或”操作；BIC 指令：进行“Rd AND NOT Rm”操作。

这些指令根据结果更新标志 N 和 Z。

该程序示例如下：

```
AND R1,R2
ORR  R0,R1
EOR  R5,R6
BIC  R7,R6
```

7. 移位和循环移位操作 ASR、LSL、LSR 和 ROR

在 Thumb 指令集中，移位和循环移位操作作为独立的指令使用，这些指令可使用寄存器中的值或立即数移位量。

该指令格式为：

```
op Rd,Rs
op Rd,Rm,#expr
```

其中，op 是下列其中之一：ASR 用于算术右移，将寄存器中的内容看做补码形式的带符号整数，并将符号位复制到空出位；LSL 用于逻辑左移，空出位填零；LSR 用于逻辑右移，空出位填零；ROR 用于循环右移，将寄存器右端移出的位循环移回到左端，ROR 仅能与寄存器控制的移位一起使用；Rd 为目的寄存器，它也是寄存器控制移位的源寄存器，必须在 R0 ~ R7 范围内；Rs 为包含移位量的寄存器，必须在 R0 ~ R7 范围内；Rm 为立即数移位的源寄存器，必须在 R0 ~ R7 范围内；expr 表示立即数移位量，它是一个取值（在汇编时）为整数的表达式，若 op 是 LSL，则整数的范围为 0 ~ 31，其他情况则为 1 ~ 32。

对于除 ROR 以外的所有指令：

(1) 若移位量为 32，则 Rd 清零，最后移出的位保留在标志 C 中。

(2) 若移位量大于 32，则 Rd 和标志 C 均被清零。

这些指令根据结果更新标志 N 和 Z，且不影响标志 V。对于标志 C，若移位量是零，则不受影响；其他情况下，它包含源寄存器的最后移出位。

该指令示例如下：

```
ASR R3,R5
LSR R0,R2,#16   ;将 R2 的内容逻辑右移 16 次后,结果放入 R0 中
LSR R5,R5,av
```

8. 比较指令 CMP 和 CMN

CMP 和 CMN 指令格式为：

```
CMP Rn,#expr
CMP Rn,Rm
CMN Rn,Rm
```

其中，Rn 为第一操作数寄存器；expr 为表达式，其值（在汇编时）是为在 0 ~ 255 范围内的整数；Rm 为第二操作数寄存器。

CMP 指令从 Rn 的值中减去 expr 或 Rm 的值，CMN 指令将 Rm 和 Rn 的值相加，这些指令根据

结果更新标志 N、Z、C 和 V，但不往寄存器中存放结果。

对于“CMP Rn，#expr”和 CMN 指令，Rn 和 Rm 必须在 R0 ~ R7 范围内；对于“CMP Rn，Rm”指令，Rn 和 Rm 可以是 R0 ~ R15 中的任何寄存器。

该指令示例如下：

```
CMP R2,#255
CMP R7,R12
CMN R1,R5
```

9. 传送、传送非和取负（MOV、MVN 和 NEG）指令

MOV、MVN 和 NEG 指令格式为：

```
MOV Rd,#expr
MOV Rd,Rm
MVN Rd,Rm
NEG Rd,Rm
```

其中，Rd 为目的寄存器；expr 为表达式，其取值是在 0 ~ 255 范围内的整数；Rm 为源寄存器。

MOV 指令将#expr 或 Rm 的值放入 Rd。MVN 指令从 Rm 中取值，然后对该值进行按位逻辑“非”操作，结果放入 Rd。NEG 指令取 Rm 的值再乘以 -1，结果放入 Rd。

对于“MOV Rd，#expr”、MVN 和 NEG 指令的 Rd 和 Rm 必须在 R0 ~ R7 范围内。对于“MOV Rd，Rm”指令，Rd 和 Rm 可以是寄存器 R0 ~ R15 中的任意一个。

“MOV Rd，#expr”和 MVN 指令更新标志 N 和 Z，对标志 C 或 V 无影响；NEG 指令更新标志 N、Z、C 和 V；而“MOV Rd，Rm”指令中，若 Rd 或 Rm 是高寄存器（R8 ~ R18），则标志不受影响；若 Rd 和 Rm 都是低寄存器（R0 ~ R7），则更新标志 N 和 Z，且清除标志 C 和 V。

该指令示例如下：

```
MOV R3,#0
MOV R0,R12
MVN R7,R1
NEG R2,R2
```

10. 测试位 TST 指令

SST 指令格式为：

```
TST Rn,Rm
```

其中，Rn 为第一操作数寄存器；Rm 为第二操作数寄存器。

TST 对 Rm 和 Rn 中的值进行按位“与”操作，但不把结果放入寄存器。该指令根据结果更新标志 N 和 Z，标志 C 和 V 不受影响。Rn 和 Rm 必须在 R0 ~ R7 范围内。

该指令示例如下：

```
TST R2,R4
```

3.4.3 存储器访问指令

1. LDR 和 STR——立即数偏移

LDR 和 STR（立即数偏移）分别指令用于加载寄存器和存储寄存器，其存储器的地址以一个寄存器的立即数偏移（immediate offset）指明。

该指令格式为：

```
op Rd,[Rn,#immed_5 ×4]
opH Rd,[Rn,#immed_5 ×2]
```

```
opB Rd,[Rn,#immed_5 ×1]
```

其中，op 为 LDR 或 STR；H 指明无符号半字传送的参数；B 指明无符号字节传送的参数；Rd 为加载和存储寄存器，且 Rd 必须在 R0 ~ R7 范围内；Rn 为基址寄存器，必须在 R0 ~ R7 范围内；immed_5 × N 表示偏移量，它是一个表达式，其取值（在汇编时）是 N 的倍数，在(0 ~ 31) × N 范围内，N = 4,2,1。STR 用于存储一个字、半字或字节到存储器中；LDR 用于从存储器加载一个字、半字或字节；Rn 是指 Rn 中的基址加上偏移形成操作数的地址。

立即数偏移的半字和字节加载是无符号的，其数据加载到 Rd 的最低有效字或字节，而 Rd 的其余位补 0。

字传送的地址必须可被 4 整除，半字传送的地址必须可被 2 整除。

该指令示例如下：

```
LDR R3,[R5,#0]
STRB R0,[R3,#31]
STRH R7,[R3,#16]
LDRB R2,[R4,#1abel - {PC}]
```

2. LDR 和 STR——寄存器偏移

LDR 和 STR（寄存器偏移）指令也是分别用于加载寄存器和存储寄存器，但它用一个寄存器的基于寄存器偏移指明存储器地址。

该指令格式为：

```
op Rd,[Rn,Rm]
```

其中，op 是下列情况之一：

(1) LDR 为加载寄存器，4 字节字；

(2) STR 为存储寄存器，4 字节字；

(3) LDRH 为加载寄存器，2 字节无符号半字；

(4) LDRSH 为加载寄存器，2 字节带符号半字；

(5) STRH 为存储寄存器，2 字节半字；

(6) LDRB 为加载寄存器，无符号字节；

(7) LDRSB 为加载寄存器，带符号字节；

(8) STRB 为存储寄存器，字节；

(9) Rm 为内含偏移量的寄存器，Rm 必须在 R0 ~ R7 范围内。

这里的带符号和无符号存储指令没有区别。

STR 指令将 Rd 中的一个字、半字或字节存储到存储器；LDR 指令从存储器中将一个字、半字或字节加载到 Rd；Rn 中的基址加上偏移量形成存储器的地址。

寄存器偏移的半字和字节加载可以是带符号或无符号的，数据加载到 Rd 的最低有效字或字节。对于无符号加载，Rd 的其余位补 0；对于带符号加载，Rd 的其余位复制符号位。字传送地址必须可被 4 整除，半字传送地址必须可被 2 整除。

该指令示例为：

```
LDR R2,[R1,R5]
LDRSH R0,[R0,R6]
STRB R1,[R7,R0]
```

3. LDR 和 STR——PC 或 SP 相对偏移

LDR 和 STR（PC 或 SP 相对偏移）指令也是分别加载寄存器和存储寄存器，应用 PC 或 SP 中值的立即数偏移指明存储器中的地址，没有 PC 相对偏移的 STR 指令。

该指令格式为：

```
LDR Rd,[PC,#immed_8 ×4]
LDR Rd,[label
LDR Rd,[[SP,#immed_8 ×4]
STR Rd,[SP,#immed_8 ×4]
```

其中，(1) immed_8 ×4 为偏移量。它是一个表达式，取值（在汇编时）为 4 的整数倍，范围在 0 ~ 1020 之间。(2) label 为程序相对偏移表达式，label 必须在当前指令之后且 1KB 范围内。(3) STR 是将一个字存储到存储器。(4) LDR 是从存储器中加载一个字。

PC 或 SP 的基址加上偏移量形成存储器地址。PC 的位 [1] 被忽略，这确保了地址是字对准的。字或半字传送的地址必须是 4 的整数倍。

该指令示例如下：

```
LDR R2,[PC,#1016]
LDR R5,localdata
LDR R0,[SP,#920]
STR R1,[SP,#20]
```

4. PUSH 和 POP 堆栈指令

PUSH 和 POP 堆栈指令的功能是使低寄存器和可选的 LR 进栈及低寄存器和可选的 PC 出栈。

该指令格式为：

```
PUSH {reglist}
POP {reglist}
PUSH {reglist,LR}
POP {reglist,PC}
```

其中，reglist 表示低寄存器的全部或其子集。

括号是指令格式的一部分，它们不代表指令列表可选。列表中至少有 1 个寄存器。Thumb 堆栈是满递减堆栈，堆栈向下增长，且 SP 指向堆栈的最后入口。寄存器以数字顺序存储在堆栈中。最低数字的寄存器存储在最低地址处。

POP {reglist,PC} 这条指令引起处理器转移到从堆栈弹出给 PC 的地址，这通常是从子程序返回，其中 LR 在子程序开头压进堆栈。这些指令不影响条件码标志。

该指令示例如下：

```
PUSH {R0,R3,R5}
PUSH {R1,R4 - R7}
PUSH {R0,LR}
POP {R2,R5}
POP {R0 - R7,PC}
```

5. LDMIA 和 STMIA 多寄存器读取和存储指令

LDMIA 和 STMIA 多寄存器读取和存储指令的功能是加载和存储多个寄存器。

该指令格式为：

```
op Rn!,{reglist}
```

其中，op 为 LDMIA 或 STMIA。

reglist 为低寄存器或低寄存器范围（R0 ~ R7）的、用逗号隔开的列表。括号是指令格式的一部分，它们不代表指令列表可选，列表中至少应有 1 个寄存器。寄存器以数字顺序加载或存储，最低数字的寄存器在 Rn 的初始地址中。

Rn 的值以 reglist 中寄存器个数的 4 倍增加。若 Rn 在寄存器列表中，则对于 LDMIA 指令，Rn

的最终值是加载的值，不是增加后的地址。对于 STMIA 指令，Rn 存储的值有两种情况：若 Rn 是寄存器列表中最低数字的寄存器，则 Rn 存储的值为 Rn 的初值；其他情况则不可预知，当然 reglist 中最好不包括 Rn。

该指令示例如下：

```
LDMIA R3!,{R0,R4}
LDMIA R5!,{R0 - R7}
STMIA R0!,{R6,R7}
STMIA R3!,{R3,R5,R7}
```

3.4.4 杂项指令

1. 软件中断 SWI 指令

SWI 中断指令格式为：

```
SWI immed_8
```

其中，immed_8 为数字表达式，其取值为 0 ~ 255 范围的整数。

SWI 指令引起 SWI 异常，这意味着处理器状态切换到 ARM 态，处理器模式切换到管理模式，CPSR 保存到管理模式的 SPSR 中，执行转移到 SWI 向量地址。处理器会忽略 immed_8，但 immed_8 的值出现在指令操作码的位［7:0］中，由异常处理程序用它来确定正在请求何种服务。这条指令不影响条件码标志。

该指令示例如下：

```
SWI 12
```

2. 断点 BKPT 指令

断点 BKPT 指令格式为：

```
BKPT immed_8
```

其中，immed_8 为数字表达式，取值为 0 ~ 255 范围内的整数。

断点 BKPT 指令引起处理器进入调试模式。调试工具利用这一点来调查到达特定地址的指令时的系统状态。尽管 immed_8 的值出现在指令操作码的位[7:0]中，处理器忽略会 immed_8，而由调试器用它来保存有关断点的附加信息。

该指令示例如下：

```
BKPT 67
```

3.5 本章小结

本章详细地介绍了 ARM 指令集、ARM 处理器寻址方式、ARM 指令分类介绍，并列出了各条指令的编码格式及相关应用举例，使读者对 ARM 9 的指令系统有全面的了解。

思考与练习

1. 用 ARM 汇编指令实现下面列出的几种操作。

（1）R0 = 16　　　（2）R0 = R1/16（有符号数）

（3）R1 = R3 * 4　　　（4）R1 = - R1

2. 下面的十六进制数哪些可作为数据处理指令中的有效立即数？

（1）0x00AB000　　　（2）0x0000FFFF　　　（3）0xF000000F

(4) 0x08000012　　(5) 0x00001F80　　(6) 0xFFFFFFFF

3. BIC 指令的作用是什么？
4. ARM 处理器为什么要有 RSB 指令？
5. 如何在特权模式下用 ARM 汇编指令使用 IRQ 中断？
6. 下面的 ARM 指令完成什么功能？
   (1) LDRH R0,[R1,#6]　(2) LDR R0, =0x999
7. 在加载和存储指令中，“!”的功能是什么？
8. 在执行 SWI 指令时会发生什么？
9. SWP 指令的优点是什么？
10. 在执行 BX 指令时，是否发生状态切换由什么决定？
11. BX 指令和 BL 指令有什么不同？
12. CMP 指令的操作数是什么？写一个程序，判断 R1 的值是否大于 0x30，是则将 R1 减去 0x30。
13. ARM 920T 有几种寻址方式？LDR R1，[R0，#0x08] 属于哪种寻址方式？
14. ARM 指令的条件码有多少个？默认条件码是什么？
15. ARM 指令中第二个操作数有哪几种形式？列举 5 个 8 位图立即数。
16. LDR/STR 指令的偏移形式有哪 4 种？LDRB 和 LDRSB 有何区别？
17. 请指出 MOV 指令与 LDR 加载指令的区别及用途。
18. 调用子程序是用 B 还是用 BL 指令？请写出返回子程序的指令？
19. 请指出 LDR 伪指令的用法。指令格式与 LDR 加载指令的区别是什么？
20. ARM 状态与 Thumb 状态的切换指令是什么？请举例说明。
21. Thumb 状态与 ARM 状态的寄存器有区别吗？Thumb 指令对哪些寄存器的访问受到一定即制？
22. Thumb 指令集的堆栈入栈、出栈指令是哪两条？
23. Thumb 指令集的 BL 指令转移范围为何能达到 ±4MB？其指令编码是怎样的？
24. 用 ARM 汇编实现比较两个字符串的大小。代码执行前，R0 指向第一个串，R1 指向第二个串。代码执行后，R0 中保存比较结果，如果两个串相同，R0 为 0；如果第 1 个串大于第 2 个串，R0 >0；如果第 1 个串小于第 2 个串，R0 <1。
25. 下面给出 A 和 B 的值，可先手动计算 A + B，并预测 N、Z、V 和 C 标志位的值。然后修改指令举例 4.1 中 R0、R1 的值，将这两个值装载到这两个寄存器中（使用 LDR 伪指令，如 LDR R0，=0x FFFF0000)，使其执行两个寄存器的加法操作。调试程序，每执行一次加法操作就将标志位的状态记录下来，并将所得结果与预先计算得出的结果相比较。如果两个操作数视为有符号数，如何解释所得标志位的状态？同样，如果这两个操作数视为无符号数，所得标志位又当如何理解？

```
0xFFFF000F 0x7FFFFFFF 67654321 (A)
 +0x0000FFF1 +0x02345678 +23110000 (B)
```

   结果：(　　)(　　)(　　)

26. 把下面的 C 代码转换成汇编代码。数组 a 和 b 分别存放在以 0x4000 和 0x5000 为起始地址的存储区内，类型为 long（即 32 位)。把编写的汇编语言进行编译链接，并进行调试。

```
for (i =0;i <8;i ++)
{ a[i] =b[7 -i];
}
```

27. 计算一个数 n 的阶乘，即 $n! = n\times(n-1)\times(n-2)\times\cdots\times 1$。给定 n 的值后，整个算法就是不断使当前值与前一次乘数减一所得值相乘，这里所说的当前值即是乘法运算的结果。程序不断循环执行乘法操作，每次循环先将乘数减一，若所得值为0则循环结束。在程序中，使用条件执行的思想来做乘法。在编写含有循环和转移指令的程序时，由于可以用Z标志来迅速判断是否到达循环次数，很多编程者通常使用一个非零数向下计数而不是向上计数的方法来起动程序。

请填充下面的代码段，并加入相应的段声明信息，然后调试程序的正确性。设定 n 的值为10，说明程序执行结果，并观察程序运行之前和之后寄存器的内容。

```
FACTORIAL       MOV R6,#10                  ;将10存放到R6 (n)
                  MOV R4,R6                 ;初始化保存结果的寄存器R4 (n的结果)
LOOP            SUBS ___________            ;本次乘数减一
                  MULNE ___________         ;乘法运算
                  BNE LOOP                  ;如果循环未结束,转去执行下次循环
```

第4章 ARM汇编语言程序设计

ARM编译器一般都支持汇编语言的程序设计和C/C++语言的程序设计，以及两者的混合编程。本章介绍ARM程序设计的一些基本概念，如ARM汇编语言的伪指令、汇编语言的语句格式和汇编语言的程序结构、应用示例等，同时介绍C/C++和汇编语言的混合编程等问题。

本章的主要内容有：

- ARM编译器所支持的伪指令
- ARM汇编语言的语句格式
- ARM汇编语言的程序结构
- ARM汇编语言程序设计实例

4.1 ARM汇编伪指令

在ARM汇编语言程序里，有一些特殊指令助记符，这些助记符与指令系统的助记符不同，没有相对应的操作码，通常称这些特殊指令助记符为伪指令，它们所完成的操作称为伪操作。伪指令在源程序中的作用是为完成汇编语言程序做各种准备工作的，这些伪指令仅在汇编过程中起作用，一旦汇编结束，伪指令的使命就完成。

在ARM汇编语言程序中，有如下几种伪指令：符号定义伪指令、数据定义伪指令、汇编控制伪指令及其他伪指令。

4.1.1 符号定义伪指令

符号定义伪指令用于定义ARM汇编语言程序中的变量、对变量赋值及定义寄存器的别名等操作。常见的符号定义伪指令有如下几种：

(1) 用于定义全局变量的GBLA、GBLL和GBLS伪指令。

(2) 用于定义局部变量的LCLA、LCLL和LCLS伪指令。

(3) 用于对变量赋值的SETA、SETL、SETS伪指令。

(4) 为通用寄存器列表定义名称的RLIST伪指令。

1. GBLA、GBLL和GBLS伪指令

GBLA、GBLL和GBLS伪指令的语法格式：

```
GBLA(GBLL或GBLS)        全局变量名
```

GBLA、GBLL和GBLS伪指令用于定义一个ARM程序中的全局变量，并将其初始化。其中，GBLA伪指令用于定义一个全局的数字变量，并初始化为0；GBLL伪指令用于定义一个全局的逻辑变量，并初始化为F（假）；GBLS伪指令用于定义一个全局的字符串变量，并初始化为空。由于以上三条伪指令用于定义全局变量，因此在整个程序范围内变量名必须唯一。

使用示例如下：

```
GBLA Test1                  ;定义一个全局的数字变量,变量名为Test1
Test1 SETA 0xaa             ;将该变量赋值为0xaa
GBLL Test2                  ;定义一个全局的逻辑变量,变量名为Test2
Test2 SETL{TRUE}            ;将该变量赋值为真
GBLS Test3                  ;定义一个全局的字符串变量,变量名为Test3
Test3 SETS "Testing"        ;将该变量赋值为"Testing"
```

2. LCLA、LCLL 和 LCLS 伪指令

LCLA、LCLL 和 LCLS 伪指令的语法格式：

```
LCLA(LCLL 或 LCLS)    局部变量名
```

LCLA、LCLL 和 LCLS 伪指令用于定义一个 ARM 程序中的局部变量，并将其初始化。其中，LCLA 伪指令用于定义一个局部的数字变量，并初始化为 0；LCLL 伪指令用于定义一个局部的逻辑变量，并初始化为 F（假）；LCLS 伪指令用于定义一个局部的字符串变量，并初始化为空。

以上三条伪指令用于声明局部变量，在其作用范围内变量名必须唯一。

使用示例如下：

```
LCLA Test4              ;声明一个局部的数字变量,变量名为 Test4
Test4 SETA 0xaa         ;将该变量赋值为 0xaa
LCLL Test5              ;声明一个局部的逻辑变量,变量名为 Test5
Test5 SETL{TRUE}        ;将该变量赋值为真
LCLS Test6              ;定义一个局部的字符串变量,变量名为 Test6
Test6 SETS "Testing"    ;将该变量赋值为"Testing"
```

3. SETA、SETL 和 SETS 伪指令

SETA、SETL 和 SETS 伪指令的语法格式：

```
变量名 SETA(SETL 或 SETS)    表达式
```

伪指令 SETA、SETL、SETS 用于给一个已经定义的全局变量或局部变量赋值。其中，SETA 伪指令用于给一个数学变量赋值；SETL 伪指令用于给一个逻辑变量赋值；SETS 伪指令用于给一个字符串变量赋值。

这里，变量名为已经定义过的全局变量或局部变量，表达式为将要赋给变量的值。

使用示例如下：

```
LCLA Test3              ;声明一个局部的数字变量,变量名为 Test3
Test3 SETA 0xaa         ;将该变量赋值为 0xaa
LCLL Test4              ;声明一个局部的逻辑变量,变量名为 Test4
Test4 SETL {TRUE}       ;将该变量赋值为真
```

4. RLIST 伪指令

RLIST 伪指令的语法格式：

```
名称 RLIST{寄存器列表}
```

RLIST 伪指令可用于对一个通用寄存器列表定义名称，使用该伪指令定义的名称可在 ARM 指令 LDM/STM 中使用。在 LDM/STM 指令中，列表中的寄存器访问次序为根据寄存器的编号由低到高，而与列表中的寄存器排列次序无关。

使用示例如下：

```
RegList RLIST{R0 - R5,R8,R10};将寄存器列表名称定义为 RegList,可在 ARM 指令 LDM/STM 中通过
                             该名称访问寄存器列表
```

4.1.2 数据定义伪指令

数据定义伪指令一般用于为特定的数据分配存储单元，同时可完成已分配存储单元的初始化。常见的数据定义伪指令有如下几种：

(1) DCB 伪指令，用于分配一片连续的字节存储单元并用指定的数据初始化。

(2) DCW（或 DCWU 伪指令），用于分配一片连续的半字存储单元并用指定的数据初始化。

(3) DCD（或 DCDU 伪指令），用于分配一片连续的字存储单元并用指定的数据初始化。

(4) DCFD（或 DCFDU 伪指令），用于为双精度的浮点数分配一片连续的字存储单元并用指定的数据初始化。

(5) DCFS（或 DCFSU 伪指令），用于为单精度的浮点数分配一片连续的字存储单元并用指定的数据初始化。

(6) DCQ（或 DCQU 伪指令），用于分配一片以 8 字节为单位的连续的存储单元并用指定的数据初始化。

(7) SPACE 伪指令，用于分配一片连续的存储单元。

(8) MAP 伪指令，用于定义一个结构化的内存表首地址。

(9) FIELD 伪指令，用于定义一个结构化的内存表的数据域。

1. DCB 伪指令

DCB 伪指令的语法格式：

```
标号    DCB    表达式
```

DCB 伪指令用于分配一片连续的字节存储单元并用伪指令中指定的表达式初始化。其中，表达式可以为 0～255 的数字或字符串，DCB 也可用“=”代替。

使用示例如下：

```
Str    DCB    "This is a test!"        ;分配一片连续的字节存储单元并初始化
```

2. DCW（或 DCWU）伪指令

DCW（或 DCWU）伪指令的语法格式：

```
标号    DCW(或 DCWU)    表达式
```

DCW（或 DCWU）伪指令用于分配一片连续的半字存储单元并用伪指令中指定的表达式初始化。其中，表达式可以为程序标号或数字表达式。

用 DCW 分配的字存储单元是半字对齐的，而用 DCWU 分配的字存储单元并不严格半字对齐。

使用示例如下：

```
DataTest    DCW    1,2,3;分配一片连续的半字存储单元并初始化
```

3. DCD（或 DCDU）伪指令

DCD（或 DCDU）伪指令的语法格式：

```
标号    DCD(或 DCDU)    表达式
```

DCD（或 DCDU）伪指令用于分配一片连续的字存储单元并用伪指令中指定的表达式初始化。其中，表达式可以为程序标号或数字表达式，DCD 也可用“&”代替。

用 DCD 分配的字存储单元是字对齐的，而用 DCDU 分配的字存储单元并不严格字对齐。

使用示例如下：

```
DataTest    DCD    4,5,6;分配一片连续的字存储单元并初始化
```

4. DCFD（或 DCFDU）伪指令

DCFD（或 DCFDU）伪指令的语法格式：

```
标号    DCFD(或 DCFDU)    表达式
```

DCFD（或 DCFDU）伪指令用于为双精度的浮点数分配一片连续的字存储单元并用伪指令中指定的表达式初始化。每个双精度的浮点数占据两个字单元。

用 DCFD 分配的字存储单元是字对齐的，而用 DCFDU 分配的字存储单元并不严格字对齐。

使用示例如下：

```
FDataTest   DCFD   2E115,-5E7  ;分配一片连续的字存储单元并初始化为指定的双精度数
```

5. DCFS（或 DCFSU）伪指令

DCFS（或 DCFSU）伪指令的语法格式：

标号　DCFS(或 DCFSU)　表达式

DCFS（或 DCFSU）伪指令用于为单精度的浮点数分配一片连续的字存储单元并用伪指令中指定的表达式初始化。每个单精度的浮点数占据一个字单元。

用 DCFS 分配的字存储单元是字对齐的，而用 DCFSU 分配的字存储单元并不严格字对齐。

使用示例如下：

```
FDataTest   DCFS   2E5,-5E-7   ;分配一片连续的字存储单元并初始化为指定的单精度数
```

6. DCQ（或 DCQU）伪指令

DCQ（或 DCQU）伪指令的语法格式：

标号　DCQ(或 DCQU)　表达式

DCQ（或 DCQU）伪指令用于分配一片以 8 个字节为单位的连续存储区域并用伪指令中指定的表达式初始化。

用 DCQ 分配的存储单元是字对齐的，而用 DCQU 分配的存储单元并不严格字对齐。

使用示例如下：

```
DataTest   DCQ   100;分配一片连续的存储单元并初始化为指定的值
```

7. SPACE 伪指令

SPACE 伪指令的语法格式：

标号　SPACE　表达式

SPACE 伪指令用于分配一片连续的存储区域并初始化为 0，其中表达式为要分配的字节数。SPACE 也可用“%”代替。

使用示例如下：

```
DataSpace   SPACE   100   ;分配连续 100 字节的存储单元并初始化为 0
```

8. MAP 伪指令

MAP 伪指令的语法格式：

MAP　表达式{,基址寄存器}

MAP 伪指令用于定义一个结构化的内存表的首地址，MAP 也可用“^”代替。

表达式可以为程序中的标号或数学表达式，基址寄存器为可选项，当基址寄存器选项不存在时，表达式的值即为内存表的首地址，当该选项存在时，内存表的首地址为表达式的值与基址寄存器的和。

MAP 伪指令通常与 FIELD 伪指令配合使用来定义结构化的内存表。

使用示例如下：

```
MAP    0x100,R0    ;定义结构化内存表首地址的值为 0x100+R0
```

9. FILED 伪指令

FILED 伪指令的语法格式：

```
标号    FIELD  表达式
```

FIELD 伪指令用于定义一个结构化内存表中的数据域，FILED 也可用“#”代替。

表达式的值为当前数据域在内存表中所占的字节数。

FIELD 伪指令常与 MAP 伪指令配合使用来定义结构化的内存表。MAP 伪指令定义内存表的首地址；FIELD 伪指令定义内存表中的各个数据域，并可以为每个数据域指定一个标号供其他指令引用。

注意 MAP 和 FIELD 伪指令仅用于定义数据结构，并不实际分配存储单元。

使用示例如下：

```
MAP    0x100        ;定义结构化内存表首地址的值为 0x100
A      FIELD 16     ;定义 A 的长度为 16 字节,位置为 0x100
B      FIELD 32     ;定义 B 的长度为 32 字节,位置为 0x110
S      FIELD 256    ;定义 S 的长度为 256 字节,位置为 0x130
```

4.1.3 汇编控制伪指令

汇编控制伪指令用于控制汇编语言程序的执行流程，常用的汇编控制伪指令包括以下几条：

（1）IF、ELSE、ENDIF 伪指令；

（2）WHILE、WEND 伪指令；

（3）MACRO、MEND 伪指令；

（4）MEXIT 伪指令。

1. IF、ELSE、ENDIF 伪指令

IF、ELSE、ENDIF 伪指令的语法格式：

```
IF    逻辑表达式
      指令序列 1
ELSE
      指令序列 2
ENDIF
```

IF、ELSE、ENDIF 伪指令能根据条件的成立与否决定是否执行某个指令序列。当 IF 后面的逻辑表达式为真，则执行指令序列 1，否则执行指令序列 2。其中，ELSE 及指令序列 2 可以没有，此时当 IF 后面的逻辑表达式为真，则执行指令序列 1，否则继续执行后面的指令。

IF、ELSE、ENDIF 伪指令可以嵌套使用。

使用示例如下：

```
GBLL Test                            ;声明一个全局的逻辑变量,变量名为 Test
……
IF    Test = TRUE
  指令序列 1
ELSE
  指令序列 2
ENDIF
```

2. WHILE、WEND 伪指令

WHILE、WEND 伪指令的语法格式：

```
WHILE  逻辑表达式
     指令序列
WEND
```

WHILE、WEND 伪指令能根据条件的成立与否决定是否循环执行某个指令序列。当 WHILE 后面的逻辑表达式为真，则执行指令序列，该指令序列执行完毕后，再判断逻辑表达式的值，若为真则继续执行，一直到逻辑表达式的值为假。

WHILE、WEND伪指令可以嵌套使用。

使用示例如下：

```
GBLA Counter                      ;声明一个全局的数学变量,变量名为Counter
Counter   SETA      3             ;由变量Counter控制循环次数
……
WHILE   Counter <10
  指令序列
WEND
```

3. MACRO、MEND伪指令

MACRO、MEND伪指令的语法格式：

```
$标号      宏名$参数1,$参数2,……
指令序列
MEND
```

MACRO、MEND伪指令可以将一段代码定义为一个整体，称为宏指令，然后就可以在程序中通过宏指令多次调用该段代码。其中，$标号在宏指令被展开时，标号会被替换为用户定义的符号，宏指令可以使用一个或多个参数，当宏指令被展开时，这些参数被相应的值替换。

宏指令的使用方式和功能与子程序有些相似，子程序可以提供模块化的程序设计、节省存储空间并提高运行速度。但在使用子程序结构时需要保护现场，从而增加了系统的开销，因此在代码较短且需要传递的参数较多时，可以使用宏指令代替子程序。

包含在MACRO和MEND之间的指令序列称为宏定义体，在宏定义体的第一行应声明宏的原型(包含宏名、所需的参数)，然后就可以在汇编语言程序中通过宏名来调用该指令序列。在源程序被编译时，汇编器将宏调用展开，用宏定义中的指令序列代替程序中的宏调用，并将实际参数的值传递给宏定义中的形式参数。

MACRO、MEND伪指令可以嵌套使用。

4. MEXIT伪指令

MEXIT伪指令的语法格式：

```
MEXIT
```

MEXIT用于从宏定义中跳转出去。

4.1.4 其他常用的伪指令

还有一些其他的伪指令，在汇编语言程序中经常会被使用，包括：

(1) AREA伪指令；

(2) ALIGN伪指令；

(3) CODE16、CODE32伪指令；

(4) ENTRY伪指令；

(5) END伪指令；

(6) EQU伪指令；

(7) EXPORT（或GLOBAL）伪指令；

(8) IMPORT伪指令；

(9) EXTERN伪指令；

(10) GET（或INCLUDE）伪指令；

（11）INCBIN 伪指令；

（12）RN 伪指令；

（13）ROUT 伪指令。

1. AREA 伪指令

AREA 伪指令的语法格式：

```
AREA    段名属性 1,属性 2,……
```

AREA 伪指令用于定义一个代码段或数据段。其中，段名若以数字开头，则该段名需用“|”括起来，如|1_ test|。

属性字段表示该代码段（或数据段）的相关属性，多个属性用逗号分隔。常用的属性如下：

（1）CODE 属性：用于定义代码段，默认为 READONLY。

（2）DATA 属性：用于定义数据段，默认为 READWRITE。

（3）READONLY 属性：指定本段为只读，代码段默认为 READONLY。

（4）READWRITE 属性：指定本段为可读可写，数据段的默认属性为 READWRITE。

（5）ALIGN 属性：使用方式为 ALIGN 表达式，在默认时，ELF（可执行连接文件）的代码段和数据段是按字对齐的，表达式的取值范围为 0～31，相应的对齐方式为 2 的幂。

（6）COMMON 属性：该属性定义一个通用的段，不包含任何的用户代码和数据。各源文件中同名的 COMMON 段共享同一段存储单元。

一个汇编语言程序至少要包含一个段，当程序太长时，也可以将程序分为多个代码段和数据段。

使用示例如下：

```
AREA Init,CODE,READONLY
……
;该伪指令定义了一个代码段,段名为 Init,属性为只读
```

2. ALIGN 伪指令

ALIGN 伪指令的语法格式：

```
ALIGN    {表达式{,偏移量}}
```

ALIGN 伪指令可通过添加填充字节的方式，使当前位置满足一定的对其方式。其中，表达式的值用于指定对齐方式，可能的取值为 2 的幂，如 1、2、4、8、16 等。若未指定表达式，则将当前位置对齐到下一个字的位置。偏移量也为一个数字表达式，若使用该字段，则当前位置的对齐方式为：2 的表达式次幂 + 偏移量。

使用示例如下：

```
AREA Init,CODE,READONLY,ALIEN = 3        ;指定后面的指令为 8 字节对齐.
指令序列
END
```

3. CODE16、CODE32 伪指令

CODE16、CODE32 伪指令的语法格式：

```
CODE16(或 CODE32)
```

CODE16 伪指令用于通知编译器，其后的指令序列为 16 位的 Thumb 指令；CODE32 伪指令用于通知编译器，其后的指令序列为 32 位的 ARM 指令。

若在汇编源程序中同时包含 ARM 指令和 Thumb 指令时，可用 CODE16 伪指令通知编译器其后的指令序列为 16 位的 Thumb 指令，CODE32 伪指令通知编译器其后的指令序列为 32 位的 ARM

指令。因此，在使用 ARM 指令和 Thumb 指令混合编程的代码里，可用这两条伪指令进行切换，但注意它们只通知编译器其后指令的类型，并不能对处理器进行状态的切换。

使用示例如下：

```
AREA Init,CODE,READONLY
……
CODE32                  ;通知编译器其后的指令为 32 位的 ARM 指令
LDR R0, =NEXT+1         ;将跳转地址放入寄存器 R0
BX  R0                  ;程序跳转到新的位置执行,并将处理器切换到 Thumb 工作状态
……
CODE16                  ;通知编译器其后的指令为 16 位的 Thumb 指令
NEXTLDR     R3, =0x3FF
……
END                     ;程序结束
```

4. ENTRY 伪指令

ENTRY 伪指令的语法格式：

```
ENTRY
```

ENTRY 伪指令用于指定汇编语言程序的入口点。在一个完整的汇编语言程序中至少要有一个 ENTRY（也可以有多个，当有多个 ENTRY 时，程序的真正入口点由链接器指定），但在一个源文件里最多只能有一个 ENTRY（可以没有）。

使用示例如下：

```
AREA Init,CODE,READONLY
ENTRY        ;指定应用程序的入口点
……
```

5. END 伪指令

END 伪指令的语法格式：

```
END
```

END 伪指令用于通知编译器已经到了源程序的结尾。

使用示例如下：

```
AREA Init,CODE,READONLY
……
END          ;指定应用程序的结尾
```

6. EQU 伪指令

EQU 伪指令的语法格式：

```
名称    EQU 表达式{,类型}
```

EQU 伪指令用于为程序中的常量、标号等定义一个等效的字符名称，类似于 C 语言中的#define，其中 EQU 可用“*”代替。

名称为 EQU 的伪指令定义字符名称，当表达式为 32 位的常量时，可以指定表达式的数据类型，可以有 CODE16、CODE32 和 DATA 三种类型。

使用示例如下：

```
Test     EQU50              ;定义标号 Test 的值为 50
Addr     EQU0x55,CODE32     ;定义 Addr 的值为 0x55,且该处为 32 位的 ARM 指令.
```

7. EXPORT（或 GLOBAL）伪指令

EXPORT（或 GLOBAL）伪指令的语法格式：

```
EXPORT    标号{[WEAK]}
```

EXPORT 伪指令用于在程序中声明一个全局的标号，该标号可在其他的文件中被引用。EXPORT 可用 GLOBAL 代替。标号在程序中区分大小写，[WEAK] 选项声明其他的同名标号优先于该标号被引用。

使用示例如下：

```
AREA Init,CODE,READONLY
EXPORT      Stest          ;声明一个可全局引用的标号 Stest
……
END
```

8. IMPORT 伪指令

IMPORT 伪指令的语法格式：

```
IMPORT  标号{[WEAK]}
```

IMPORT 伪指令用于通知编译器要使用的标号在其他的源文件中定义，但要在当前源文件中引用，而且无论当前源文件是否引用该标号，该标号均会被加入到当前源文件的符号表中。

标号在程序中区分大小写，[WEAK] 选项表示当所有的源文件都没有定义这样一个标号时，编译器也不给出错误信息，在多数情况下将该标号置为 0，若该标号为 B 或 BL 指令引用，则将 B 或 BL 指令置为 NOP 操作。

使用示例如下：

```
AREA Init,CODE,READONLY
IMPORT      Main           ;通知编译器当前文件要引用标号 Main,但 Main 在其他源文件中定义
……
END
```

9. EXTERN 伪指令

EXTERN 伪指令的语法格式：

```
EXTERN    标号{[WEAK]}
```

EXTERN 伪指令用于通知编译器要使用的标号在其他的源文件中定义，但要在当前源文件中引用，如果当前源文件实际并未引用该标号，该标号就不会被加入到当前源文件的符号表中。

标号在程序中区分大小写，[WEAK] 选项表示当所有的源文件都没有定义这样一个标号时，编译器也不给出错误信息，在多数情况下将该标号置为 0，若该标号为 B 或 BL 指令引用，则将 B 或 BL 指令置为 NOP 操作。

使用示例如下：

```
AREA Init,CODE,READONLY
EXTERN      Main          ;通知编译器当前文件要引用标号 Main,但 Main 在其他源文件中定义
……
END
```

10. GET（或 INCLUDE）伪指令

GET（或 INCLUDE）伪指令的语法格式：

```
GET     文件名
```

GET 伪指令用于将一个源文件包含到当前的源文件中，并将被包含的源文件在当前位置进行汇编处理。可以使用 INCLUDE 代替 GET。

汇编语言程序中常用的方法是在某源文件中定义一些宏指令，用 EQU 定义常量的符号名称，用 MAP 和 FIELD 定义结构化的数据类型，然后用 GET 伪指令将这个源文件包含到其他的源文件中。使用方法与 C 语言中的“include”相似。

GET 伪指令只能用于包含源文件，包含目标文件需要使用 INCBIN 伪指令。

使用示例如下：

```
AREA Init,CODE,READONLY
GET    a1.s                ;通知编译器当前源文件包含源文件 a1.s
GET    C:\a2.s             ;通知编译器当前源文件包含源文件 C:\a2.s
……
END
```

11. INCBIN 伪指令

INCBIN 伪指令的语法格式：

```
INCBIN    文件名
```

INCBIN 伪指令用于将一个目标文件或数据文件包含到当前的源文件中，被包含的文件不作任何变动的存放在当前文件中，编译器从其后开始继续处理。

使用示例如下：

```
AREA Init,CODE,READONLY
INCBIN    a1.dat          ;通知编译器当前源文件包含文件 a1.dat
INCBIN    C:\a2.txt       ;通知编译器当前源文件包含文件 C:\a2.txt
……
END
```

12. RN 伪指令

RN 伪指令的语法格式：

```
名称    RN    表达式
```

RN 伪指令用于给一个寄存器定义一个别名。采用这种方式可以方便程序员记忆该寄存器的功能。其中，名称为给寄存器定义的别名，表达式为寄存器的编码。

使用示例如下：

```
Temp RN R0                ;将 R0 定义一个别名 Temp
```

13. ROUT 伪指令

ROUT 伪指令的语法格式：

```
{名称}  ROUT
```

ROUT 伪指令用于给一个局部变量定义作用范围。在程序中未使用该伪指令时，局部变量的作用范围为所在的 AREA，而使用 ROUT 后，局部变量的作为范围为当前 ROUT 与下一个 ROUT 之间。

4.2 ARM 汇编语言语句格式

ARM（Thumb）汇编语言的语句格式为：

```
{标号} {指令或伪指令} {;注释}
```

在汇编语言程序设计中，每一条指令的助记符可以全部用大写或全部用小写，但不许在一条指令中大、小写混用。同时，如果一条语句太长，可将该长语句分为若干行来书写，在行的末尾用“\”表示下一行与本行为同一条语句。

4.2.1 ARM 汇编语言程序中常见的符号

在汇编语言程序设计中，经常使用各种符号代替地址、变量和常量等，以增加程序的可读性。尽管符号的命名由编程者决定，但并不是任意的，必须遵循以下的约定：

(1) 符号区分大小写，同名的大、小写符号会被编译器认为是两个不同的符号。

(2) 符号在其作用范围内必须唯一。

(3) 自定义的符号名不能与系统的保留字相同。

(4) 符号名不应与指令或伪指令同名。

1. 程序中的变量

程序中的变量是指其值在程序的运行过程中可以改变的量。ARM（Thumb）汇编语言程序所支持的变量有数字变量、逻辑变量和字符串变量。

数字变量用于在程序的运行中保存数字值，但注意数字值的大小不应超出数字变量所能表示的范围。

逻辑变量用于在程序的运行中保存逻辑值，逻辑值只有两种取值情况：真或假。

字符串变量用于在程序的运行中保存一个字符串，但注意字符串的长度不应超出字符串变量所能表示的范围。

在 ARM（Thumb）汇编语言程序设计中，可使用 GBLA、GBLL、GBLS 伪指令声明全局变量，使用 LCLA、LCLL、LCLS 伪指令声明局部变量，并可使用 SETA、SETL 和 SETS 对其进行初始化。

2. 程序中的常量

程序中的常量是指其值在程序的运行过程中不能被改变的量。ARM（Thumb）汇编语言程序所支持的常量有数字常量、逻辑常量和字符串常量。

数字常量一般为 32 位的整数，当作为无符号数时，其取值范围为 $0 \sim (2^{32}-1)$，当作为有符号数时，其取值范围为 $-2^{31} \sim (2^{31}-1)$。

逻辑常量只有两种取值情况：真或假。

字符串常量为一个固定的字符串，一般用于程序运行时的信息提示。

3. 程序中的变量代换

程序中的变量可通过代换操作取得一个常量。代换操作符为“$”。

如果在数字变量前面有一个代换操作符“$”，编译器会将该数字变量的值转换为十六进制的字符串，并将该十六进制的字符串代换“$”后的数字变量。

如果在逻辑变量前面有一个代换操作符“$”，编译器会将该逻辑变量代换为它的取值（真或假）。

如果在字符串变量前面有一个代换操作符“$”，编译器会将该字符串变量的值代换“$”后的字符串变量。

使用示例如下：

```
LCLS  S1                                    ;定义局部字符串变量 S1 和 S2
LCLS  S2
S1          SETS        "Test!"
S2          SETS        "This is a $ S1"    ;字符串变量 S2 的值为"This is a Test!"
```

4.2.2 ARM 汇编语言程序中的表达式与运算符

在汇编语言程序设计中，也经常使用各种表达式，表达式一般由变量、常量、运算符和括号构成。常用的表达式有数字表达式、逻辑表达式和字符串表达式及与寄存器和程序计数器（PC）相关的表达式，其运算次序遵循如下的优先级：

（1）优先级相同的双目运算符的运算顺序为从左到右。

（2）相邻的单目运算符的运算顺序为从右到左，且单目运算符的优先级高于其他运算符。

（3）括号运算符的优先级最高。

1. 数字表达式及运算符

数字表达式一般由数字常量、数字变量、数字运算符和括号构成。与数字表达式相关的运算符如下。

1）“+”“-”“×”“/”及“MOD”算术运算符

以上的算术运算符分别代表加、减、乘、除和取余数运算。例如，以 X 和 Y 表示有两个数字的表达式，则：

X + Y　　表示 X 与 Y 的和；

X - Y　　表示 X 与 Y 的差；

X × Y　　表示 X 与 Y 的乘积；

X/Y　　表示 X 除以 Y 的商；

X：MOD：Y 表示 X 除以 Y 的余数。

2）“ROL”“ROR”“SHL”及“SHR”移位运算符

以 X 和 Y 表示有两个数字表达式，以上的移位运算符代表的运算如下：

X:ROL:Y　　表示将 X 循环左移 Y 位；

X:ROR:Y　　表示将 X 循环右移 Y 位；

X:SHL:Y　　表示将 X 左移 Y 位；

X:SHR:Y　　表示将 X 右移 Y 位。

3）“AND”“OR”“NOT”及“EOR”按位逻辑运算符

以 X 和 Y 表示有两个数字表达式，以上的按位逻辑运算符代表的运算如下：

X:AND:Y　　表示将 X 和 Y 按位做逻辑与的操作；

X:OR:Y　　表示将 X 和 Y 按位做逻辑或的操作；

:NOT:Y　　表示将 Y 按位做逻辑非的操作；

X:EOR:Y　　表示将 X 和 Y 按位做逻辑异或的操作。

2. 逻辑表达式及运算符

逻辑表达式一般由逻辑量、逻辑运算符和括号构成，其表达式的运算结果为真或假。与逻辑表达式相关的运算符如下。

1）“=”“>”“<”“>=”“<=”“/=”“ <>”运算符

以 X 和 Y 表示两个逻辑表达式，以上的运算符代表的运算如下：

X = Y　　表示 X 等于 Y；

X > Y　　表示 X 大于 Y；

X < Y　　表示 X 小于 Y；

X >= Y　　表示 X 大于等于 Y；

X <= Y　　表示 X 小于等于 Y；

X/= Y　　表示 X 不等于 Y；

X < > Y　　表示 X 不等于 Y。

2）“LAND”“LOR”“LNOT”及“LEOR”运算符

以 X 和 Y 表示两个逻辑表达式，以上的逻辑运算符代表的运算如下：

X:LAND:Y　　表示将 X 和 Y 做逻辑与的操作；

X:LOR:Y　　表示将 X 和 Y 做逻辑或的操作；

:LNOT:Y　　表示将 Y 做逻辑非的操作；

X:LEOR:Y　　表示将 X 和 Y 做逻辑异或的操作。

3. 字符串表达式及运算符

字符串表达式一般由字符串常量、字符串变量、运算符和括号构成。编译器所支持的字符串最大长度为 512 字节。常用的与字符串表达式相关的运算符如下。

1）LEN 运算符

LEN 运算符返回字符串的长度（字符数），以 X 表示字符串表达式，其语法格式如下：

```
:LEN:X
```

2）CHR 运算符

CHR 运算符将 0 ~ 255 之间的整数转换为一个字符，以 M 表示某一个整数，其语法格式如下：

```
:CHR:M
```

3）STR 运算符

STR 运算符将将一个数字表达式或逻辑表达式转换为一个字符串。对于数字表达式，STR 运算符将其转换为一个以十六进制组成的字符串；对于逻辑表达式，STR 运算符将其转换为字符串 T 或 F，其语法格式如下：

```
:STR:X
```

其中 X 为一个数字表达式或逻辑表达式。

4）LEFT 运算符

LEFT 运算符返回某个字符串左端的一个子串，其语法格式如下：

```
X:LEFT:Y
```

其中 X 为源字符串，Y 为一个整数，表示要返回的字符个数。

5）RIGHT 运算符

与 LEFT 运算符相对应，RIGHT 运算符返回某个字符串右端的一个子串，其语法格式如下：

```
X:RIGHT:Y
```

其中 X 为源字符串，Y 为一个整数，表示要返回的字符个数。

6）CC 运算符

CC 运算符用于将两个字符串连接成一个字符串，其语法格式如下：

```
X:CC:Y
```

其中 X 为源字符串 1，Y 为源字符串 2，CC 运算符将 Y 连接到 X 的后面。

4. 与寄存器和程序计数器（PC）相关的表达式及运算符

常用的与寄存器和程序计数器（PC）相关的表达式及运算符如下。

1）BASE 运算符

BASE 运算符返回基于寄存器的表达式中寄存器的编号，其语法格式如下：

```
:BASE:X
```

其中 X 为与寄存器相关的表达式。

2）INDEX 运算符

INDEX 运算符返回基于寄存器的表达式中相对于其基址寄存器的偏移量，其语法格式如下：

```
:INDEX:X
```

其中 X 为与寄存器相关的表达式。

5. 其他常用运算符

1）? 运算符

? 运算符返回某代码行所生成的可执行代码的长度。例如：

```
?X
```

返回定义符号 X 的代码行所生成的可执行代码的字节数。

2）DEF 运算符

DEF 运算符判断是否定义某个符号，例如：

```
:DEF:X
```

如果符号 X 已经定义，则结果为真，否则为假。

4.3　ARM 汇编语言程序结构

4.3.1　ARM 汇编语言程序结构

在 ARM（Thumb）汇编语言程序中，以程序段为单位组织代码。段是相对独立的指令或数据序列，具有特定的名称。段可以分为代码段和数据段，代码段的内容为执行代码，数据段存放代码运行时需要用到的数据。一个汇编语言程序至少应该有一个代码段，当程序较长时，可以分割为多个代码段和数据段，多个段在程序编译链接时最终形成一个可执行的映像文件。

可执行映像文件通常由以下几部分构成：

（1）一个或多个代码段，代码段的属性为只读。

（2）零个或多个包含初始化数据的数据段，数据段的属性为可读/写。

（3）零个或多个不包含初始化数据的数据段，数据段的属性为可读/写。

链接器根据系统默认或用户设定的规则，将各个段安排在存储器中的相应位置。因此源程序中段之间的相对位置与可执行的映像文件中段的相对位置一般不会相同。

以下是一个汇编语言源程序的基本结构：

```
AREA Init,CODE,READONLY
ENTRY
Start
LDR    R0,=0x3FF5000
LDR    R1,0xFF
STR    R1,[R0]
LDR    R0,=0x3FF5008
LDR    R1,0x01
STR    R1,[R0]
……
END
```

在汇编语言程序中，用 AREA 伪指令定义一个段，并说明所定义段的相关属性，本例定义一个名为 Init 的代码段，属性为只读。ENTRY 伪指令标示程序的入口点，接下来为指令序列，程序的末尾为 END 伪指令，该伪指令告诉编译器源文件的结束，每一个汇编语言程序段都必须有一条 END 伪指令，指示代码段的结束。

4.3.2　ARM 汇编语言子程序调用

在 ARM 汇编语言程序中，子程序的调用一般是通过 BL 指令来实现的。在程序中，使用指令：

```
BL   子程序名
```

即可完成子程序的调用。

该指令在执行时完成如下操作：将子程序的返回地址存放在链接寄存器 LR 中，同时将程序计数器 PC 指向子程序的入口点，当子程序执行完毕需要返回调用处时，只需要将存放在 LR 中的返回地址重新复制给程序计数器 PC 即可。在调用子程序的同时，也可以完成参数的传递和从子程序返回运算的结果，通常可以使用寄存器 R0—R3 完成。

以下是使用 BL 指令调用子程序的汇编语言源程序的基本结构：

```
    AREA Init,CODE,READONLY
    ENTRY
    Start
    LDR         R0,=0x3FF5000
    LDR         R1,0xFF
    STR         R1,[R0]
    LDR         R0,=0x3FF5008
    LDR         R1,0x01
    STR         R1,[R0]
    BL          PRINT_TEXT
    ……
PRINT_TEXT
    ……
    MOV         PC,BL
    ……
    END
```

4.3.3 ARM 汇编语言和 C/C++的混合编程

在应用系统的程序设计中，若所有的编程任务均用汇编语言来完成，其工作量是可想而知的，同时不利于系统升级或应用软件移植。事实上，ARM 体系结构支持 C/C++及与汇编语言的混合编程，在一个完整的程序设计的中，除了初始化部分用汇编语言完成以外，其主要的编程任务一般都用 C/C++完成。

汇编语言与 C/C++的混合编程通常有以下几种方式：

(1) 在 C/C++代码中嵌入汇编指令。

(2) 在汇编语言程序和 C/C++的程序之间进行变量的互访。

(3) 汇编语言程序、C/C++程序间的相互调用。

在以上的几种混合编程技术中，必须遵守一定的调用规则，如物理寄存器的使用、参数的传递等，这对于初学者来说，无疑显得过于烦琐。在实际的编程应用中，使用较多的方式是：程序的初始化部分用汇编语言完成，然后用 C/C++完成主要的编程任务，程序在执行时首先完成初始化过程，然后跳转到 C/C++程序代码中，汇编语言程序和 C/C++程序之间一般没有参数的传递，也没有频繁的相互调用，因此整个程序的结构显得相对简单，容易理解。以下是一个这种结构程序的基本示例，该程序基于第 5、6 章所描述的硬件平台：

```
;*****************************************************************
; Institute of Automation, Chinese Academy of Sciences
;File Name:          Init.s
;Description:
;Author:             JuGuang,Lee
;Date:
;*****************************************************************
    IMPORT Main                              ;通知编译器该标号为一个外部标号
    AREA            Init,CODE,READONLY      ;定义一个代码段
    ENTRY                                    ;定义程序的入口点
```

```
    LDR          R0, =0x3FF0000          ;初始化系统配置寄存器
    LDR          R1, =0xE7FFFF80
    STR R1,[R0]
    LDR          SP, =0x3FE1000          ;初始化用户堆栈
    BL Main                              ;跳转到 Main()函数处的 C/C++代码执行
    END                                  ;标示汇编程序的结束
```

以上的程序段完成一些简单的初始化，然后跳转到 Main( ) 函数所标示的 C/C ++ 代码处执行主要的任务，此处的 Main 仅为一个标号，也可使用其他名称，与 C 语言程序中的 main( ) 函数没有关系。

```
/*************************************************************************
* Institute of Automation, Chinese Academy of Sciences
* File Name:      main.c
* Description:    P0,P1 LED flash.
* Author:         JuGuang,Lee
* Date:
************************************************************************ /
void Main(void)
{
    int i;
    *((volatile unsigned long *)0x3ff5000)=0x0000000f;
    while(1)
      {
      *((volatile unsigned long *)0x3ff5008)=0x00000001;
      for(i=0; i<0x7fFFF; i++);
      *((volatile unsigned long *)0x3ff5008)=0x00000002;
      for(i=0; i<0x7FFFF; i++);
    }
}
```

4.4 ARM 汇编语言设计实例

在 ARM 嵌入式系统开发过程中，一般都采用 C/C ++ 语言来编写程序。尽管 C/C ++ 语言代码易读易懂，可维护强，容易编写，但汇编语言高效，代码紧凑，贴近底层，其作用也不可替代。系统的中断向量表、引导装载程序（Boot loader）、对实时性要求较高的运算程序等，一般都采用汇编语言来编写。

本节通过一些实例来进一步加深读者对 ARM 汇编语言的理解。以下汇编语言经 ADS1.2 开发环境调试通过。

(1) 求两个数的最大公约数。

```
    AREA example1,CODE,READONLY          ;程序代码段开始
    ENTRY                                ;程序入口

    MOV R0,#15                           ;R0 =15
    MOV R1,#9                            ;R1 =9
Start
    CMP R0,R1                            ;比较 R0 和 R1
    SUBLT R1,R1,R0                       ;如果 R0 <R1,则 R1 = R1 - R0
    SUBGT R0,R0,R1                       ;如果 R0 >R1,则 R0 = R0 - R1
    BNE Start                            ;如果 R0 不等于 R1,则跳转到标号 Start
Stop
    B    stop                            ;跳转到标号 Stop,进入死循环
```

```
    END                                         ;程序结束
```

(2) 求三个数中的最大一个数。

```
    AREA  example2,CODE,READONLY                ;程序代码段开始
    ENTRY                                       ;程序入口

    MOV  R0,#10                                 ;R0 =10
    MOV  R1,#30                                 ;R1 =30
    MOV  R2,#20                                 ;R2 =20
Start
    CMP  R0,R1                                  ;比较 R0 和 R1
    BLE  lbl_a                                  ;如果 R0 <= R1,则跳转到 lbl_a 分支
    CMP  R0,R2                                  ;比较 R0 和 R2
    MOVGT R3,R0                                 ;如果 R0 > R2,则 R3 = R0
    MOVLE R3,R2                                 ;如果 R0 <= R2,则 R3 = R2
    B    lbl_b                                  ;跳转到分支结尾
lbl_a
    CMP    R1,R2                                ;比较 R1 和 R2
    MOVGT R3,R1                                 ;如果 R1 > R2,则 R3 = R1
    MOVLE R3,R2                                 ;如果 R1 <= R2,则 R3 = R2
lbl_b
    B .                                         ;原地跳转,进入死循环
    END                                         ;程序结束
```

(3) 排序（降序冒泡排序）。

```
        AREA    example3,CODE,READONLY          ;程序代码段开始
        ENTRY                                   ;程序入口
Main
        LDR     R6,List                         ;R6 = 数据区起始地址指针
        MOV     R0,#0                           ;R0 = 0
        LDRB    R0,[R6]                         ;R0 = 数据长度
        MOV     R8,R6                           ;保存起始地址指针于 R8
Sort
        ADD     R7,R6,R0                        ;R7 = 最后一个数据的地址
        MOV     R1,#0                           ;R1 = 0
        ADD     R8,R8,#1                        ;R8 自加一
Next
        LDRB    R2,[R7],#-1                     ;取倒数第 1 个数据,R2←[R7],R7 = R7 -1
        LDRB    R3,[R7]                         ;取倒数第 2 个数据,R3←[R7]
        CMP     R2,R3                           ;比较 R2 和 R3
        BCC     NoSwitch                        ;若 R2 小于 R3 转移到 NoSwitch
        STRB    R2,[R7],#1                      ;否则两字节数据交换,R2→[R7],R7 = R7 +1
        STRB    R7,R7,#1                        ;R3→[R7]
        ADD     R1,R1,#1                        ;R1 自加 1
        SUB     R7,R7,#1                        ;R7 自减 1
NoSwitch
        CMP     R7,R8                           ;是否所有数据比较完?
        BHI     Next                            ;否:转向 Next
        CMP     R1,#0                           ;是否有改变
        BNE     Sort                            ;是:转向 Sort
Done    SWI &11
Start   DCB 6
        DCB &2A,&5B,&60,&3F,&D1,&19
List    DCB Start
        END
```

（4）在列表中查找指定的数据。

```
    AREA    example4,CODE,READONLY          ;程序代码段开始
    ENTRY                                   ;程序入口
Main
    LDR     R0,=NewItem                     ;R0 = 欲查找的数据地址
    SUB     R0,R0,#4                        ;R0 = 列表最后一个数据的地址
    LDR     R1,NewItem                      ;R1 = 欲查找的数据
    LDR     R3,Start                        ;R3 = 列表数据个数
    CMP     R3,#0                           ;数据已比对完?
    BEQ     Missing                         ;是:转 Missing
    LDR     R4,[R0],#-4
Loop
    CMP     R1,R4                           ;比较两数是否相等?
    BEQ     Done                            ;是:转 Done
    SUBS    R3,R3,#1                        ;否:列表数据个数减 1
    LDR     R4,[R0],#-4                     ;取下一个数据
    BNE     Loop                            ;循环
Missing
    MOV     R3,#0xFFFFFFFF                  ;通过设置 R3 = 0xFFFFFFFF 标示查找失败
Done
    STR     R3,Index                        ;R3 = 列表中数据索引号
    SWI     &11                             ;程序结束
Start
    DCD     &4                              ;数据列表中的数据个数
    DCD     &0000138A
    DCD     &000A21DC
    DCD     &001F5376
    DCD     &09018613
NewItem
    DCD     &001F5376
Index
    DCW     0
    END
```

4.5 本章小结

本章介绍了 ARM 程序设计的一些基本概念，以及在汇编语言程序设计中常见的伪指令、汇编语言的基本语句格式、汇编语言程序的基本结构等，同时简单介绍了 C/C++和汇编语言的混合编程等问题，这些问题均为程序设计中的基本问题，希望读者掌握。本章最后给出了一些 ARM 汇编语言设计实例供读者学习参考。

思考与练习

1. LDR 指令和 LDR 伪指令有什么异同?
2. 用 ARM 汇编语言设计程序实现求 20!（20 的阶乘），并将其 64 位结果放在［R9：R8］中（R9 中可存放高 32 位）。
3. 先对内存地址 0x3000 开始的 100 个内存单元填入 0x10000001 ~ 0x10000064 字数据，然后将每个字的单元进行 64 位累加结果保存于［R9：R8］（R9 中存放高 32 位）。
4. 8421 码是一种十进制数，它采用 4 个 bit 位表示一个十进制位，分别用 0000 ~ 1001 表示十进制的 0 ~ 9。设计汇编语言程序将一个可以表示 8 位十进制的 8421 码数据转换成等价的整数形数据。

5. 从 n 个 32 位数中找到最大、最小数，分别存放到 R0 和 R1 中。
6. 用汇编语言实现求 n 个 16 位无符号数的平均数（取整），并在 C 程序中调用。
7. 两个 64 位无符号数 x 和 y 分别在地址 V_x 和 V_y 中，求两个数的乘积，将结果存到地址 V_m 中。
8. 给定 10 个字节的数据，统计所有位中 0 的个数，如果为奇数则在 R0 中存放 1，如果为偶数在在 R0 中存放 0。
9. 用汇编语言编写冒泡法排序程序。
10. 用汇编语言实现将一个字符串（字符起始地址为 src，以 0 结尾）中的所有 0x13 代换为 0x13 和 0x10，并复制到 dst 地址处。

注意：0x13，回车；0x10，换行。

第5章　ARM嵌入式硬件设计基础

本章主要介绍基于Cadence软件的ARM嵌入式硬件设计，它包括元器件封装建立、原理图绘制、元器件布局及PCB布线等内容。希望通过本章的学习能让读者对ARM嵌入式硬件设计有进一步的认识与了解。

本章的主要内容包括：

- 元器件封装建立
- 原理图绘制
- 元器件布局
- PCB布线

5.1　元器件封装建立

5.1.1　新建封装文件

用Allegro来演示做一个K4X51163内存芯片的封装。依次打开程序→Cadence SPB 16.2→PCB Editor，选择File→New，弹出新建设计对话框，如图5.1所示。

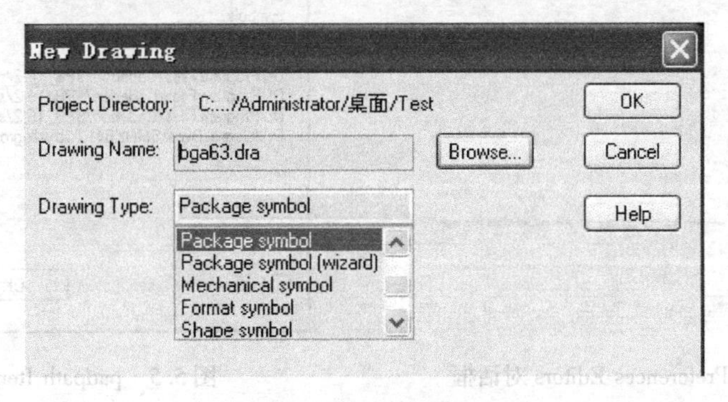

图5.1　新建封装

在Drawing Type列表框中选择Package symbol，然后单击“Browse”按钮，选择保存的路径并输入文件名，如图5.2所示。

单击打开回到New Drawing对话框，单击“OK”按钮退出。就会自动生成一个bga63. dra的封装文件。单击保存文件。

5.1.2　设置库路径

在绘制封装之前需要在Allegro设置正确的库路径，以便能正确调出做好的焊盘或者其他符号。打开之前建立的封装文件bga63. dra，依次选择Setup→User Preferences，如图5.3所示。

弹出User Preferences Editor对话框，如图5.4所示。

单击Paths前面的“+”号展开，再单击Library，现在只需要设置padpath（焊盘路径）和psmpath（封装路径）两个地方就可以了，单击padpath右边Value列的按钮，弹出padpath Items对话框，如图5.5所示。

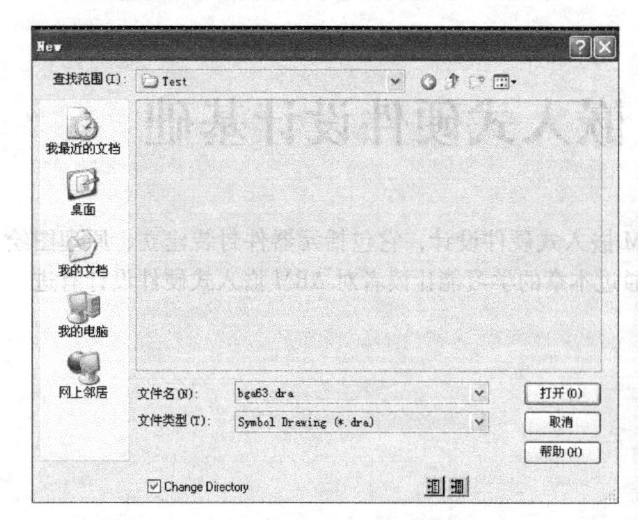

图 5.2　选择保存封装的路径

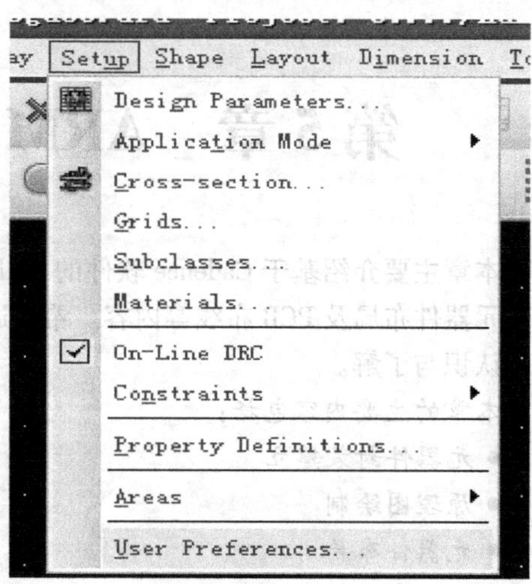

图 5.3　设置新路径

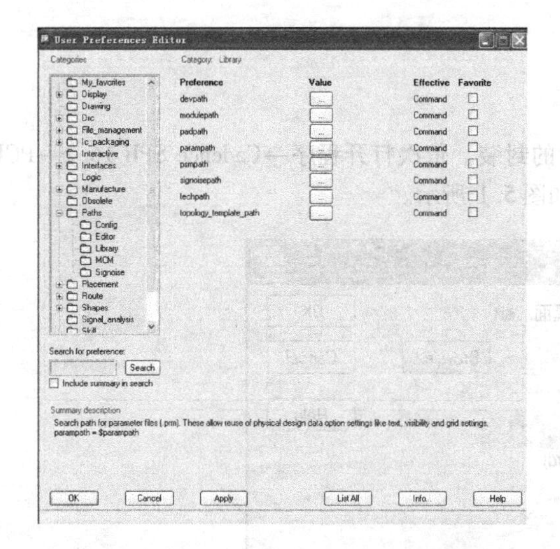

图 5.4　User Preferences Editors 对话框

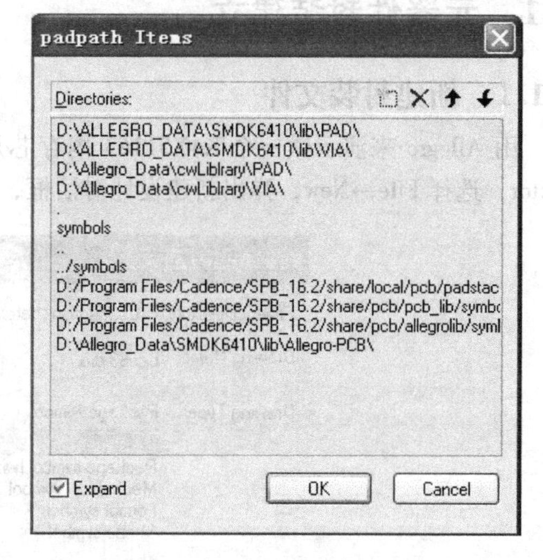

图 5.5　padpath Items 对话框

单击图标按钮，在 padpath Items 对话框的列表框中新增一个空项，单击右边的按钮弹出一个路径选择对话框，选择要存放焊盘的文件夹并加入其中，单击“OK”按钮。如果想要加入多个路径，重复上述过程即可。或者单击 padpath Items 对话框右上角的上移、下移箭头来移动列表框中的项目，越靠上的优先权越高，如果不同路径中的焊盘或封装出现相同名字的时候，allegro 会优先选用最上面的路径中的焊盘和封装。封装路径的设置过程和焊盘路径的设置过程是一样的，这里就不重复了。

5.1.3　画元件封装

首先要设置一下工作参数，依次选择 Setup→Design Paramenters 打开设计参数设置对话框，单击 Design 标签，如图 5.6 所示。先选择合适的单位，根据芯片的数据手册提供的尺寸参数，这里选择 Millimeter 比较合适，在 User Units 处选择 Millimeter。然后只要设置 Extents 标签下的参数就可以了。在 Width 和 Height 编辑框中分别输入“20”，即将工作区域的宽和高都设置为 20mm。在 Left X 和 Lower Y 编辑框中分别输入“-10”，设置左下角的坐标为(-10，-10)，这样工作区域的原点(0,0)就在区域的中心。也可以调整通过调整左下角的坐标来间接调整原点的位置。单击“OK”按钮关闭 Design Parameter Editor 对话框。

为了手工放置更精确，还可以把网格设置得小一样，依次选择 Steup→Grids，弹出 Define Grid

对话框，如图 5.7 所示。

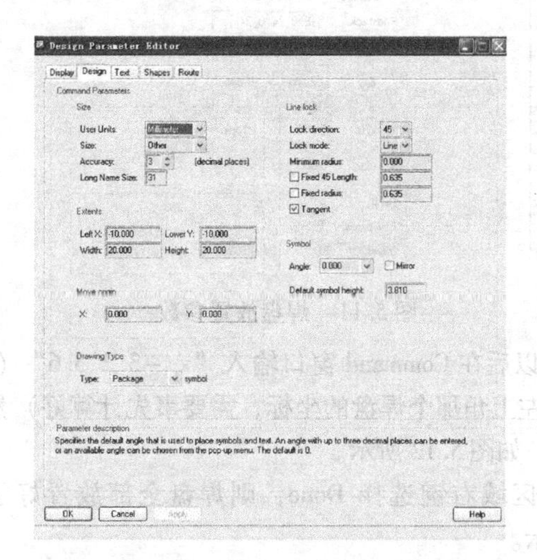

图 5.6　Design Parameter Editor 对话框　　图 5.7　Define Grid 对话框

在 Non－Etch 和 AllEtch 层的 Spacing X 和 Y 编辑框内分别填入 0.1。单击“OK”按钮关闭对话框，下面开始放置焊盘，依次单击 Layout→Pins，如图 5.8 所示，或者直接单击工具栏右上角处的图标。弹出 Pin Options 面板，如图 5.9 所示。

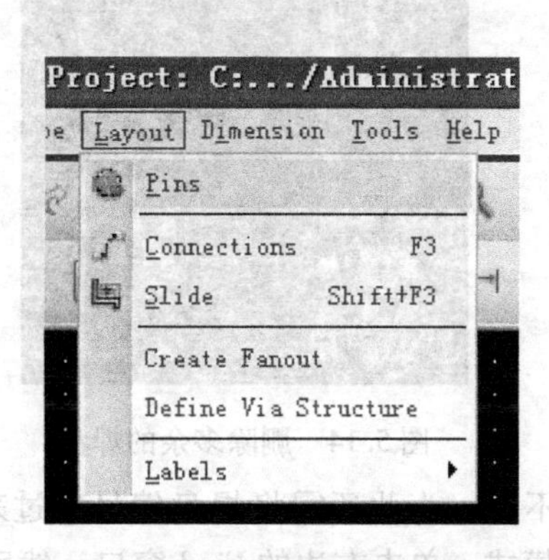

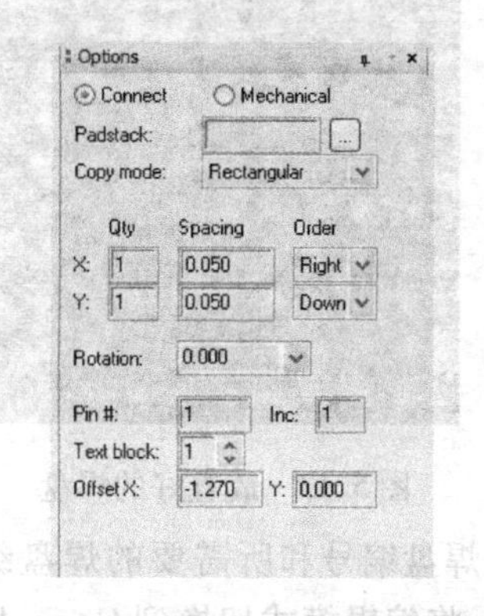

图 5.8　放置焊盘命令　　图 5.9　Pin Options 窗口

选择事先制作好的焊盘，单击 Padstack 右边的[...]按钮，弹出 Select a padstack 对话框，如图 5.10 所示。将 Database 和 Library 两个复选框勾上。左边的列表框中会把库路径中的所有焊盘都列出来，如果没有需要的焊盘则检查一下路径设置是否正确。在列表框中单击需要放置的焊盘，也可以在左上角的编辑框中直接输入需要放置的焊盘名称，选择好以后单击“OK”按钮退出。这时候在 Pin Options 窗口中的 Padstack 右边的编辑框内就会出现刚才选的焊盘的名称。

还可以一次性的放几行几列焊盘，而不必一个一个地放置，这在制作管脚很多而排列有序的元件封装的时候非常方便，根据元件数据手册上提供的尺寸参数，将 Pin Options 窗口中的其他参数填入如图 5.11 所示的数值。

这里的 X、Y 的 Qty、Spacing、Order 的参数表示共放置 9 列 10 行焊盘，即（9×10＝90 个），焊盘的 X 方向间距为 0.8mm，Y 方向间距为 0.8mm，X 轴的生长方向为向右生长，Y 轴的生长方向为向下生长。Pin#处指的是焊盘编号以 A1 开始，按步长 1 增加，即（A1，A2，A3…）。Text block 设置的是焊盘编号字体的大小。Offset X 和 Y 设置的是焊盘编号字体与焊盘的偏移。

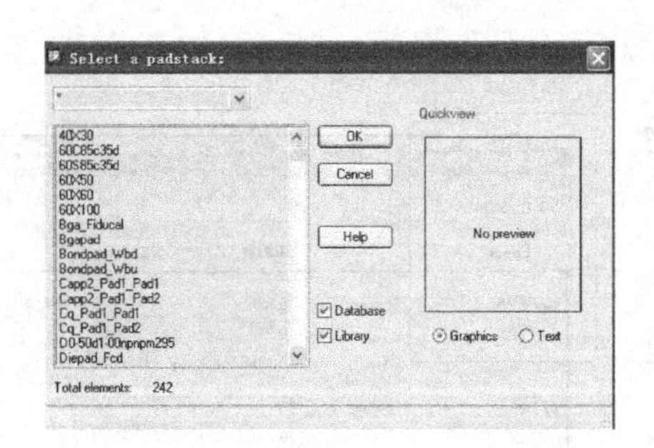

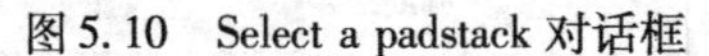
图 5.10　Select a padstack 对话框

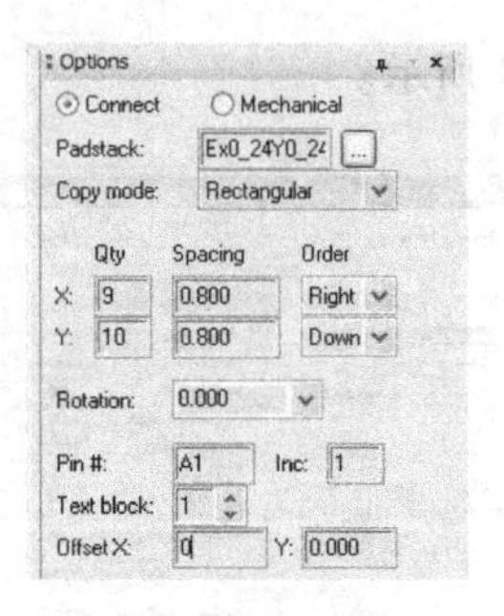

图 5.11　焊盘放置参数

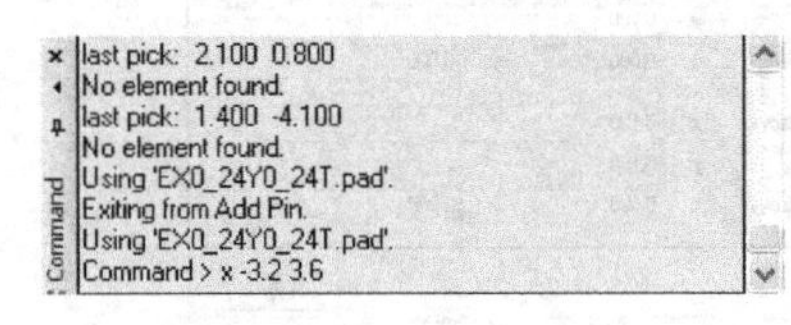

图 5.12　输入坐标值

设置好以后在 Command 窗口输入“x －3.2 3.6”（－3.2 和 3.6 是最左上角那个焊盘的坐标，需要事先计算好）然后按“回车”键，如图 5.12 所示。

在工作区域右键选择 Done，则焊盘全部放置好了，如图 5.13 所示。

还需要将中间多余的三列删除，单击工具栏的 ✖ 图标按钮，或者依次单击 Edit→Delete。然后按住鼠标左键将要删除的焊盘全部选中，或者一个一个地选中，从鼠标右键选择 Done，如图 5.14 所示。

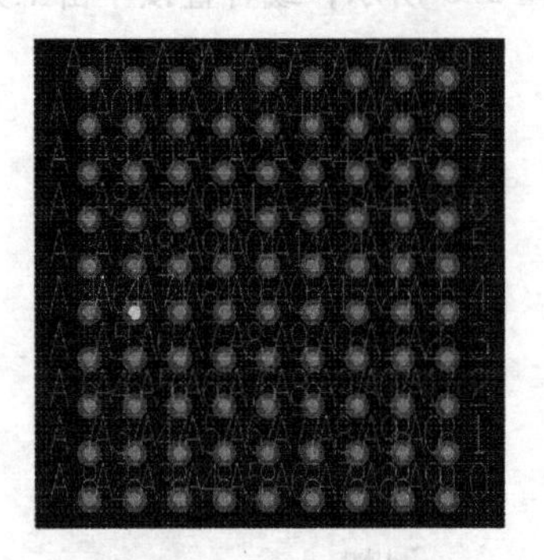

图 5.13　放置好的焊盘

图 5.14　删除多余的焊盘

自动生成的焊盘编号和所需要的焊盘编号不符，为此还需将焊盘编号改过来。单击左上角的图标按钮，将编辑模式切换到 Generaledit 模式。单击右边的 Find 窗口，然后单击“All Off”按钮，再将 Text 复选框勾上，如图 5.15 所示。

然后将鼠标移到需要修改的编号上面（字体会变成高亮），单击鼠标右键，选择 Text edit，在弹出的编辑框内修改为为所需要的编号，如图 5.16 所示。

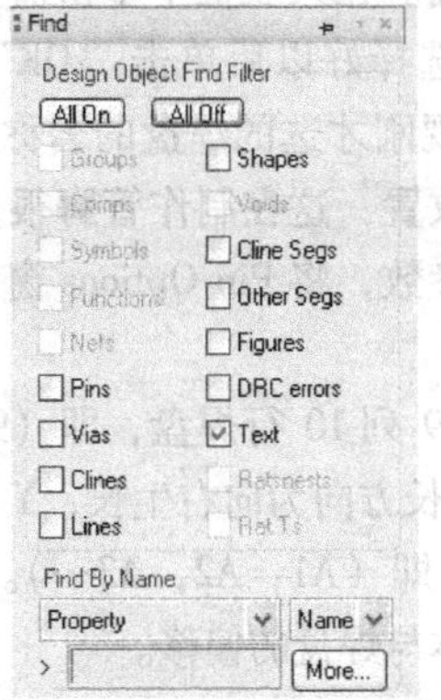

图 5.15　选中 Text 元素

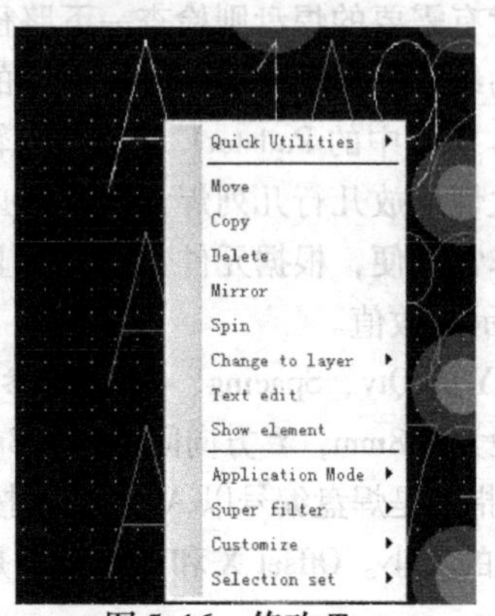

图 5.16　修改 Text

全部修改后的焊盘编号如图 5.17 所示。

修改好就添加丝印和其他层。单击工具栏的图标，或者依次选择 Shape→Rectangular，在 Options 窗口中选择如图 5.18 所示添加装配层。

在命令状态栏中输入 x -4 5 后按“回车”键，再输入 x 4 -5，按“回车”键，用鼠标右键选择 Done。

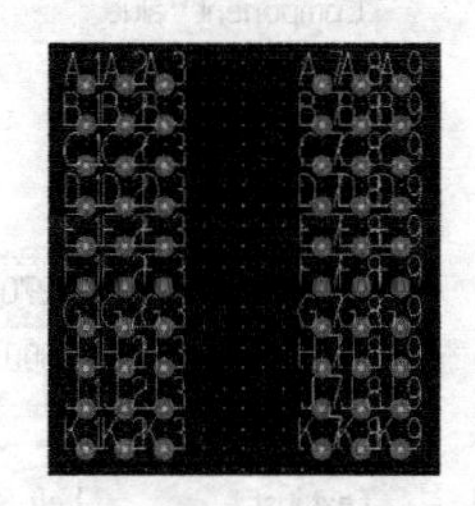

图 5.17　修改后的焊盘编号

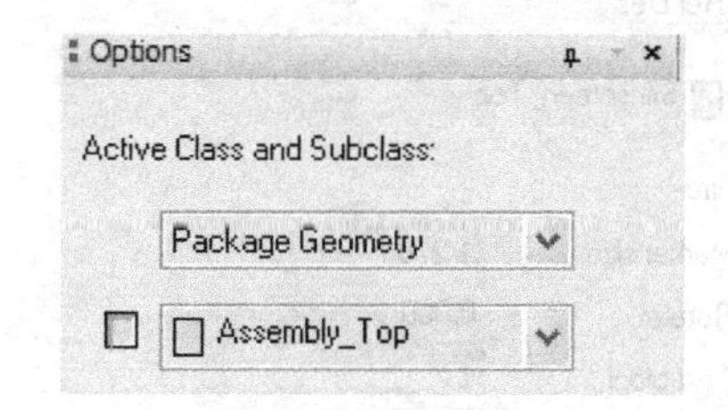

图 5.18　添加装配层

添加元件实体宽度层。单击工具栏的图标，或者依次选择 Shape →Rectangular。在 Options 窗口中的选择如图 5.19 所示。在命令状态栏中输入 x -4 5 之后按“回车”键，再输入 x 4 -5，之后再按“回车”键，用鼠标右键选择 Done。

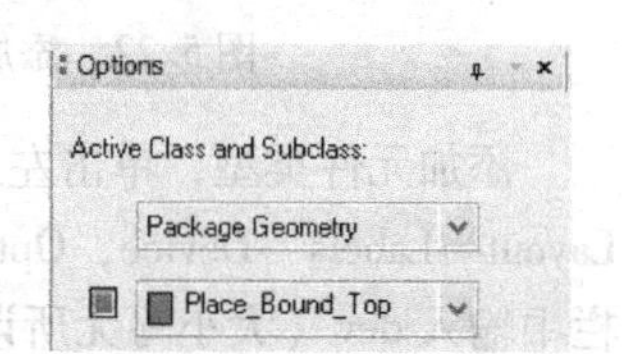

图 5.19　添加元件实体层

添加丝印层。单击左边工具栏的图标，或者依次选择菜单项 Add →Line。在 Options 窗口中的设置如图 5.20 所示。在 Line width（线宽）右侧选择 0.1，并根据需要调整。在命令状态栏中输入 x -4 -5 后按“回车”键；输入 x 4 -5，再按“回车”键；同样输入 x 4 5 后按“回车”键；输入 x -4 5，再按“回车”键；最后输入 x 4 -5 后按“回车”键，用鼠标右键选择 Done。

然后手工在左上角画个贴片方向标志，单击左边工具栏的图标，或者依次选择菜单项 Add →Line。在 Options 窗口的设置与图 5.20 所示一样。在左上角画一个小三角形作为贴片方向标志，画好后如图 5.21 所示。

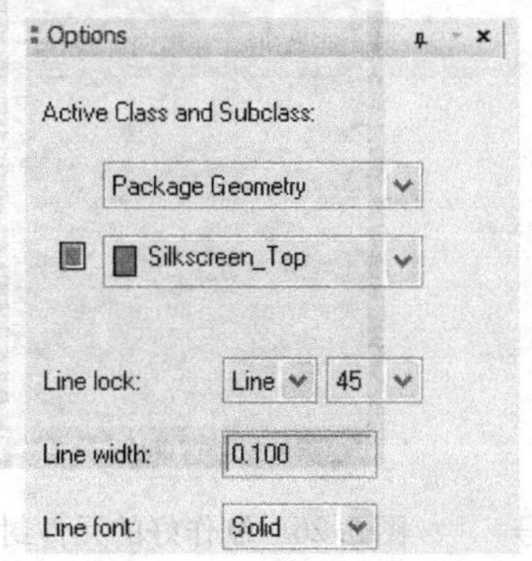

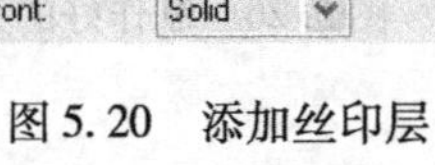

图 5.20　添加丝印层

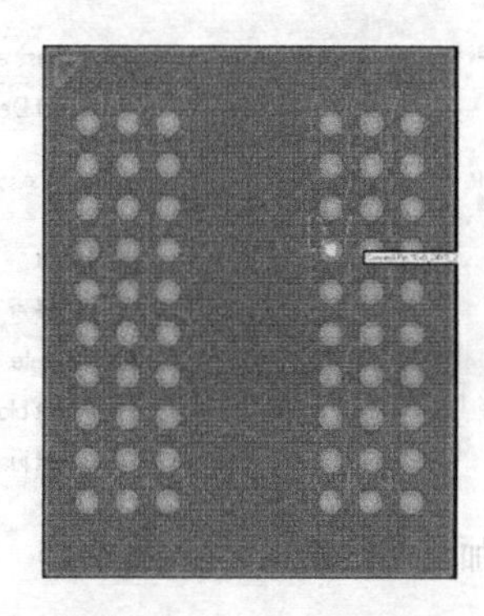

图 5.21　添加好装配、实体与丝印层后的元件封装

为元件封装添加其他必要的元素。

添加元件位号，元件位号是元件在原理图的编号，在 PCB 的丝印层上，供焊接人员参考。单击左边工具栏图标，或者依次选择菜单 Add→Text，或者依次选择菜单 Layout→Labels→RefDes，Options 窗口如图 5.22 所示。可以在 Text block 右侧选择其他的字体大小，一般为默认值。在元件旁边单击鼠标左键，然后在命令状态栏中输入 ref（大小写无所谓），按“回车”键，用鼠标右键选择 Done。

添加元件参数值，元件参数值在丝印层，在 PCB 上不一定印出来，供调试人员参考。单击左边工具栏图标，或者依次选择菜单 Add→Text，Options 窗口如图 5.23 所示。在元件旁边单击鼠标左键，然后在命令状态栏中输入 val（大小写无所谓），按“回车”键，用鼠标右键选择 Done。

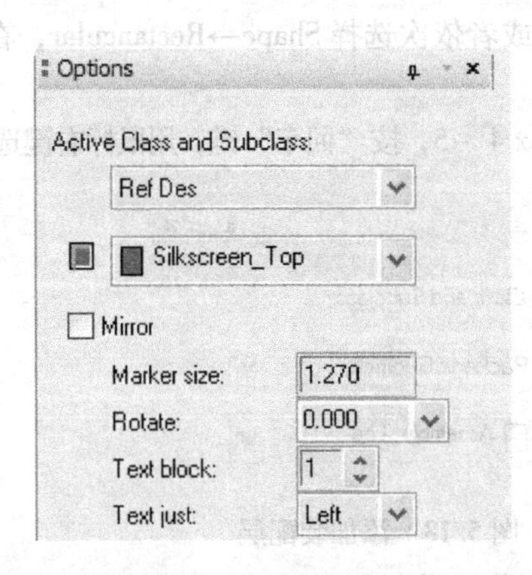

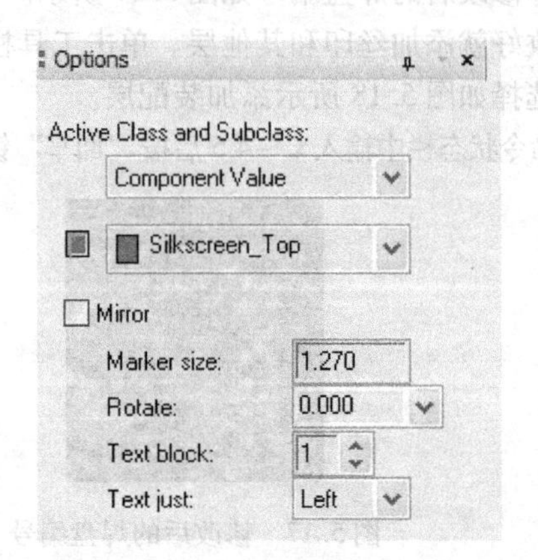

图 5.22 添加元件位号　　　　图 5.23 添加元件值

添加元件类型，单击左边工具栏 图标，或者依次选择菜单 Add→Text，或者依次选择菜单 Layout→Labels→Device，Options 窗口如图 2.24 所示。在元件旁边单击鼠标左键，然后在命令状态栏中输入 dev（大小写无所谓）后按“回车”键，用鼠标右键选择 Done。

添加装配层位号，该层不是必需的，可以根据贴片工艺选择。单击左边工具栏 图标，或者依次选择菜单 Add→Text，或者直接用菜单 Layout→Labels→RefDes，此时 Options 窗口如图 5.25 所示。在元件旁边单击鼠标左键，然后在命令状态栏中输入 dev（大小写无所谓）后按“回车”键，用鼠标右键选择 Done。

至此一个元件封装就制作完毕了，保存文件后退出即可，此时 Allegro 自动生成 dra 和 psm 文件，把这两个文件一起放在封装库文件夹中，制作好的元件封装如图 5.26 所示。

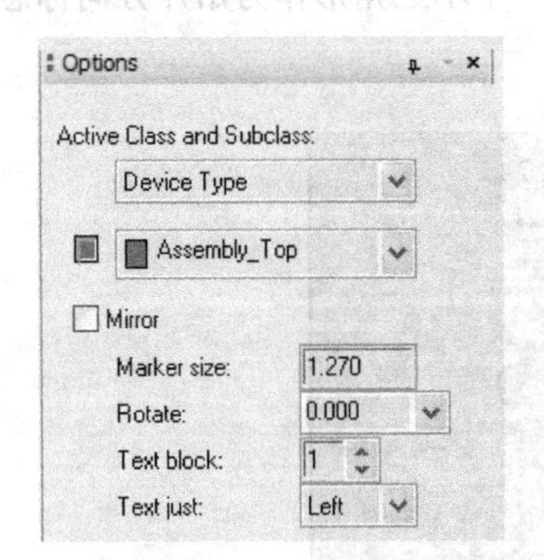

图 5.24 添加元件类型

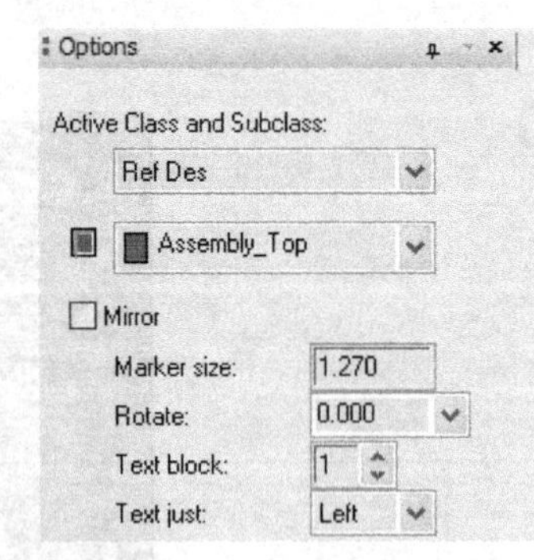

图 5.25 添加装配层元件位号

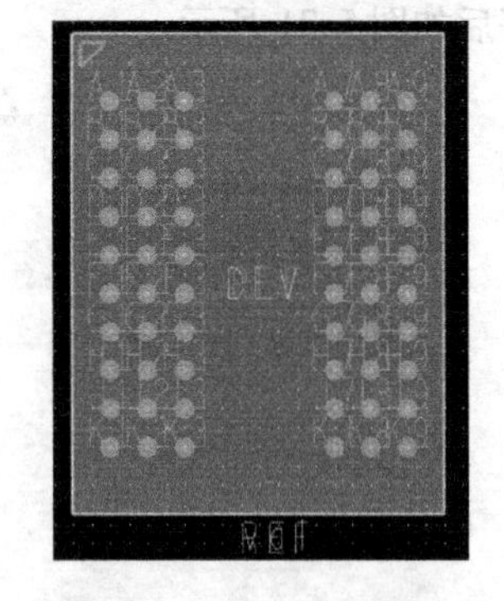

图 5.26 制作好的元件封装

5.2 原理图绘制

5.2.1 添加元件库及放置元件

1. 添加元件库

在新建的工程中打开原理图页面，单击绘图工具栏中的放置元件按钮 ，弹出如图 5.27 所示的 Place Part 对话框。

单击库文件显示区右上方的添加库文件按钮 ，弹出库文件浏览对话框如图 5.28 所示。

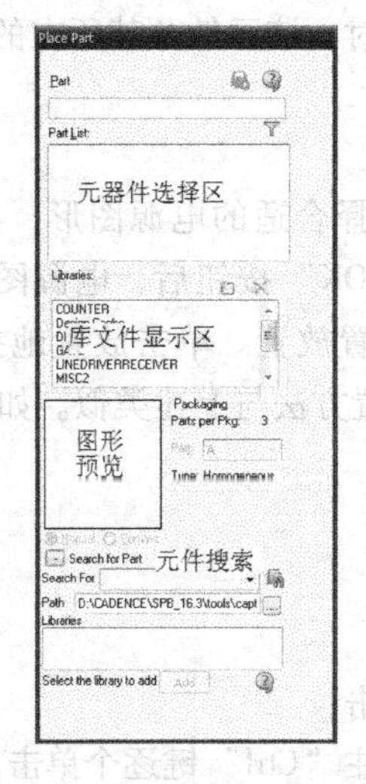

图 5.27　Place Part 对话框

图 5.28　新文件浏览对话框

选择合适的路径，选择要添加的元件库，单击“打开”按钮，窗口对话框自动返回，此时库文件显示区中多了新添加的元件库。如果要删除已添加的库，只需在库文件列表中选择它，然后单击图标 ✕ 即可。将库添加后就可以选择需要的元器件类型了，也就是经常使用的查库法，如图 5.29 所示。

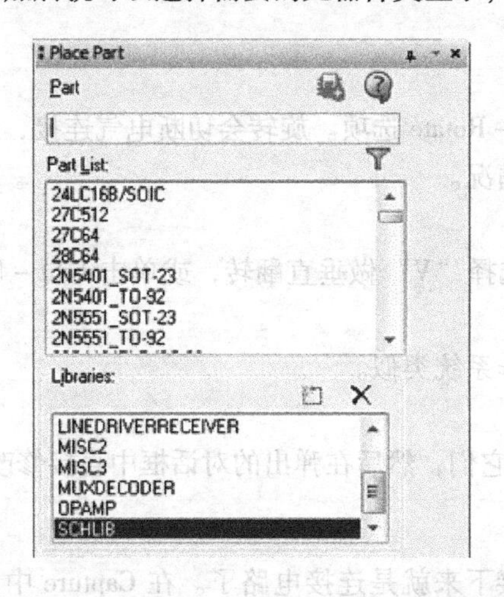

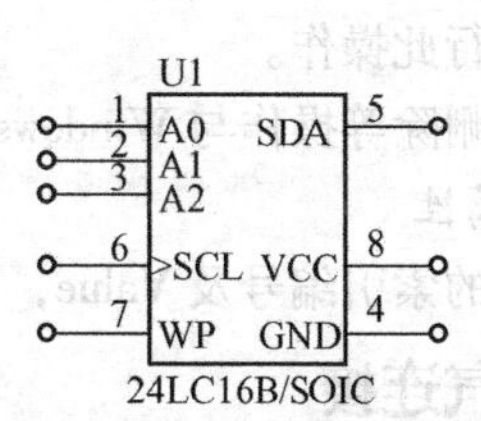

图 5.29　元件库的添加与删除

2. 放置普通元器件

在 Part 下方的文本框中输入要放置元件的名称，随着字母的输入，系统会自动过滤出相符的元器件。找到要放置的元件，双击元件在 Part List 列表中的名称，元件就会附着在光标上，单击元件，将元件放在工作区域合适的位置上，如图 5.30 所示。

如果不知道元器件在哪个库中，可以用元器件搜索法。例如，想查找名称首字母为 C 的元器件，则在 Search For 后的文本框中输入“C∗”，单击“回车”键后，Library 列表框中会出现所有符合此条件的元件名称和该元件所在的库，如图 5.31 所示。

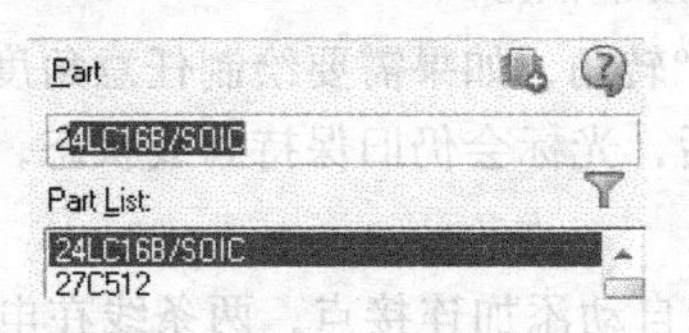

图 5.30　元器件查找

图 5.31　元器件搜索法

找到目标元件并双击，元件便会附着在光标上等待放置。与此同时，该元件及其所在的库也会自动添加到 Place Part 窗口中相应的列表上。

3. 放置电源和接地点

单击绘图工具栏中的电源按钮，弹出 Place Power 对话框。选择合适的电源图形，在 Name 文本框中输入名称，单击“OK”按钮后，电源图形附着在光标上，然后单击合适位置放置。单击放置地按钮也同样会弹出此窗口，其放置方法与上述类似。如图 5.32 所示。

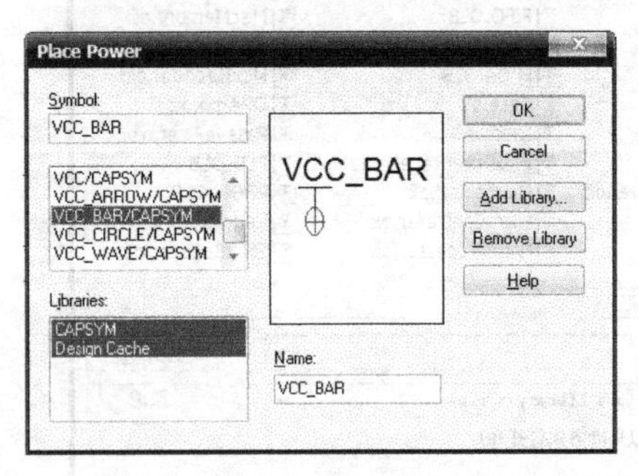

图 5.32 电源与接地点的放置

4. 元件的基本操作

1）*选择元件*

选择元件方法如下：

（1）选择单个元件：单击；

（2）选择多个元件：按住“Ctrl”键逐个单击；

（3）选择区域内的所有元件：框选；

（4）选择多个区域内的所有元件：按住“Ctrl”键逐个框选。

2）*移动元件*

选中元件后直接拖动就可移动元件。元件移动默认是带着连接拖动，如果想切断电气连接，则按住“Alt”键拖动。

3）*旋转元件*

选中元件后按快捷键“R”，或选择 Edit - Rotate 选项。旋转会切断电气连接，旋转命令有时不起作用，通常发生在页边上没有足够空间的情况。

4）*镜像翻转元件*

选中元件后按快捷键“H”水平翻转，选择“V”做垂直翻转，或单击 Edit - Mirror 选项选择。文本和位图不能执行此操作。

复制、粘贴和删除等操作与 Windows 操作系统类似。

5）*修改元件属性*

如要修改元件的索引编号及 Value，双击它们，然后在弹出的对话框中直接修改即可。

5.2.2 创建电气连接

当元器件、电源和接地点选择完毕后，接下来就是连接电路了。在 Capture 中，元器件的引脚上都有一个小方块，便是接线的地方。

1. 在同一个页面创建电气互连

在同一个页面创建电气互连的常用方法分别是 Wire 和 Net Alias。

1）*使用连线 Wire*

（1）放置连线。单击绘图工具栏上的 Place Wire 图标或按快捷键“W”放置连线，执行上述操作后光标会变成十字状。将光标移动到元器件的引脚，单击鼠标开始画线，此时移动光标就可画出任意走线，当到达另个引脚时再单击鼠标右键，便可完成一条走线。但是，此时的光标仍然处于画线状态，需要单击鼠标右键在快捷菜单中选择 End Wire。

在绘制线的过程中，系统默认的转换方向是 90°转角，如果需要绘制任意角度的连线，则按住“Shift”键拖动即可。另外，在绘制完成一条连线后，光标会仍旧保持画线状态，若不需再连线则要单击绘图工具栏中的按钮或按快捷键“Esc”。

（2）连接方式。如果两条线呈 T 形，则默认为自动添加连接点，两条线在电气上存在连接关系；如果两条线呈十字形，则默认为没有电气连接。此时，若需要在交叉点上放置连接点，单击绘图工具栏中的 Place Junction 图标，连接点就会附着在光标上，再单击鼠标左键即可直接放在交叉点上。

如果原来有连接点，该操作就会取消连接。此外，按住“S”键选中连接点，然后按“Delete”键也可删除。

(3) 处理悬空引脚。如果需要在没有任何电气连接的引脚上放置无连接标记，则单击绘图工具栏上的 Place No Connect 图标按钮。单击放置附着在光标上的无连接标记，表示该引脚悬空。

当两个芯片的引脚直接连在 起，或电源和地与引脚直接相连时，执行 Back Annotatc 命令时会出现问题。

2）使用网络标号 Net Alias

网络标号只适用于在同一个页面内的情况。单击绘图工具栏中的 Place Net Alias 图标或按快捷键“N”，弹出 Place Net Alias 对话框如图 5.33 所示。

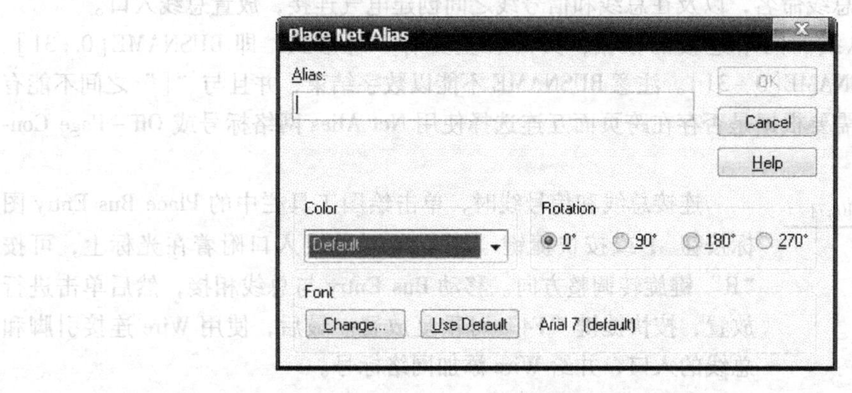

图 5.33　Place Net Alias 对话框

在 Alias 文本框中输入网络名称，单击“OK”按钮确认。此时光标上附着一个方框，可以单击合适位置放置。但是，方框必须和线相连，否则无法放置。

放置网络标号后，代表 Net Alias 的方框仍会附着在光标上。如果本次放置的网络名称以数字结尾，那么继续放置的 Net Alias 结尾的数字就会自动递增。例如，本次放置的 Net Alias 为 A0，则继续放置的 Net Alias 为 A1 等。要结束命令，单击鼠标右键后在快捷菜单中选择 End Mode 选项。

2. 在不同页面之间创建电气互连

单击绘图工具栏中的 Place Off - Page connector 按钮，弹出放置连接端子的对话框，选择合适的 Off - Page Connector 图标，单击“OK”按钮，Off - Page Connector 就会附着在光标上。再单击页面内合适位置放置 Off - Page Connector，如图 5.34 所示。

双击在放置好的 Off - Page Connector 的文本部分，弹出 Display Properties 对话框用于设置 Off - Page Connector属性，如图 5.35 所示。在 Value 文本框中输入网络名称，单击“OK”按钮确认。

在另一个页面中该网络的另一端放置同名的 Off - Page Connector 即可，这样两个原理图页面之间就创建了电气连接。

3. 使用总线创建连接

单击绘图工具栏中的图标 Place Bus ，在原理图中选择总线起点单击，开始绘制总线，拖动鼠标绘制总线，双击鼠标左键结束。绘制总线转向时，只需单击页面即可，系统默认旋转角度为 90°，如果要绘制任意角度的踪迹，只需按住“Shift”键单击转角点即可。

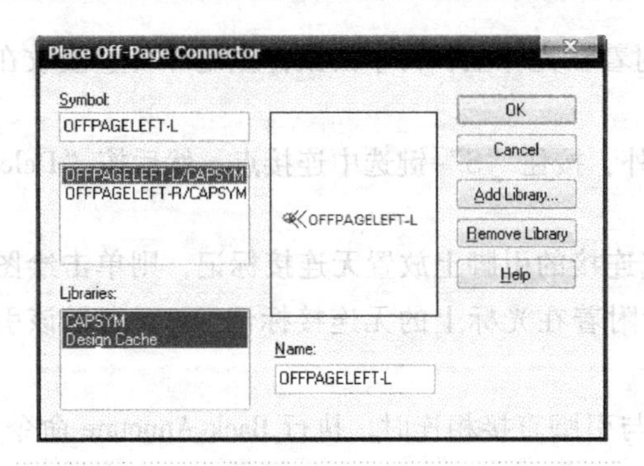

图 5.34 放置 Off – Page Connector

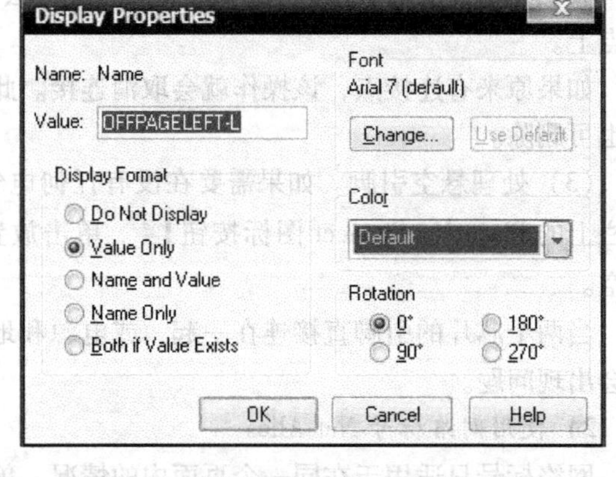

图 5.35 设置 Off – Page Connector 属性

创建总线后需要给总线命名，以及在总线和信号线之间创建电气连接，放置总线入口。

总线名称是确定总线的网络连接的依据，其命名主要有 3 种形式，即 BUSNAME[0..31]、BUSNAME[0:31]、BUSNAME[0 – 31]。注意 BUSNAME 不能以数字结束，并且与“[”之间不能有空格。要为总线命名，需要根据是否存在跨页面互连选择使用 Net Alias 网络标号或 Off – Page Connector 跨页面连接端子。

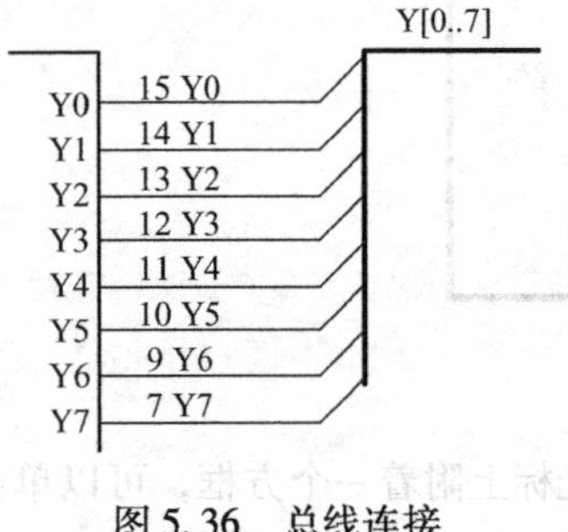

图 5.36 总线连接

连接总线和信号线时，单击绘图工具栏中的 Place Bus Entry 图标按钮或按快捷键“E”，此时总线入口附着在光标上，可按“R”键旋转调整方向。移动 Bus Entry 与总线相接，然后单击进行放置，按快捷键“F4”可重复放置。最后，使用 Wire 连接引脚和总线的入口，并给 Wire 添加网络标号。

按住“Ctrl”键拖动 Wire 连接其他线，Wire 上的网络标号自动递增。根据这一特性，总线与信号线相连时，首先放置网络名末尾数字小的网络，操作会更方便。如图 5.36 所示，可见信号与总线的连接结果。

连接总线与信号线需要注意以下几点：

(1) 总线和信号线之间只能通过网络标号实现电气连接。

(2) 如果不用网络标号，而把 Wire 直接连接到总线，则在连接处显示连接点，但是这并没有形成真正的电气连接。总线必须通过 Bus Entry 和信号线实现连接，并且要根据命名规则给两者命名。

(3) 两端总线如果呈 T 形连接，则自动放置连接点，电气上互连；两端十字形的总线默认没有电气互连，要形成电气互连必须手动放置连接点。

5.2.3 原理图绘制的其他操作

1. 放置文本

单击绘图工具栏中的 Place Text 图标或按快捷键“A”，弹出 Place Text 对话框。在文本框中输入文字，换行按“Ctrl + Enter”组合键。在 Color 选项组中选择文本颜色，在 Font 选项组中选择字形和字体大小，如图 5.37 所示。

放置文本后可选中直接拖动来移动文本，也可按快捷键“R”旋转文本调整方向。

2. 放置图形

单击绘图工具栏中的绘制图形工具，如图 5.38 所示，可选择直线、多边形、矩形、椭圆和圆弧等。

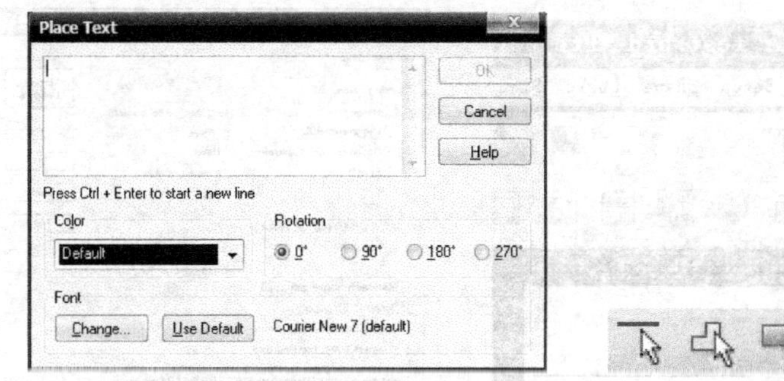

图5.37　文本属性设置

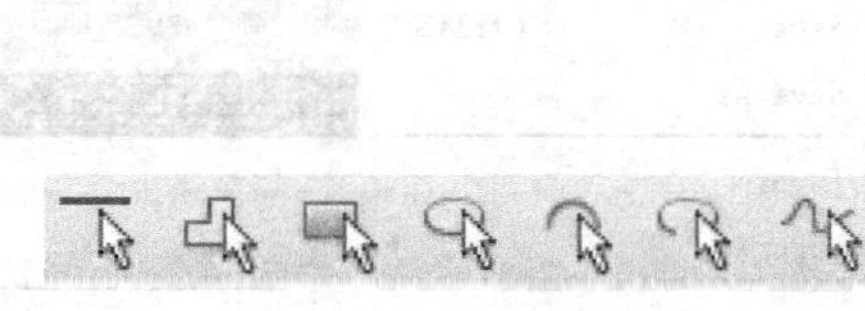

图5.38　绘图工具栏

5.3　元器件布局

5.3.1　建立电路板

依次选择程序→Cadence SPB 16.2→PCB Editor，再选择File→New，弹出新建设计对话框，如图5.39所示。

单击“Browse”按钮，弹出选择文件保存对话框，在图标列表内选择保存的路径，输入文件名，最好单独保存在一个文件夹里，如图5.40所示。

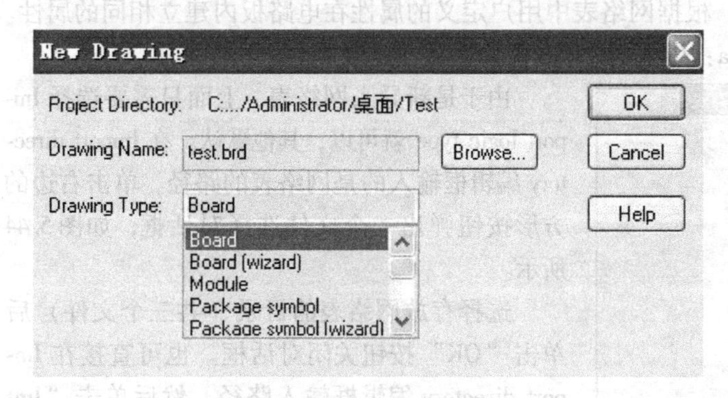

图5.39　新建设计对话框

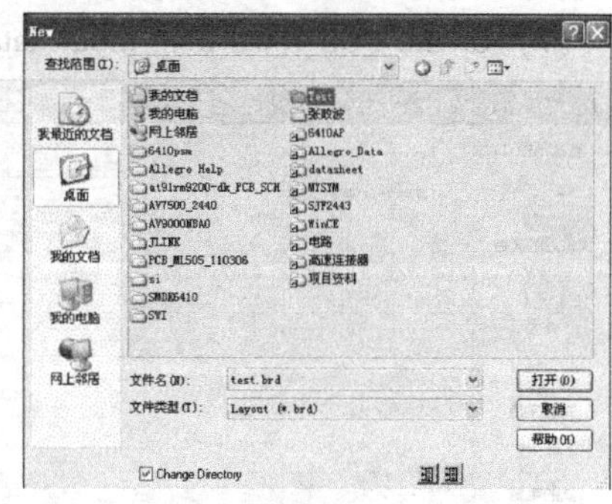

图5.40　选择文件保存路径

单击打开文件对话框，回到New Drawing对话框，单击“OK”按钮退出。如果想使用向导来建立电路板，则在New Drawing对话框中选择Board（wizard），如图5.41所示。

选择Board（wizard）单击“OK”按钮后就会出现一个向导对话框，按照提示一步一步设置好直到完成即可。

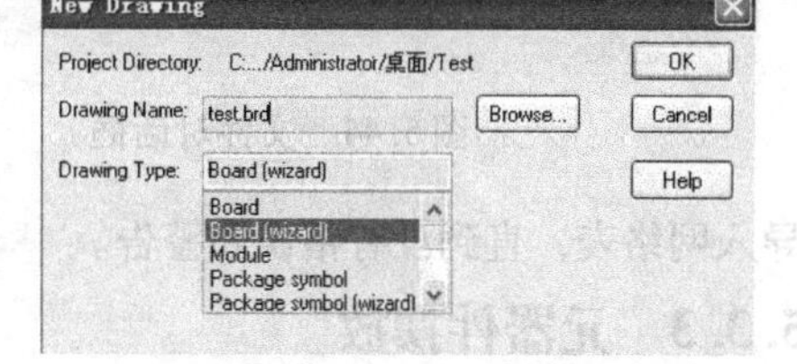

图5.41　使用向导方式生成电路板

5.3.2　导入网络表

依次选择程序→Cadence SPB 16.2→PCB Editor，打开5.3.1节讲过的用手工建立好的电路板test.brd。再依次选择菜单File→Import→Logic，如图5.42所示。

弹出Import Logic对话框，导入网络表，如图5.43所示。在Import logic type组合框内选择网络表输出的类型，因为原理图是用Orcad Capture设计的，所以选择Design entry CIS（Capture）。Place changed component组合框用来选择导入新的网络表后是否更新PCB中的元件封装。

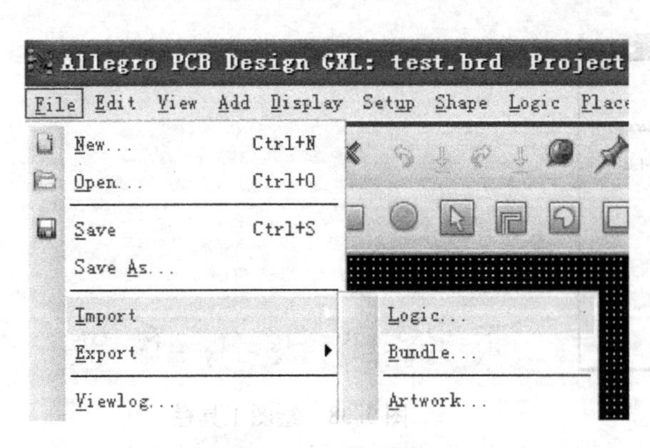

图 5.42　导入网络表

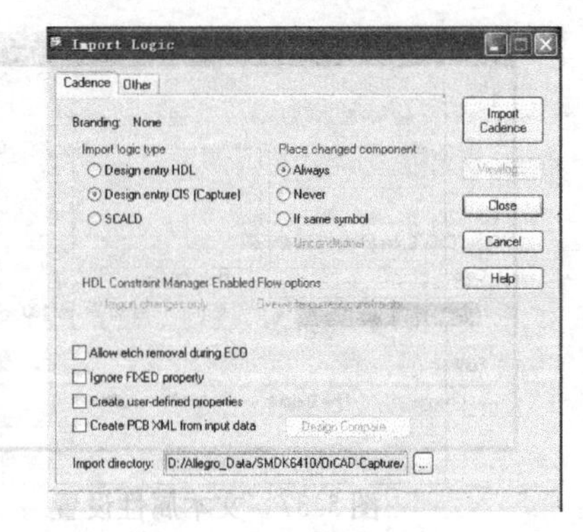

图 5.43　导入网络表

（1）Always：总是更新；

（2）Never：从不更新；

（3）If same symbol：一样的时候不更新。

（4）Allow etch removal during ECO：新导入网络表后，Allegro 将网络关系改变了的引脚上的多余走线删除。

（5）Ignore FIXED property：当满足替换条件或者其他更改删除时是否忽略有 FIXED 属性的元件、走线和网络等。

（6）Create user－defined properties：根据网络表中用户定义的属性在电路板内建立相同的属性。

（7）Create PCB XML from input data：生成 XML 格式文件。

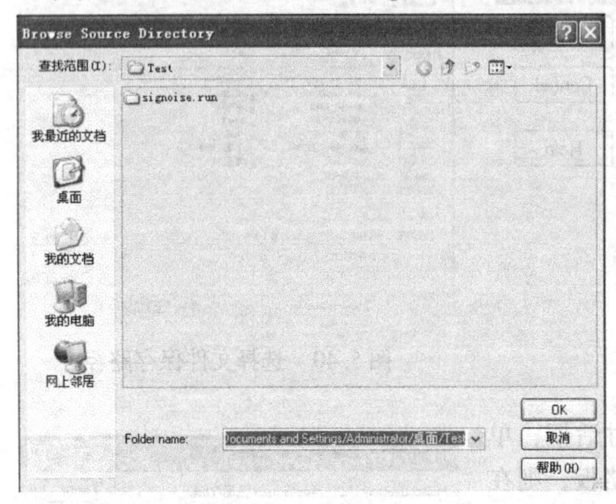

图 5.44　文件对话框

由于是新导入网络表，上面只需要选择 Import logic type 就可以，其他默认。在 Import directory 编辑框输入的是网络表的路径。单击右边的方形按钮弹出一个文件选择对话框，如图 5.44 所示。

选择存放网络表的目录（共三个文件）后单击“OK”按钮关闭对话框。也可直接在 Import directory 编辑框输入路径。然后单击“Import Cadence”按钮，完成后可以单击“Viewlog”按钮来查看是否有错误，如果有错误一般都是路径不对，或者原理图元件封装名称不对应，原理图中元件符号引脚与封装引脚不对应造成的，将这些错误一一排除后再重新导入网络表，直到没有错误和警告。

5.3.3　元器件摆放

为了摆放元件和画线更精确，需要将网格设置成合适的大小。依次选择 Steup→Grids 后，弹出 Define Grid 对话框，将 Non－Etch 与 All Etch 的大小都设置为 5mil（或者更小），如图 5.45 所示。所有的 Offset 都不需要设置。单击“OK”按钮关闭对话框。

摆放元件之前需先画一个 Outline 区域，否则不能用 Quickplace 命令来快速摆放元件。如果 PCB 板的大小形状已经确定，则按确定的来画，如果未确定，则可以先画一个大概的形状，所有元器件的布局确定后再重新修改。

单击 Options 窗口左边工具栏的╲图标，或者依次选择菜单项 Add→Line。Options 窗口的设置如图 5.46 所示，Line width（线宽）选择为 10mil。

然后在工作区域内单击鼠标左键，画出一个封装的区域。此时还没必要很精确的确定板框，等待所有元件都摆放好后再调整。

元件摆放有手工和快速自动摆放两种方式。快速摆放可以很快将满足条件的元件摆放出来，并按照元件类型和编号顺序摆放。依次单击 Place→Quickplace 菜单，弹出 Quickplace 对话框，如图5.47所示。

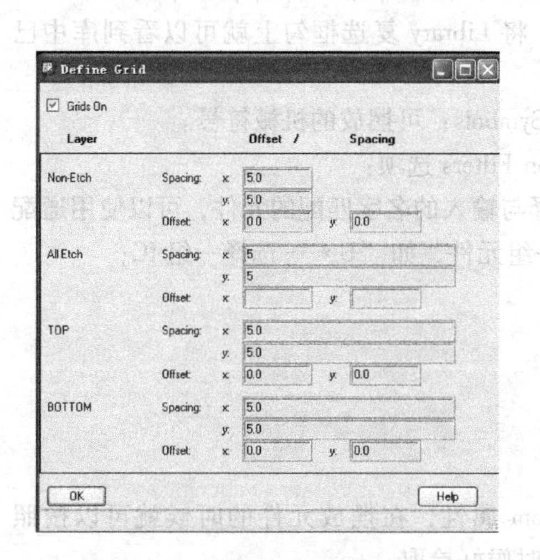

图5.45 设置 PCB 网格大小

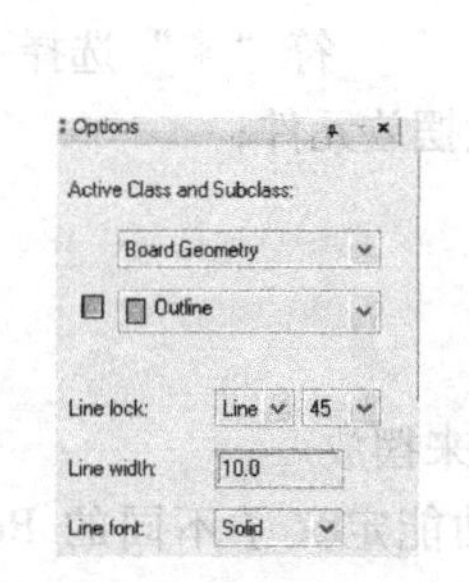

图5.46 Options 窗口

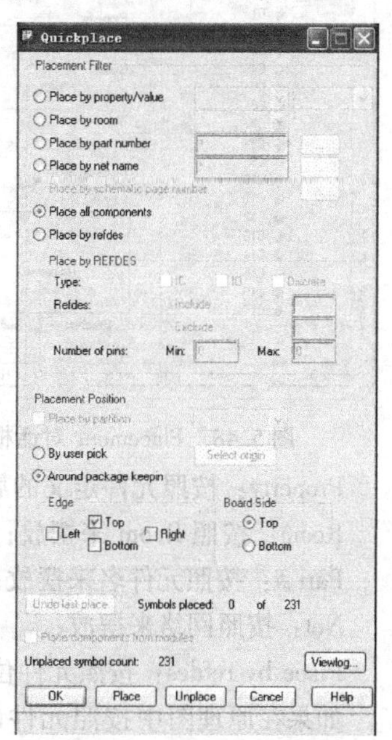

图5.47 Quickplace 对话框

（1）Placement Filter 选项：

Place by property/value：按照元件在原理图定义的属性或元件值来摆放；

Place by room：按原理图中元件定义的 room 属性放置；

Place by part number：按元件名摆放；

Place by net name：按网络名摆放；

Play by schematic page number：用于 Design Entry HDL 原理图按页摆放。

Place all components：摆放所有元件；

Place by refdes：按元件的位号摆放。

（2）Placement Position 选项：

Place by partition：用于 Design Entry HDL 原理图按原理图分割摆放；

By user pick：摆放于用户的鼠标左键单击的位置；

Around package keepin：摆放于允许摆放的区域周围。

（3）Edge 选项：

Top：元件摆放在板框顶部；

Bottom：元件摆放在板框底部；

Left：元件摆放在板框左边；

Right：元件摆放在板框右边。

（4）Board Side 选项：

Top：元件摆放在顶部。

Bottom：元件摆放在底部。

选择好合适的摆放方式后，单击“Place”按钮后，元件自动地摆放出来，单击“OK”按钮就可以关闭对话框。

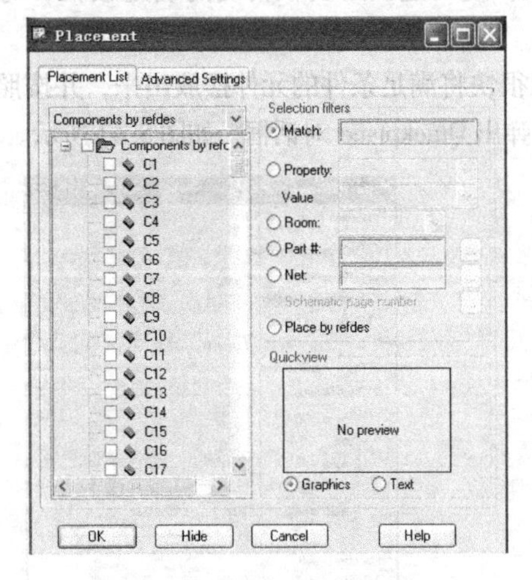

图 5.48　Placement 对话框

另一种方式是手工摆放元件，依次单击 Place→Manually，弹出 Placement 对话框，如图 5.48 所示。

(1) Placement List 标签页左侧选项：

Components by refdes：将网络表中没有错误的元件都列出，可以选择一个或多个元件，只需要将元件位号前面的复选框选中即可；

Package Symbols：显示库中元件封装。单击 Advanced Settings 标签页，将 Library 复选框勾上就可以看到库中已有的封装；

Mechanical Symbols：可摆放的机械符号。

(2) Selection Filters 选项：

Match：选择与输入的名字匹配的元件，可以使用通配符“＊”选择一组元件，如“U＊”选择一组 IC；

Property：按照元件定义的属性摆放元件；

Room：按照 Room 来摆放；

Part #：按照元件名来摆放；

Net：按照网络来摆放；

Place by refdes：按照元件位号来摆放。

如果在原理图中按照元件的功能定义了不同的 Room 属性，在摆放元件的时候就可以按照 Room 属性来摆放，将不同功能的元件放在一块，布局的时候好拾取。

在摆放元件的时候可以与 OrCAD Capture 交互来完成。在 OrCAD Capture 中打开原理图，依次选择菜单 Options→Perferences，如图 5.49 所示。

弹出 Preferences 对话框，如图 5.50 所示。

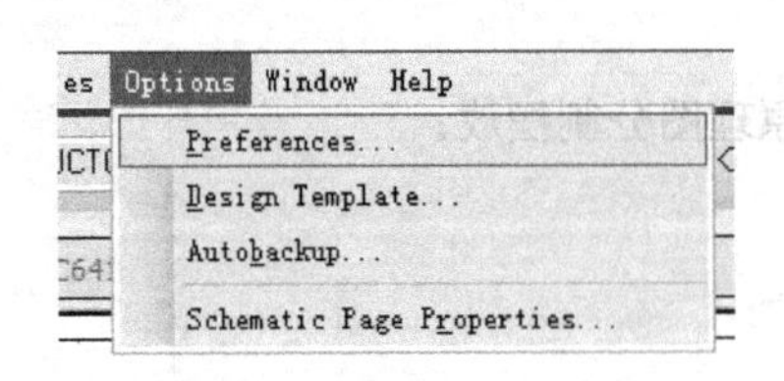

图 5.49　OrCAD Capture 交互

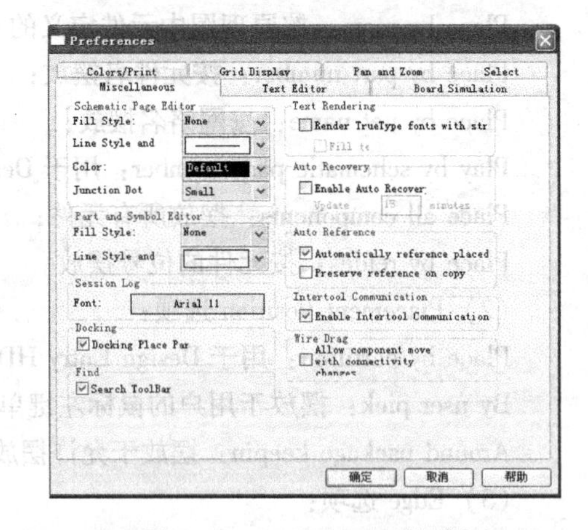

图 5.50　Preferences 对话框

单击 Miscellaneous 标签，将 Enable Intertool Communication 复选框选中。单击“确定”按钮关闭对话框。

之后在 Allegro 中打开 Placement 对话框的状态下，首先在原理图中单击需要放置的元件，使之处于选中状态下，然后切换到 Allegro，把光标移到作图区域内，就会发现该元件跟随着光标一起移动了，在想要放置的位置单击鼠标左键，即可将该元件放置在 PCB 中，Cadence 的这个交互功能非常好用，不仅在布局的时候可以这样做，在布线仿真的时候都能使用该功能来提高效率。

PCB 布局是一个很重要、很细心的工作，直接影响到电路信号的质量；PCB 布局也是一个反复调整的过程。一般高速 PCB 布局可以考虑以下几点：

（1）CPU 或者关键的 IC 应尽量放在 PCB 的中间，以便有足够的空间从 CPU 引线出来。

（2）CPU 与内存之间的走线一般都要做等长匹配，所以内存芯片的放置要既考虑走线长度也要考虑间隔是否够绕线。

（3）CPU 的时钟芯片应尽量靠近 CPU，并且要远离其他敏感的信号。

（4）CPU 的复位电路应尽量远离时钟信号及其他的高速信号。

（5）去耦电容应尽量靠近 CPU 的电源引脚，并且放置在 CPU 芯片的反面。

（6）电源部分应放在电路板的四周，并且要远离一些高速敏感的信号。

（7）接插件应放置在电路板的边上，发热大的元器件应放置在通风条件好的位置，如机箱风扇的方向。

（8）一些测试点及用来选择的元件应放在顶层，方便调试。

（9）同一功能模块的元件应尽量放在同一区域内。

在布局的过程中，如果某一元件的位置暂时固定了，可以将其锁住，防止不小心移动以便提高效率。Allegro 提供了这个功能。单击工具栏的图标按钮，然后单击元件，以鼠标右键选择 Done，然后该元件就再也无法选中了，如果要对已经锁定的元件解锁，可以单击工具栏的图标按钮，然后单击鼠标右键 Done。也可以单击该按钮后在 PCB 画图区域单击鼠标右键，选择 Unfix All 选项来解锁所有的元件。

摆放元件的时候，如果需要将元件放置在对面那一层，可以选中元件后单击鼠标右键选择菜单 Mirror，这时候该元件就被放置到相反的那一层。

在完成元件的布局后，还要重新画板框及设置禁止布线层与禁止摆放层。可以参考上面的画板框方法来完成这些工作，这里就不重复了。

5.4 PCB 布线

5.4.1 PCB 层叠结构

依次选择程序→Cadence SPB 16.2→PCB Editor，然后打开 5.2 节布局好的 PCB 文件。单击工具栏的图标按钮，或者依次选择 Setup→Cross - section 菜单，如图 5.51 所示。

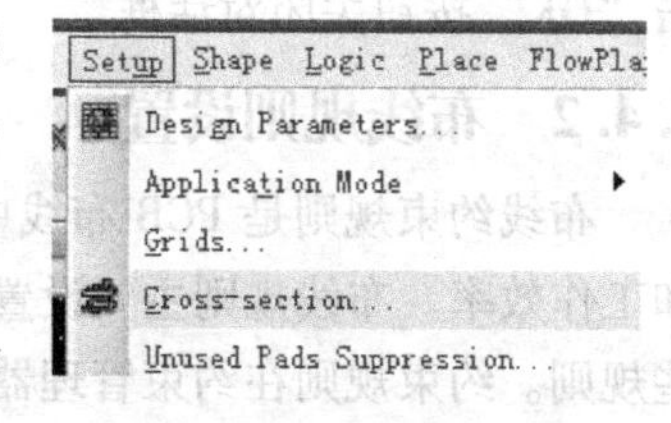

图 5.51　层叠结构设置

弹出 Layout Cross Section 对话框，如图 5.52 所示。

由于电路板是用手工建立的，所以在 Cross Section 中只有 TOP 层和 BOTTOM 层，需要手工来增加六个层，并调整层叠结构。在 Subclass Name 一栏前面的序号上单击鼠标右键，弹出一个菜单，如图 5.53 所示。

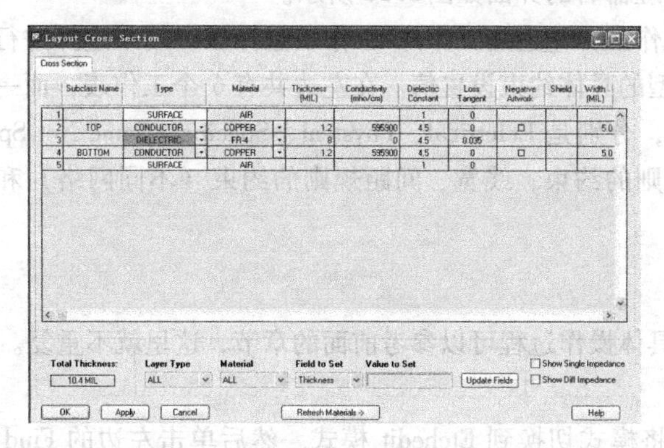

图 5.52　Layout Cross Section 对话框

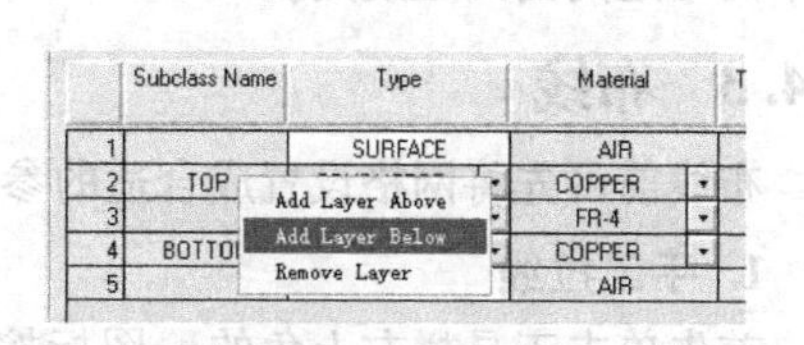

图 5.53　增加层

可以选择 Add Layer Above 在该层上方增加一层，也可以选择 Add Layer Below 在该层下方增加一层，或者选择 Remove Layer 删除该层。在走线层之间还需要有一层隔离层。最后设置好的八层板的层叠结构如图 5.54 所示，采用的是方案 2 的层叠结构。

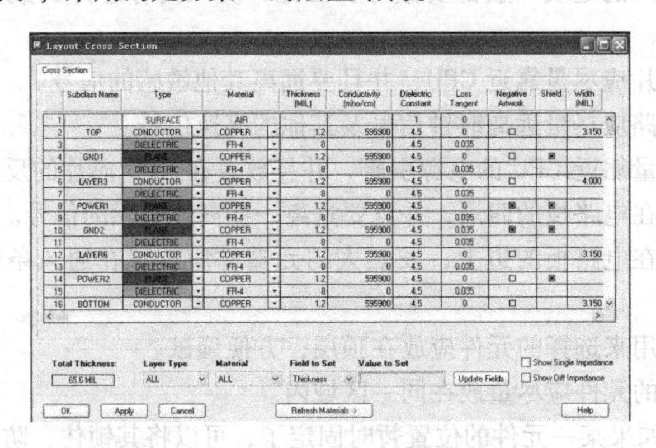

图 5.54 设置好的八层板层叠结构

Subclass Name 一列是该层的名称，可以按照自己的需要来填写。Type 列用于选择该层的类型，有如下三种：

（1）CONDUCTOR：走线层；

（2）PLANE：平面层，如 GND 平面；

（3）DIELECTRIC：介电层，即隔离层。

Material 列设置的是该层的材料，一般根据实际 PCB 板厂提供的资料来设置；Thickness 列设置的是该层的厚度，如果是走线层和平面层则是铜皮的厚度；Conductivtl 列设置的是铜皮的电阻率；Dielectric Constant 列设置介电层的介电常数，与 Thickness 列的参数一起都是计算阻抗的必要参数；Loss Tangent 列设置介电层的正切损耗；Negtive Artwork 列设置的是该层是否以负片形式输出底片，▣表示输出负片，□表示输出正片。在这个板中，POWER1 与 GND2 采用负片形式。设置好后单击“OK”按钮关闭对话框。

5.4.2 布线规则设置

布线约束规则是 PCB 布线中很重要的一步工作，规则设置的好坏直接影响到 PCB 信号的好坏和工作效率。布线规则主要设置的是差分线、线宽线距、等长匹配和过孔等。下面一步一步设置这些规则。约束规则在约束管理器中设置。

依次选择菜单 Setup→Constraints→Constraint Manager，或者直接单击工具栏上的图标按钮打开约束管理器，如图 5.55 所示。打开约束管理器后的界面如图 5.56 所示。

在图 5.56 中可以看到界面包含了两个工作区，左边是工作簿/工作表选择区，用来选择进行约束的类型；右边是工作表区，是对应左边类型的具体约束设置值。在左边共有 6 个工作表，而一般只需要设置前面四个工作表的约束就可以了，分别是 Eelctrical、Physical、Spacing、Same Net Spacing。分别对应的是电气规则的约束，物理规则的约束，线宽、间距规则的约束（不同网络）和同一个网络之间的间距规则。

5.4.3 布线

布线前可先将网格设置成合适的参数，具体操作过程可以参考前面的章节，这里就不重复。

1. 手工拉线

首先单击工具栏左上角的图标按钮，将模式切换到 Etchedit 模式。然后单击左边的 Find 按钮，在弹出的面板中，单击“All On”按钮，将该模式下的所有对象选中，如图 5.57 所示。

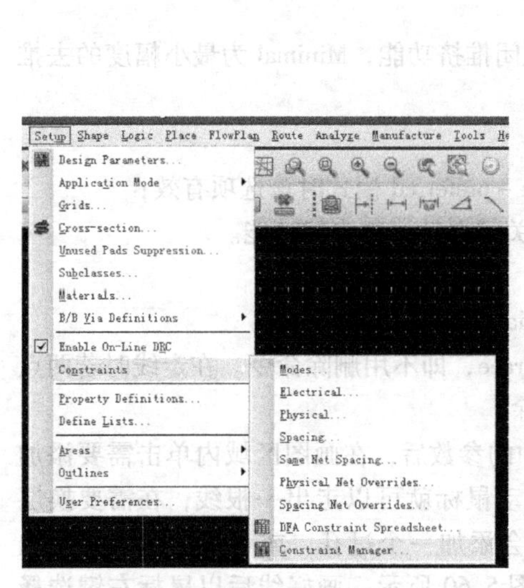

图 5.55　打开约束管理器

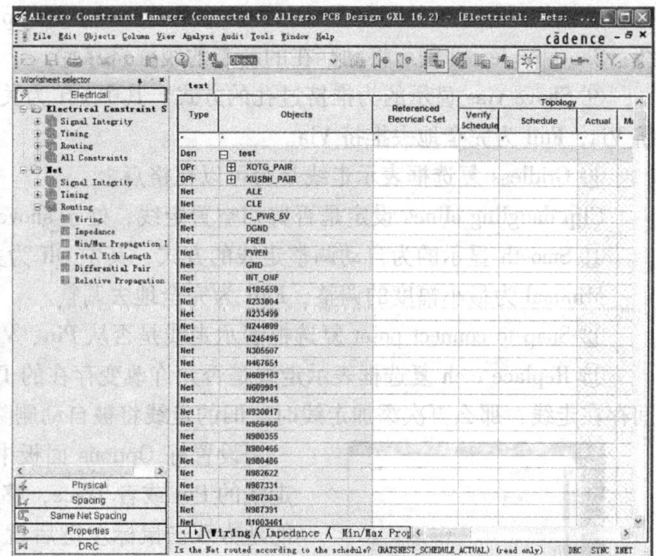

图 5.56　约束管理器界面

在 Allegro 中布线是一件很轻松的事情，方法有很多种，下面介绍三种常用的方法。

（1）依次选择 Route -> Connect 菜单，如图 5.58 所示，或者直接单击工具栏左边的图标按钮。单击右边的 Options 按钮，弹出布线的 Options 面板，如图 5.59 所示，图中选项功能如下：

① Act 中显示的为当前的层。

② Alt 显示的为将要切换到的层。

③ Via 中显示为选择的换层时用的过孔。

④ Net 中显示当前走线的网络，如果单击了某个引脚，即开始布线，则显示该网络名称，否则显示的是 Null Net。

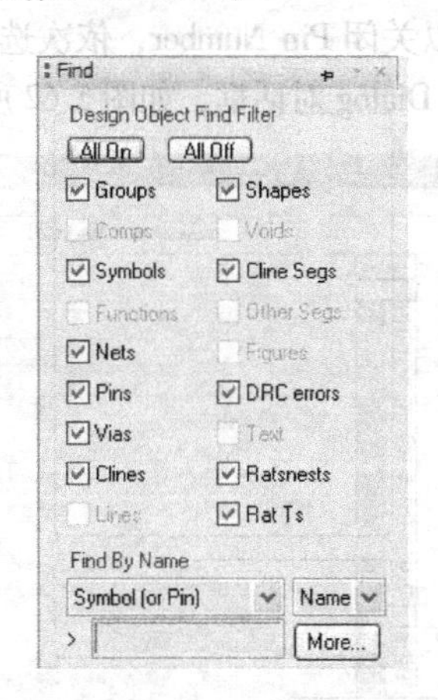

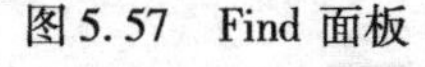

图 5.57　Find 面板

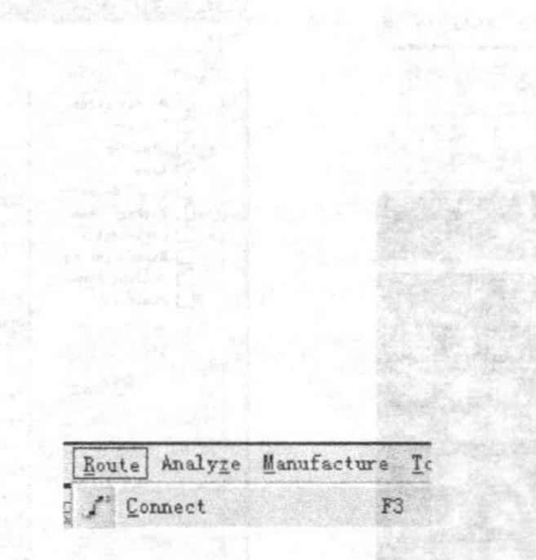

图 5.58　Add Connect 菜单

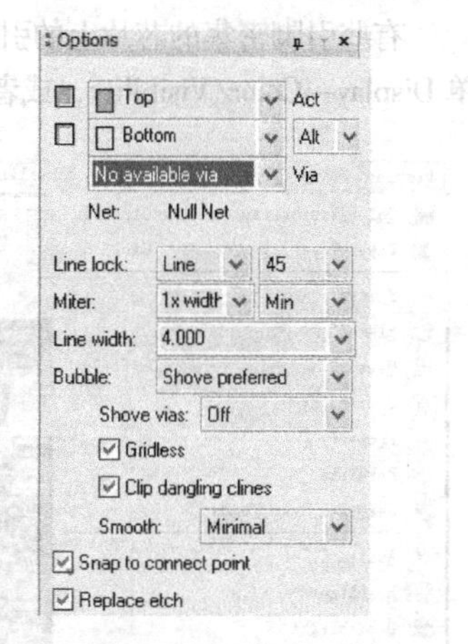

图 5.59　布线的 Options 面板

⑤ Line lock 中显示的是走线的形式和走线时的拐角。走线形式有 Line（直线）和 Arc（弧线）两种；走线拐角有 Off（无拐角）、45（45°拐角）、90（90°拐角）几种。

⑥ Miter 显示引脚的设置，如图 5.47 中 1x width 和 Min 表示斜边长度至少为一倍的线宽，但当在 Line lock 中选择了 Off 时此项就不会显示。

⑦ Line width 显示的是设置的线宽大小。

⑧ Bubble 显示的为推挤走线的方式，其中 Off 为关闭推挤功能；Hug only 为当前走的线遇到已

存在的线的时候采取绕过的方式，即原来的线不动；Hug preferred 表示已存在的线“拥抱”新走的线；Shove preferred 表示将已存在的新走的线推挤靠拢。

⑨ Shove vias 显示的为推挤过孔的方式，其中 Off 为关闭推挤功能，Minimal 为最小幅度的去推挤 Via，Full 为完全地去推挤 Via。

⑩ Gridless 复选框表示走线是否可以在格点上。

Clip dangling clines 设定是否剪切空置走线，处于 shove - preferred 模式时该选项有效；

⑪ Smooth 显示的为自动调整走线的方式，其中 Off 为关闭自动调整走线功能。

Minimal 为最小幅度的调整，Full 为完全地去调整。

⑫ Snap to connect point 复选框表示走线是否从 Pin、Via 的中心原点引出。

⑬ Replace etch 复选框表示走线是否允许改变存在的 Trace，即不用删除命令。在走线时若两点间存在走线，那么再次添加走线时，旧的走线将被自动删除。

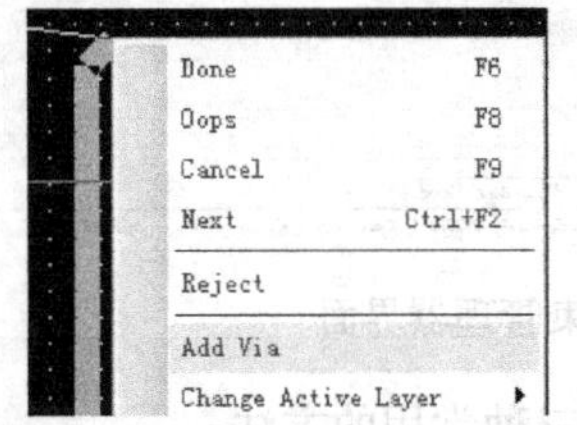

图 5.60　以鼠标右键添加过孔

设置好 Options 面板中的参数后，在画图区域内单击需要添加走线的 Pin 或者 Trace，移动鼠标就可以走出一根线，在需要换层的地方双击鼠标左键后就会添加一个过孔，或者单击鼠标右键选择 Add Via 添加过孔，如图 5.60 所示。画好线后以鼠标右键选择 Done 完成拉线。

（2）可以在需要添加连接的引脚或者线段上直接单击鼠标左键来开始拉线，然后设置 Options 面板中的参数，添加过孔的方法与第（1）种一样，之后以鼠标右键选择 Done 完成。

（3）需要添加连接的引脚或者线段，可以鼠标单击右键选择 Add Connect，之后与第（2）种方式一样。

在接线的过程中如果觉得预拉线看起来混乱，可以依次选择菜单 Display→Blank Rats 来关闭预拉线的显示，选择 All 关闭，如图 5.61 所示。如果需要重新显示预拉线，执行命令 Display→Show Rats 就行了。

有些引脚密集的芯片上的引脚编号也会让人觉得眼花缭乱，同样可以关闭 Pin Number，依次选择菜单 Display→Color/Visibility，或者直接单击工具栏图标按钮，弹出 Color Dialog 对话框，如图 5.62 所示。

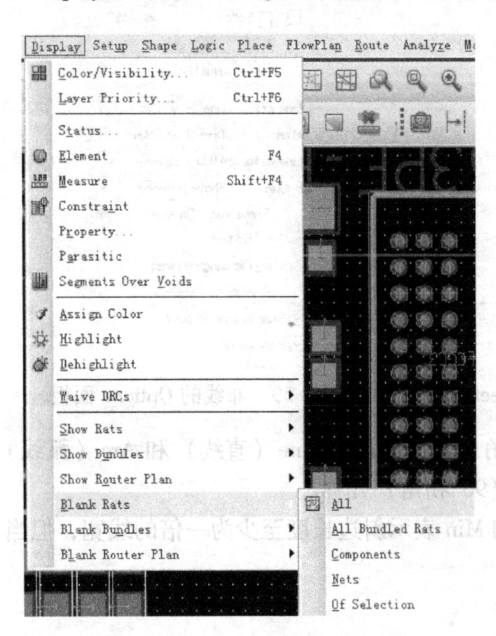

图 5.61　关闭预拉线的显示

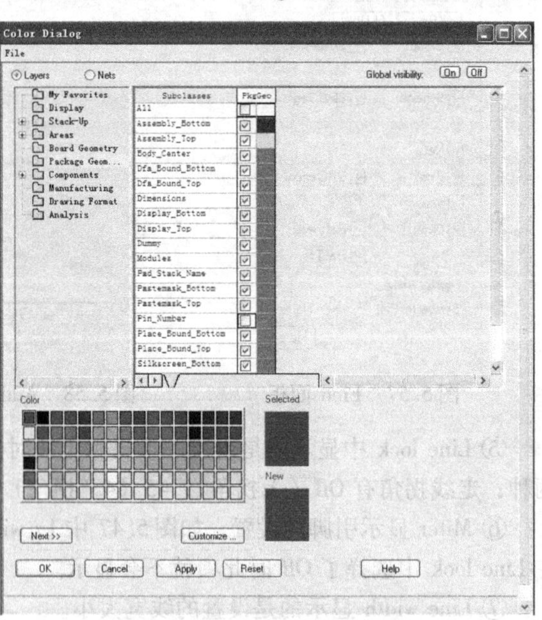

图 5.62　Color Dialog 对话框

然后单击 Package Gaometry 选项，在右边列表中找到 Pin_Number 复选框，将其取消，单击“OK”按钮关闭对话框。这时候所用引脚上的编号都不见了。

2. 应用区域规则

现在已经在约束管理器中设置好了区域规则，要使用它还需在 PCB 中完成最后一步。依次选择 Shape→Rectangular，或者直接单击工具栏的图标。此时右边的 Options 面板参数设置如图 5.63 所示。在 Active Class and Subclass 下面的下拉框中选择 Constraint Region，第二个下拉框选择 All，也可以选择单个走线层，这样需要画多次。在 Assign to Region 下拉框中选择已经在约束管理器中设置好的区域规则 Bga_Rga。

然后在作图区域中，在 CPU 封装的周围画一个矩形，如图 5.64 所示。

鼠标右键单击 Done 完成。之后，在红色矩形的区域内的布线规则将被 BGA_RGN 区域规则约束，而出了这个矩形之外的区域则受其他设定的规则约束。

3. 扇出布线

扇出布线可以使用 Route→Fanout by pick 命令和 Route→Create Fanout 命令。Fanout by pick 命令需要启动自动布线器设置，因此比较麻烦，而 Create Fanout 命令不需要启动自动布线设置，比较方便，功能要求不多的时候可以用这个命令来完成。依次选择命令 Route→Create Fanout，如图 5.65 所示。

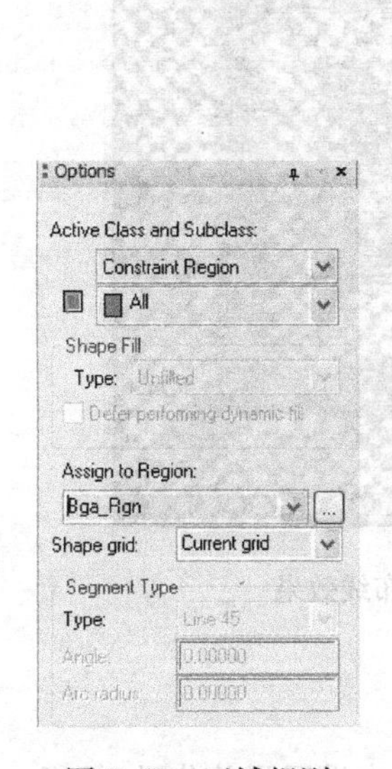

图 5.63 区域规则

图 5.64 在芯片封装周围画一个矩形

然后在作图区域单击鼠标右键弹出一个菜单项选择 Fanout Parameters，如图 5.66 所示。

弹出 Create Fanout 对话框，如图 5.67 所示，其中：

(1) Include Unassigned Pins 复选框表示包括在原理图中示连接的引脚；

(2) Include All Sane Net Pins 复选框表示包括所有相同网络的引脚；

(3) Star 显示的是过孔的开始层；

(4) End 显示的是过孔的结束层；

(5) Via Structure 单选框表示使用过孔阵列扇出；

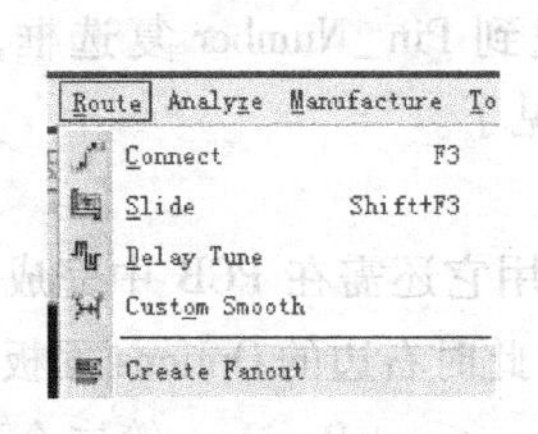

图 5.65　扇出布线

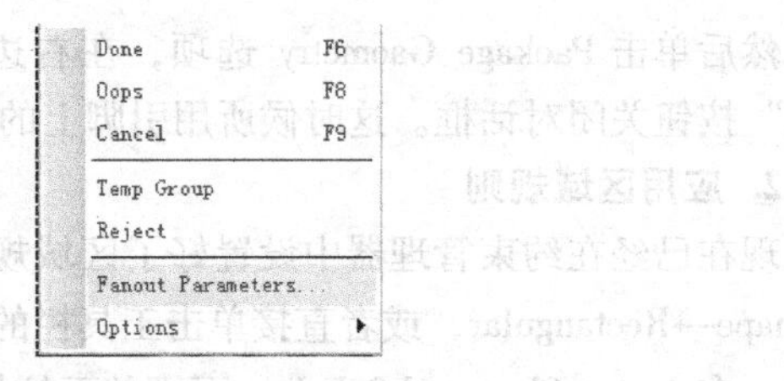

图 5.66　Fanout Parameters

(6) Via 单选框表示使用过孔扇出，在右边的下拉列表框中选择过孔类型；

(7) Via Direction 从下拉列表框中选择过孔的方向；

(8) Override Line Width 复选框表示扇出线的线宽，如果没有选中则用约束管理器设定的线宽；

(9) Pin－Via Space 设置过孔到引脚的间距；

(10) Curve 复选框表示扇出引线是否弯曲，它有两种弯曲方向：Cw 为顺时针方向，Ccw 为逆时针方向；

(11) Curve Radius 用于选择弯曲半径。

设置好参数后，单击“OK”按钮关闭对话框，然后用鼠标左键单击要进行扇出的元件，该元件就自动按照设置的参数扇出。单击鼠标右键选择 Done 完成。扇出的效果如图 5.68 所示。

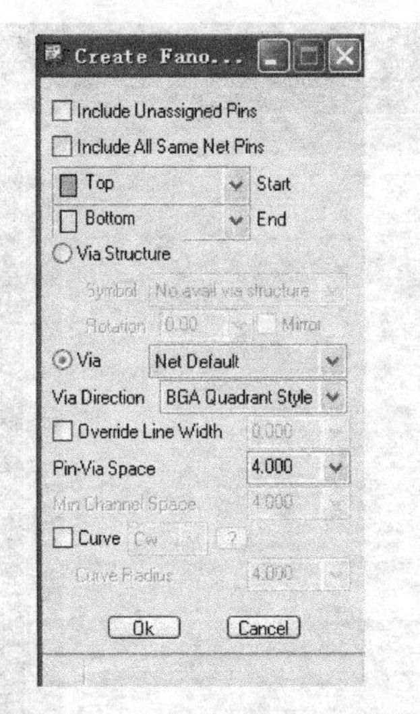

图 5.67　Create Fanout 对话框

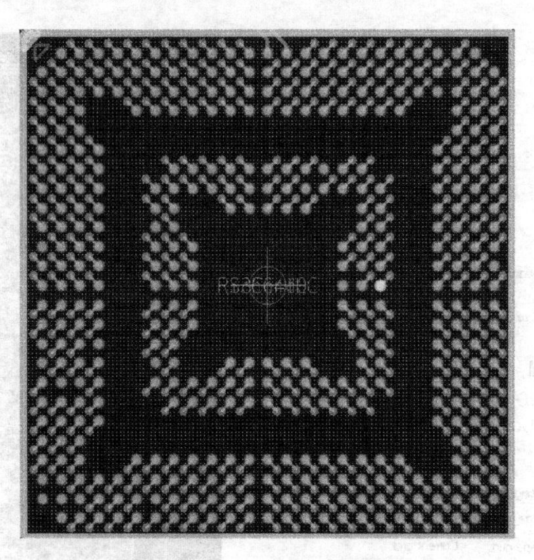

图 5.68　扇出布线效果

另外如果有些引脚已经布了线，则这些引脚不会被扇出。

4. 差分布线

差分信号的布线要求等长等间距，手工很难去控制，在约束管理器中设置了差分对（Differential Pair）后，差分布线就变得简单了。单击差分信号的其中一个引脚，移动鼠标，可以发现另外一个引脚的线也自动出来了，并且两条线的间距都是相等的，拐角也一样。在拉差分线的时候，如果在走线密集的区域，可能切换到 Neck 模式下，这时候差分线的线宽和间距都变成 Neck 的线宽和间距。

在走线的时候单击鼠标右键，弹出一个菜单项，单击 Neck Mode 则在正常模式和 Neck 模式下交替切换，如果此时正处于 Neck 模式，则 Neck Mode 菜单项前面会有一个“√”，如图 5.69 所示。

有时候如果想以单根线布线，或者在修改差分走线的时候希望另外一条走线不跟着一起变化，可以在走线命令或者修改命令下单击鼠标右键，在弹出的菜单项中选择 Single Trace Mode，选中以后在 Single Trace Mode 菜单前面会有一个“√“，再次单击该菜单后，又切换回正常的差分线模式，如图 5.70 所示。

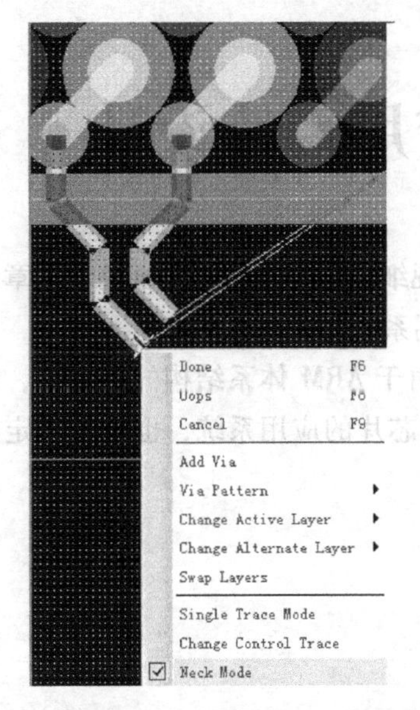

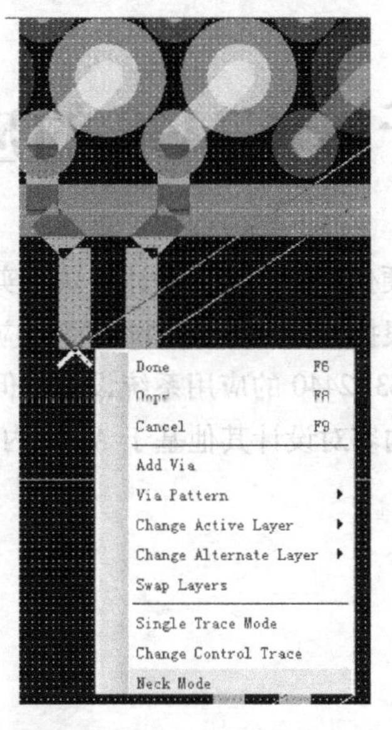

图 5.69　差分布线 Neck 模式与正常模式

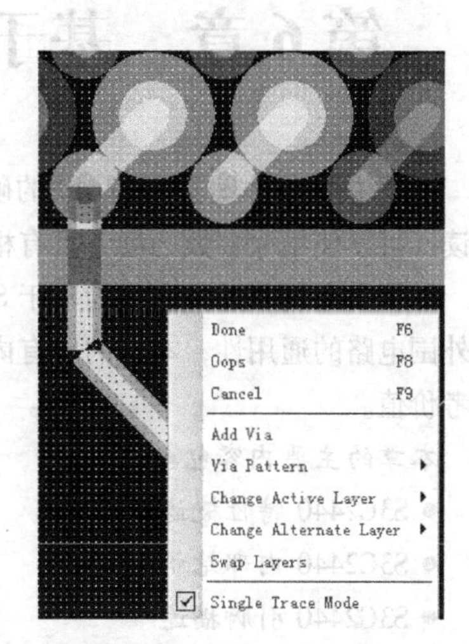

图 5.70　Single Trace Mode

5.5　本章小结

本章主要介绍了 ARM 嵌入式硬件设计基础知识，它主要使用 Cadence 软件开发工具进行建立元器件封装、原理图绘制、元器件布局及 PCB 布线等内容。通过本章的学习，希望能让读者对 ARM 嵌入式硬件设计有一定的认识与了解。

思考与练习

1. 简要说明元器件封装的过程及需注意事项。
2. 画出 S3C2440 的封装。
3. 简要说明导入网络表过程及需注意事项。
4. 模拟、数字电路元器件布局需要注意哪些地方？
5. PCB 层叠结构需考虑哪些方面因素？
6. 如果要设计八层 PCB 板，具体如何实现其层叠结构？
7. PCB 布线需注意哪些问题？高频与低频信号如何布线？

第6章　基于S3C2440的应用系统设计

本章主要介绍基于S3C2440的硬件系统的详细设计步骤、实现细节等方面内容，通过对本章的阅读，可以使绝大多数的读者具有根据自身的需求，设计特定应用系统的能力。

尽管本章所描述的内容为基于S3C2440的应用系统设计，但由于ARM体系结构的一致性，以及外围电路的通用性，本章的所有内容对设计其他基于ARM内核芯片的应用系统，也具有一定的参考价值。

本章的主要内容包括：

- S3C2440特性概述
- S3C2440内部结构
- S3C2440引脚描述
- 特殊功能寄存器
- 系统的硬件选型与单元电路设计

三星公司推出的16/32位RISC微处理器S3C2440，为手持设备和一般类型应用提供了低价格、低功耗、高性能小型微控制器的解决方案。为了降低整体系统成本，S3C2440提供了一套丰富的内部设备，S3C2440采用了ARM920T的内核，0.13μm的CMOS标准宏单元和存储器单元，其低功耗，简单优雅且全静态设计特别适合于对成本和功率敏感型的应用。它采用了新的总线架构（Advanced Micro controller Bus Architecture，AMBA）。S3C2440的杰出特点是其核心处理器（CPU），是一个由Advanced RISC Machines有限公司设计的16/32位ARM920T的RISC处理器。ARM920T实现了MMU、AMBA BUS和Harvard高速缓冲体系结构。这一结构具有独立的16KB指令Cache和16KB数据Cache。每个都是由具有8字长的行组成。通过提供一套完整的通用系统外设，S3C2440成为减少整体系统成本和无须配置额外的组件。

综合对芯片的功能描述，本部分将介绍S3C2440集成的以下片上功能。

（1）1.2V内核供电，1.8V/2.5V/3.3V存储器供电，3.3V外部I/O供电，具备16KB的I-Cache和16KB D的Cache/MMU微处理器；

（2）外部存储控制器为SDRAM控制和片选逻辑；

（3）LCD控制器最大支持4K色STN和256K色TFT，提供1通道LCD专用DMA；

（4）具有4通道DMA并有外部请求引脚；

（5）具有3通道UART（IrDA1.0，64B Tx FIFO和64B Rx FIFO）；

（6）具有2通道SPI；

（7）具有1通道IIC-BUS接口（多主支持）；

（8）具有1通道IIS-BUS音频编/解码器接口；

（9）具有AC'97解码器接口；

（10）兼容SD主接口协议1.0版和MMC卡协议2.11兼容版；

（11）具有2端口USB主机/1端口USB设备（1.1版）；

（12）具有4通道PWM定时器和1通道内部定时器/看门狗定时器；

（13）具有8通道10 bit ADC和触摸屏接口；

（14）具有日历功能的RTC；

（15）具有相机接口（支持最大 4096×4096 像素、2048×2048 像素，支持缩放）；
（16）具有 130 个通用 I/O 口和 24 通道外部中断源；
（17）具有普通、慢速、空闲和掉电模式；
（18）具有 PLL 片上时钟发生器。

6.1　S3C2440 特性概述

1. 体系结构

（1）为手持设备和通用嵌入式应用提供片上集成系统解决方案。
（2）具有 16/32 位 RISC 体系结构和 ARM920T 内核强大的指令集。
（3）具有加强的 ARM 体系结构 MMU 用于支持 WinCE、EPOC 32 和 Linux。
（4）具有指令高速存储缓冲器（I－Cache）、数据高速存储缓冲器（D－Cache）、写缓冲器和物理地址 TAG RAM，以减少主存带宽和响应性带来的影响。
（5）采用 ARM920T CPU 内核支持 ARM 调试体系结构。
（6）具有内部高级微控制总线（AMBA）体系结构（AMBA2.0，AHB/APB）。

2. 系统管理器

（1）支持大/小端方式。
（2）支持高速总线模式和异步总线模式。
（3）寻址空间为每个 bank 128MB（总共 1GB）。
（4）支持可编程的每个 bank 8/16/32 位数据总线带宽。
（5）从 bank0 到 bank6 都采用固定的 bank 起始寻址。
（6）bank7 具有可编程的 bank 的起始地址和大小。
（7）具有 8 个存储器 bank：
（a）其中 6 个适用于 ROM、SRAM 和其他；
（b）另外 2 个适用于 ROM/SRAM 和同步 DRAM。
（8）所有的存储器 bank 都具有可编程的操作周期。
（9）支持外部等待信号延长总线周期。
（10）支持掉电时的 SDRAM 自刷新模式。
（11）支持各种型号的 ROM 引导（NOR/NAND Flash、EEPROM 或其他）。

3. NAND Flash 启动引导

（1）支持从 NAND Flash 存储器的启动。
（2）采用 4KB 内部缓冲器进行启动引导。
（3）支持启动之后 NAND 存储器仍然作为外部存储器使用。
（4）支持先进的 NAND Flash。

4. Cache 存储器

（1）具有 64 项全相连模式，采用 I－Cache（16KB）和 D－Cache（16KB）。
（2）每行 8 字长度，其中每行带有一个有效位和两个 dirty 位。
（3）具有伪随机数或轮转循环替换算法位。
（4）采用写穿式（write－through）或写回式（write－back）cache 操作来更新主存储器。
（5）写缓冲器可以保存 16 个字的数据和 4 个地址。

5. 时钟和电源管理

（1）采用片上 MPLL 和 UPLL：

采用 UPLL 产生操作 USB 主机/设备的时钟。

MPLL 产生最大 400MHz@ 1.3V 操作 MCU 所需要的时钟。

（2）通过软件可以有选择性此为每个功能模块提供时钟。

（3）具有正常、慢速、空闲和掉电电源模式。

正常模式：正常运行模式；

慢速模式：不加 PLL 的低时钟频率模式；

空闲模式：只停止 CPU 的时钟；

掉电模式：所有外设和内核的电源都切断了。

（4）可以通过 EINT［15：0］或 RTC 报警中断以便从掉电模式中唤醒处理器。

6. 中断控制器

（1）具有 60 个中断源（1 个看门狗定时器、5 个定时器、9 个 UARTs、24 个外部中断、4 个 DMA、2 个 RTC、2 个 ADC、1 个 IIC、2 个 SPI、1 个 SDI、2 个 USB、1 个 LCD 和 1 个电池故障，1 个 NAND 和 2 个 Camera 等），1 个 AC'97 音频；

（2）具有电平/边沿触发模式的外部中断源；

（3）具有可编程的边沿/电平触发极性；

（4）支持为紧急中断请求提供的快速中断服务。

7. 具有脉冲带宽调制功能的定时器（PWM）

（1）采用 4 通道 16 位具有 PWM 功能的定时器，1 通道 16 位内部定时器，可基于 DMA 或中断工作；

（2）采用可编程的占空比周期、频率和极性；

（3）能产生死区；

（4）支持外部时钟源。

8. RTC（实时时钟）

（1）具有全面的时钟特性：秒、分、时、日期、星期、月和年；

（2）采用 32.768kHz 工作；

（3）具有报警中断；

（4）具有节拍中断。

9. 通用 I/O 端口

（1）配有 24 个外部中断端口；

（2）配有 130 个多功能输入/输出端口。

10. DMA 控制器

（1）具有 4 通道的 DMA 控制器；

（2）支持存储器到存储器、I/O 到存储器、存储器到 I/O 和 I/O 到 I/O 的传输；

（3）采用触发传输模式来加快传输速度。

11. LCD 控制器 STN LCD 显示特性

（1）支持 3 种类型的 STN LCD 显示屏：4 位双扫描、4 位单扫描、8 位单扫描显示类型；

（2）支持单色模式、4 级、16 级灰度 STN LCD、256 色和 4096 色 STN LCD；

（3）支持多种不同尺寸的液晶屏：

- LCD 实际尺寸的典型值是：640×480、320×240、160×160 及其他；
- 最大虚拟屏幕大小是 4MB；
- 256 色模式下支持的最大虚拟屏是：4096×1024、2048×2048、1024×4096 等。

12. TFT彩色显示屏

（1）支持彩色TFT的1/2/4或8BPP（位每像素）调色显示；

（2）支持16/24BBP无调色真彩显示TFT；

（3）在24BBP模式下支持最大16M色TFT；

（4）lpc3600定时控制器为嵌入式lts350Q1 - PD1/2（SAMSUNG 3. 5" Portrait/256kcolor/Reflective a - Si TFT LCD）；

（5）lpc3600定时控制器为嵌入式lts350Q1 - PE1/2（SAMSUNG 3. 5" Portrait /256kcolor/Transflective a - Si TFT LCD）；

（6）支持多种不同尺寸的液晶屏：

- 典型实屏尺寸：640×480、320×240、160×160及其他；
- 最大虚拟屏大小为4MB；
- 64K色彩模式下最大的虚拟屏尺寸为2048×1024及其他。

13. UART

（1）具有3通道UART，可以基于DMA模式或中断模式工作；

（2）支持5、6、7或者8位串行数据的发送/接收；

（3）支持外部时钟作为UART的运行时钟（UEXTCLK）；

（4）具有可编程的波特率；

（5）支持IrDA1. 0；

（6）具有测试用的还回模式；

（7）每个通道都具有内部64B的发送FIFO和64B的接收FIFO。

14. A/D转换和触摸屏接口

（1）具有8通道多路复用ADC；

（2）具有最大500kSPS/10位精度；

（3）具有内部TFT直接触摸屏接口。

15. 看门狗定时器

（1）具有16位看门狗定时器；

（2）可以在定时器溢出时发生中断请求或系统复位。

16. IIC总线接口

（1）采用1通道多主IIC总线；

（2）可进行串行、8位、双向数据传输，标准模式下数据传输速度可达100kb/s，快速模式下可达到400kb/s。

17. IIS总线接口

（1）采用1通道音频IIS总线接口，可基于DMA方式工作；

（2）采用串行，每通道8/16bit数据传输；

（3）发送和接收具备128B（64B加64B）FIFO；

（4）支持IIS格式和MSB - justified数据格式。

18. AC'97音频解码器接口

（1）支持16位采样；

（2）采用1 - ch立体声PCM输入/1 - ch立体声PCM输出/1 - ch MIC输入。

19. USB主设备

（1）具有2个USB主设备接口；

（2）遵从 OHCI Rev. 1.0 标准；
（3）遵从 OHCI Rev. 1.0 标准。

20. USB 从设备

（1）具有 1 个 USB 从设备接口；
（2）具备 5 个 Endpoint；
（3）兼容 USB 协议 1.1 标准。

21. SD 主机接口

（1）具有正常、中断和 DMA 数据传输模式（字节、半字节、文字传递）；
（2）具有 DMA burst4 接入支持（只字转让）；
（3）兼容 SD 存储卡协议 1.0 版；
（4）兼容 SDIO 卡协议 1.0 版；
（5）发送和接收具有 64B FIFO；
（6）兼容 MMC 卡协议 2.11 版。

22. SPI 接口

（1）兼容 2 通道 SPI 协议 2.11 版；
（2）发送和接收具有 2×8bit 的移位寄存器；
（3）可以基于 DMA 或中断模式工作。

23. 相机接口

（1）支持 ITU－R BT601/656 8bit 模式；
（2）具有 DZI（数字变焦）能力；
（3）具有极性可编程视频同步信号；
（4）最大值支持 4096×4096 像素输入（支持 2048×2048 像素输入缩放）；
（5）支持镜头旋转（x 轴、y 轴和 180°旋转）；
（6）支持相机输出格式（16/24bit 的 RGB 与 YCBCR 4:2:0/4:2:2 格式）。

24. 工作电压

（1）采用内核为 300MHz 时 1.20V、400MHz 时 1.3V；
（2）内存：支持 1.8V/2.5V/3.0V/3.3V；
（3）输入/输出：3.3V。

25. 操作频率

（1）Fclk 最高达 400MHz；
（2）Hclk 最高达 136MHz；
（3）Pclk 最高达 68MHz。

26. 封装

封装采用 289－FBGA

6.2 S3C2440 内部结构

S3C2440 微处理器是一款由为手持设备设计的低功耗、高度集成的基于 ARM920T 核的微处理器。为了降低系统总成本和减少外围器件，这款芯片中还集成了下列部件：16KB 指令 Cache、16KB 数据 Cache、MMU、外部存储器控制器、LCD 控制器（STN 和 TFT）、NAND Flash 控制器、4 个 DMA 通道、3 通道 UART、1 个 IIC 总线控制器、1 个 IIS 总线控制器，以及 4 通道 PWM 定时器和一个内部定时器、通用 I/O 接口、实时时钟、8 通道 10bit ADC 和触摸屏接口、主 USB、从 USB、SD/MMC 卡接口等。现在它广泛应用于 PDA、移动通信、路由器和工业控制等，其内部结构如图 6.1 所示。

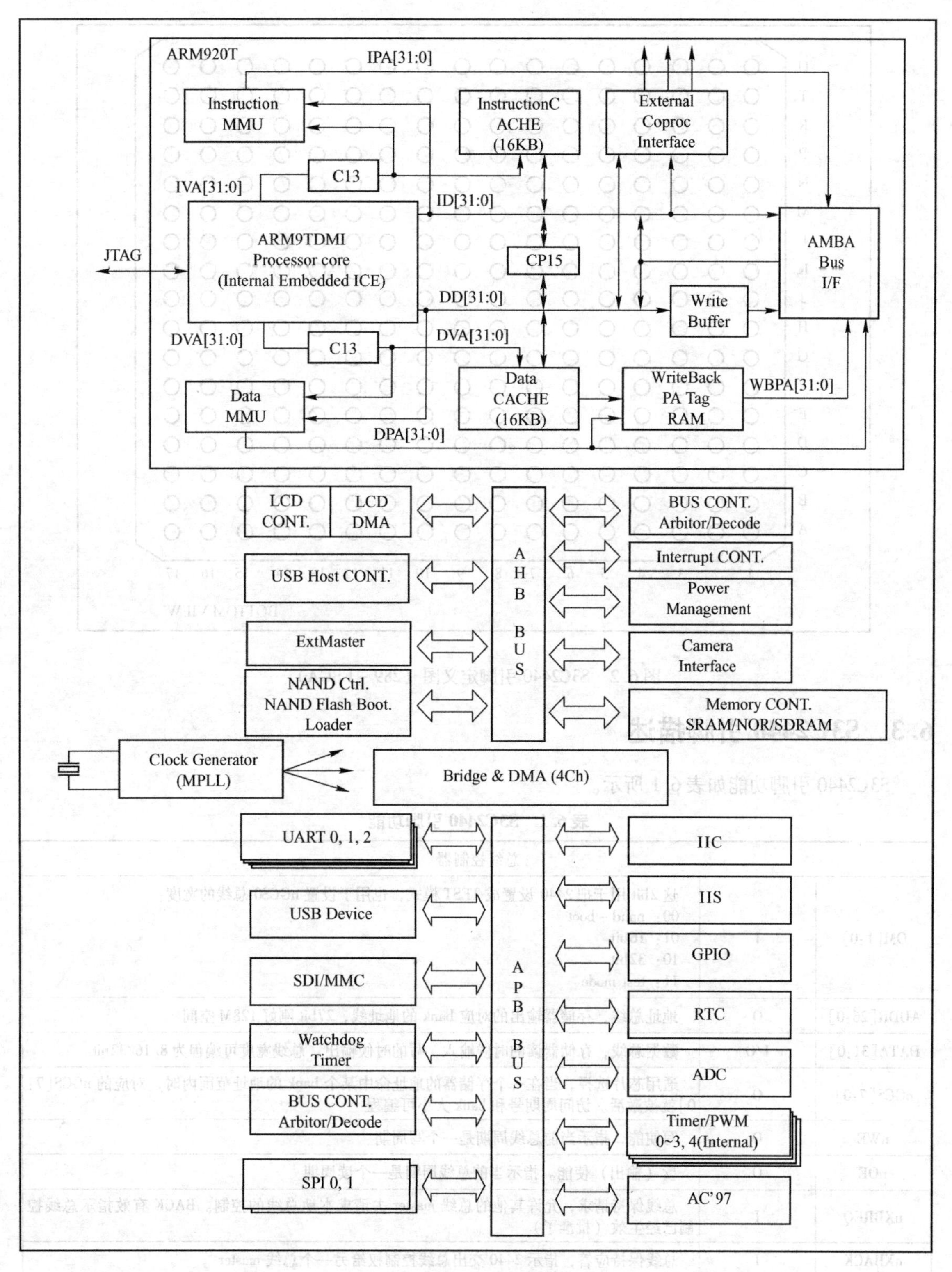

图6.1 S3C2440内部结构图

S3C2440引脚定义图如图6.2所示。

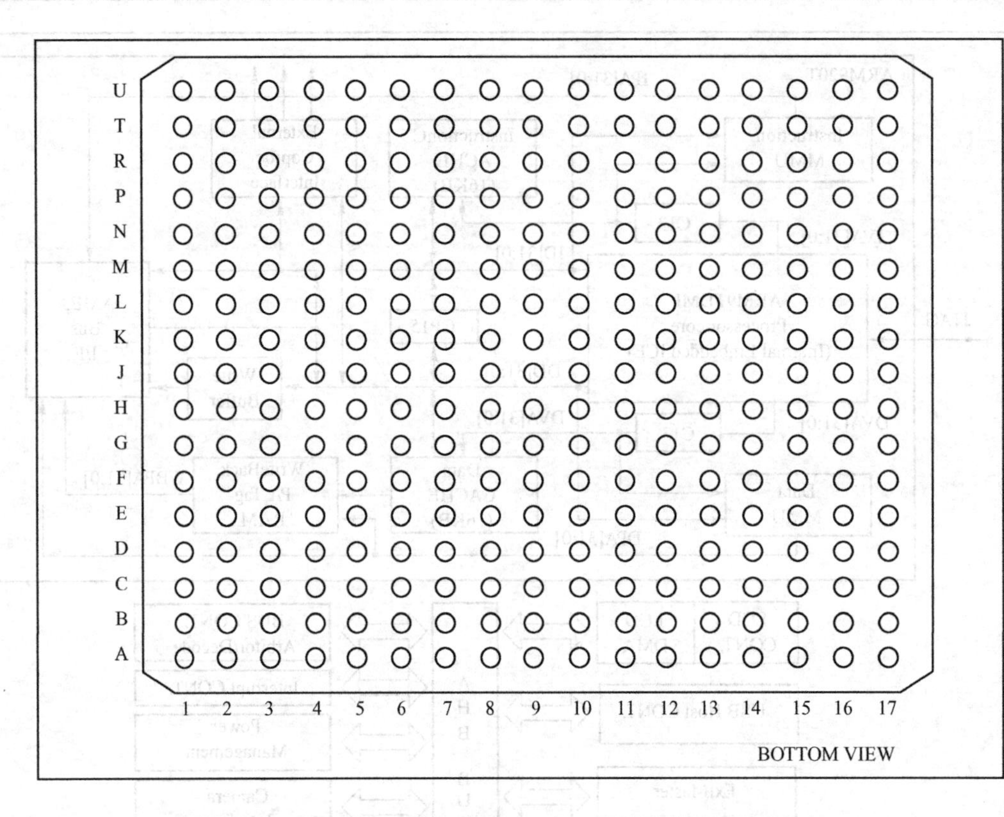

图 6.2　S3C2440 引脚定义图（289 – FBGA）

6.3　S3C2440 引脚描述

S3C2440 引脚功能如表 6.1 所示。

表 6.1　S3C2440 引脚功能

总线控制器		
OM[1:0]	I	这 2bit 用于把 2440 设置成 TEST 模式，也用于设置 nGCS0 总线的宽度： 00：nand – boot 01：16bit 10：32bit 11：test mode
ADDR[26:0]	O	地址总线，存储器输出的对应 bank 的地址线，27bit 刚好 128M 空间
DATA[31:0]	I/O	数据总线，存储器读的时候输入，写的时候输出。总线宽度可编程为 8/16/32bit
nGCS[7:0]	O	通用芯片选择，当在一个存储器的地址命中某个 bank 的地址范围内时，对应的 nGCS[7:0]就被激活。访问周期号和 bank 大小可编程
nWE	O	写使能，指示当前总线周期是一个写周期
nOE	O	读（输出）使能。指示当前总线周期是一个读周期
nXBREQ	I	总线保持请求，允许其他的总线 master 去请求本地总线的控制。BACK 有效指示总线控制已经生效（批准了）
nXBACK	I	总线保持应答，指示 2440 交出总线控制权给另一个总线 master
nWAIT	I	请求延长当前总线周期，只要该信号是 L 电平，当前总线周期不能被完成
SDRAM/SRAM		
nSRAS	O	SDRAM 行地址 strobe（行地址最大限制数）
nSCAS	O	SDRAM 列地址 strobe（列地址最大限制数）

续表

SDRAM/SRAM		
nSCS[1:0]	O	SDRAM 芯片选择
DQM[3:0]	O	SDRAM 数据 mask（掩码）
SCLK[1:0]	O	SDRAM 时钟
SCKE	O	SDRAM 时钟使能
nBE[3:0]	O	高字节/低字节使能（在 16bit SRAM 情况下使用）
nBWE[3:0]	O	写字节使能
NAND Flash		
CLE	O	命令锁存使能
ALE	O	地址锁存使能
nFCE	O	Nand Flash 芯片使能
nFRE	O	Nand Flash 读使能
nFWE	O	Nand Flash 写使能
NCON	I	Nand Flash 配置
FRnB	I	Nand Flash 准备好/忙信号（ready/busy）
LCD 控制单元		
VD[23:0]	O	STN/TFT/SEC TFT：LCD 数据总线
LCD_PWREN	O	STN/TFT/SEC TFT：LCD 面板电源使能控制信号
VCLK	O	STN/TFT：LCD 时钟信号
VFRAME	O	STN：LCD 帧信号
VLINE	O	STN：LCD 行信号
VM	O	STN：VM 交替行列电压极性
VSYNC	O	TFT：垂直同步信号
HSYNC	O	TFT：水平同步信号
VDEN	O	TFT：数据使能信号
LEND	O	TFT：行结束信号（line end signal）
STV	O	SEC TFT：SEC（三星电子公司）TFT LCD 面板控制信号
CPV	O	SEC TFT：SEC（三星电子公司）TFT LCD 面板控制信号
LCD_HCLK	O	SEC TFT：SEC（三星电子公司）TFT LCD 面板控制信号
TP	O	SEC TFT:SEC(三星电子公司)TFT LCD 面板控制信号
STH	O	SEC TFT:SEC(三星电子公司)TFT LCD 面板控制信号
LCD_LPCOE	O	SEC TFT:专用 TFT LCD 时序控制信号
LCD_LPCREV	O	SEC TFT:专用 TFT LCD 时序控制信号
LCD_LPCREVB	O	SEC TFT:专用 TFT LCD 时序控制信号
CAMERA 接口(摄像头接口)		
CAMRESET	O	摄像头模块的软件复位
CAMCLKOUT	O	Master 给摄像头模块的时钟
CAMPCLK	I	摄像头的像素时钟(Pixel clock from camera)
CAMHREF	I	摄像头的水平同步信号(horizontal sync signal from camera)

续表

CAMERA 接口(摄像头接口)		
CAMVSYNC	I	摄像头的垂直同步信号(vertical sync signal from camera)
CAMDATA[7:0]	I	YcbCr 的像素数据 (pixel data for YcbCr)
中断控制单元		
EINT[23:0]	I	外部中断请求
DMA		
nXDREQ[1:0]	I	外部 DMA 请求
nXDACK[1:0]	O	外部 DMA 应答
UART		
RxD[2:0]	I	UART 接收数据输入
TxD[2:0]	O	UART 发送数据输出
nCTS[1:0]	I	UART 清除发送输入信号
nRTS[1:0]	O	UART 请求发送输出信号
UEXTCLK	I	UART 的外部时钟输入
ADC		
AIN[7:0]	AI	ADC 输入[7:0]，如果不是用该引脚，需要接地
Vref	AI	ADC 的 Vref (参考电压)
IIC 总线		
IICSDA	I/O	IIC 总线数据
IICSCL	I/O	IIC 总线时钟
IIS 总线		
IISLRCK	I/O	IIS 总线通道选择时钟
IISSDO	O	IIS 总线串行数据输出
IISSDI	I	IIS 总线串行数据输入
IISSCLK	I/O	IIS 总线串行时钟
CDCLK	O	CODEC 系统时钟
AC’97		
AC_SYNC		48kHz 固定速率同步采样
AC_BIT_CLK	I/O	12.288MHz 串行数据时钟
AC_nRESET	O	AC’97 master H/W 复位 (可能是硬件复位)
AC_SDATA_IN	I	AC’97 输入流的串行时间多元分割
AC_SDATA_OUT	O	AC’97 输出流的串行时间多元分割
触摸屏		
nXPON	O	加法 X 轴开关控制信号 (plus X - axis on - off control signal)
XMON	O	减法 X 轴开关控制信号 (minus X - axis on - off control signal)
nYPON	O	加法 Y 轴开关控制信号 (plus Y - axis on - off control signal)
YMON	O	减法 Y 轴开关控制信号 (plus Y - axis on - off control signal)
USB Host		
DN[1:0]	I/O	USB host 的 DATA (-)，需要 15kΩ 的电阻下拉
DP[1:0]	I/O	USB host 的 DATA (+)，需要 15kΩ 的电阻下拉

续表

USB Device		
PDN0	I/O	USB外围设备的DATA(－)，需要470kΩ的电阻下拉，(ned to 470k pull－down for power consumption in sleep mode)
PDP0	I/O	USB外围设备的DATA(－)，需要1.5kΩ的电阻上拉。
SPI		
SPIMISO[1:0]	I/O	当SPI被配置为master时，SPIMISO为Master的数据输入行；当SPI被配置为slave时，这些引脚电平倒转（these pin reverse its role）
SPICLK[1:0]	I/O	SPI时钟
nSS[1:0]	I	SPI芯片选择（只适合slave模式）
SD		
SDDAT[3:0]	I/O	SD收/发数据
SDCMD	I/O	SD接收应答/发送命令
SDCLK	O	SD时钟
通用I/O端口（General I/O Port）		
GPn[129:0]	I/O	通用输入/输出端口（一些端口只能用于输出）
TIMMER/PWM		
TOUT[3:0]	O	定时器输出[3:0]
TCLK[1:0]	I	外部定时器时钟输入
JTAG测试逻辑		
nTRST	I	TAP控制器复位，在TAP控制器启动时设置它。如果debugger被使用，需要连接10k上拉电阻。如果debugger（black ICE）不被使用，nTRST引脚必须被一个低电平脉冲激发(issued)，典型的应用是连接到nRESET
TMS	I	TAP控制器模式选择，控制TAP控制器的状态序列。必须连接10kΩ上拉电阻到TMS引脚
TCK	I	TAP控制时钟，提供JTAG逻辑的输入时钟，必须连接10kΩ上拉电阻到TCK引脚
TDI	I	TAP控制器数据输入，这是测试指令和数据的串行输入。必须连接10kΩ上拉电阻到TDI引脚
TDO	O	指令和数据的串行输出
复位、时钟和电源		
XTOpll	AO	内部晶振电路的晶振输出 当OM[3:2]=00，XTIpll被用于MPLL CLK源和UPLL CLK源 当OM[3:2]=01，XTIpll只被用于MPLL CLK源 当OM[3:2]=10，XTIpll只被用于UPLL CLK源 如果不使用该引脚，需要悬空
MPLLCAP	AI	主时钟的循环滤波电容
UPLLCAP	AI	USB时钟的循环滤波电容
XTIrtc	AI	RTC的32kHz的晶振输入，若不使用，接VDDRTC高电平
复位、时钟和电源		
XTOrtc	AO	RTC的32kHz的晶振输出，若不使用，必须悬空
CLKOUT[1:0]	O	时钟输出信号。MISCCR寄存器的CLKSEL，配置时钟输出模式为：MPLL CLK、UPLL CLK、FCLK、HCLK和PCLK
nRESET	ST	挂起任何操作，使得2440进入复位状态。对于一个复位，在处理器电源稳定之后，该信号必须保持低电平至少4个OSCin，ST即为斯密特触发器

续表

复位、时钟和电源		
nRSTOUT	O	用于外部设备的复位控制 (nRSTOUT = nRESET & nWDTRST & SW_RESET)
PWREN	O	1.2V/1.3V 内核电源开关控制信号
nBATT_ FLT	I	检测电池状态（在睡眠状态不需要唤醒，以防电池电量少）如果不使用，必须为高电平 VDDOP
OM[3:2]	I	OM[3:2]决定时钟如何产生 当 OM[3:2] = 00，晶振被用于 MPLL CLK 源和 UPLL CLK 源 当 OM[3:2] = 01，晶振被用于 MPLL CLK 源，并且 EXTCLK 被用于 UPLL CLK 源 当 OM[3:2] = 10，晶振只被用于 UPLL CLK 源，并且 EXTCLK 被用于 MPLL CLK 源 当 OM[3:2] = 11，EXTCLK 被用于 MPLL CLK 源和 UPLL CLK 源
EXTCLK	I	外部时钟源 当 OM[3:2] = 11，EXTCLK 被用于 MPLL CLK 源和 UPLL CLK 源 当 OM[3:2] = 10，EXTCLK 只被用于 MPLL CLK 源 当 OM[3:2] = 01，EXTCLK 只被用于 UPLL CLK 源 如果不使用，必须为高电平 VDDOP
Power 电源		
VDDalive	P	2440 复位模块和端口状态寄存器 VDD，不管在正常模式还是睡眠模式，都必须总被供给
VDDiarm	P	2440 内部 arm 内核的内核逻辑 VDD
VDDi	P	2440 内部模块的内核逻辑 VDD
VSSi/VSSiarm	P	2440 内核逻辑地 VSS
VDDi_ MPLL	P	2440 的 MPLL 的模拟和数字 VDD
VSSi_ MPLL	P	2440 的 MPLL 的模拟和数字 VSS
VDDOP	P	2440 的 I/O 端口 VDD（3.3V）
VDDMOP	P	2440 的存储器 I/O VDD 3.3V：SCLK 高达 135MHz 2.5V：SCLK 高达 135MHz 1.8V：SCLK 高达 93MHz
VSSOP	P	2440 I/O 端口的 VSS
RTCVDD	P	RTC 的 VDD（3.0V，输入范围：1.8 ~ 3.6V） 这个引脚必须连接到合适的电源，如果 RTC 不被使用
VDDi_UPLL	P	2440 的 UPLL 模拟和数字 VDD
VSSi_UPLL	P	2440 的 UPLL 模拟和数字 VSS
VDDA_ADC	P	2440 的 ADC 的 VDD（3.3V）
VSSA_ADC	P	2440 的 ADC 的 VSS

6.4 特殊功能寄存器

寄存器的状态决定硬件如何工作，为了使硬件工作于某种状态，可以通过修改寄存器的值来实现。本节将对 S3C2440 的内存控制器、时钟和电源管理寄存器进行介绍。中断寄存器、GPIO 寄存器、NAND Flash 控制寄存器、定时寄存器在第 7 章介绍，其他相关寄存器可参考 S3C2440 用户手册。

6.4.1 存储器控制器

1. 概述

S3C2440 的存储器控制器提供访问外部存储器所需的存储器控制信号。S3C2440 的存储器控制器有以下特性：

（1）大小端（通过软件选择）。

（2）地址空间：每个bank有128MB（总共1GB/8个banks）。

（3）可编程的访问位宽，bank0（16/32bit），其他bank（8/16/32bit）。

（4）共8个存储器banks：

6个是ROM、SRAM等类型存储器bank；

2个是可以作为ROM、SRAM、SDRAM等存储器bank。

（5）7个固定的存储器bank起始地址。

（6）最后一个bank的起始地址可调整。

（7）最后两个bank的大小可编程。

（8）所有存储器bank的访问周期可编程。

（9）总线访问周期可通过插入外部wait来延长。

（10）支持SDRAM自刷新和掉电模式。

2. S3C2440的地址空间

S3C2440对外引出27根地址线ADDR0 - ADDR26，访问范围只有128MB，CPU对外还引出8根片选信号nGCS0 - nGCS7，对应bank0 - bank7，当访问bankx的地址空间时，nGCSx引脚输出低电平来选中外接设备。这样每个128MB空间，共8个片选，对应1GB的地址空间。

S3C2440存储器bank6/7映射地址如表6.2所示，其存储器映射如图6.3所示。

表6.2　bank6/7映射地址

Address	2MB	4MB	8MB	16MB	32MB	64MB	128MB
bank 6							
Start address	0x3000_0000	0x3000_0000	0x3000_0000	0x3000_0000	0x3000_0000	0x3000_0000	0x3000_0000
End address	0x301F_FFFF	0x303F_FFFF	0x307F_FFFF	0x30FF_FFFF	0x31FF_FFFF	0x33FF_FFFF	0x37FF_FFFF
bank 7							
Start address	0x3020_0000	0x3040_0000	0x3080_0000	0x3100_0000	0x3200_0000	0x3400_0000	0x3800_0000
End address	0x303F_FFFF	0x307F_FFFF	0x30FF_FFFF	0x31FF_FFFF	0x33FF_FFFF	0x37FF_FFFF	0x3FFF_FFFF

注意：bank6和bank7必须有相同的存储空间。

图6.3左边是nGCS0片选的Nor Flash启动模式下的存储分配图，右边是Nand Flash启动模式下的存储分配图。S3C2440是32位CPU，可以使用的地址范围理论上达到4GB，除上面连接外设的1GB空间外，还有一部分是CPU内部寄存器的地址，剩下的地址空间没有使用。

3. 存储控制器的特殊寄存器

1）总线宽度与等待控制寄存器

BWSCON中每四位控制一个bank，最高4位对应bank7、接下来4位对应bank6，依次类推。

STx：启动/禁止SDRAM的数据掩码引脚；

WSx：是否使用存储器的WAIT信号；

DWx：设置对应bank的位宽；

0b00对应8位，0b01对应16位，0b10对应32bit，0b11表示保留。

比较特殊的是bank0，它没事ST0和WS0，DW0只读，由硬件跳线决定，0b01表示16bit，0b10表示32bit，bank0只支持16bit和32bit两种位宽。

2）bank控制寄存器bankCONx（x为0～5）；这些寄存器用来控制bank0 - bank5外接设备的访问时序，使用默认0x0700即可。

3）bank控制寄存器bankCONx（x为6～7），MT[16:15]：设置bank外接ROM/SRAM还是SDRAM；00 = ROM/SRAM，01 = 保留，10 = 保留，11 = SDRAM；SCAN[1:0]：设置SDRAM的列地址数。

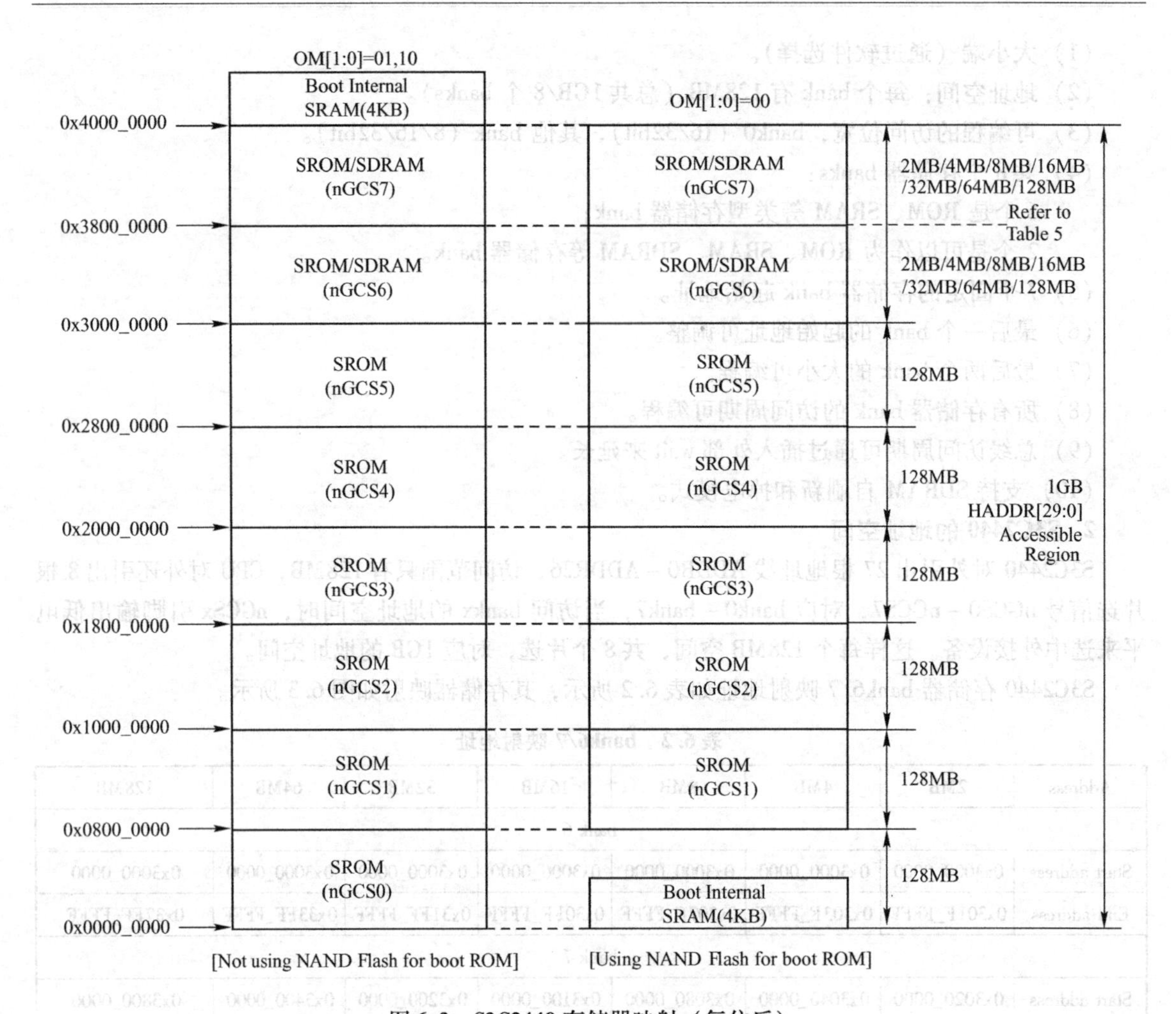

图 6.3 S3C2440 存储器映射（复位后）

4）刷新控制寄存器 REFRESH

REFEN[23]:0 = 禁止 SDRAM 的刷新功能，1 = 开启 SDRAM 的刷新功能；

TREFMD[22]：SDRAM 的刷新模式，0 = CBR/Auto Refresh，1 = SelfRefresh；

Trp[21:20]：设置 SDRAM RAS 预充电时间：00 = 2 clocks，01 = 3clocks，10 = 4clocks，11 = 不支持；

Tsrc[19:18]：设置 SDRAM 半行周期时间：00 = 4clocks，01 = 5clocks，10 = 6clocks，11 = 7clocks；SDRAM 行周期时间 Trc = Tsrc + Trp；

Refresh Counter[10:0]：用于 SDRAM 刷新计数，刷新时间 =（2^11 + 1 − refresh_count）/HCLK，在未使用 PLL 时，HCLK = 晶振频率 12MHz，刷新周期为 7.8125μs。

5）BANKSIZE 寄存器

BURST_EN[7]：0 = ARM 核禁止突发传输，1 = ARM 核支持突发传输；

SCKE_EN[5]：0 = 不使用 SCKE 信号令 SDRAM 进入省电模式，1 = 使用 SCKE 信号令 SDRAM 进入省电模式；

SCLK_EN[4]：0 = 时刻发出 SCLK 信号，1 = 仅在方位 SDRAM 期间发出 SCLK 信号；

BK76MAP[2:0]：设置 bank6/7 的大小，0b010 = 128MB/128MB，0b001 = 64MB/64MB，0b000 = 32MB/32MB，0b111 = 16MB/16MB，0b110 = 8MB/8MB，0b101 = 4MB/4MB，0b100 = 2MB/2MB；

4. SDRAM 模式设置寄存器 MRSRBx（x 为 6 ~ 7），CL[6:4]：0b000 = 1clocks，0b010 = 2clocks，0b011 = 3clocks

6.4.2 时钟与电源管理

1. 时钟源的选择

S3C2440的主时钟由外部晶振或者外部时钟提供，选择后可以生成3种时钟信号，分别是CPU使用的FCLK，AHB总线使用的HCLK和APB总线使用的PCLK。时钟管理模块同时拥有两个锁相环，一个称为MPLL，用于FCLK、HCLK和PCLK；另一个称为UPLL，用于USB设备。对时钟的选择是通过OM［3：2］实现的。

2. 锁相环（PLL）

时钟发生器之中作为一个电路的锁相环MPLL，参考输入信号的频率和相位同步出一个输出信号。在这种应用中，其包含了如图6.4所示的基本模块：用于生成与输入直流电压成比例的输出频率的压控振荡器（VCO）、用于将输入频率（Fin）按p分频的分频器P、用于将VCO输出频率按m分频并输入到相位频率检测器（PFD）中的分频器M、用于将VCO输出频率按s分频成为Mpll（输出频率来自MPLL模块）的分频器S、鉴相器、电荷泵及环路滤波器。输出时钟频率Mpll相关参考输入时钟频率Fin有如下等式：

$$\text{Mpll} = (2 \times m \times \text{Fin})/(p \times 2^s)$$

$$m = M(\text{分频器}\ M\ \text{的值}) + 8,\ p = P(\text{分频器}\ P\ \text{的值}) + 2$$

时钟发生器之中的UPLL在每方面都与MPLL类似。

以下部分描述了PLL的运行，包括鉴相器、电荷泵、环路滤波器和压控振荡器（VCO）。

（1）鉴相器

鉴相器（PFD）检测Fref和Fvco之间的相位差，并在检测到相位差时产生一个控制信号（跟踪信号）。Fref意思为参考频率，如图6.4所示。

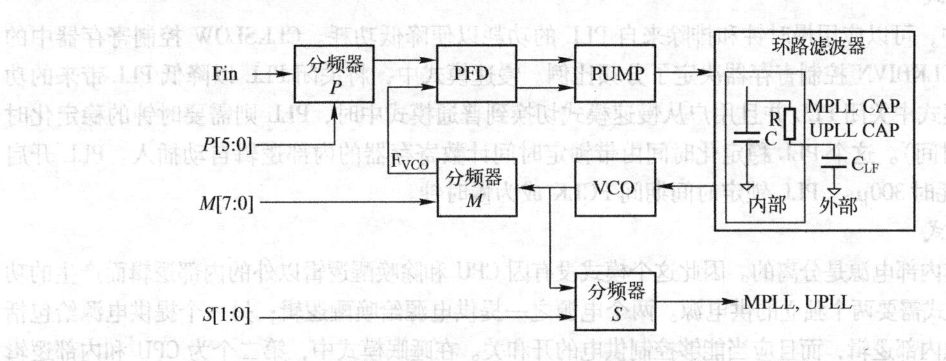

图6.4 PLL（锁相环）框图

（2）电荷泵

电荷泵（PUMP）将PFD控制信号转换为一个按比例变化的电压并通过外部滤波器来驱动VCO。

（3）环路滤波器

PFD产生用于电荷泵的控制信号，在每次Fvco与Fref比较时可能产生很大的偏差（纹波）。为了避免VCO过载，使用低通滤波器采样并且滤除控制信号的高频分量。环路滤波器是一个典型由一个电阻和一个电容组成的单极性RC滤波器。

（4）压控振荡器

VCO工作原理是从环路滤波器的输出电压驱动VCO，引起其振荡频率线性增大或减小，如同均匀变化电压的功能。当Fvco与Fref频率和相位都在限期内相匹配时，PFD停止发送控制信号给电荷泵，并转变为稳定输入电压给环路滤波器。VCO频率保持恒定，PLL则保持固定为系统时钟。

3. 电源管理

S3C2440有四种电源模式，它们之间的转化关系见图6.5。

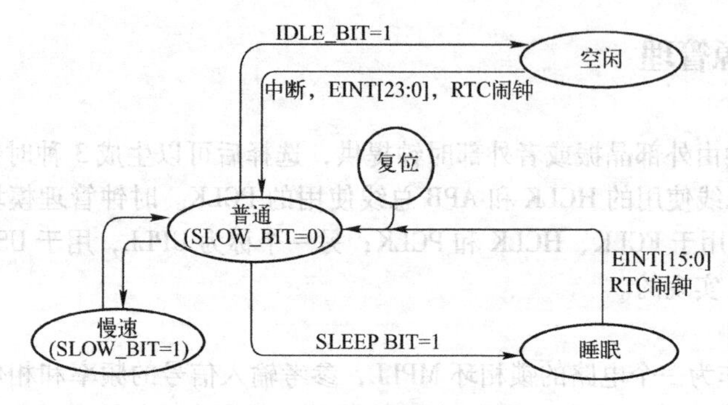

图 6.5　电源管理状态图

1）普通模式

普通模式中，包括电源管理模块、CPU 核心、总线控制器、存储器控制器、中断控制器、DMA 和外部主控在内的所有外设和基本模块完全可以运行。除基本模块外，提供给每个外设的时钟都可以由软件有选择地停止以降低功耗。

2）空闲模式

空闲模式中，停止了除总线控制器、存储器控制器、中断控制器、电源管理模块外的提供给 CPU 核心的时钟。要退出空闲模式，应当激活 EINT[23:0]或 RTC 闹钟中断或其他中断（开启 GPIO 模块前 EINT 不可用）进入空闲模式。

如果置位 CLKCON[2]为 1 时进入空闲模式，S3C2440 将在一些延时后（直到电源控制逻辑收到 CPU 打包的 ACK 信号）进入空闲模式。

3）慢速模式

慢速模式中，可以应用慢时钟和排除来自 PLL 的功耗以便降低功耗。CLKSLOW 控制寄存器中的 SLOW_VAL 和 CLKDIVN 控制寄存器决定了分频比例。慢速模式中，将关闭 PLL 以降低 PLL 带来的功耗。当在慢速模式中关闭 PLL 并且用户从慢速模式切换到普通模式中时，PLL 则需要时钟的稳定化时间（PLL 锁定时间）。这个 PLL 稳定化时间由带锁定时间计数寄存器的内部逻辑自动插入。PLL 开启后 PLL 稳定将耗时 300μs。PLL 锁定时间期间 FCLK 成为慢时钟。

4）睡眠模式

睡眠模块与内部电源是分离的。因此这个模式没有因 CPU 和除唤醒逻辑以外的内部逻辑而产生的功耗。激活睡眠模式需要两个独立的供电源。两个电源之一提供电源给唤醒逻辑；另一个提供电源给包括 CPU 在内的其他内部逻辑，而且应当能够控制供电的开和关。在睡眠模式中，第二个为 CPU 和内部逻辑供电的电源将被关闭。可以由 EINT［15：0］或 RTC 闹铃中断从睡眠模式中唤醒。

4. 时钟和电源管理寄存器

S3C2440 的时钟与电源管理共有 6 个专用寄存器，其基地址均为 0x4C000000。时钟和电源管理寄存器总体说明如表 6.3 所示。

表 6.3　时钟和电源管理寄存器总体说明

寄存器	R/W	描述	初值	偏址
LOCKTIME	R/W	PLL 锁定时间寄存器	0x00FFFFFF	0x00
MPLLCON	R/W	MPLL 配置寄存器	0x0005C080	0x04
UPLLCON	R/W	UPLL 配置寄存器	0x00028080	0x08
CLKCON	R/W	时钟控制寄存器	0x0007FFF0	0x0C
CLKSLOW	R/W	慢时钟控制寄存器	0x00000004	0x10
CLKDIVN	R/W	时钟比控制寄存器	0x00000000	0x14

1）锁定时间计数寄存器

锁定时间计数寄存器（LOCKTIME）相关说明如表 6.4 所示。

表 6.4　锁定时间计数寄存器（LOCKTIME）相关说明

BWSCON	位	描　述	初始状态
U_LTIME	[31:16]	UCLK 的 UPLL 锁定时间计数值（U_LTIME300μs）	0xFFFF
M_LTIME	[15:0]	FCLK、HCLK 和 PCLK 的 UPLL 锁定时间计数值（M_LTIME300μs）	0xFFFF

2）PLL 控制寄存器

PLL 控制寄存器（MPLLCON 和 UPLLCON）相关说明如表 6.5 所示。

表 6.5　PLL 控制寄存器（MPLLCON 和 UPLLCON）相关说明

PLLCON	位	描　述	初始状态
MDIV	[19:12]	主分频器控制	0x96
PDIV	[9:4]	预分频器控制	0x03/0x03
SDIV	[1:0]	后分频器控制	0x0/0x0

注意：当设置 MPLL 和 UPLL 的值时，必须首先设置 UPLL 值再设置 MPLL 值（大约需要 7 个 NOP 的间隔）。

MPLL 控制寄存器：

$$Mpll = (2 \times m \times Fin)/(p \times 2^s)$$

$$m = (MDIV + 8), p = (PDIV + 2), s = SDIV$$

UPLL 控制寄存器：

$$Upll = (m \times Fin)/(p \times 2^s)$$

$$m = (MDIV + 8), p = (PDIV + 2), s = SDIV$$

PLL 值选择向导（MPLLCON）：

（1）$Fout = 2 \times m \times Fin / (p \times 2^s)$，$Fvco = 2 \times m \times Fin/p$，此处：$m = MDIV + 8$，$p = PDIV + 2$，$s = SDIV$

（2）600MHz≤FVCO≤1.2GHz

（3）200MHz≤FCLKOUT≤600MHz

（4）不要设置 p 或 m 的值为0，这是因为设置 $p = 000000$，$m = 00000000$ 将会引起 PLL 的故障。

（5）p 和 m 的合理范围为：$1 \leq P \leq 62$，$1 \leq M \leq 248$。

3）时钟控制寄存器

时钟控制寄存器（CLKCON）相关说明如表 6.6 所示。

表 6.6　时钟控制寄存器（CLKCON）相关说明

CLKCON	位	描　述	初始状态
AC97	[20]	控制进入 AC'97 模块的 PCLK 0 = 禁止，1 = 使能	1
Camera	[19]	控制进入摄像头模块的 HCLK 0 = 禁止，1 = 使能	1
SPI	[18]	控制进入 SPI 模块的 PCLK 0 = 禁止，1 = 使能	1
IIS	[17]	控制进入 IIS 模块的 PCLK 0 = 禁止，1 = 使能	1
IIC	[16]	控制进入 IIC 模块的 PCLK 0 = 禁止，1 = 使能	1
ADC（&Touch Screen）	[15]	控制进入 ADC 模块的 PCLK 0 = 禁止，1 = 使能	1
RTC	[14]	控制进入 RTC 模块的 PCLK。即使此位清除为 0，RTC 定时器也活动 0 = 禁止，1 = 使能	1

续表

CLKCON	位	描　述	初始状态
GPIO	[13]	控制进入 GPIO 模块的 PCLK 0 = 禁止，1 = 使能	1
UART2	[12]	控制进入 UART2 模块的 PCLK 0 = 禁止，1 = 使能	1
UART1	[11]	控制进入 UART1 模块的 PCLK 0 = 禁止，1 = 使能	1
UART0	[10]	控制进入 UART0 模块的 PCLK 0 = 禁止，1 = 使能	1
SDI	[9]	控制进入 SDI 模块的 PCLK 0 = 禁止，1 = 使能	1
PWM TIMER	[8]	控制进入 PWM 定时器模块的 PCLK 0 = 禁止，1 = 使能	1
USB device	[7]	控制进入 USB 设备模块的 PCLK 0 = 禁止，1 = 使能	1
USB host	[6]	控制进入 USB 主机模块的 HCLK 0 = 禁止，1 = 使能	1
LCDC	[5]	控制进入 LCDC 模块的 HCLK 0 = 禁止，1 = 使能	1
NAND Flash Controller	[4]	控制进入 NAND Flash 控制器模块的 HCLK 0 = 禁止，1 = 使能	1
SLEEP	[3]	控制 S3C2440 的睡眠模式 0 = 禁止，1 = 转换到空闲模式	0
IDLE BIT	[2]	进入空闲模式，此位不会自动清零 0 = 禁止，1 = 转换到睡眠模式	0
保留	[1:0]	保留	0

4）时钟慢速控制寄存器

时钟慢速控制寄存器（CLKSLOW）相关说明如表 6.7 所示。

表 6.7　时钟慢速控制寄存器（CLKSLOW）相关说明

CLKSLOW	位	描　述	初始状态
UCLK_ON	[7]	0：开启 UCLK（同时开启 UPLL 并自动插入 UPLL 锁定时间） 1：关闭 UCLK（同时关闭 UPLL）	0
保留	[6]	保留	—
MPLL_OFF	[5]	0：开启 PLL 在 PLL 稳定化时间（至少 300μs）后，可以清除 SLOW_BIT 为 0 1：关闭 PLL 只有当 SLOW_BIT 为 1 时才关闭 PLL	0
SLOW_BIT	[4]	0：FCLK = Mpll（MPLL 输出） 1：慢速模式 SLOW_BIT [4] FCLK = 输入时钟 / (2 × SLOW_VAL)，当 SLOW_VAL > 0 FCLK = 输入时钟，当 SLOW_VAL = 0 输入时钟 = XTIpll 或 EXTCLK	0
保留	[3]	保留	—
SLOW_VAL	[2:0]	当 SLOW_BIT 开启时慢时钟的分频器	0x4

5）时钟分频控制寄存器

时钟分频控制寄存器（CLKDIVN）相关说明如表 6.8 所示。

表6.8 时钟分频控制寄存器（CLKDIVN）相关说明

CLKDIVN	位	描　述	初始状态
DIVN_UPLL	[3]	UCLK 选择寄存器（UCLK 必须是48MHz 给 USB） 0：UCLK = UPLL 时钟，1：UCLK = UPLL 时钟/2 当 UPLL 时钟被设置为48MHz 时，设置为0 当 UPLL 时钟被设置为96MHz 时，设置为1	0
HDIVN	[2:1]	00:HCLK = FCLK/1 01:HCLK = FCLK/2 10:HCLK = FCLK/4，当 CAMDIVN[9] =0 时 HCLK = FCLK/8，当 CAMDIVN[9] =1 时 11:HCLK = FCLK/3，当 CAMDIVN[8] =0 时 HCLK = FCLK/6，当 CAMDIVN[8] =1 时	00
PDIVN	[0]	0：PCLK 是和 HCLK/1 相同的时钟 1：PCLK 是和 HCLK/2 相同的时钟	0

6）摄像头时钟分频寄存器

摄像头时钟分频寄存器（CAMDIVN）相关说明如表6.9所示。

表6.9 摄像头时钟分频寄存器（CAMDIVN）相关说明

CAMDIVN	位	描　述	初始状态
DVS_EN	[12]	0：关闭 DVS ARM 内核将正常运行在 FCLK（MPLL 输出） 1：开启 DVS ARM 内核将运行在与系统时钟的时钟 HCLK	0
保留	[11]	保留	0
保留	[10]	保留	0
HCLK4_HALF	[9]	当 CLKDIVN[2:1] =10b 时 HDIVN 分频率改变位 0：HCLK = FCLK/4，1：HCLK = FCLK/8 参考 CLKDIV 寄存器	0
HCLK3_HALF	[8]	当 CLKDIVN[2:1] =11b 时 HDIVN 分频率改变位 0：HCLK = FCLK/3，1：HCLK = FCLK/6 参考 CLKDIV 寄存器	0
CAMCLK_SEL	[4]	0：使用 UPLL 输出作为 CAMCLK（CAMCLK = UPLL 输出） 1：CAMCLK_DIV 的值分频得到 CAMCLK	0
CAMCLK_DIV	[3:0]	CAMCLK 分频因子设置寄存器（0～15） 摄像头时钟 = UPLL/(CAMCLK_DIV +1) ×2 此位在 CAMCLK_SEL =1 时有效	0

6.5 系统的硬件选型与单元电路设计

6.5.1 电源电路设计

在设计系统电源电路之前对 S3C2440 的电源进行分析：VDDalive 引脚给处理器复位模块和端口寄存器提供1.8V 电压。VDDi 和 VDDiarm 为处理器内核提供1.2V 电压。VDDi_MPLL 为 MPLL 提供1.2V 模拟电源和数字电源。VDDi_UPLL 为 UPLL 提供1.2V 模拟电源和数字电源。VDDOP 和 VDDMOP 分别为处理器端口和处理器存储器端口提供3.3V 电压。VDDA_ADC 为处理器内的 ADC 系统提供3.3V 电压。VDDRTC 为时钟电路提供3.3V 电压。该电压在系统掉电后仍需要维持。

由此可见，在该系统中，需要使用3.3V、1.8V、1.2V 的直流稳压电源。为简化系统电源电路的设计，需要整个系统的输入电压为高质量的5V 直流稳压电源，如图6.6所示。

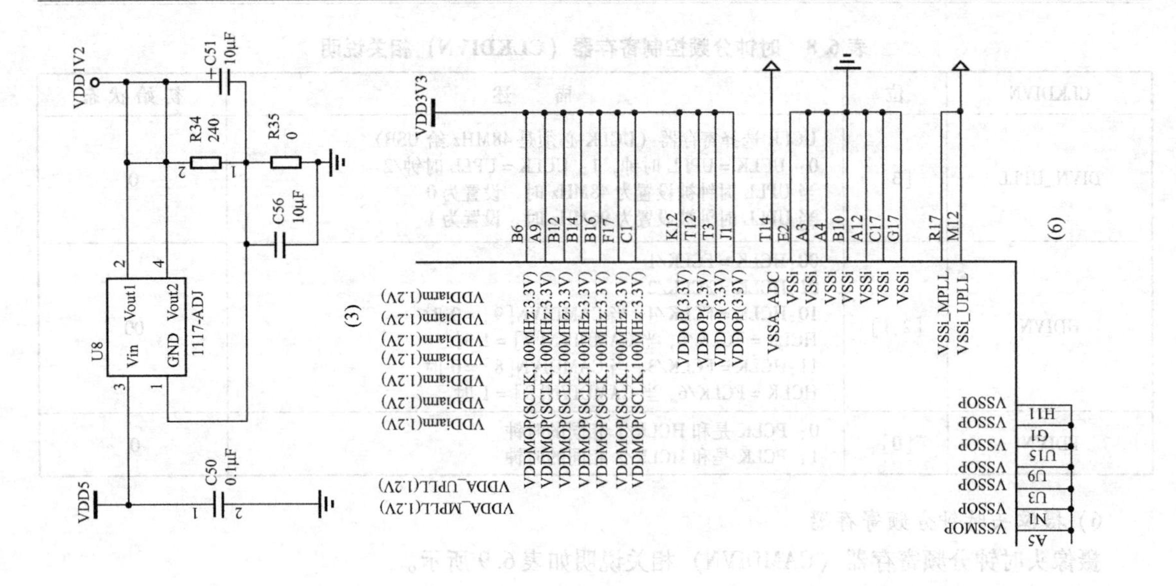
VDD1V2
C51
10μF
R34
240
R35
0
C56
10μF
U8
Vin
GND
Vout1
Vout2
1117-ADJ
VDD5
C50
0.1μF
VDD3V3
(3)
(6)
VDDiarm(1.2V)
VDDA_UPLL(1.2V)
VDDA_MPLL(1.2V)
VDDMOP(SCLK,100MHz:3.3V)
VDDOP(3.3V)
VSSA_ADC
VSSi
VSSi_MPLL
VSSi_UPLL
VSSOP
VSSMOP
R17
M12

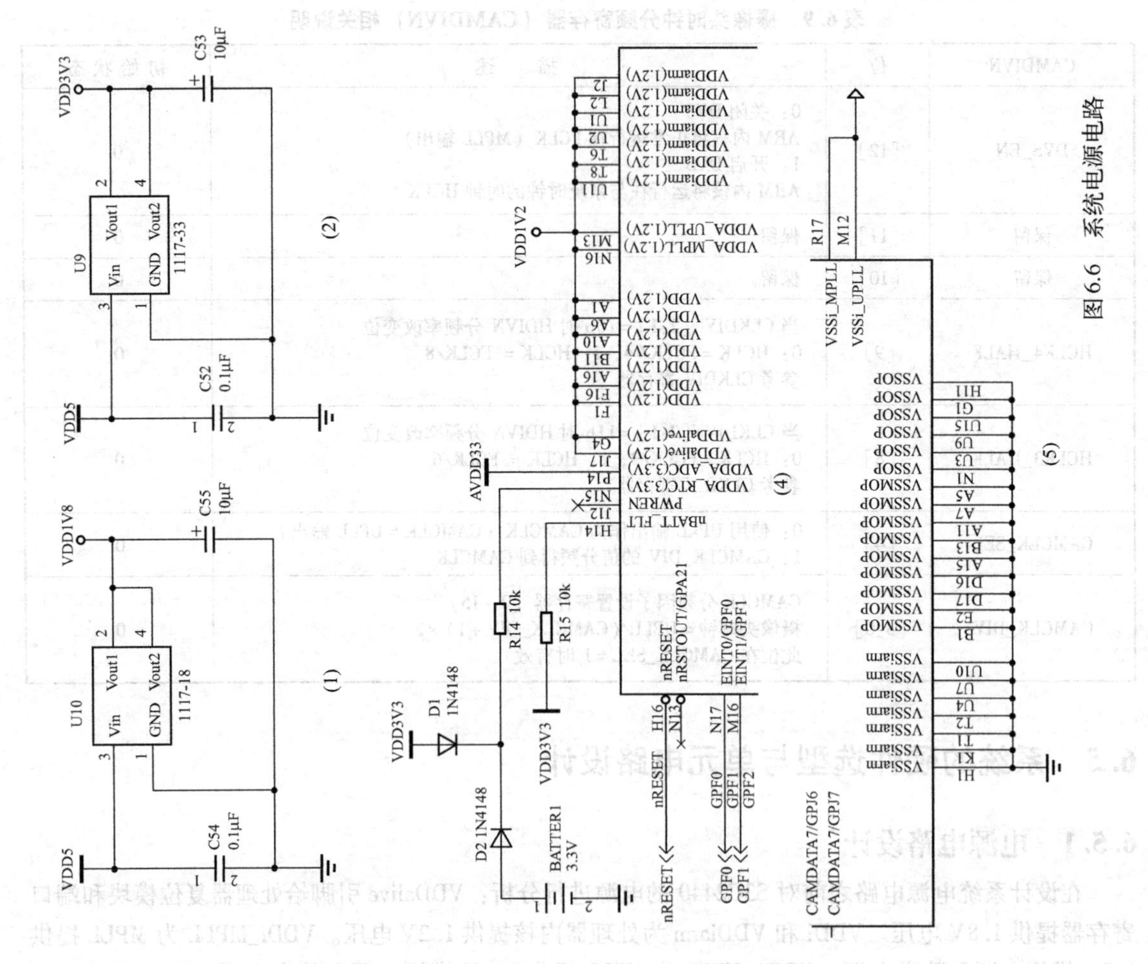
VDD3V3
C53
10μF
U9
1117-33
C52
0.1μF
VDD5
(2)
VDD1V8
C55
10μF
U10
1117-18
C54
0.1μF
(1)
D1
1N4148
D2 1N4148
R14 10k
R15 10k
BATTER1
3.3V
AVDD33
VDD1V2
nRESET
nRSTOUT/GPA21
EINT0/GPF0
EINT1/GPF1
GPF0
GPF1
GPF2
PWREN
nBATT_FLT
VDDA_RTC(3.3V)
VDDA_ADC(3.3V)
VDDalive(1.2V)
VDDi(1.2V)
VDDiarm(1.2V)
VDDA_MPLL(1.2V)
VDDA_UPLL(1.2V)
(4)
VSSi_MPLL
VSSi_UPLL
R17
M12
CAMDATA7/GPJ6
CAMDATA7/GPJ7
VSSiarm
VSSMOP
VSSOP
(5)

图 6.6　系统电源电路

6.5.2 晶振电路设计

S3C2440微处理器的主时钟可以由外部时钟源提供，也可以由外部振荡器提供，如图6.7所示，采用哪种方式通过引脚OM[3:2]来进行选择。

OM[3:2]=00时，MPLL和UPLL的时钟均选择外部振荡器，如图6.7（a）所示：

OM[3:2]=01时，MPLL的时钟选择外部振荡器，UPLL选择外部时钟源；

OM[3:2]=10时，MPLL的时钟选择外部时钟源，UPLL选择外部振荡器；

OM[3:2]=11时，MPLL和UPLL的时钟均选择外部时钟源，如图6.7（b）所示。

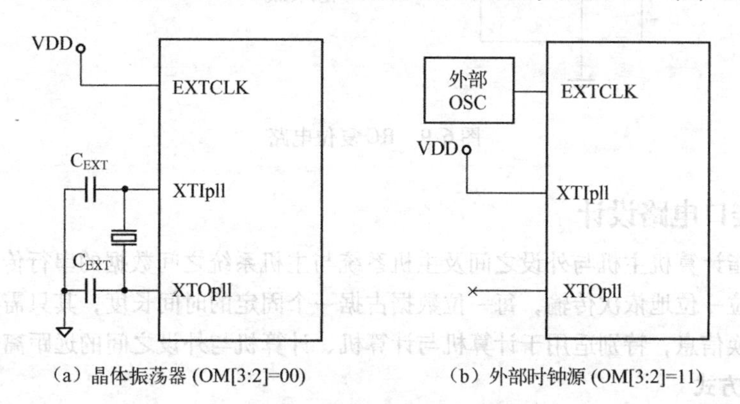

图6.7 主振荡电路实例

该系统中晶振时钟电路如图6.8所示，选择OM[3:2]均接地的方式，即采用外部振荡器提供系统时钟。外部振荡器由12MHz晶振和2个15pF的微调电容组成。振荡电路输出接到S3C2440微处理器的XTIpll引脚，输入由XTOpll提供，系统所需的RTC时钟采用相同的方式。

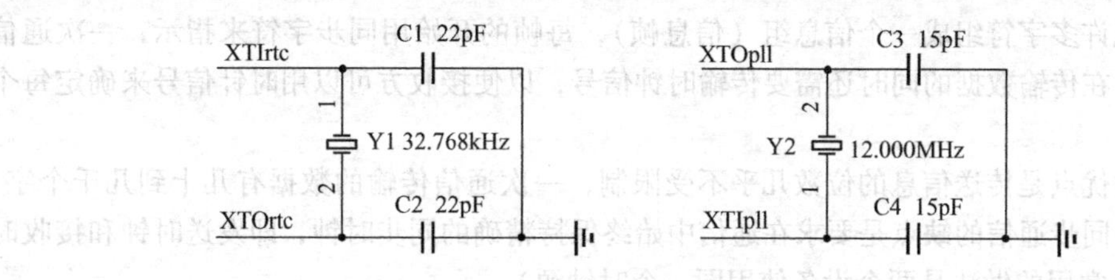

图6.8 系统晶振时钟电路

6.5.3 复位电路设计

在系统中，复位电路主要完成系统的上电复位和系统在运行时用户的按键复位功能。复位功能可由简单的RC电路构成，也可以使用其他相对较复杂，但功能更完善的电路。

本系统复位电路如图6.9所示，它采用较简单的RC复位电路，经使用证明其复位逻辑是可靠的。该复位电路的工作原理如下：在系统上电时，通过电阻R20向电路C42充电，当C42两端的电压未达到高电平的门限电压时，RESET端输出为高电平，系统处于复位状态；当C42两端的电压达到高电平的门限电压时，RESET端输出低电平，系统进入正常工作状态。

当用户按下按钮S1时，C42两端的电荷被放掉，RESET端输出为高电平，系统进入复位状态，再重复以上的充电过程，系统进入正常工作状态。

由于两输入与非门74LV1G00的作用，nRESET端输出状态与RESET端相反，用于低电平复位的器件，通过调整R20和C42的参数，可调整复位状态时间。

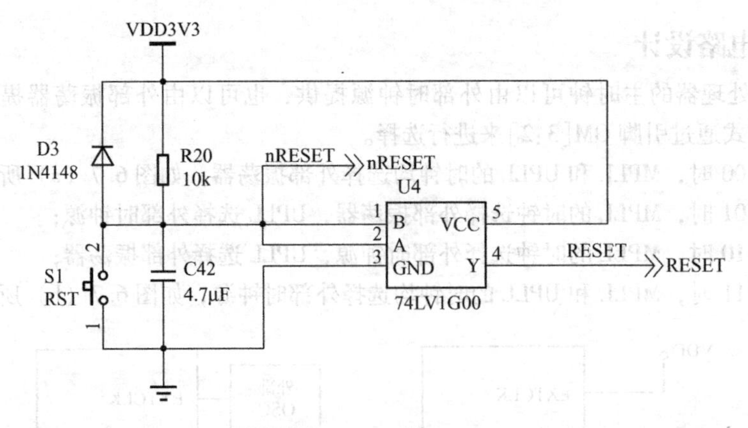

图 6.9　RC 复位电路

6.5.4　串行接口电路设计

串行通信是指计算机主机与外设之间及主机系统与主机系统之间数据的串行传送。使用一条数据线，将数据一位一位地依次传输，每一位数据占据一个固定的时间长度，其只需要少数几条线就可以在系统间交换信息，特别适用于计算机与计算机、计算机与外设之间的远距离通信。

1. 串行通信方式

常用的两种基本串行通信方式包括同步通信和异步通信。

1）串行同步通信

同步通信（SYNChronous data communication，SYNC）是指在约定的通信速率下，发送端和接收端的时钟信号频率和相位始终保持一致（同步），这样就保证了通信双方在发送和接收数据时具有完全一致的定时关系。

同步通信把许多字符组成一个信息组（信息帧），每帧的开始用同步字符来指示，一次通信只传送一帧信息。在传输数据的同时还需要传输时钟信号，以便接收方可以用时针信号来确定每个信息位。

同步通信的优点是传送信息的位数几乎不受限制，一次通信传输的数据有几十到几千个字节，通信效率较高。同步通信的缺点是要求在通信中始终保持精确的同步时钟，即发送时钟和接收时钟要严格的同步（常用的做法是两个设备使用同一个时钟源）。

2）串行异步通信

异步通信（ASYNChronous data communication，ASYNC），又称为起止式异步通信，是以字符为单位进行传输的，字符之间没有固定的时间间隔要求，而每个字符中的各位则以固定的时间传送。

在异步通信中，收发双方取得同步是通过在字符格式中设置起始位和停止位的方法来实现的。具体来说就是，在一个有效字符正式发送之前，发送器先发送一个起始位，然后发送有效字符位，在字符结束时再发送一个停止位，起始位至停止位构成一帧。停止位至下一个起始位之间是不定长的空闲位，并且规定起始位为低电平（逻辑值为0），停止位和空闲位都是高电平（逻辑值为1），这样就保证了起始位开始处一定会有一个下跳沿，由此就可以标示一个字符传输的起始。而根据起始位和停止位也就很容易地实现了字符的界定和同步。

显然，采用异步通信时，发送端和接收端可以由各自的时钟来控制数据的发送和接收，这两个时钟源彼此独立，可以互不同步。

2. 串口接头

常用的串口接头有两种，一种是9针串口（简称 DB-9），一种是25针串口（简称 DB-25）。

每种接头都有公头和母头之分，其中带针状的接头是公头，而带孔状的接头是母头。DB－9 的外观如图 6.10 所示。

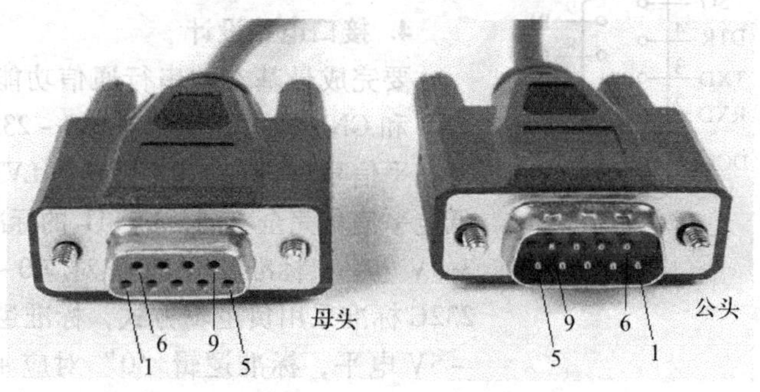

图 6.10　DB－9 外观图

由图 6.10 可以看出，在 9 针串口接头中，公头和母头的引脚定义顺序是不一样，这一点需要特别注意。那么，这些引脚都有什么作用呢？9 针串口和 25 针串口常用引脚的功能说明如表 6.10 所示。

表 6.10　9 针串口和 25 针串口常用引脚功能说明

9 针 RS－232 串口（DB9）			25 针 RS－232 串口（DB25）		
引脚	简写	功能说明	引脚	简写	功能说明
1	CD	载波侦测（Carrier Detect）	8	CD	载波侦测（Carrier Detect）
2	RXD	接收数据（Receive）	3	RXD	接收数据（Receive）
3	TXD	发送数据（Transmit）	2	TXD	发送数据（Transmit）
4	DTR	数据终端准备（Data Terminal Ready）	20	DTR	数据终端准备（Data Terminal Ready）
5	GND	地线（Ground）	7	GND	地线（Ground）
6	DSR	数据准备好（Data Set Ready）	6	DSR	数据准备好（Data Set Ready）
7	RTS	请求发送（Request To Send）	4	RTS	请求发送（Request To Send）
8	CTS	清除发送（Clear To Send）	5	CTS	清除发送（Clear To Send）
9	RI	振铃指示（Ring Indicator）	22	RI	振铃指示（Ring Indicator）

3. RS－232C 标准

常用的串行通信接口标准有 RS－232C、RS－422、RS－423 和 RS－485。其中，RS－232C 作为串行通信接口的电气标准定义了数据终端（Data Terminal Equipment，DTE）和数据通信设备（Data Communication Equipment，DCE）间按位串行传输的接口信息，合理安排了接口的电气信号和机械要求，在世界范围内得到了广泛的应用。

1）电气特性

RS－232C 对电器特性、逻辑电平和各种信号功能都做了规定：在 TXD 和 RXD 数据线上，逻辑 1 为 －15 ~ －3V 的电压，逻辑 0 为 3 ~ 15V 的电压。在 RTS、CTS、DSR、DTR 和 DCD 等控制线上，信号有效（ON 状态）为 3 ~ 15V 的电压，信号无效（OFF 状态）为 －15 ~ －3V 的电压。

由此可见，RS－232C 是用正负电压来表示逻辑状态，与晶体管－晶体管逻辑集成电路（TTL）以高低电平表示逻辑状态的规定正好相反。

2）信号线分配

RS－232C 标准接口有 25 条线，其中，4 条数据线、11 条控制线、3 条定时线及 7 条备用和未定义线。9 针串口和 25 针串口信号线分配如图 6.11 所示。

4. 接口电路设计

要完成最基本的串行通信功能，实际上只需 RXD、TXD 和 GND 即可，但由于 RS - 232C 标准所定义的高、低电平信号与 S3C2440X 系统的 LVTTL 电路所定义的高、低电平信号完全不同，LVTTL 的标准逻辑“1”对应 2 ~ 3.3V 电平，标准逻辑“0”对应 0 ~ 0.4V 电平。而 RS - 232C 标准采用负逻辑方式，标准逻辑“1”对应 - 15 ~ - 5V 电平，标准逻辑“0”对应 + 5 ~ + 15V 电平。显然，两者间要进行通信必须经过信号电平的转换，目前常使用的电平转换电路为 MAX232。

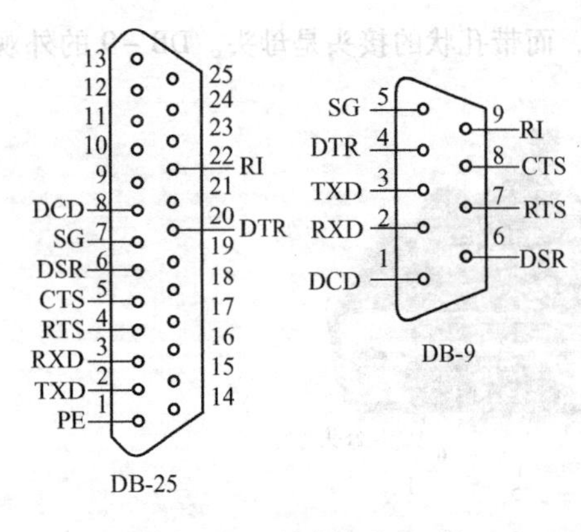

图 6.11 9 针串口和 25 针串口信号线分配示意图

S3C2440 所采用的 MAX232 接口电路如图 6.12 所示，该系统只设计了一路与 UART0 相连的 RS - 232C 接口电路，通过 9 芯的 D 型插头与外设可方便的连接，同时设计了数据发送与接收的状态指示 LED，当有数据通过串行口传输时 LED 闪烁，便于用户掌握其工作状态，以及进行软/硬件设计。

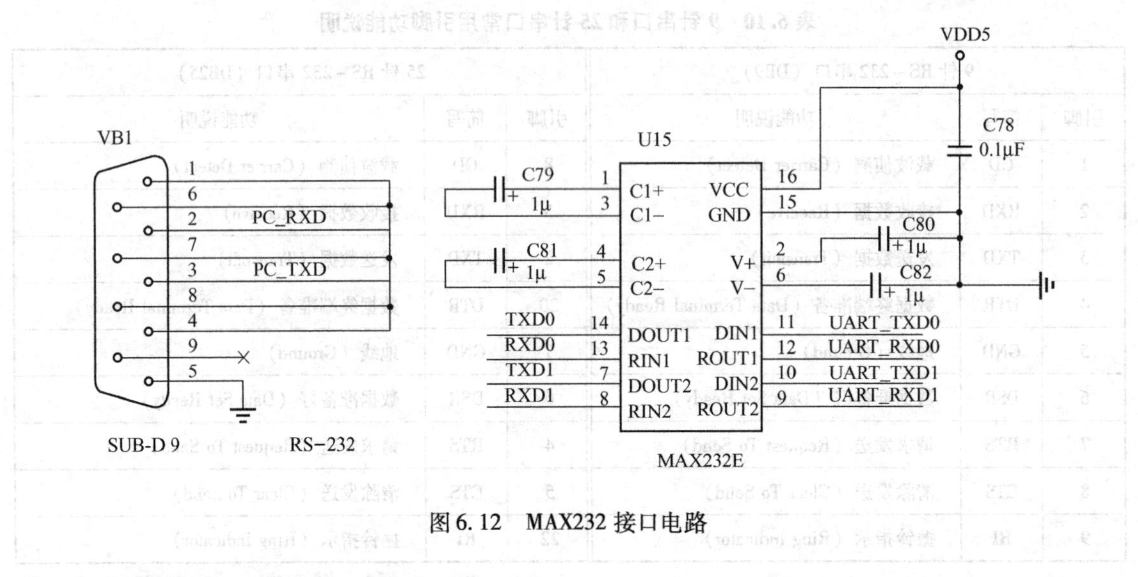

图 6.12 MAX232 接口电路

6.5.5 JTAG 调试接口电路设计

联合测试工作组（Joint Test Action Group，JTAG）是一种国际标准测试协议（IEEE 1149.1 兼容），主要用于芯片内部测试。现在多数的高级器件都支持 JTAG 协议，如 ARM、DSP、FPGA 器件等。标准的 JTAG 接口是 4 线：TMS、TCK、TDI、TDO，分别为模式选择、时钟、数据输入和数据输出线。

具有 JTAG 口的芯片都有如下 JTAG 引脚定义：

TCK——测试时钟输入；

TDI——测试数据输入，数据通过 TDI 输入 JTAG 口；

TDO——测试数据输出，数据通过 TDO 从 JTAG 口输出；

TMS——测试模式选择，TMS 用来设置 JTAG 口处于某种特定的测试模式。

可选引脚 TRST——测试复位，输入引脚，低电平有效。

1. JTAG 基本原理介绍

JTAG 最初是用来对芯片进行测试的，JTAG 的基本原理是在器件内部定义一个测试访问口（Test Access Port，TAP），通过专用的 JTAG 测试工具对内部节点进行测试。JTAG 测试允许多个器件通过

JTAG接口串联在一起，形成一个JTAG链，能实现对各个器件分别测试。如今，JTAG接口还常用于实现在系统编程（In－System Programmer，ISP），对Flash等器件进行编程。

JTAG编程方式是在线编程，传统生产流程中先对芯片进行预编程然后再装到板上，简化的流程为先固定器件到电路板上，再用JTAG编程，从而大大加快工程进度。JTAG接口可对ARM芯片内部的所有部件进行编程。

JTAG主要应用于电路的边界扫描测试和可编程芯片的在线系统编程、调试。

1）边界扫描

边界扫描技术的基本思想是在靠近芯片的输入/输出引脚上增加一个移位寄存器单元。因为这些移位寄存器单元都分布在芯片的边界上（周围），所以被称为边界扫描寄存器（Boundary－Scan Register Cell）。当芯片处于调试状态的时候，这些边界扫描寄存器可以将芯片和外围的输入/输出隔离开来。通过这些边界扫描寄存器单元，可以实现对芯片输入/输出信号的观察和控制。对于芯片的输入引脚，可以通过与之相连的边界扫描寄存器单元把信号（数据）加载到该引脚中去；对于芯片的输出引脚，也可以通过与之相连的边界扫描寄存器"捕获"（CAPTURE）该引脚上的输出信号。在正常的运行状态下，这些边界扫描寄存器对芯片来说是透明的，所以正常的运行不会受到任何影响。这样，边界扫描寄存器提供了一个便捷的方式用以观测和控制所需要调试的芯片。另外，芯片输入/输出引脚上的边界扫描（移位）寄存器单元可以相互连接起来，在芯片的周围形成一个边界扫描链（Boundary－Scan Chain）。一般的芯片都会提供几条独立的边界扫描链，用来实现完整的测试功能。边界扫描链可以串行进行输入和输出，通过相应的时钟信号和控制信号，就可以方便地观察和控制处在调试状态下的芯片。

利用边界扫描链可以实现对芯片的输入/输出进行观察和控制。下一个问题是：如何来管理和使用这些边界扫描链？对边界扫描链的控制主要是通过TAP（Test Access Port）Controller来完成的。

2）TAP状态机的工作原理

在前面，已经简单介绍了边界扫描链，而且也了解了一般的芯片都会提供几条边界扫描链，用来实现完整的测试功能。下面，将逐步介绍如何实现扫描链的控制和访问。

在IEEE 1149.1标准里面，寄存器被分为两大类：数据寄存器（Data Register，DR）和指令寄存器（Instruction Register，IR）。边界扫描链属于数据寄存器中很重要的一种。边界扫描链用来实现对芯片的输入/输出的观察和控制。而指令寄存器用来实现对数据寄存器的控制。例如，在芯片提供的所有边界扫描链中，选择一条指定的边界扫描链作为当前的目标扫描链，并作为访问对象。

下面，从TAP（Test Access Port）开始讲解。

TAP是一个通用的端口，通过TAP可以访问芯片提供的所有数据寄存器（DR）和指令寄存器（IR）。对整个TAP的控制是通过TAP Controller来完成的。事实上，通过TAP接口，对数据寄存器（DR）进行访问的一般过程是：

（1）通过指令寄存器（IR），选定一个需要访问的数据寄存器（所谓指令就是规定选择哪个数据寄存器）；

（2）把选定的数据寄存器连接到TDI和TDO之间；

（3）由TCK驱动，通过TDI，把需要的数据输入到选定的数据寄存器当中去；同时把选定的数据寄存器中的数据通过TDO读出来。

接下来，再了解一下TAP状态机，TAP状态机如图6.13所示。

在图6.13中，总共有16个状态，每个圆形表示一个状态，圆形中标有该状态的名称和标示代码。图中的箭头表示了TAP Controller内部所有可能的状态转换流程。状态的转换是由TMS控制的，所以在每个箭头上有标有TMS＝0或者TMS＝1。在TCK的驱动下，从当前状态到下一个状态的转换是由TMS信号决定。假设TAP Controller的当前状态为Select－DR－Scan，在TCK的驱动下，如果TMS＝0，TAP Controller进入Capture－DR状态；如果TMS＝1，TAP Controller进入Select－IR－Scan状态。这个

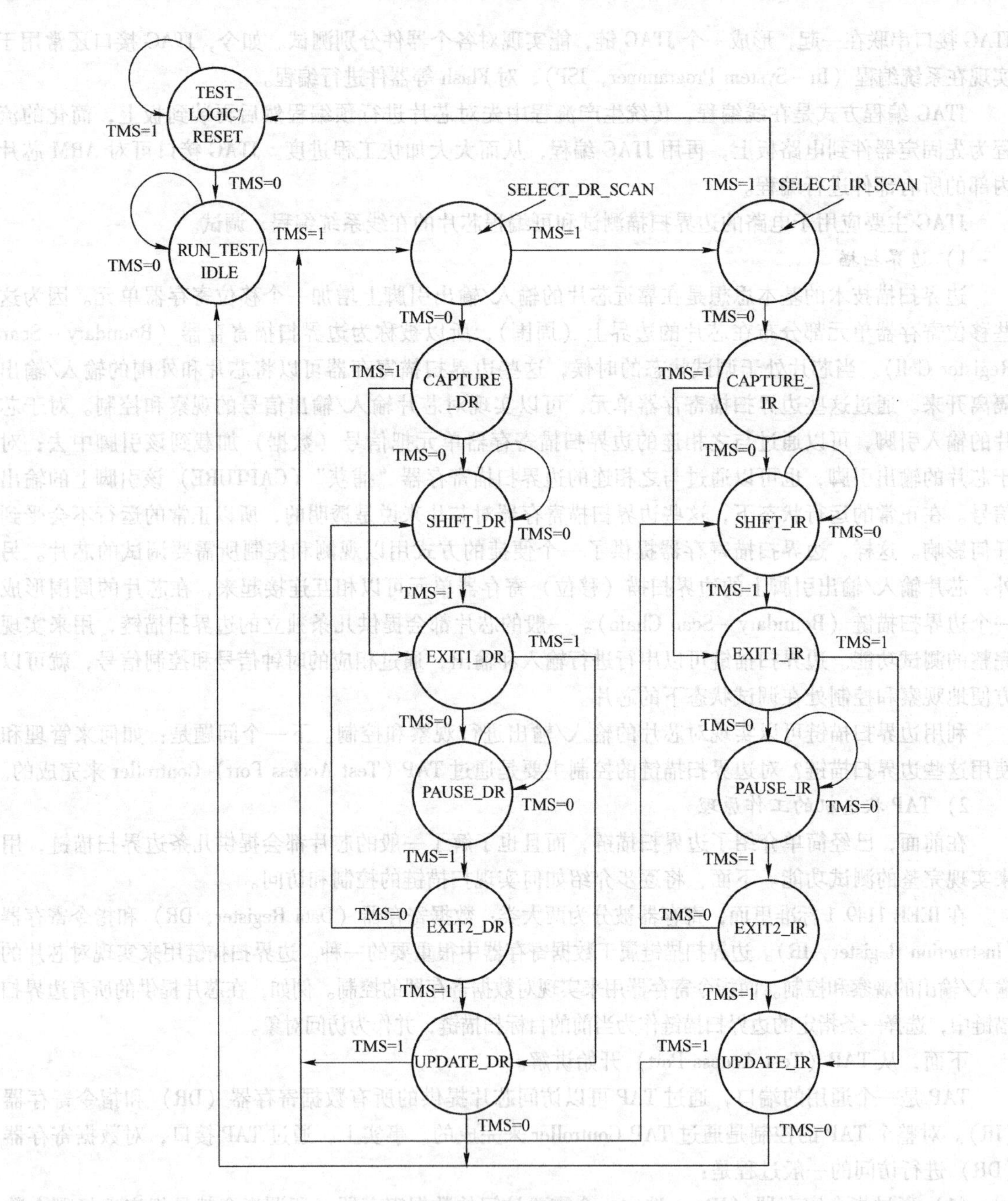

图 6.13　TAP 状态机

状态机看似很复杂，其实理解以后会发现这个状态机其实很直接、很简单。观察图 6.13 可以发现，除了 Test – Logic Reset 和 Test – Run/Idle 状态外，其他的状态有些类似。例如，Select – DR – Scan 和 Select – IR – Scan 对应，Capture – DR 和 Capture – IR 对应，Shift – DR 和 Shift – IR 对应，等等。在这些对应的状态中，DR 表示 Data Register，IR 表示 Instruction Register。记得前面说过寄存器分为两大类，数据寄存器和指令寄存器。其实标志有 DR 的这些状态是用来访问数据寄存器的，而标示有 IR 的这些状态是用来访问指令寄存器的。在详细描述整个状态机中的每一个状态之前，首先来想一想：要通过边界扫描链来观察和控制芯片的输入和输出，需要做些什么？如果需要捕获芯片某个引脚上的输出，首先需要把该引脚上的输出装载到边界扫描链的寄存器单元里去，然后通过 TDO 输出，这样就可以从 TDO 上得到相应引脚上的输出信号。如果要在芯片的某个引脚上加载一个特定的信号，则首先需要通过TDI把期望的信号移位到与相应引脚相连的边界扫描链的寄存器单元里去，然后把该寄存器单元的值加载到相应的芯片引脚。下面，就来看看每个状态具体表示什么意思？完成什么功能？

① Test - Logic Reset

系统上电后，TAP Controller自动进入Test - Logic Reset状态。在该状态下，测试部分的逻辑电路全部被禁用，以保证芯片核心逻辑电路的正常工作。在TMS上连续加5个TCK脉冲宽度的“1”信号也可以对测试逻辑电路进行复位，使得TAP Controller进入Test - Logic Reset状态。在该状态下，如果TMS一直保持为“1”，TAP Controller将保持在Test - Logic Reset状态下；如果TMS由“1”变为“0”（在TCK的上升沿触发），将使TAP Controller进入Run - Test/Idle状态。

② Run - Test/Idle

Ron - Test/Idle是TAP Controller在不同操作间的一个中间状态。这个状态下的动作取决于当前指令寄存器中的指令。有些指令会在该状态下执行一定的操作，而有些指令在该状态下不需要执行任何操作。在该状态下，如果TMS一直保持为“0”，TAP Controller将一直保持在Run - Test/Idle状态下；如果TMS由“0”变为“1”（在TCK的上升沿触发），将使TAP Controller进入Select - DR - Scan状态。

③ Select - DR - Scan

Select - DR - Scan是一个临时的中间状态，如果TMS为“0”（在TCK的上升沿触发），TAP Controller进入Capture - DR状态，后续的系列动作都将以数据寄存器作为操作对象；如果TMS为“1”（在TCK的上升沿触发），TAP Controller进入Select - IR - Scan状态。

④ Capture - DR

当TAP Controller在Capture - DR状态中，在TCK的上升沿，芯片输出引脚上的信号将被“捕获”到与之对应的数据寄存器的各个单元中去。如果TMS为“0”（在TCK的上升沿触发），TAP Controller进入Shift - DR状态；如果TMS为“1”（在TCK的上升沿触发），TAP Controller进入Exit1 - DR状态。

⑤ Shift - DR

在Shift - DR状态中，由TCK驱动，每一个时钟周期，被连接在TDI和TDO之间的数据寄存器将从TDI接收一位数据，同时通过TDO输出一位数据。如果TMS为“0”（在TCK的上升沿触发），TAP Controller保持在Shift - DR状态；如果TMS为“1”（在TCK的上升沿触发），TAP Controller进入到Exit1 - DR状态。假设当前的数据寄存器的长度为4。如果TMS保持为0，那在4个TCK时钟周期后，该数据寄存器中原来的4位数据（一般是在Capture - DR状态中捕获的数据）将从TDO输出；同时该数据寄存器中的每个寄存器单元中将分别获得从TDI输入的4位新数据。

⑥ Update - DR

在Update - DR状态下，由TCK上升沿驱动，数据寄存器当中的数据将被加载到相应的芯片引脚上去，用以驱动芯片。在该状态下，如果TMS为“0”，TAP Controller将回到Run - Test/Idle状态；如果TMS为“1”，TAP Controller将进入Select - DR - Scan状态。

⑦ Select - IR - Scan

Select - IR - Scan是一个临时的中间状态，如果TMS为“0”（在TCK的上升沿触发），TAP Controller进入Capture - IR状态，后续的系列动作都将以指令寄存器作为操作对象；如果TMS为“1”（在TCK的上升沿触发），TAP Controller进入Test - Logic Reset状态。

⑧ Capture - IR

当TAP Controller在Capture - IR状态中，在TCK的上升沿，一个特定的逻辑序列将被装载到指令寄存器中去。如果TMS为“0”（在TCK的上升沿触发），TAP Controller进入Shift - IR状态；如果TMS为“1”（在TCK的上升沿触发），TAP Controller进入Exit1 - IR状态。

⑨ Shift - IR

在Shift - IR状态中，由TCK驱动，每一个时钟周期，被连接在TDI和TDO之间的指令寄存器将从TDI接收一位数据，同时通过TDO输出一位数据。如果TMS为“0”（在TCK的上升沿触发），TAP Controller 保持在 Shift - IR 状态；如果 TMS 为“1”（在 TCK 的上升沿触发），TAP Controller 进入到 Exit1 - IR 状态。假设指令寄存器的长度为4。如果 TMS 保持为0，那在4 个 TCK 时钟周期后，指令寄存器中原来的 4bit 长的特定逻辑序列（在 Capture - IR 状态中捕获的特定逻辑序列）将从 TDO 输出，该特定的逻辑序列可以用来判断操作是否正确；同时指令寄存器将获得从 TDI 输入的一个 4bit 长的新指令。

⑩ Update - IR

在 Update - IR 状态中，在 Shift - IR 状态下输入的新指令将被用来更新指令寄存器。

下面，先看看指令寄存器和数据寄存器访问的一般过程，以便建立一个直观的概念。

（1）系统上电，TAP Controller 进入 Test - Logic Reset 状态，然后依次进入：Run - Test/Idle→Select - DR - Scan→Select - IR - Scan→Capture - IR→Shift - IR→Exit1 - IR→Update - IR，最后回到 Run - Test/Idle 状态。在 Capture - IR 状态中，一个特定的逻辑序列被加载到指令寄存器当中；然后进入到 Shift - IR 状态。在 Shift - IR 状态下，通过 TCK 的驱动，可以将一条特定的指令送到指令寄存器当中去。每条指令都将确定一条相关的数据寄存器。然后从 Shift - IR→Exit1 - IR→Update - IR。在 Update - IR 状态，刚才输入到指令寄存器中的指令将用来更新指令寄存器。最后，进入到 Run - Test/Idle 状态，指令生效，完成对指令寄存器的访问。

（2）当前可以访问的数据寄存器由指令寄存器中的当前指令决定。要访问由刚才的指令选定的数据寄存器，需要以 Run - Test/Idle 为起点，依次进入 Select - DR - Scan→Capture - DR→Shift - DR→Exit1 - DR→Update - DR，最后回到 Run - Test/Idle 状态。在这个过程当中，被当前指令选定的数据寄存器会被连接在 TDI 和 TDO 之间。通过 TDI 和 TDO，就可以将新的数据加载到数据寄存器当中去，同时，也可以捕获数据寄存器中的数据。具体过程如下：在 Capture - DR 状态中，由 TCK 的驱动，芯片引脚上的输出信号会被“捕获”到相应的边界扫描寄存器单元中去。这样，当前的数据寄存器当中就记录了芯片相应引脚上的输出信号。接下来从 Capture - DR 进入到 Shift - DR 状态中去。在 Shift - DR 状态中，由 TCK 驱动，在每一个时钟周期内，一位新的数据可以通过 TDI 串行输入到数据寄存器当中去，同时，数据寄存器可以通过 TDO 串行输出一位先前捕获的数据。在经过与数据寄存器长度相同的时钟周期后，就可以完成新信号的输入和捕获数据的输出。接下来通过 Exit1 - DR 状态进入到 Update - DR 状态。在 Update - DR 状态中，数据寄存器中的新数据被加载到与数据寄存器的每个寄存器单元相连的芯片引脚上去。最后，回到 Run - Test/Idle 状态，完成对数据寄存器的访问。

上面描述的就是通过 TAP 对数据寄存器进行访问的一般流程。再来看一个更直观的例子。现在假设，TAP Controller 现在处在 Run - Test/Idle 状态，指令寄存器当中已经成功地写入了一条新的指令，该指令选定的是一条长度为 6 的边界扫描链，即由 6 个边界扫描移位寄存器单元组成，并且被连接在 TDI 和 TDO 之间。TCK 时钟信号与每个边界扫描移位寄存器单元相连。每个时钟周期可以驱动边界扫描链的数据由 TDI 到 TDO 的方向移动一位，这样新的数据可以通过 TDI 输入一位，边界扫描链的数据可以通过 TDO 输出一位。经过 6 个时钟周期，就可以完全更新边界扫描链里的数据，而且可以将边界扫描链里捕获的 6 位数据通过 TDO 全部移出来。

在 IEEE 1149.1 标准当中，规定了一些指令寄存器、公共指令和相关的一些数据寄存器。对于特定的芯片而言，芯片厂商都一般都会在 IEEE 1149.1 标准的基础上，扩充一些私有的指令和数据寄存器，以帮助在开发过程中进行进行方便的测试和调试。在这一部分，将简单介绍 IEEE 1149.1 规定的一些常用的指令及其相关的寄存器。

指令寄存器

指令寄存器允许特定的指令被装载到指令寄存器当中，用来选择需要执行的测试，或者选择需要访问的测试数据寄存器。每个支持 JTAG 调试的芯片必须包含一个指令寄存器。

数据寄存器

① BYPASS 指令和 Bypass 数据寄存器：Bypass 寄存器是一个一位的移位寄存器，通过 BYPASS 指令，可以将 Bypass 寄存器连接到 TDI 和 TDO 之间。在不需要进行任何测试的时候，将 bypass 寄

存器连接在TDI和TDO之间，在TDI和TDO之间提供一条长度最短的串行路径。这样允许测试数据可以快速地通过当前的芯片送到开发板上别的芯片上去。

② IDCODE指令和Device Identification数据寄存器：Device Identification寄存器中可以包括生产厂商的信息，部件号码和器件的版本信息等。使用IDCODE指令，就可以通过TAP来确定器件的这些相关信息。例如，ARM MULTI－ICE可以自动识别当前调试的是什么片子，其实就是通过IDCODE指令访问Device Identification寄存器来获取的。

③ INTEST指令和Boundary－Scan数据寄存器：Boundary－Scan寄存器就是前面例子中说到的边界扫描链。通过边界扫描链，可以进行部件间的连通性测试。当然，更重要的是可以对测试器件的输入/输出进行观测和控制，以达到测试器件的内部逻辑的目的。INTEST指令是在IEEE 1149.1标准里面定义的一条很重要的指令：结合边界扫描链，该指令允许对开发板上器件的系统逻辑进行内部测试。在ARM JTAG调试当中，这是一条频繁使用的测试指令。

本节前面说过，寄存器分为指令寄存器和数据寄存器两大类。在上面提到的Bypass寄存器、Device Identification寄存器和Boundary－scan寄存器（边界扫描链）都属于数据寄存器。在调试当中，边界扫描寄存器（边界扫描链）最重要，使用的也最为频繁。

2. 接口电路设计

目前JTAG接口有14针接口、20针接口及8针接口等三种连接标准。14针接口定义如表6.11所示，20针接口定义如表6.12所示，8针接口定义如表6.13所示。

表6.11　14针接口定义

引脚定义	引脚功能	引脚定义	引脚功能
1、13	VCC，连接电源输入	7	TMS测试模式选择
2、4、6、8、10、14	GND，连接电源地	9	TCK测试时钟信号
3	NTRST系统复位信号	11	TDO测试数据串行输出
5	TDI测试数据串行输入	12	未连接

表6.12　20针接口定义

引脚定义	引脚功能	引脚定义	引脚功能
1	目标板参考电压	9	TCK测试时钟信号
2	VCC电源输入	11	RTCK测试时钟返回信号
3	NTRST测试系统复位信号	13	TDO测试数据串行输出
4、6、8、10、12、14、16、18、20	GND连接电源地	15	NRESET目标系统复位信号
5	TDI测试数据串行输入	17、19	未连接
7	TMS测试模式选择		

对于开发板上元器件的JTAG接口，较多采用MOLEX的8针连接器，其体积较小，便于集成电路设计且功能齐全，其接口一般如表6.13所示。

表6.13　8针接口定义

引脚定义	引脚信号	引脚定义	引脚信号
1	+3V3	5	TDI
2	NTRST	7	TMS
3、6	3V3GND	8	TCK
4	TDO		

对于连接器的转换，可通过将相应的引脚进行连线即可。

NTRST：此信号可对TAP控制器进行复位，但并非强制要求。通过TMS选择特定的时序亦可实现 TAP 控制器的复位操作。

TDO：此信号必不可少。TDO 为数据输出接口，所有测试芯片内部特定寄存器的数据输出均是通过 TDO 接口由 TCK 驱动实现串行输出。

TDI：此信号必不可少。TDI 为数据输入接口，所有需要输入测试芯片内部特定寄存器的数据均是通过 TDI 接口由 TCK 驱动实现串行输入。

TMS：此信号必不可少。TMS 用来控制 TAP 控制器各个状态之间的转换，通过 TMS 控制信号可实现 TAP 控制器不同状态之间的转变。

TCK：此信号必不可少。TCK 为 TAP 控制器提供时钟信号。TAP 控制器的所有操作都是由 TCK 时钟信号驱动。

在 14 针及 20 针的接口定义中，之所以出现多个引脚地的定义，应该是为增强信号的抗干扰能力。

由于这两类接口之间的信号电气特性都是一样的，所以可以把对应的信号直接连接起来进行转化。这意味着即使系统设计是使用了 14 针接口，仍可以通过一个简单的电路转换使用以 20 针接口设计的仿真器。

简单的 JTAG 接口电路设计如图 6.14 所示，该电路既可做成一个小块电路板，包含在下载电缆内，也可以直接设计在开发板上，只要保证接口信号的正确连接即可。

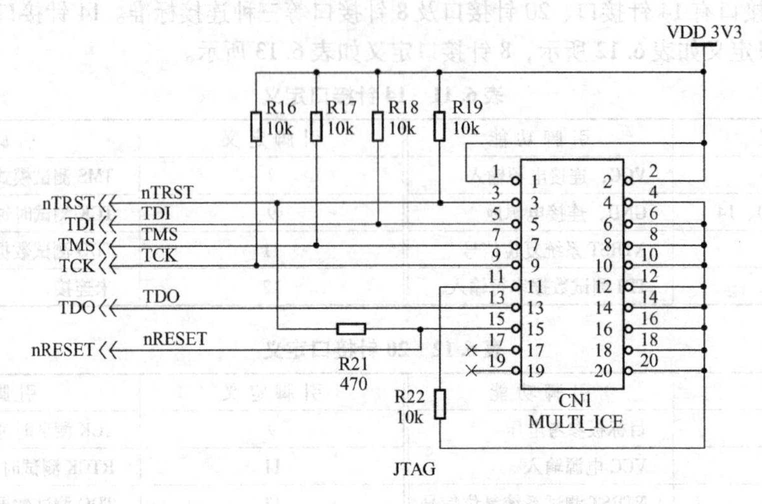

图 6.14　JTAG 接口电路设计图

6.5.6　Flash 接口电路设计

Flash 闪存的英文名称是“Flash Memory”，一般简称为“Flash”，它属于内存器件的一种，是一种不挥发性（Non-Volatile）内存。由于其在没有电流供应的条件下也能够长久地保存数据，其存储特性相当于硬盘，所以闪存成为各类便携型数字设备的存储介质的基础。Flash 在系统中通常用于存放程序代码、常量表及一些在系统掉电后需要保存的用户数据等，常用的 Flash 为 8 位或 16 位的数据宽度。编程电压为单 3.3V。主要的生产厂商为 Atmel、AMD、Hyundai 等。他们生产的同型器件一般具有相同的电气特性和封装形式。

1. NOR Flash 和 NAND Flash 的区别

NOR 和 NAND 是现在市场上两种主要的非易失闪存技术。Intel 于 1988 年首先开发出 NOR Flash 技术，彻底改变了原先由 EPROM 和 EEPROM 一统天下的局面。1989 年，东芝公司发表了 NAND Flash 结构，强调降低每比特的成本，具有更高的性能，并且像磁盘一样可以通过接口轻松升级。

（1）存储数据的原理

两种闪存都是用三端器件作为存储单元，分别为源极、漏极和栅极，与场效应管的工作原理相同，主要是利用电场的效应来控制源极与漏极之间的通/断，栅极的电流消耗极小，不同的是场效应管为单栅极结构，而Flash为双栅极结构，在栅极与硅衬底之间增加了一个浮置栅极。

浮置栅极是由氮化物夹在两层二氧化硅材料之间构成的，中间的氮化物就是可以存储电荷的电荷势阱。上下两层氧化物的厚度大于50Å，以避免发生击穿。

（2）浮栅的重放电

向数据单元内写入数据的过程就是向电荷势阱注入电荷的过程，写入数据有两种技术，热电子注入（Hot Electron Injection）和F－N隧道效应（Fowler Nordheim Tunneling），前一种是通过源极给浮栅充电，后一种是通过硅基层给浮栅充电。NOR型Flash通过热电子注入方式给浮栅充电，而NAND则通过F－N隧道效应给浮栅充电。

在写入新数据之前，必须先将原来的数据删除，这点跟硬盘不同，也就是将浮栅的电荷放掉，两种Flash都是通过F－N隧道效应放电。

（3）连接和编址方式

两种Flash具有相同的存储单元，工作原理也一样，为了缩短存取时间并不是对每个单元进行单独的存取操作，而是对一定数量的存取单元进行集体操作，NAND型Flash各存储单元之间是串联的，而NOR型Flash各单元之间是并联的；为了对全部的存储单元有效管理，必须对存储单元进行统一编址。

NAND器件使用复用的I/O口存取数据，8个引脚分时用来传送控制、地址和数据信息。NAND的全部存储单元分为若干个块，每个块又分为若干个页，每个页是512B，就是512个8位数，就是说每个页有512条位线，每条位线下有8个存储单元；所以NAND每次读取数据时都是制定块地址、页地址和列地址（列地址就是读的页内起始地址）。每页存储的数据正好跟硬盘的一个扇区存储的数据相同，这是设计时为了方便与磁盘进行数据交换而特意安排的，那么块就类似硬盘的簇；容量不同，块的数量不同，组成块的页的数量也不同。NAND型Flash的读/写操作是以页为基本单位，写入数据也是首先在页面缓冲区内缓冲，数据首先写入这里，再写命令后，再统一写入页内，因此每次改写一个字节，都要重写整个页，因为它只支持页写，而且如果页内有未删除的部分，则无法编程，在写入前必须保证页是空的。

NOR的每个存储单元以并联的方式连接到位线，它带有SRAM接口，有足够的地址引脚来寻址，可以很容易地存取其内部的每一个字节。方便对每一位进行随机存取，它不需要驱动；具有专用的地址线，可以实现一次性的直接寻址；缩短了Flash对处理器指令的执行时间。

（4）性能

① 速度。在写数据和擦除数据时，NAND由于支持整块擦写操作，所以速度比NOR要快得多，两者相差近千倍；读取时，由于NAND要先向芯片发送地址信息进行寻址才能开始读/写数据，而它的地址信息包括块号、块内页号和页内字节号等部分，要顺序选择才能定位到要操作的字节；这样每进行一次数据访问需要经过三次寻址，至少要三个时钟周期。

NOR型Flash的操作则是以字或字节为单位进行的，直接读取，所以读取数据时，NOR有明显优势。但擦除是按扇区操作的。

② 容量和成本。NOR型Flash的每个存储单元与位线相连，增加了芯片内位线的数量，不利于存储密度的提高。所以在面积和工艺相同的情况下，NAND型Flash的容量比NOR型的要大得多，生产成本更低，也更容易生产大容量的芯片。

NOR型Flash占据了容量为1MB～16MB闪存市场的大部分，而NAND型Flash只是用在8MB～128MB的产品当中，这也说明NOR主要应用在代码存储介质中，Nand适合于数据存储，NAND在CompactFlash、Secure Digital、PC Cards和MMC存储卡市场上所占份额最大。

③ 易用性。NAND型Flash的I/O端口采用复用的数据线和地址线，必须先通过寄存器串行地进行数据存取，各个产品或厂商对信号的定义不同，增加了应用的难度；在使用NAND型器件时，

必须先写入驱动程序，才能继续执行其他操作。向 NAND 型器件写入信息需要相当的技巧，因为设计师绝不能向坏块写入，这就意味着在 NAND 型器件上自始至终都必须进行虚拟映射。

NOR 型 Flash 有专用的地址引脚来寻址，较容易与其他芯片进行连接，另外还支持本地执行，应用程序可以直接在 Flash 内部运行，可以简化产品设计。

④ 可靠性。NAND 型 Flash 相邻单元之间较易发生位翻转而导致坏块出现，而且是随机分布的，如果想在生产过程中消除坏块会导致成品率太低、性价比很差，所以在出厂前要在高温、高压条件下检测生产过程中产生的坏块，写入坏块标记，防止使用时向坏块写入数据；但在使用过程中还难免产生新的坏块，所以在使用的时候要配合 EDC/ECC（错误探测/错误更正）和 BBM（坏块管理）等软件措施来保障数据的可靠性。坏块管理软件能够发现并更换一个读/写失败的区块，将数据复制到一个有效的区块。

⑤ 耐久性。Flash 由于写入和擦除数据时会导致介质的氧化降解，导致芯片老化，在这个方面 NOR 型尤甚，所以并不适合频繁地擦写，NAND 型的擦写次数是 100 万次，而 NOR 型的只有 10 万次。

2. NOR 型 Flash 接口电路设计

以本系统中使用的 Flash 存储器 SST39VF6401 为例，SST39VF6401 是一款常见的 Flash 存储器，单片存储容量为 64MB，工作电压为 2.7～3.6V，采用 48 脚 TSOP 封装或 48 脚 TFBGA 封装，22 位数据宽度，以 16 位（字模式）数据宽度的方式工作。

SST39VF6401 仅需 3.3V 电压即可完成系统的编程与擦除操作，通过对其内部的命令寄存器写入标准的命令序列，可对 Flash 进行编程（烧写），整片擦除，按扇区擦除及其他操作。其逻辑结构、引脚分布及信号引脚描述分别如图 6.15、图 6.16和表 6.14 所示。

图 6.15　SST39VF6401 逻辑结构图

SST39VF6401/6402	SST39VF3201/3202	SST39VF1601/1602	引脚	引脚	SST39VF160x/320x/640x
A15	A15	A15	1	48	A16
A14	A14	A14	2	47	NC
A13	A13	A13	3	46	V_{SS}
A12	A12	A12	4	45	DQ15
A11	A11	A11	5	44	DQ7
A10	A10	A10	6	43	DQ14
A9	A9	A9	7	42	DQ6
A8	A8	A8	8	41	DQ13
A19	A19	A19	9	40	DQ5
A20	A20	NC	10	39	DQ12
WE#	WE#	WE#	11	38	DQ4
RST#	RST#	RST#	12	37	V_{DD}
A21	NC	NC	13	36	DQ11
WP#	WP#	WP#	14	35	DQ3
NC	NC	NC	15	34	DQ10
A18	A18	A18	16	33	DQ2
A17	A17	A17	17	32	DQ9
A7	A7	A7	18	31	DQ1
A6	A6	A6	19	30	DQ8
A5	A5	A5	20	29	DQ0
A4	A4	A4	21	28	OE#
A3	A3	A3	22	27	V_{SS}
A2	A2	A2	23	26	CE#
A1	A1	A1	24	25	A0

Standard Pinout Top View Die Up

1223 48-tsop P01.3

图 6.16　SST39VF1601/SST39VF1601、SST39VF3201/SST39VF3201 SST39VF6401/SST39VF6402 引脚分布（TSOP 封装）

表6.14　SST39VF6401信号引脚描述

引　脚	类　型	描　述
A[21:0]	I	地址总线
DQ[15:0]	I/O	数据总线，在读/写操作时提供16位的数据宽度
CE#	I	片选信号，低电平有效。在对SST39VF6401进行读/写操作时，该引脚必须为低电平，当为高电平时，芯片处于高阻旁路状态
OE#	I	输出使能，低电平有效。在读操作时有效，写操作无效
WE#	I	写使能，低电平有效。在对SST39VF6401进行编程和擦除时，控制相应的写命令
VDD	—	3.3V电源
VSS	—	接地

更具体的内容可参考芯片用户手册，其他类型的Flash存储器的特性与使用方法与之类似，用户可根据自己的实际需要选择不同的器件。

在大多数的系统中选用一片16位的Flash存储芯片（常见单片容量有16MB、32MB、64MB）构建16位的Flash存储系统已经足够了。在此采用一片SST39VF6401构建16位的Flash存储系统，其存储容量为64MB。Flash存储器在系统中通常用于存放程序代码，系统上电或复位后从此获取指令并开始执行。因此，应将存有程序代码的Flash存储器配置到Bank0，即将S3C2440的nGCS0接至SST39VF6401的CE#端。如图6.17所示，SST39VF6401的OE#端接至S3C2440的nOE端，WE#端接至S3C2440的nWE端，地址总线［A21－A0］接至S3C2440的地址总线[Addr22－Addr1]端，数据总线[D15－D0]接至S3C2440的数据总线[Data15－Data0]端。

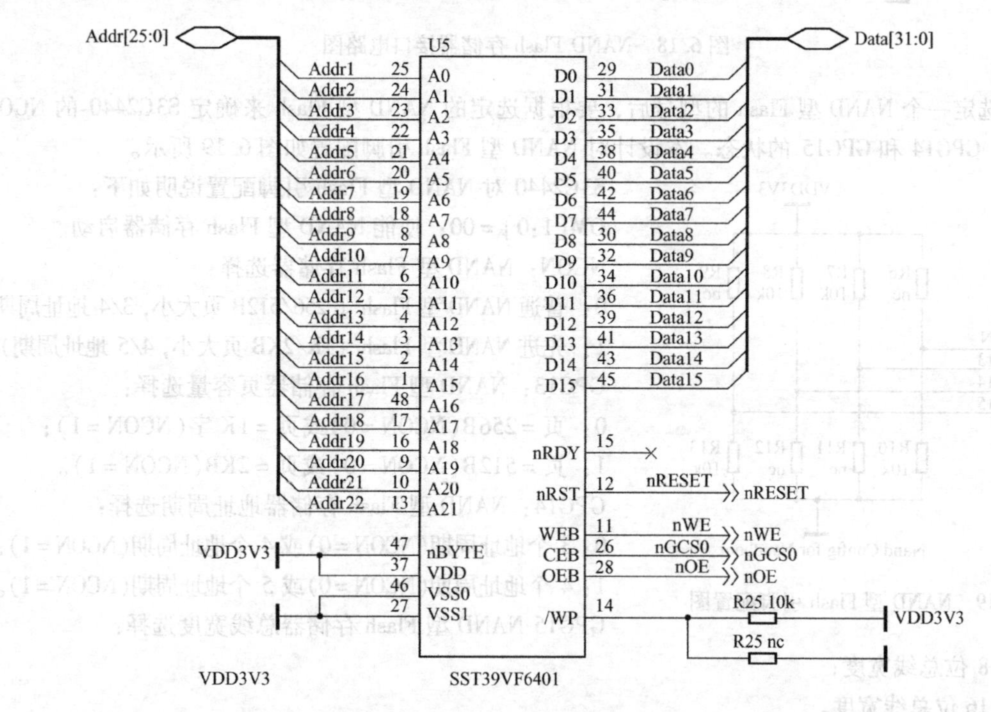

图6.17　NOR Flash存储器接口电路图

3. NAND型Flash存储器接口电路设计

本系统采用NAND型Flash存储器为K9F1208芯片。K9F1208是三星公司生产的NAND型Flash存储器，该存储器的工作电压为2.7～3.6V，它是以页为单位读/写数据，以块为单位擦除数据。该存储器把内部存储空间分为4096个块，每块具有32页，每页具有528B，每页其中可用字节数为

512B，最后 16B 是用于存储校验码和其他信息用的，不能存放实际的数据，NAND Flash 接口电路如图 6.18 所示。

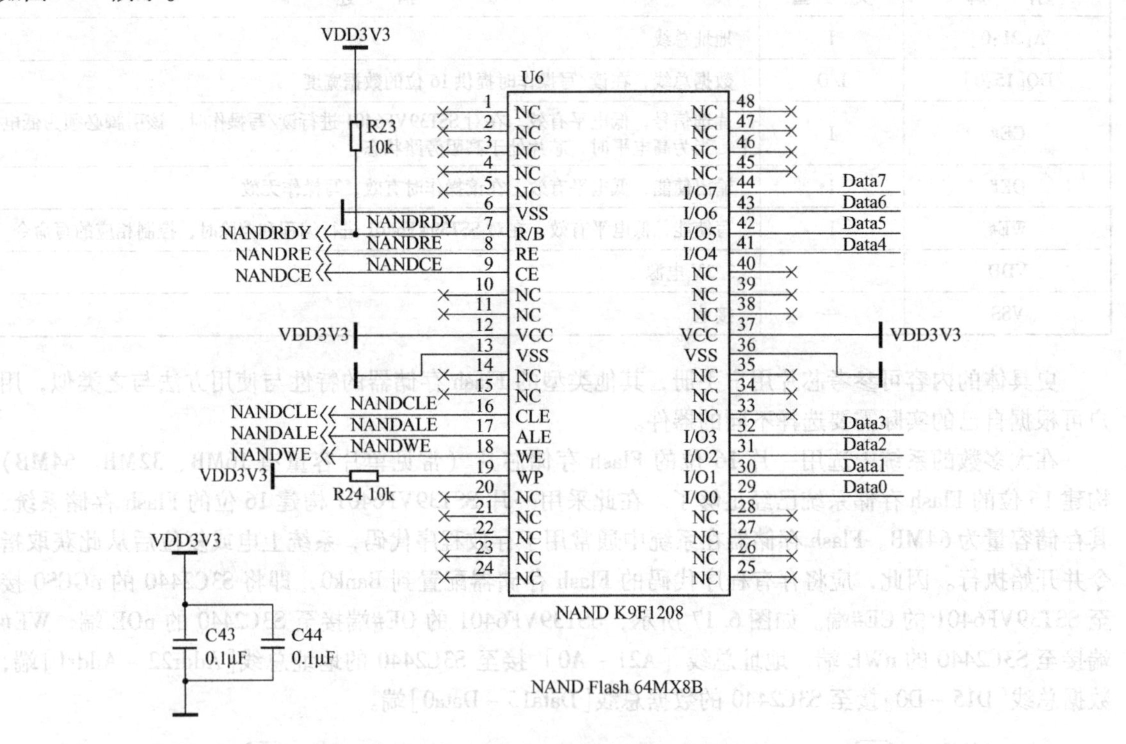

图 6.18　NAND Flash 存储器接口电路图

当选定一个 NAND 型 Flash 的型号后，要根据选定的 NAND 型 Flash 来确定 S3C2440 的 NCON、GPG13、GPG14 和 GPG15 的状态。本设计对 NAND 型 Flash 引脚配置如图 6.19 所示。

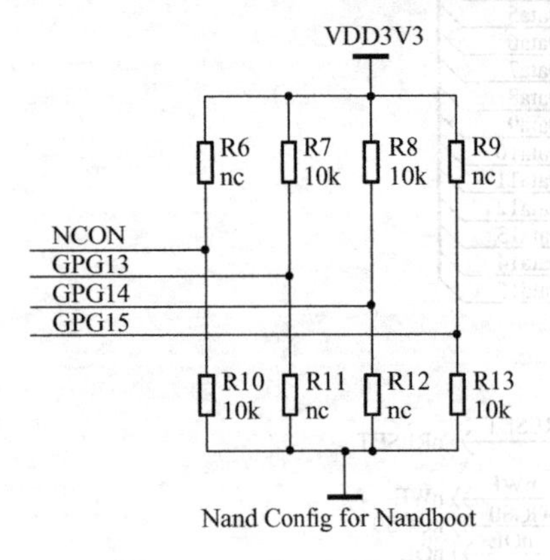

图 6.19　NAND 型 Flash 引脚配置图

S3C2440 对 NAND 型 Flash 引脚配置说明如下：

OM[1:0] = 00：使能 NAND 型 Flash 存储器启动。

NCON：NAND 型 Flash 存储器选择：

0：普通 NAND 型 Flash（256/512B 页大小，3/4 地址周期）；

1：先进 NAND 型 Flash（1K/2KB 页大小，4/5 地址周期）。

GPG13：NAND 型 Flash 存储器页容量选择：

0：页 = 256B(NCON = 0)或页 = 1K 字(NCON = 1)；

1：页 = 512B(NCON = 0)或页 = 2KB(NCON = 1)。

GPG14：NAND 型 Flash 存储器地址周期选择：

0：3 个地址周期(NCON = 0)或 4 个地址周期(NCON = 1)；

1：4 个地址周期(NCON = 0)或 5 个地址周期(NCON = 1)。

GPG15 NAND 型 Flash 存储器总线宽度选择：

0：8 位总线宽度；

1：16 位总线宽度。

注意：在通常状态下，这些引脚必须被设置为输入以至于当通过软件方式进入睡眠模式或异常状态时，引脚状态不会被改变。

NAND 型 Flash 存储器配置表如表 6.15 所示。

表 6.15　NAND 型 Flash 存储器配置表

NCON0	GPG13	GPG14	GPG15
0：普通 Nand	0：256 字	0：3 个地址周期	0:8 位总线宽度
	1：512B	1：4 个地址周期	
1：先进 Nand	0：1K 字	0：4 个地址周期	1:16 位总线宽度
	1：2KB	1：5 个地址周期	

6.5.7　SDRAM 接口电路设计

SDRAM 之所以成为 DRARM 就是因为它要不断进行刷新（Refresh）才能保留住数据，因此它是 DRAM 最重要的操作。那么要隔多长时间重复一次刷新呢？目前公认的标准是，存储体中电容的数据有效保存期上限是 64ms（毫秒，1/1000s），也就是说每一行刷新的循环周期是 64ms。这样刷新速度就是：行数量/64ms。我们在看内存规格时，经常会看到 4096 Refresh Cycles/64ms 或 8192 Refresh Cycles/64ms 的标示，这里的 4096 与 8192 就代表这个芯片中每个 Bank 的行数。刷新命令一次对一行有效，发送间隔也是随总行数而变化，4096 行时为 15.625μs（微秒，1/1000ms），8192 行时就为 7.8125μs。HY57V561620 为 8192 refresh cycles / 64ms。

SDRAM 是多 bank 结构。例如，在一个具有两个 bank 的 SDRAM 的模组中，其中一个 bank 在进行预充电期间，另一个 bank 却马上可以被读取，这样当进行一次读取后，又马上去读取已经预充电 bank 的数据时，就无须等待而是可以直接读取了，这也就大大提高了存储器的访问速度。为了实现这个功能，SDRAM 需要增加对多个 bank 的管理，实现控制其中的 bank 进行预充电。在一个具有 2 个以上 bank 的 SDRAM 中，一般会多一根叫做 BAn 的引脚，用来实现在多个 bank 之间的选择。

SDRAM 具有多种工作模式，内部操作是一个复杂的状态机。SDRAM 器件的引脚分为以下几类：

（1）控制信号，包括片选、时钟、时钟使能、行列地址选择、读/写有效及数据有效。

（2）地址信号，时分复用引脚，根据行列地址选择引脚，控制输入的地址为行地址或列地址。

（3）数据信号，双向引脚，受数据有效控制。

SDRAM 的所有操作都同步于时钟。根据时钟上升沿控制引脚和地址输入的状态，可以产生多种输入命令。根据输入命令，SDRAM 状态在内部状态间转移。内部状态包括模式寄存器设置状态、激活状态、预充状态、写状态、读状态、预充读状态、预充写状态、自动刷新状态及自我刷新状态。SDRAM 支持的操作命令有初始化配置、预充电、行激活、读操作、写操作、自动刷新和自刷新等。所有的操作命令通过控制线 CS#、RAS#、CAS#、WE#和地址线及体选地址 BA 输入。

目前常用的 SDRAM 为 8/16 位的数据宽度，工作电压一般为 3.3V，主要生产厂商为 Hyundai 和 Winbond 等。他们生产的同型器件一般具有相同的电气特性和封装形式，可以通用。以本系统中使用的 HY57V561620 为例，简要描述一下其特性及使用方法。

HY57V561620 存储容量为 4M × 4bank × 16bit（32MB），工作电压为 3.3V，常见封装为 54 脚 TSOP，兼容 LVTTL 接口，支持自动刷新（Auto - Refresh）和自刷新（Self - Refresh），16bit 数据宽度。

HY57V561620 引脚分布如图 6.20 所示。

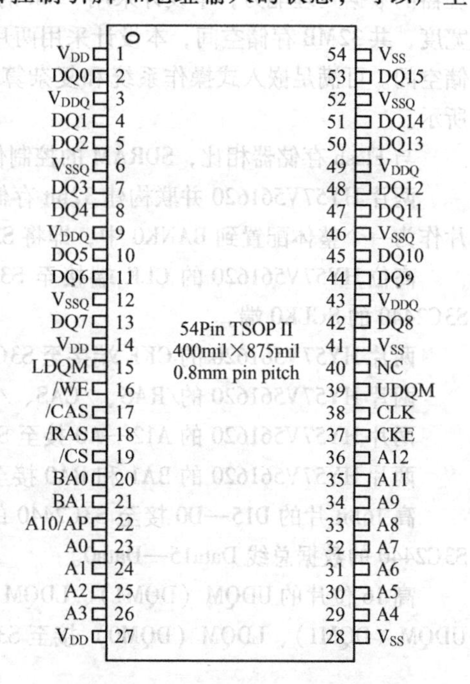

图 6.20　HY57V561620 引脚分布图

HY57V561620 引脚信号描述如表 6.16 所示。

表 6.16　HY57V561620 引脚信号描述

引　脚	引脚名字	描　述
CLK	时钟	芯片时钟输入
CKE	时钟使能	片内时钟信号控制
CS	芯片选择	禁止或使能 CLK、CKE 和 DQM 的所有输入信号
BA0，BA1	BANK 地址	用于片内 4 个组的选择
A0—A12	地址	行地址：A0—A12，列地址：A0—A8 自动预充电标志：A10 中
RAS CAS， WE	行地址锁存 列地址锁存 写使能	行地址选通，列地址选通，写启用
UDQM，LDQM	数据输入/输出屏蔽	在读模式下控制输出缓冲，在写模式下屏蔽输入数据
DQ0—DQ15	数据输入/输出	数据复用输入/输出引脚
VDD/VSS	电源/接地	电源的内部电路和输入缓冲器/接地
VDDQ/VSSQ	数据输出电源/接地	电源输出缓冲器/接地
NC	无连接	无连接

以上部分是对一款常见的 SDRAM 存储器的简介，更具体的内容可参考其用户手册，其他类型的 SDRAM 的特性与使用方法与之类似，用户可以根据自己的实际需要选择不同的器件。

根据系统需求，可以构建 16bit 或 32bit 数据宽度的 SDRAM 存储系统。但为了充分发挥 32bit 处理器的数据处理能力，本设计采用 32bit 的 SDRAM 存储系统。单片 HY57V561620 具有 16bit 的数据宽度，共 32MB 存储空间，本设计采用两片 HY57V561620 并联构建 32bit 的存储系统，共 64M 的存储空间。可满足嵌入式操作系统和复杂算法运行的需求，系统 SDRAM 存储器电路设计如图 6.21 所示。

与 Flash 存储器相比，SDRAM 的控制信号较多，其连接电路也要相对复杂一些。

两片 HY57V561620 并联构建 32bit 存储系统，一片作为高 16bit，另一片作为低 16bit。可将两片作为一个整体配置到 BANK0 中，即将 S3C2440 的 nGCS0 接至两片 HY57V561620 的/CS 端。

高位 HY57V561620 的 CLK 端接至 S3C2440 的 SCLK1 端，低位 HY57V561620 的 CLK 端接至 S3C2440 的 SCLK0 端。

两片 HY57V561620 的 CKE 端接至 S3C2440 的 SCKE 端。

两片 HY57V561620 的/RAS、/CAS、/WE 分别接至 S3C2440 的 SRAS、SCAS、nWE。

两片 HY57V561620 的 A12—A0 接至 S3C2440 的地址总线 Addr14—Addr2。

两片 HY57V561620 的 BA1 和 BA0 接至 S3C2440 的地址总线 Addr25 和 Addr24。

高 16bit 片的 D15—D0 接至 S3C2440 的数据总线 Data31—Data16，低 16bit 片的 D15—D0 接至 S3C2440 的数据总线 Data15—Data0。

高 16 位片的 UDQM（DQM1）、LDQM（DQM0）接至 S3C2440 的 DQM3 和 DQM2，低 16bit 片的 UDQM（DQM1）、LDQM（DQM0）接至 S3C2440 的 DQM1 和 DQM0。

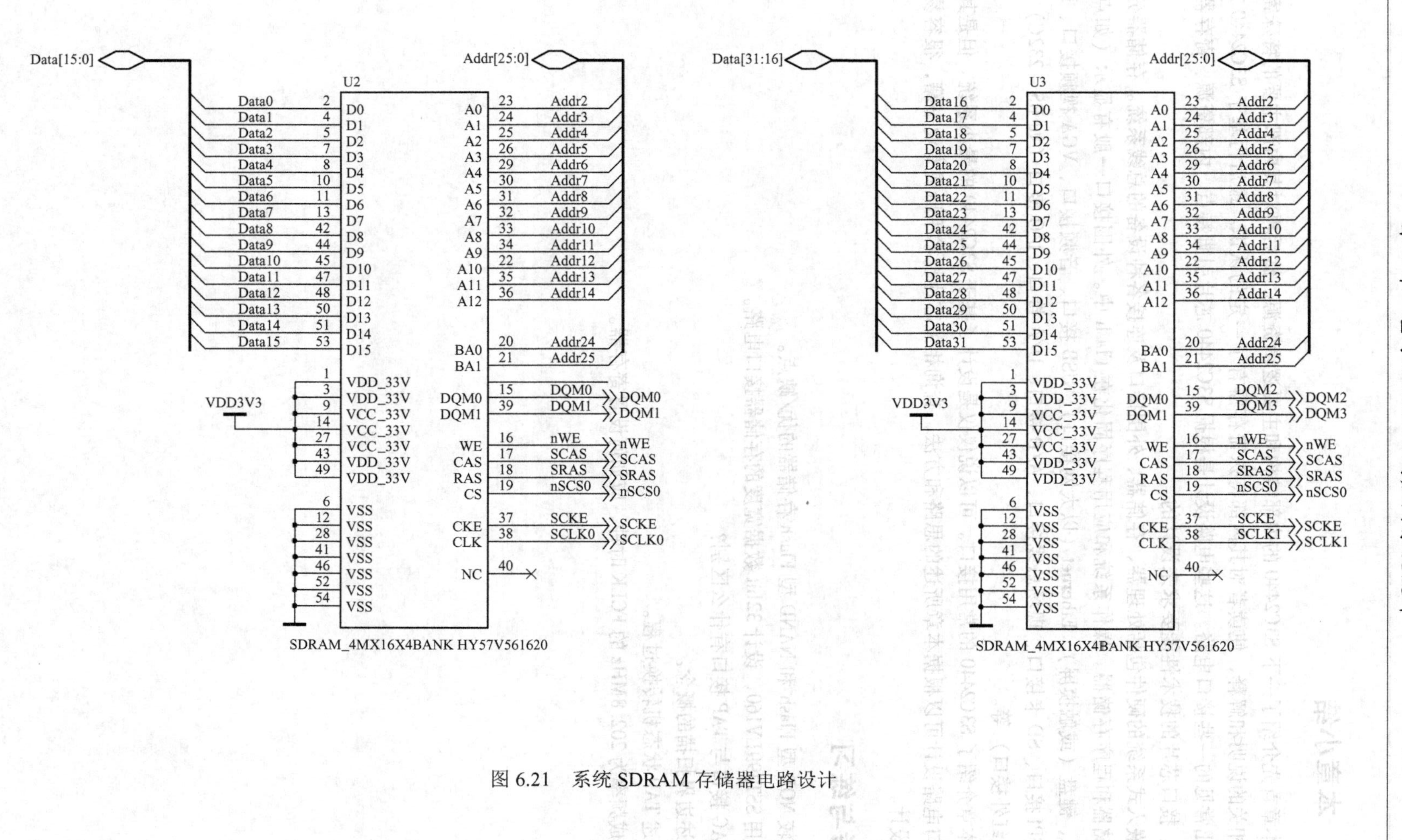

图 6.21　系统 SDRAM 存储器电路设计

6.6 本章小结

本章首先介绍了一下 S3C2440 的内部结构和主要逻辑资源。然后再对其内部主要的特殊寄存器做了相关的说明和解释，使读者对其内部特殊寄存器有了一定的认识。最后再基于 S3C2440 芯片，设计出常见的一些接口电路。这些电路设计是根据 S3C2440 芯片引脚特点、内部资源、寄存器相关设置、接口芯片的技术性能要求来设计的。

嵌入式系统的硬件包括处理器、存储器、外围接口及连接各种设备的总线系统。存储器分为数据存储器和程序存储器。操作系统和应用程序固化在 Flash 中。外围接口一般有显示（如点阵式 LCD)、键盘（或触摸屏)、Ethernet（以太网接口)、USB 接口、音频接口、VGA 视频接口、IIC 接口、SPI 接口、SD 卡接口、现场总线接口、A/D 接口、D/A 接口、I/O 接口（如 RS－232C）和 IrDA（红外接口）等。

本章介绍了 S3C2440 的常用接口。可以说仅仅是设计了基于 S3C2440 的最小系统。但是其他一些接口电路设计可以根据本章所述的思路和方法，查询相关芯片技术手册或专业书籍，很容易地完成其设计。

思考与练习

1. 比较 NOR 型 Flash 和 NAND 型 Flash 存储器的优/缺点。
2. 采用 SST399LV160，设计 32bit 数据宽度的存储器接口电路。
3. JTAG 接口与 TAP 接口有什么区别?
4. 简述边界扫描的概念。
5. 简述 TAP 状态机转换过程。
6. 生成频率为 202.8MHz 的 FCLK 时钟，应如何设置寄存器。

第7章　部件工作原理与编程示例

本章主要以S3C2440的几个常用功能部件为编程对象，介绍基于S3C2440的系统的程序设计与调试，通过对本章的阅读，可以使读者了解S3C2440各功能部件的工作原理及基本编程方法。

本章的主要内容包括：

- S3C2440 GPIO口的工作原理与编程示例
- S3C2440中断控制器的工作原理与编程示例
- S3C2440定时器的工作原理与编程示例
- S3C2440 NAND Flash存储器的工作原理与编程示例

7.1　S3C2440 GPIO口工作原理与编程示例

7.1.1　概述

GPIO，通用输入/输出（General Purpose I/O）的简称，其引脚可以供编程使用。嵌入式系统中常常有数量众多，但是结构却比较简单的外部设备，对这些设备的控制，有时只需要一位控制信号就够了，即只需要开/关两种状态就够了，如灯亮与灭。对这些设备的控制，使用传统的串行口和并行口都不合适。所以在微控制器芯片上一般都会提供一个"通用可编程I/O接口"，即GPIO。

S3C2440包含了130个多功能输入/输出口引脚并且通过以下的九个端口显示：

（1）端口A（GPA）：25位输出端口；

（2）端口B（GPB）：11位输入/输出端口；

（3）端口C（GPC）：16位输入/输出端口；

（4）端口D（GPD）：16位输入/输出端口；

（5）端口E（GPE）：16位输入/输出端口；

（6）端口F（GPF）：8位输入/输出端口；

（7）端口G（GPG）：16位输入/输出端口；

（8）端口H（GPH）：9位输入/输出端口；

（9）端口J（GPJ）：13位输入/输出端口。

每个端口都可以简单地由软件设置以满足各种系统配置和设计要求。用户必须在开始主程序前定义使用的每个引脚的功能。如果没有使用某个引脚的复用功能，这个引脚可以配置为I/O口。

7.1.2　端口控制描述

1. 端口配置寄存器

S3C2440中，存在端口配置寄存器（GPACON至GPJCON）由于大多数端口为复用引脚，因此要决定每个引脚选择哪项功能。PnCON（引脚控制寄存器）决定了每个引脚使用哪项功能。

如果在掉电模式中PE0至PE7用于唤醒信号，这些端口必须配置为输入模式。

2. 端口数据寄存器

S3C2440中存在端口数据寄存器（GPADAT至GPJDAT），如果端口配置为输出端口，可以写入数据到GPnDAT的相应位。如果端口配置为输入端口，可以从GPnDAT的相应位读取数据。

3. 端口上拉寄存器

端口上拉寄存器（GPAUP至GPJUP）控制每个端口组的使能/禁止上拉电阻。当相应位为0时使能引脚的上拉电阻。当为1时禁止上拉电阻。

如果使能了上拉电阻，那么上拉电阻与引脚的功能设置无关（输入、输出、DATAn、EINTn等）。

4. 杂项控制寄存器

杂项控制寄存器控制睡眠模式，USB引脚和CLKOUT选择的数据端口上拉电阻。

5. 外部中断控制寄存器

24个外部中断由各种信号方式触发。外部中断控制寄存器（EXTINT）为外部中断请求配置信号触发方式，分别为低电平触发、高电平触发、下降沿触发、上升沿触发或双边沿触发。

由于每个外部中断引脚包含一个数字滤波器，中断控制可以确认请求信号是否长于3个时钟。EINT[15:0]用于唤醒源。

下面主要对端口寄存器进行介绍。

6. I/O口控制寄存器

端口A控制寄存器（GPACON，GPADAT）如表7.1（1）~(3）所示。

表7.1 （1）端口A控制寄存器相关说明之一

寄存器	地址	R/W	描述	复位值
GPACON	0x56000000	R/W	配置端口A的引脚	0xFFFFFF
GPADAT	0x56000004	R/W	端口A的数据寄存器	—
保留	0x56000008	—	保留	—
保留	0x5600000C	—	保留	—

表7.1 （2）端口A控制寄存器相关说明之二

GPACON	位	描 述		初始状态
GPA24	[24]	保留		1
GPA23	[23]	保留		1
GPA22	[22]	0 = 输出	1 = nFCE	1
GPA21	[21]	0 = 输出	1 = nRSTOUT	1
GPA20	[20]	0 = 输出	1 = nFRE	1
GPA19	[19]	0 = 输出	1 = nFWE	1
GPA18	[18]	0 = 输出	1 = ALE	1
GPA17	[17]	0 = 输出	1 = CLE	1
GPA16	[16]	0 = 输出	1 = nGCS [5]	1
GPA15	[15]	0 = 输出	1 = nGCS [4]	1
GPA14	[14]	0 = 输出	1 = nGCS [3]	1
GPA13	[13]	0 = 输出	1 = nGCS [2]	1
GPA12	[12]	0 = 输出	1 = nGCS [1]	1
GPA11	[11]	0 = 输出	1 = ADDR26	1
GPA10	[10]	0 = 输出	1 = ADDR25	1
GPA9	[9]	0 = 输出	1 = ADDR24	1
GPA8	[8]	0 = 输出	1 = ADDR23	1
GPA7	[7]	0 = 输出	1 = ADDR22	1
GPA6	[6]	0 = 输出	1 = ADDR21	1
GPA5	[5]	0 = 输出	1 = ADDR20	1
GPA4	[4]	0 = 输出	1 = ADDR19	1
GPA3	[3]	0 = 输出	1 = ADDR18	1
GPA2	[2]	0 = 输出	1 = ADDR17	1

续表

GPACON	位	描　述	初始状态
GPA1	[1]	0 = 输出　1 = ADDR16	1
GPA0	[0]	0 输出　1 = ADDR0	1

表 7.1　(3) 端口 A 控制寄存器相关说明之三

GPADAT	位	描　述	初始状态
GPA[24:0]	[24:0]	当端口配置为输出端口时，引脚状态将与相应位相同。当端口配置为功能引脚，将读取到未定义值	—

注释：nRSTOUT = nRESET & nWDTRST & SW_RESET

端口 B 控制寄存器（GPBCON，GPBDAT，GPBUP）如表 7.2（1）~（4）所示。

表 7.2　(1) 端口 B 控制寄存器相关说明之一

寄存器	地址	R/W	描　述	复位值
GPBCON	0x56000010	R/W	配置端口 B 的引脚	0x0
GPBDAT	0x56000014	R/W	端口 B 的数据寄存器	—
GPBUP	0x56000018	R/W	端口 B 的上拉使能寄存器	0x0
保留	0x5600001C	—	保留	—

表 7.2　(2) 端口 B 控制寄存器相关说明之二

GPBCON	位	描　述	初始状态
GPB10	[21:20]	00 = 输入　01 = 输出　10 = nXDREQ0　11 = 保留	0
GPB9	[19:18]	00 = 输入　01 = 输出　10 = nXDACK0　11 = 保留	0
GPB8	[17:16]	00 = 输入　01 = 输出　10 = nXDREQ1　11 = 保留	0
GPB7	[15:14]	00 = 输入　01 = 输出　10 = nXDACK1　11 = 保留	0
GPB6	[13:12]	00 = 输入　01 = 输出　10 = nXBREQ　11 = 保留	0
GPB5	[11:10]	00 = 输入　01 = 输出　10 = nXBACK　11 = 保留	0
GPB4	[9:8]	00 = 输入　01 = 输出　10 = TCLK [0]　11 = 保留	0
GPB3	[7:6]	00 = 输入　01 = 输出　10 = TOUT3　11 = 保留	0
GPB2	[5:4]	00 = 输入　01 = 输出　10 = TOUT2　11 = 保留	0
GPB1	[3:2]	00 = 输入　01 = 输出　10 = TOUT1　11 = 保留	0

表 7.2　(3) 端口 B 控制寄存器相关说明之三

GPBDAT	位	描　述	初始状态
GPB[10:0]	[10:0]	当端口配置为输入端口时，相应位为引脚状态。当端口配置为输出端口时，引脚状态将与相应位相同。当端口配置为功能引脚，将读取到未定义值	—

表 7.2　(4) 端口 B 控制寄存器相关说明之四

GPBUP	位	描　述	初始状态
GPB[10:0]	[10:0]	0：使能附加上拉功能到相应端口引脚 1：禁止附加上拉功能到相应端口引脚	0x0

端口 C 控制寄存器（GPCCON，GPCDAT，GPCUP）如表 7.3（1）~（4）所示。

表 7.3 (1) 端口 C 控制寄存器相关说明之一

寄存器	地址	R/W	描述	复位值
GPCCON	0x56000020	R/W	配置端口 C 的引脚	0x0
GPCDAT	0x56000024	R/W	端口 C 的数据寄存器	—
GPCUP	0x56000028	R/W	端口 C 的上拉使能寄存器	0x0
保留	0x5600002C	—	保留	—

表 7.3 (2) 端口 C 控制寄存器相关说明之二

GPCCON	位	描 述	初始状态
GPC15	[31:30]	00 = 输入 01 = 输出 10 = VD[7]11 = 保留	0
GPC14	[29:28]	00 = 输入 01 = 输出 10 = VD[6]11 = 保留	0
GPC13	[27:26]	00 = 输入 01 = 输出 10 = VD[5]11 = 保留	0
GPC12	[25:24]	00 = 输入 01 = 输出 10 = VD[4]11 = 保留	0
GPC11	[23:22]	00 = 输入 01 = 输出 10 = VD[3]11 = 保留	0
GPC10	[21:20]	00 = 输入 01 = 输出 10 = VD[2]11 = 保留	0
GPC9	[19:18]	00 = 输入 01 = 输出 10 = VD[1]11 = 保留	0
GPC8	[17:16]	00 = 输入 01 = 输出 10 = VD[0]11 = 保留	0
GPC7	[15:14]	00 = 输入 01 = 输出 10 = LCD_LPCREVB11 = 保留	0
GPC6	[13:12]	00 = 输入 01 = 输出 10 = LCD_LPCREV11 = 保留	0
GPC5	[11:10]	00 = 输入 01 = 输出 10 = LCD_LPCOE11 = 保留	0
GPC4	[9:8]	00 = 输入 01 = 输出 10 = VM11 = 保留	0
GPC3	[7:6]	00 = 输入 01 = 输出 10 = VFRAME11 = 保留	0
GPC2	[5:4]	00 = 输入 01 = 输出 10 = VLINE11 = 保留	0
GPC1	[3:2]	00 = 输入 01 = 输出 10 = VCLK11 = 保留	0
GPC0	[1:0]	00 = 输入 01 = 输出 10 = LEND11 = 保留	0

表 7.3 (3) 端口 C 控制寄存器相关说明之三

GPCDAT	位	描 述	初始状态
GPC[15:0]	[15:0]	当端口配置为输入端口时,相应位为引脚状态。当端口配置为输出端口时,引脚状态将与相应位相同。当端口配置为功能引脚,将读取到未定义值	—

表 7.3 (4) 端口 C 控制寄存器相关说明之四

GPCUP	位	描 述	初始状态
GPC [15: 0]	[15: 0]	0: 使能附加上拉功能到相应端口引脚 1: 禁止附加上拉功能到相应端口引脚	0x0

端口 D 控制寄存器（GPDCON，GPDDAT，GPDUP）如表 7.4（1）~（4）所示。

表 7.4 (1) 端口 D 控制寄存器相关说明之一

寄 存 器	地 址	R/W	描 述	复 位 值
GPDCON	0x56000030	R/W	配置端口 D 的引脚	0x0
GPDDAT	0x56000034	R/W	端口 D 的数据寄存器	—
GPDUP	0x56000038	R/W	端口 D 的上拉使能寄存器	0xF000
保留	0x5600003C	—	保留	—

表7.4　(2) 端口D控制寄存器相关说明之二

GPDCON	位	描　述	初始状态
GPD15	[31:30]	00=输入 01=输出 10=VD[23] 11=nSS0	0
GPD14	[29:28]	00=输入 01=输出 10=VD[22] 11=nSS1	0
GPD13	[27:26]	00=输入 01=输出 10=VD[21] 11=保留	0
GPD12	[25:24]	00=输入 01=输出 10=VD[20] 11=保留	0
GPD11	[23:22]	00=输入 01=输出 10=VD[19] 11=保留	0
GPD10	[21:20]	00=输入 01=输出 10=VD[18] 11=SPICLK1	0
GPD9	[19:18]	00=输入 01=输出 10=VD[17] 11=SPIMOSI1	0
GPD8	[17:16]	00=输入 01=输出 10=VD[16] 11=SPIMISO1	0
GPD7	[15:14]	00=输入 01=输出 10=VD[15] 11=保留	0
GPD6	[13:12]	00=输入 01=输出 10=VD[14] 11=保留	0
GPD5	[11:10]	00=输入 01=输出 10=VD[13] 11=保留	0
GPD4	[9:8]	00=输入 01=输出 10=VD[12] 11=保留	0
GPD3	[7:6]	00=输入 01=输出 10=VD[11] 11=保留	0
GPD2	[5:4]	00=输入 01=输出 10=VD[10] 11=保留	0
GPD1	[3:2]	00=输入 01=输出 10=VD[9] 11=保留	0
GPD0	[1:0]	00=输入 01=输出 10=VD[8] 11=保留	0

表7.4　(3) 端口D控制寄存器相关说明之三

GPDDAT	位	描　述	初始状态
GPD[15:0]	[15:0]	当端口配置为输入端口时,相应位为引脚状态。当端口配置为输出端口时,引脚状态将与相应位相同。当端口配置为功能引脚,将读取到未定义值	—

表7.4　(4) 端口D控制寄存器相关说明之四

GPDUP	位	描　述	初始状态
GPF[15:0]	[15:0]	0:使能附加上拉功能到相应端口引脚 1:禁止附加上拉功能到相应端口引脚	0xF000

端口E控制寄存器（GPECON，GPEDAT，GPEUP）如表7.5（1）~（4）所示。

表7.5　(1) 端口E控制寄存器相关说明之一

寄存器	地址	R/W	描　述	复位值
GPECON	0x56000040	R/W	配置端口E的引脚	0x0
GPEDAT	0x56000044	R/W	端口E的数据寄存器	—
GPEUP	0x56000048	R/W	端口E的上拉使能寄存器	0x0
保留	0x5600004C	—	保留	—

表7.5　(2) 端口E控制寄存器相关说明之二

GPECON	位	描　述	初始状态
GPE15	[31:30]	00=输入 01=输出 10=IICSDA 11=保留 此引脚为开漏输出,没有上拉选项	0
GPE14	[29:28]	00=输入 01=输出 10=IICSCL 11=保留 此引脚为开漏输出,没有上拉选项	0
GPE13	[27:26]	00=输入 01=输出 10=SPICLK0 11=保留	0
GPE12	[25:24]	00=输入 01=输出 10=SPIMOSI0 11=保留	0

续表

GPECON	位	描　述	初始状态
GPE11	[23:22]	00 = 输入 01 = 输出 10 = SPIMISO0 11 = 保留 0	0
GPE10	[21:20]	00 = 输入 01 = 输出 10 = SDDAT3 11 = 保留	0
GPE9	[19:18]	00 = 输入 01 = 输出 10 = SDDAT2 11 = 保留	0
GPE8	[17:16]	00 = 输入 01 = 输出 10 = SDDAT1 11 = 保留	0
GPE7	[15:14]	00 = 输入 01 = 输出 10 = SDDAT0 11 = 保留	0
GPE6	[13:12]	00 = 输入 01 = 输出 10 = SDCMD 11 = 保留	0
GPE5	[11:10]	00 = 输入 01 = 输出 10 = SDCLK 11 = 保留	0
GPE4	[9:8]	00 = 输入 01 = 输出 10 = I2SDO 11 = AC_SDATA_OUT	0
GPE3	[7:6]	00 = 输入 01 = 输出 10 = I2SDI 11 = AC_SDATA_IN	0
GPE2	[5:4]	00 = 输入 01 = 输出 10 = CDCLK 11 = AC_nRESET	0
GPE1	[3:2]	00 = 输入 01 = 输出 10 = I2SSCLK 11 = AC_BIT_CLK	0
GPE0	[1:0]	00 = 输入 01 = 输出 10 = I2SLRCK 11 = AC_SYNC	0

表 7.5　(3) 端口 E 控制寄存器相关说明之三

GPEDAT	位	描　述	初始状态
GPE[15:0]	[15:0]	当端口配置为输入端口时,相应位为引脚状态。当端口配置为输出端口时,引脚状态将与相应位相同。当端口配置为功能引脚,将读取到未定义值	—

表 7.5　(4) 端口 E 控制寄存器相关说明之四

GPEUP	位	描　述	初始状态
GPE[15:0]	[13:0]	0:使能附加上拉功能到相应端口引脚 1:禁止附加上拉功能到相应端口引脚	0x0

端口 F 控制寄存器（GPFCON，GPFDAT，GPFUP）如表 7.6（1）~（4）所示。

如果 GPF0 至 GPF7 在掉电模式中用于唤醒信号，端口将被设置为中断模式。

表 7.6　(1) 端口 F 控制寄存器相关说明之一

寄存器	地址	R/W	描　述	复位值
GPFCON	0x56000050	R/W	配置端口 F 的引脚	0x0
GPFDAT	0x56000054	R/W	端口 F 的数据寄存器	—
GPFUP	0x56000058	R/W	端口 F 的上拉使能寄存器	0x00
保留	0x5600005C	—	保留	—

表 7.6　(2) 端口 F 控制寄存器相关说明之二

GPFCON	位	描　述	初始状态
GPF7	[15: 14]	00 = 输入 01 = 输出 10 = EINT [7] 11 = 保留	0
GPF6	[13: 12]	00 = 输入 01 = 输出 10 = EINT [6] 11 = 保留	0
GPF5	[11: 10]	00 = 输入 01 = 输出 10 = EINT [5] 11 = 保留	0
GPF4	[9: 8]	00 = 输入 01 = 输出 10 = EINT [4] 11 = 保留	0
GPF3	[7: 6]	00 = 输入 01 = 输出 10 = EINT [3] 11 = 保留	0
GPF2	[5: 4]	00 = 输入 01 = 输出 10 = EINT [2] 11 = 保留	0
GPF1	[3: 2]	00 = 输入 01 输出 10 = EINT [1] 11 = 保留	0
GPF0	[1: 0]	00 = 输入 01 = 输出 10 = EINT [0] 11 = 保留	0

表7.6 (3) 端口F控制寄存器相关说明之三

GPFDAT	位	描 述	初始状态
GPF [7: 0]	[7: 0]	当端口配置为输入端口时，相应位为引脚状态。当端口配置为输出端口时，引脚状态将与相应位相同。当端口配置为功能引脚，将读取到未定义值	—

表7.6 (4) 端口F控制寄存器相关说明之四

GPFUP	位	描 述	初始状态
GPF[7:0]	[7:0]	0:使能附加上拉功能到相应端口引脚 1:禁止附加上拉功能到相应端口引脚	0x00

端口G控制寄存器（GPGCON，GPGDAT，GPGUP）如表7.7（1）~(4) 所示。

如果GPG0至GPG7在睡眠模式中用于唤醒信号，端口将被设置为中断模式。

表7.7 (1) 端口G控制寄存器相关说明之一

寄存器	地 址	R/W	描 述	复位值
GPGCON	0x56000060	R/W	配置端口G的引脚	0x0
GPGDAT	0x56000064	R/W	端口G的数据寄存器	—
GPGUP	0x56000068	R/W	端口G的上拉使能寄存器	0xFC00
保留	0x5600006C		保留	—

表7.7 (2) 端口G控制寄存器相关说明之二

GPEGCON	位	描 述	初始状态
GPG15 *	[31:30]	00 = 输入 01 = 输出 10 = EINT[23] 11 = 保留	0
GPG14 *	[29:28]	00 = 输入 01 = 输出 10 = EINT[22] 11 = 保留	0
GPG13 *	[27:26]	00 = 输入 01 = 输出 10 = EINT[21] 11 = 保留	0
GPG12	[25:24]	00 = 输入 01 = 输出 10 = EINT[20] 11 = 保留	0
GPG11	[23:22]	00 = 输入 01 = 输出 10 = EINT[19] 11 = TCLK[1]	0
GPG10	[21:20]	00 = 输入 01 = 输出 10 = EINT[18] 11 = nCTS1	0
GPG9	[19:18]	00 = 输入 01 = 输出 10 = EINT[17] 11 = nRTS1	0
GPG8	[17:16]	00 = 输入 01 = 输出 10 = EINT[16] 11 = 保留	0
GPG7	[15:14]	00 = 输入 01 = 输出 10 = EINT[15] 11 = SPICLK1	0
GPG6	[13:12]	00 = 输入 01 = 输出 10 = EINT[14] 11 = SPIMOSI1	0
GPG5	[11:10]	00 = 输入 01 = 输出 10 = EINT[13] 11 = SPIMISO1	0
GPG4	[9:8]	00 = 输入 01 = 输出 10 = EINT[12] 11 = LCD_PWRDN	0
GPG3	[7:6]	00 = 输入 01 = 输出 10 = EINT[11] 11 = nSS1	0
GPG2	[5:4]	00 = 输入 01 = 输出 10 = EINT[10] 11 = nSS0	0
GPG1	[3:2]	00 = 输入 01 = 输出 10 = EINT[9] 11 = 保留	0
GPG0	[1:0]	00 = 输入 01 = 输出 10 = EINT[8] 11 = 保留	0

注释：NAND Flash 引导启动模式中必须选择 GPG[15:13]为输入。

表7.7 (3) 端口G控制寄存器相关说明之三

GPGDAT	位	描 述	初始状态
GPG[15:0]	[15:0]	当端口配置为输入端口时，相应位为引脚状态。当端口配置为输出端口时，引脚状态将与相应位相同。当端口配置为功能引脚，将读取到未定义值	—

表 7.7 (4) 端口 G 控制寄存器相关说明之四

GPGUP	位	描　述	初始状态
GPG[15:0]	[15:0]	0:使能附加上拉功能到相应端口引脚 1:禁止附加上拉功能到相应端口引脚	0xFC00

端口 H 控制寄存器（GPHCON，GPHDAT，GPHUP）如表 7.8（1）~(4）所示。

表 7.8 (1) 端口 H 控制寄存器相关说明之一

寄存器	地　址	R/W	描　述	复位值
GPHCON	0x56000070	R/W	配置端口 H 的引脚	0x0
GPHDAT	0x56000074	R/W	端口 H 的数据寄存器	—
GPHUP	0x56000078	R/W	端口 H 的上拉使能寄存器	0x000
保留	0x5600007C	—	保留	—

表 7.8 (2) 端口 H 控制寄存器相关说明之二

GPHCON	位	描　述	初始状态
GPH10	[21:20]	00 = 输入 01 = 输出 10 = CLKOUT1 11 = 保留	0
GPH9	[19:18]	00 = 输入 01 = 输出 10 = CLKOUT0 11 = 保留	0
GPH8	[17:16]	00 = 输入 01 = 输出 10 = UEXTCLK 11 = 保留	0
GPH7	[15:14]	00 = 输入 01 = 输出 10 = RXD[2] 11 = nCTS1	0
GPH6	[13:12]	00 = 输入 01 = 输出 10 = TXD[2] 11 = nRTS1	0
GPH5	[11:10]	00 = 输入 01 = 输出 10 = RXD[1] 11 = 保留	0
GPH4	[9:8]	00 = 输入 01 = 输出 10 = TXD[1] 11 = 保留	0
GPH3	[7:6]	00 = 输入 01 = 输出 10 = RXD[0] 11 = 保留	0
GPH2	[5:4]	00 = 输入 01 = 输出 10 = TXD[0] 11 = 保留	0
GPH1	[3:2]	00 = 输入 01 = 输出 10 = nRTS0 11 = 保留	0
GPH0	[1:0]	00 = 输入 01 = 输出 10 = nCTS0 11 = 保留	0

表 7.8 (3) 端口 H 控制寄存器相关说明之三

GPHDAT	位	描　述	初始状态
GPH[10:0]	[10:0]	当端口配置为输入端口时,相应位为引脚状态。当端口配置为输出端口时,引脚状态将与相应位相同。当端口配置为功能引脚,将读取到未定义值	—

表 7.8 (4) 端口 H 控制寄存器相关说明之四

GPHUP	位	描　述	初始状态
GPH[10:0]	[10:0]	0：使能附加上拉功能到相应端口引脚 1：禁止附加上拉功能到相应端口引脚	0x000

端口 J 控制寄存器（GPJCON，GPJDAT，GPJUP）如表 7.9（1）~(4）所示。

表 7.9 (1) 端口 J 控制寄存器相关说明之一

寄存器	地　址	R/W	描　述	复位值
GPJCON	0x560000D0	R/W	配置端口 J 的引脚	0x0
GPJDAT	0x560000D4	R/W	端口 J	的数据寄存器
GPJUP	0x560000D8	R/W	端口 J 的上拉使能寄存器	0x0000
保留	0x560000DC	—	保留	—

表7.9 (2) 端口J控制寄存器相关说明之二

GPJCON	位	描 述	初始状态
GPJ12	[25:24]	00 = 输入 01 = 输出 10 = CAMRESET 11 = 保留	0
GPJ11	[23:22]	00 = 输入 01 = 输出 10 = CAMCLKOUT 11 = TCLK[1]	0
GPJ10	[21:20]	00 = 输入 01 = 输出 10 = CAMHREF 11 = nCTS1	0
GPJ9	[19:18]	00 = 输入 01 = 输出 10 = CAMVSYNC 11 = nRTS1	0
GPJ8	[17:16]	00 = 输入 01 = 输出 10 = CAMPCLK 11 = 保留	0
GPJ7	[15:14]	00 = 输入 01 = 输出 10 = CAMDATA[7] 11 = SPICLK1	0
GPJ6	[13:12]	00 = 输入 01 = 输出 10 = CAMDATA[6] 11 = SPIMOSI1	0
GPJ5	[11:10]	00 = 输入 01 = 输出 10 = CAMDATA[5] 11 = SPIMISO1	0
GPJ4	[9:8]	00 = 输入 01 = 输出 10 = CAMDATA[4] 11 = LCD_PWRDN	0
GPJ3	[7:6]	00 = 输入 01 = 输出 10 = CAMDATA[3] 11 = nSS1	0
GPJ2	[5:4]	00 = 输入 01 = 输出 10 = CAMDATA[2] 11 = nSS0	0
GPJ1	[3:2]	00 = 输入 01 = 输出 10 = CAMDATA[1] 11 = 保留	0
GPJ0	[1:0]	00 = 输入 01 = 输出 10 = CAMDATA[0] 11 = 保留	0

表7.9 (3) 端口J控制寄存器相关说明之三

GPJDAT	位	描 述	初始状态
GPJ[12:0]	[12:0]	当端口配置为输入端口时，相应位为引脚状态。当端口配置为输出端口时，引脚状态将与相应位相同。当端口配置为功能引脚，将读取到未定义值	—

表7.9 (4) 端口J控制寄存器相关说明之四

GPJUP	位	描 述	初始状态
GPJ[12:0]	[12:0]	0：使能附加上拉功能到相应端口引脚 1：禁止附加上拉功能到相应端口引脚	0x000

7.1.3 GPIO 编程实例

GPIO 端口输出的高低电平可以通过控制一组 LED 发光二极管来加以验证。这里，应用 S3C2440 的 GPF4 - GPF7 共四个 I/O 位，各自控制一个发光二极管，分别对应 D1 - D4，硬件原理如图 7.1 所示。

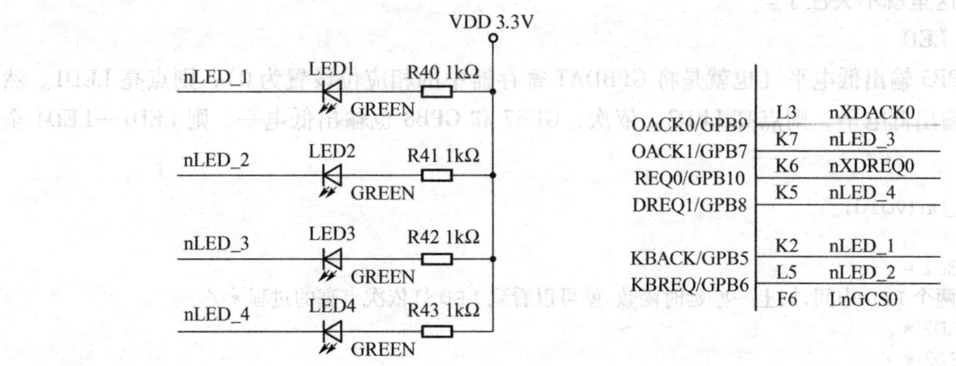

图 7.1 I/O 控制 LED 原理图

1. 原理图分析

(1) 四个发光二极管采用共阳极的连接方法，即四个发光二极管的阳极连接在一起，并连接到 3.3V 电源。

（2）发光二极管的负极分别连接到 S3C2440 的 GPB5 - GPB8。

（3）根据电路原理可知，当 GPB5 - GPB8 输出低电平时，由于发光二极管两端加上电压，则发光二极管点亮；当 GPB5 - GPB8 输出高电平时，由于发光二极管两端压差为 0，则发光二极管熄灭。

（4）通过程序控制 GPB5 - GPB8 有规律的输出高/低电平，实现发光二极管有规律地亮/灭。

2. 程序实现

（1）GPB 端口寄存器定义

根据 C 语言语法规则，在使用硬件寄存器之前必须对其进行定义。以下代码源自 s3c2440. h 头文件。

```
#define rGPBCON  (*(volatile unsigned long *)0x56000010)        //GPB 的控制寄存器
#define rGPBDAT  (*(volatile unsigned long *)0x56000014)        //GPB 的数据寄存器
#define rGPBUP   (*(volatile unsigned long *)0x56000018)        //GPB 的上拉寄存器
```

以上代码中定义了三个宏 rGPBCON、rGPBDAT、rGPBUP，宏定义分别对应 GPBCON 寄存器的地址，GPBDAT 寄存器的地址，GPBUP 寄存器的地址。

通常，在对硬件寄存器进行操作时，对应的宏定义必须加上关键字 volatile。volatile 关键字是一种类型修饰符，用它声明的类型变量表示可以被某些编译器未知的因素更改。例如，操作系统、硬件或者其他线程等。遇到这个关键字声明的变量，编译器对访问该变量的代码就不再进行优化，从而可以提供对特殊地址的稳定访问。

（2）GPB 端口初始化

根据端口相关寄存器说明可知，在让某一个 I/O 端口输出高/低电平之前，必须先设置相应的配置寄存器为输出状态。

```
void Port_Init(void)
{
//端口      GPB8      GPB7      GPB6      GPB5
//LED       LED4      LED3      LED2      LED1

rGPBCON = ……;
rGPBUP = ……;
return;
}
```

GPBCON 中每两位控制一个引脚。以上代码配置 GPB5—GPB8 为输出端口。GPB 的其他引脚用作其他用途，这里就不关注了。

（3）点亮 LED

首先让 GPB5 输出低电平（也就是将 GPBDAT 寄存器中的相应位设置为 0），则点亮 LED1。然后再让 GPB6 输出低电平，则点亮 LED2。依次，GPB7 和 GPB8 也输出低电平，则 LED1—LED4 全部点亮。

```
void Led_On(void)
{
/* 点亮 LED1 */
/* 在点亮两个 LED 中间,加上一些延时函数,就可以看到 LED 灯依次点亮的过程 */
/* 点亮 LED2 */
/* 点亮 LED3 */
/* 点亮 LED4 */
}
```

（4）熄灭 LED

首先让 GPB8 输出高电平（也就是将 GPBDAT 寄存器中的相应位设置为 1），则熄灭 LED4。然后再让 GPB7 输出高电平，则熄灭 LED3。依次，GPB6 和 GPB5 也输出高电平，则 LED4—LED1 全部熄灭。

```
void Led_Off(void)
{
/*熄灭 LED4 */
/*熄灭 LED3 */
/*熄灭 LED2 */
/*熄灭 LED1 */
}
```

(5) LED 交替亮灭

我们让 GPB5—GPB8 周期性的间隔输出高电平和低电平，则所有四个 LED 周期性地间隔亮灭。

```
void Led_On_Off(void)
{
/*点亮 LED1 */
/*点亮 LED2,熄灭 LED1 */

/*点亮 LED3,熄灭 LED2 */

/*点亮 LED4,熄灭 LED3 */

/*全部熄灭 */
}
```

这里先给 GPBDAT 寄存器的 bit4 赋值为0，即让 GPB4 输出低电平，那么跟 GPB4 连接的发光二极管 LED1 就点亮。然后，再给 GPBDAT 寄存器的 bit4 赋值1，而给 bit5 赋值0，即让 GPB4 输出高电平，而让 GPB5 输出低电平，这样 LED1 熄灭而 LED2 点亮。依此类推，逐步间隔点亮4个发光二极管。最后，熄灭全部发光二极管。

为了人眼能够区分 LED1 - LED4 是交替亮灭，设计时在点亮和熄灭之间延时了一定时间。

7.2　S3C2440 中断控制器的工作原理与编程示例

7.2.1　概述

CPU 和外设构成了计算机系统，CPU 和外设之间通过总线进行连接，用于数据通信和控制，CPU 管理监视计算机系统中所有硬件，通常以两种方式来对硬件进行管理监视。

(1) 查询方式：CPU 不停地去查询每一个硬件的当前状态，根据硬件的状态决定处理与否。好比是工厂里的检查员，不停地检查各个岗位工作状态，发现情况及时处理。这种方式实现起来简单，通常用在只有少量外设硬件的系统中，如果一个计算机系统中有很多硬件，这种方式无疑是耗时、低效的，同时还大量占用 CPU 资源，并且对多任务系统反应迟钝。

(2) 中断方式：当某个硬件产生需要 CPU 处理的事件时，主动通过一根信号线“告知”CPU，同时设置某个寄存器里对应的位，CPU 一旦发现这根信号线上的电平有变化，就会中断当前程序，然后去处理该中断请求。这就像是医院的重危病房，病房每张病床床头有一个应急按钮，该按钮连接到病房监控室里控制台上的一盏指示灯，只要该张病床出现紧急情况病人按下按钮，病房监控室里电铃会响起，通知医护人员有紧急情况，医护人员这时查看控制台上的指示灯，找出具体病房，病床号，直接过去处理紧急情况。中断处理方式相对查询方式要复杂得多，并且需要硬件的支持，但是它处理的实时性更强，嵌入式系统里基本上都使用这种方式来处理。

系统中断是嵌入式硬件实时地处理内部或外部事件的一种机制。对于不同 CPU 而言，中断的处理只是细节不同，大体处理流程都一样，S3C2440 的中断控制器结构如图 7.2 所示。

中断请求由硬件产生，根据中断源类型分别将中断信号送到 SUBSRCPND（SubSourcePending）和 SRCPND（SourcePending）寄存器，SUBSRCPND 是子中断源暂存寄存器，用来保存子中断源信号；

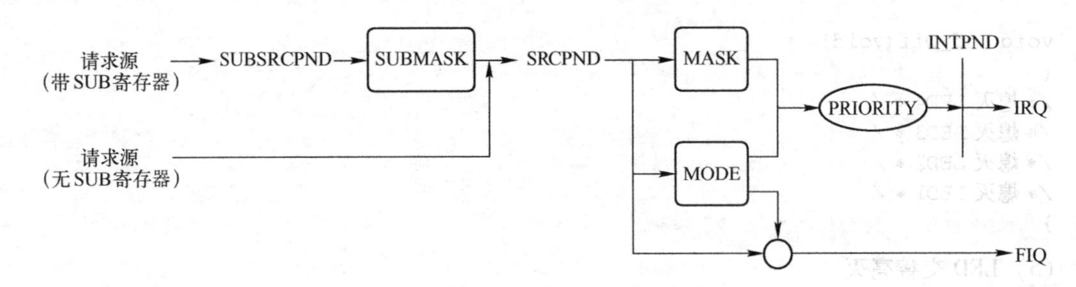

图 7.2　中断处理框图

SRCPND 是中断源暂存寄存器，用来保存中断源信号。中断信号可通过编程方式被屏蔽，SUBMASK 是子中断源屏蔽寄存器，可以屏蔽指定的子中断信号，MASK 功能同 SUBMASK 用来屏蔽中断源信号。中断分为两种模式：一般中断和快速中断，MODE 是中断模式判断寄存器，用来判断当前中断是否为快速中断，如果为快速中断直接将快速中断信号送给 ARM 内核，如果不是快速中断，还要将中断信号进行仲裁选择。S3C2440 支持多达 60 种中断，很有可能多个硬件同时产生中断请求，这时要求中断控制器做出裁决，PRIORITY 是中断源优先级仲裁选择器，当多个中断产生时，选择出优先级最高的中断源进行处理，INTPND 是中断源结果寄存器，里面存放优先级仲裁出的唯一中断源。

7.2.2　中断控制器操作

1. 程序状态寄存器（PSR）的 F 位和 I 位

如果 ARM920T CPU 中的 PSR 的 F 位被置位为 1，CPU 不会接受来自中断控制器的快中断请求（FIQ）。同样的如果 PSR 的 I 位被置位为 1，CPU 不会接受来自中断控制器的中断请求（IRQ）。因此，中断控制器可以通过清除 PSR 的 F 位和 I 位为 0 并且设置 INTMSK 的相应位为 0 来接收中断。

2. 中断模式

ARM920T 有两种中断模式的类型：FIQ 或 IRQ。所有中断源在中断请求时决定使用哪种类型。

3. 中断挂起寄存器

S3C2440 有两个中断挂起寄存器：源挂起寄存器（SRCPND）和中断挂起寄存器（INTPND）。这些挂起寄存器表明一个中断请求是否为挂起。当中断源请求中断服务，SRCPND 寄存器的相应位被置位为 1，并且同时在仲裁步骤后 INTPND 寄存器仅有 1 位自动置位为 1。如果屏蔽中断，则 SRCPND 寄存器的相应位被置位为 1。这并不会引起 INTPND 寄存器的位的改变。当 INTPND 寄存器的挂起位为置位，每当 I 标志或 F 标志被清除为 0 中断服务程序将开始。SRCPND 和 INTPND 寄存器可以被读取和写入，因此服务程序必须首先通过写 1 到 SRCPND 寄存器的相应位来清除挂起状态并且通过相同方法来清除 INTPND 寄存器中挂起状态。

4. 中断屏蔽寄存器

此寄存器表明如果中断相应的屏蔽位被置位为 1，则禁止该中断。如果某个 INTMSK 的中断屏蔽位为 0，将正常服务中断。如果 INTMSK 的中断屏蔽位为 1 并且产生了中断，将置位源挂起位。

7.2.3　中断源

S3C2440 将中断源分为两级：中断源和子中断源，中断源里包含单一中断源和复合中断源，复合中断源是子中断源的复合信号。如实时时钟中断，该硬件只会产生一种中断，它是单一中断源，直接将其中断信号线连接到中断源寄存器上。对于复合中断源，以 UART 串口为例进行说明，S3C2440 可以支持 3 个 UART 串口，每个串口对应一个复合中断源信号 INT_UARTn，每个串口可以产生三种中断，也就是三个子中断：接收数据中断 INT_RXDn，发送数据中断 INT_TXDn，数据错误中断 INT_ERRn，这三个子中断信号在中断源寄存器复合为一个中断信号，三种中断任何一个产生都会将中断信号传递给对应的中断源 INT_UARTn，然后通过中断信号线传递给 ARM 内核。S3C2440 中断控制器支持 60 个中断源，主中断源如表 7.10 所示。

表7.10　主中断源

源	描　述	仲 裁 组
INT_ADC	ADC EOC 和触屏中断（INT_ADC_S/INT_TC）	ARB5
INT_RTC	RTC 闹钟中断	ARB5
INT_SPI1	SPI1 中断	ARB5
INT_UART0	UART0 中断（ERR、RXD 和 TXD）	ARB5
INT_IIC	IIC 中断	ARB4
INT_USBH	USB 主机中断	ARB4
INT_USBD	USB 设备中断	ARB4
INT_NFCON	NANDFlash 控制中断	ARB4
INT_UART1	UART1 中断（ERR、RXD 和 TXD）	ARB4
INT_SPI0	SPI0 中断	ARB4
INT_SDI	SDI 中断	ARB3
INT_DMA3	DMA 通道 3 中断	ARB3
INT_DMA2	DMA 通道 2 中断	ARB3
INT_DMA1	DMA 通道 1 中断	ARB3
INT_DMA0	DMA 通道 0 中断	ARB3
INT_LCD	LCD 中断（INT_FrSyn 和 INT_FiCnt）	ARB3
INT_UART2	UART2 中断（ERR、RXD 和 TXD）	ARB2
INT_TIMER4	定时器 4 中断	ARB2
INT_TIMER3	定时器 3 中断	ARB2
INT_TIMER2	定时器 2 中断	ARB2
INT_TIMER1	定时器 1 中断	ARB2
INT_TIMER0	定时器 0 中断	ARB2
INT_WDT_AC97	看门狗定时器中断（INT_WDT、INT_AC97）	ARB1
INT_TICK	RTC 时钟滴答中断	ARB1
nBATT_FLT	电池故障中断	ARB1
INT_CAM	摄像头接口（INT_CAM_C、INT_CAM_P）	ARB1
EINT8_23	外部中断 8 至 23	ARB1
EINT4_7	外部中断 4 至 7	ARB1
EINT3	外部中断 3	ARB0
EINT2	外部中断 2	ARB0
EINT1	外部中断 1	ARB0
EINT0	外部中断 0	ARB0

中断次级源如表 7.11 所示。

表7.11　中断次级源

次 级 源	描　述	源
INT_AC97	AC97 中断	INT_WDT_AC97
INT_WDT	看门狗中断	INT_WDT_AC97

续表

次 级 源	描 述	源
INT_CAM_P	摄像头接口中 P 端口捕获中断	INT_CAM
INT_CAM_C	摄像头接口中 C 端口捕获中断	INT_CAM
INT_ADC_S	ADC 中断	INT_ADC
INT_TC	触摸屏中断（笔起/落）	INT_ADC
INT_ERR2	UART2 错误中断	INT_UART2
INT_TXD2	UART2 发送中断	INT_UART2
INT_RXD2	UART2 接收中断	INT_UART2
INT_ERR1	UART1 错误中断	INT_UART1
INT_TXD1	UART1 发送中断	INT_UART1
INT_RXD1	UART1 接收中断	INT_UART1
INT_ERR0	UART0 错误中断	INT_UART0
INT_TXD0	UART0 发送中断	INT_UART0
INT_RXD0	UART0 接收中断	INT_UART0

7.2.4 中断优先级

每个仲裁器可以处理基于 1 位仲裁器模式控制（ARB_MODE）和选择控制信号（ARB_SEL）的 2 位的 6 个中断请求，如下所示：

（1）如果 ARB_SEL 位为 00b，优先级顺序为 REQ0、REQ1、REQ2、REQ3、REQ4 和 REQ5。

（2）如果 ARB_SEL 位为 01b，优先级顺序为 REQ0、REQ2、REQ3、REQ4、REQ1 和 REQ5。

（3）如果 ARB_SEL 位为 10b，优先级顺序为 REQ0、REQ3、REQ4、REQ1、REQ2 和 REQ5。

（4）如果 ARB_SEL 位为 11b，优先级顺序为 REQ0、REQ4、REQ1、REQ2、REQ3 和 REQ5。

请注意仲裁器的 REQ0 的优先级总是最高并且 REQ5 的优先级总是最低。此外，通过改变 ARB_SEL 位，可以轮换 REQ1 到 REQ4 的顺序。

这里，如果 ARB_MODE 位被设置为 0，ARB_SEL 位不能自动改变，这使得仲裁器操作在固定优先级模式中（注意即使在此模式中，也不能通过手动改变 ARB_SEL 位来重新配置优先级）。另外，如果 ARB_MODE 为 1，ARB_SEL 位会被轮换方式而改变，如果 REQ1 被服务，ARB_SEL 位被自动改为 01b 以便 REQ1 进入到最低的优先级。ARB_SEL 改变的详细结果如下：

（1）如果 REQ0 或 REQ5 被服务，ARB_SEL 位不会改变。

（2）如果 REQ1 被服务，ARB_SEL 位被改为 01b。

（3）如果 REQ2 被服务，ARB_SEL 位被改为 10b。

（4）如果 REQ3 被服务，ARB_SEL 位被改为 11b。

（5）如果 REQ4 被服务，ARB_SEL 位被改为 00b。

中断优先级发生模块如图 7.3 所示。

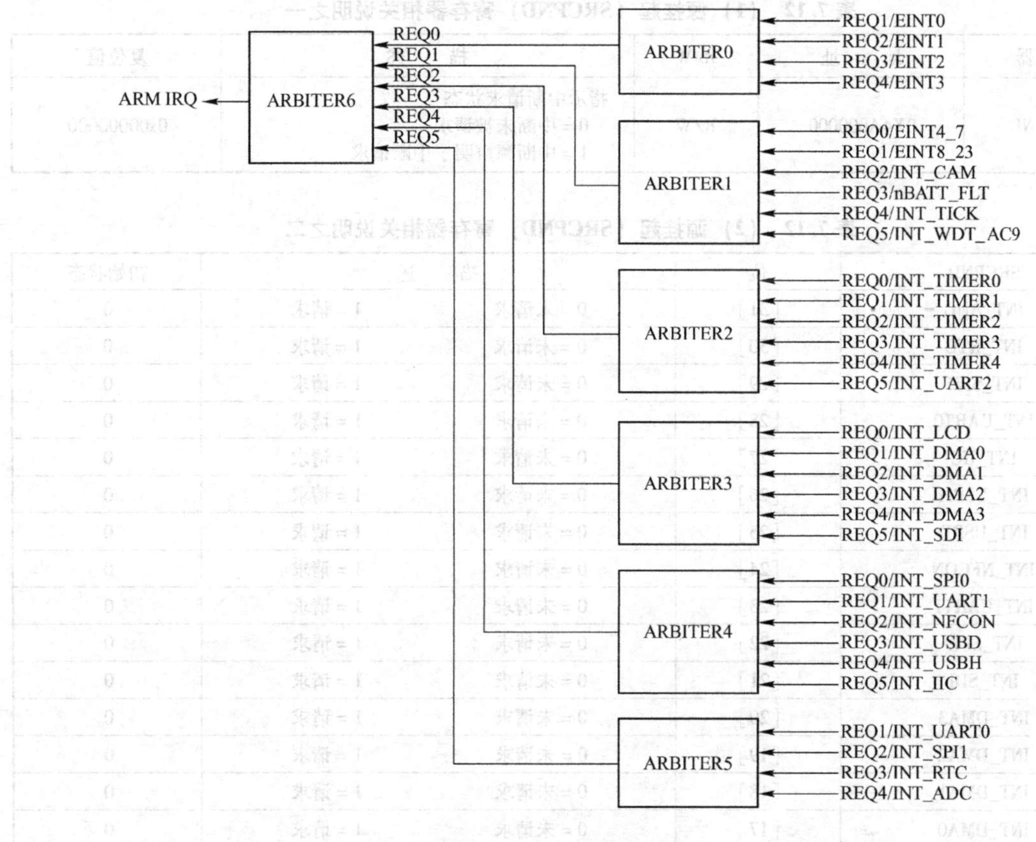

图7.3　优先级发生模块

7.2.5　中断控制器特殊寄存器

中断控制器包含5个控制寄存器：源挂起寄存器、中断模式寄存器、屏蔽寄存器、优先级寄存器和中断挂起寄存器。

所有来自中断源的中断请求首先被记录到源挂起寄存器中。基于中断模式寄存器，它们被分配到2个组中，包括快中断请求（FIQ）和中断请求（IRQ）。IRQ的多仲裁过程是基于优先级寄存器。

1. 源挂起寄存器

源挂起（SRCPND）寄存器由32位组成，其每一位都涉及一个中断源。如果中断源产生了中断则相应的位被设置为1并且等待中断服务。此寄存器指示出是哪个中断源正在等待请求服务。注意SRCPND寄存器的每一位都是由中断源自动置位，不受INTMASK寄存器中的屏蔽位影响。另外SRCPND寄存器也不受中断控制器的优先级逻辑的影响。

在指定中断源的中断服务程序中，必须通过清除SRCPND寄存器的相应位来正确获得来自相同源的中断请求。如果从ISR中返回并且未清除相应位，则中断控制器的操作就好像其他中断请求已经从同一个源进入了。换句话说，如果SRCPND寄存器的指定位被设置为1，其通常被认为一个有效中断请求正在等待服务。

清除相应位的时间依赖于用户的需要。如果希望收到来自相同中断源的其他有效请求，则应该首先清除相应位并设置使能中断。可以通过写入一个数据到此寄存器来清除SRCPND寄存器的指定位，这时只清除那些数据中被设置为1的相应位置的SRCPND位。那些数据中被设置为0的相应位置的位保持不变。

源挂起（SRCPND）寄存器相关说明如表7.12（1）~（2）所示。

表 7.12 (1) 源挂起(SRCPND)寄存器相关说明之一

寄存器	地址	R/W	描述	复位值
SRCPND	0X4A000000	R/W	指示中断请求状态 0 = 中断未被请求 1 = 中断源声明了中断请求	0x00000000

表 7.12 (2) 源挂起(SRCPND)寄存器相关说明之二

SRCPND	位	描述		初始状态
INT_ADC	[31]	0 = 未请求	1 = 请求	0
INT_RTC	[30]	0 = 未请求	1 = 请求	0
INT_SPI1	[29]	0 = 未请求	1 = 请求	0
INT_UART0	[28]	0 = 未请求	1 = 请求	0
INT_IIC	[27]	0 = 未请求	1 = 请求	0
INT_USBH	[26]	0 = 未请求	1 = 请求	0
INT_USBD	[25]	0 = 未请求	1 = 请求	0
INT_NFCON	[24]	0 = 未请求	1 = 请求	0
INT_UART1	[23]	0 = 未请求	1 = 请求	0
INT_SPI0	[22]	0 = 未请求	1 = 请求	0
INT_SDI	[21]	0 = 未请求	1 = 请求	0
INT_DMA3	[20]	0 = 未请求	1 = 请求	0
INT_DMA2	[19]	0 = 未请求	1 = 请求	0
INT_DMA1	[18]	0 = 未请求	1 = 请求	0
INT_DMA0	[17]	0 = 未请求	1 = 请求	0
INT_LCD	[16]	0 = 未请求	1 = 请求	0
INT_UART2	[15]	0 = 未请求	1 = 请求	0
INT_TIMER4	[14]	0 = 未请求	1 = 请求	0
INT_TIMER3	[13]	0 = 未请求	1 = 请求	0
INT_TIMER2	[12]	0 = 未请求	1 = 请求	0
INT_TIMER1	[11]	0 = 未请求	1 = 请求	0
INT_TIMER0	[10]	0 = 未请求	1 = 请求	0
INT_WDT_AC97	[9]	0 = 未请求	1 = 请求	0
INT_TICK	[8]	0 = 未请求	1 = 请求	0
nBATT_FLT	[7]	0 = 未请求	1 = 请求	0
INT_CAM	[6]	0 = 未请求	1 = 请求	0
EINT8_23	[5]	0 = 未请求	1 = 请求	0
EINT4_7	[4]	0 = 未请求	1 = 请求	0
EINT3	[3]	0 = 未请求	1 = 请求	0
EINT2	[2]	0 = 未请求	1 = 请求	0
EINT1	[1]	0 = 未请求	1 = 请求	0
EINT0	[0]	0 = 未请求	1 = 请求	0

2. 中断模式寄存器

中断模式(INTMOD)寄存器由 32 位组成,其每一位都涉及一个中断源。如果某个指定位被设置为 1,则在 FIQ(快中断)模式中处理相应中断。否则在 IRQ 模式中处理。

中断模式寄存器相关说明如表 7.13(1)~(2)所示。

表 7.13 （1）源挂起中断模式（INTMOD）寄存器相关说明之一

寄存器	地　址	R/W	描　述	复位值
INTMOD	0X4A000004	R/W	中断模式寄存器 0 = IRQ 模式 1 = FIQ 模式	0x00000000

注意：如果中断模式在 INTMOD 寄存器中设置为 FIQ 模式，则 FIQ 中断将不会影响 INTPND 和 INTOFFSET 寄存器。这种情况下，这两个寄存器只对 IRQ 中断源有效。

表 7.13 （2）源挂起中断模式（INTMOD）寄存器相关说明之二

INTMOD	位	描　述		初始状态
INT_ADC	[31]	0 = IRQ	1 = FIQ	0
INT_RTC	[30]	0 = IRQ	1 = FIQ	0
INT_SPI1	[29]	0 = IRQ	1 = FIQ	0
INT_UART0	[28]	0 = IRQ	1 = FIQ	0
INT_IIC	[27]	0 = IRQ	1 = FIQ	0
INT_USBH	[26]	0 = IRQ	1 = FIQ	0
INT_USBD	[25]	0 = IRQ	1 = FIQ	0
INT_NFCON	[24]	0 = IRQ	1 = FIQ	0
INT_UART1	[23]	0 = IRQ	1 = FIQ	0
INT_SPI0	[22]	0 = IRQ	1 = FIQ	0
INT_SDI	[21]	0 = IRQ	1 = FIQ	0
INT_DMA3	[20]	0 = IRQ	1 = FIQ	0
INT_DMA2	[19]	0 = IRQ	1 = FIQ	0
INT_DMA1	[18]	0 = IRQ	1 = FIQ	0
INT_DMA0	[17]	0 = IRQ	1 = FIQ	0
INT_LCD	[16]	0 = IRQ	1 = FIQ	0
INT_UART2	[15]	0 = IRQ	1 = FIQ	0
INT_TIMER4	[14]	0 = IRQ	1 = FIQ	0
INT_TIMER3	[13]	0 = IRQ	1 = FIQ	0
INT_TIMER2	[12]	0 = IRQ	1 = FIQ	0
INT_TIMER1	[11]	0 = IRQ	1 = FIQ	0
INT_TIMER0	[10]	0 = IRQ	1 = FIQ	0
INT_WDT_AC97	[9]	0 = IRQ	1 = FIQ	0
INT_TICK	[8]	0 = IRQ	1 = FIQ	0
nBATT_FLT	[7]	0 = IRQ	1 = FIQ	0
INT_CAM	[6]	0 = IRQ	1 = FIQ	0
EINT8_23	[5]	0 = IRQ	1 = FIQ	0
EINT4_7	[4]	0 = IRQ	1 = FIQ	0
EINT3	[3]	0 = IRQ	1 = FIQ	0
EINT2	[2]	0 = IRQ	1 = FIQ	0
EINT1	[1]	0 = IRQ	1 = FIQ	0
EINT0	[0]	0 = IRQ	1 = FIQ	0

3. 中断屏蔽寄存器

中断屏蔽（INTMSK）寄存器由 32 位组成，其每一位都涉及一个中断源。如果某个指定位被设置为 1，则 CPU 不会去服务来自相应中断源的中断请求（请注意即使在这种情况中，SRCPND 寄存器的相应位也设置为 1）。如果屏蔽位为 0，则可以服务中断请求。

中断屏蔽（INTMSK）寄存器相关说明如表7.14（1）~（2）所示。

表7.14 （1）中断屏蔽（INTMSK）寄存器相关说明之一

寄存器	地　址	R/W	描　述	复位值
INTMSK	0X4A000008	R/W	决定屏蔽哪个中断源。被屏蔽的中断源将不会服务 0 = 中断服务可用 1 = 屏蔽中断服务	0xFFFFFFFF

表7.14 （2）中断屏蔽（INTMSK）寄存器相关说明之二

INTMSK	位	描　述		初始状态
INT_ADC	[31]	0 = 可服务	1 = 屏蔽	1
INT_RTC	[30]	0 = 可服务	1 = 屏蔽	1
INT_SPI1	[29]	0 = 可服务	1 = 屏蔽	1
INT_UART0	[28]	0 = 可服务	1 = 屏蔽	1
INT_IIC	[27]	0 = 可服务	1 = 屏蔽	1
INT_USBH	[26]	0 = 可服务	1 = 屏蔽	1
INT_USBD	[25]	0 = 可服务	1 = 屏蔽	1
INT_NFCON	[24]	0 = 可服务	1 = 屏蔽	1
INT_UART1	[23]	0 = 可服务	1 = 屏蔽	1
INT_SPI0	[22]	0 = 可服务	1 = 屏蔽	1
INT_SDI	[21]	0 = 可服务	1 = 屏蔽	1
INT_DMA3	[20]	0 = 可服务	1 = 屏蔽	1
INT_DMA2	[19]	0 = 可服务	1 = 屏蔽	1
INT_DMA1	[18]	0 = 可服务	1 = 屏蔽	1
INT_DMA0	[17]	0 = 可服务	1 = 屏蔽	1
INT_LCD	[16]	0 = 可服务	1 = 屏蔽	1
INT_UART2	[15]	0 = 可服务	1 = 屏蔽	1
INT_TIMER4	[14]	0 = 可服务	1 = 屏蔽	1
INT_TIMER3	[13]	0 = 可服务	1 = 屏蔽	1
INT_TIMER2	[12]	0 = 可服务	1 = 屏蔽	1
INT_TIMER1	[11]	0 = 可服务	1 = 屏蔽	1
INT_TIMER0	[10]	0 = 可服务	1 = 屏蔽	1
INT_WDT_AC97	[9]	0 = 可服务	1 = 屏蔽	1
INT_TICK	[8]	0 = 可服务	1 = 屏蔽	1
nBATT_FLT	[7]	0 = 可服务	1 = 屏蔽	1
INT_CAM	[6]	0 = 可服务	1 = 屏蔽	1
EINT8_23	[5]	0 = 可服务	1 = 屏蔽	1
EINT4_7	[4]	0 = 可服务	1 = 屏蔽	1
EINT3	[3]	0 = 可服务	1 = 屏蔽	1
EINT2	[2]	0 = 可服务	1 = 屏蔽	1
EINT1	[1]	0 = 可服务	1 = 屏蔽	1
EINT0	[0]	0 = 可服务	1 = 屏蔽	1

4. 优先级寄存器

优先级寄存器（PRIORITY）寄存器相关说明如表7.15（1）~（2）所示。

表7.15　(1) 优先级寄存器（PRIORITY）寄存器相关说明之一

寄存器	地　址	R/W	描　述	复位值
PRIORITY	0X4A00000C	R/W	IRQ	优先级控制寄存器

表7.15　(2) 优先级寄存器（PRIORITY）寄存器相关说明之二

PRIORITY	位	描　述	初始状态
ARB_SEL6	[20:19]	仲裁器组6优先级顺序设置 00 = REQ0-1-2-3-4-5　01 = REQ 0-2-3-4-1-5 10 = REQ0-3-4-1-2-5　11 = REQ 0-4-1-2-3-5	00
ARB_SEL5	[18:17]	仲裁器组5优先级顺序设置 00 = REQ0-1-2-3-4-5　01 = REQ 0-2-3-4-1-5 10 = REQ0-3-4-1-2-5　11 = REQ 0-4-1-2-3-5	00
ARB_SEL4	[16:15]	仲裁器组4优先级顺序设置 00 = REQ0-1-2-3-4-5　01 = REQ 0-2-3-4-1-5 10 = REQ0-3-4-1-2-5　11 = REQ 0-4-1-2-3-5	00
ARB_SEL3	[14:13]	仲裁器组3优先级顺序设置 00 = REQ0-1-2-3-4-5　01 = REQ 0-2-3-4-1-5 10 = REQ0-3-4-1-2-5　11 = REQ 0-4-1-2-3-5	00
ARB_SEL2	[12:11]	仲裁器组2优先级顺序设置 00 = REQ0-1-2-3-4-5　01 = REQ 0-2-3-4-1-5 10 = REQ0-3-4-1-2-5　11 = REQ 0-4-1-2-3-5	00
ARB_SEL1	[10:9]	仲裁器组1优先级顺序设置 00 = REQ0-1-2-3-4-5　01 = REQ 0-2-3-4-1-5 10 = REQ0-3-4-1-2-5　11 = REQ 0-4-1-2-3-5	00
ARB_SEL0	[8:7]	仲裁器组0优先级顺序设置 00 = REQ0-1-2-3-4-5　01 = REQ 0-2-3-4-1-5 10 = REQ0-3-4-1-2-5　11 = REQ 0-4-1-2-3-5	00
ARB_MODE6	[6]	仲裁器组6优先级轮换使能 0 = 优先级不轮换 1 = 优先级轮换使能	1
ARB_MODE5	[5]	仲裁器组5优先级轮换使能 0 = 优先级不轮换 1 = 优先级轮换使能	1
ARB_MODE4	[4]	仲裁器组4优先级轮换使能 0 = 优先级不轮换 1 = 优先级轮换使能	1
ARB_MODE3	[3]	仲裁器组3优先级轮换使能 0 = 优先级不轮换 1 = 优先级轮换使能	1
ARB_MODE2	[2]	仲裁器组2优先级轮换使能 0 = 优先级不轮换 1 = 优先级轮换使能	1
ARB_MODE1	[1]	仲裁器组1优先级轮换使能 0 = 优先级不轮换 1 = 优先级轮换使能	1
ARB_MODE0	[0]	仲裁器组0优先级轮换使能 0 = 优先级不轮换 1 = 优先级轮换使能	1

5. 中断挂起寄存器

中断挂起（INTPND）寄存器中32位的每一位都表明了是否未屏蔽并且正在等待中断服务的中断请求具有最高的优先级。当INTPND寄存器在优先级逻辑设置后被定位了，只有1位可以设置为1并且产生中断请求IRQ给CPU。IRQ的中断服务程序中可以读取此寄存器来决定服务32个中断源的哪个源。

例如SRCPND寄存器，必须在中断服务程序中清除了SRCPND寄存器后清除此寄存器。可以通过写入数据到此寄存器中来清除INTPND寄存器的指定位。只会清除数据中设置为1的相应IN-

TPND 寄存器位的位置。数据中设置为 0 的相应位的位置则保持不变。

中断挂起寄存器相关说明如表 7.16（1）~（2）所示。

表 7.16　（1）中断挂起（INTPND）寄存器相关说明之一

寄存器	地　址	R/W	描　述	复位值
INTPND	0X4A000010	R/W	指示中断请求状态 0 = 未请求中断 1 = 中断源已声明中断请求	0x7F

注意：如果 FIQ 模式中断发生，则 INTPND 的相应位将不会打开因为 INTPND 寄存器只对 IRQ 模式中断可见。

表 7.16　（2）中断挂起（INTPND）寄存器相关说明之二

INTPND	位	描　述		初始状态
INT_ADC	[31]	0 = 未请求	1 = 请求	0
INT_RTC	[30]	0 = 未请求	1 = 请求	0
INT_SPI1	[29]	0 = 未请求	1 = 请求	0
INT_UART0	[28]	0 = 未请求	1 = 请求	0
INT_IIC	[27]	0 = 未请求	1 = 请求	0
INT_USBH	[26]	0 = 未请求	1 = 请求	0
INT_USBD	[25]	0 = 未请求	1 = 请求	0
INT_NFCON	[24]	0 = 未请求	1 = 请求	0
INT_UART1	[23]	0 = 未请求	1 = 请求	0
INT_SPI0	[22]	0 = 未请求	1 = 请求	0
INT_SDI	[21]	0 = 未请求	1 = 请求	0
INT_DMA3	[20]	0 = 未请求	1 = 请求	0
INT_DMA2	[19]	0 = 未请求	1 = 请求	0
INT_DMA1	[18]	0 = 未请求	1 = 请求	0
INT_DMA0	[17]	0 = 未请求	1 = 请求	0
INT_LCD	[16]	0 = 未请求	1 = 请求	0
INT_UART2	[15]	0 = 未请求	1 = 请求	0
INT_TIMER4	[14]	0 = 未请求	1 = 请求	0
INT_TIMER3	[13]	0 = 未请求	1 = 请求	0
INT_TIMER2	[12]	0 = 未请求	1 = 请求	0
INT_TIMER1	[11]	0 = 未请求	1 = 请求	0
INT_TIMER0	[10]	0 = 未请求	1 = 请求	0
INT_WDT_AC97	[9]	0 = 未请求	1 = 请求	0
INT_TICK	[8]	0 = 未请求	1 = 请求	0
nBATT_FLT	[7]	0 = 未请求	1 = 请求	0
INT_CAM	[6]	0 = 未请求	1 = 请求	0
EINT8_23	[5]	0 = 未请求	1 = 请求	0
EINT4_7	[4]	0 = 未请求	1 = 请求	0
EINT3	[3]	0 = 未请求	1 = 请求	0
EINT2	[2]	0 = 未请求	1 = 请求	0
EINT1	[1]	0 = 未请求	1 = 请求	0
EINT0	[0]	0 = 未请求	1 = 请求	0

6. 中断偏移寄存器

中断偏移（INTOFFSET）寄存器中的值表明了是哪个 IRQ 模式的中断请求在 INTPND 寄存器

中。此位可以通过清楚 SRCPND 和 INTPND 自动清除。

中断偏移寄存器相关说明如表7.17（1）~（2）所示。

表7.17 （1）中断偏移（INTOFFSET）寄存器相关说明之一

寄存器	地 址	R/W	描 述	复位值
INTOFFSET	0x4A000014	R	指示 IRQ 中断请求源	0x00000000

表7.17 （2）中断偏移（INTOFFSET）寄存器相关说明之二

中 断 源	偏 移 量	中 断 源	偏 移 量
INT_ADC	31	INT_UART2	15
INT_RTC	30	INT_TIMER4	14
INT_SPI1	29	INT_TIMER3	13
INT_UART0	28	INT_TIMER2	12
INT_IIC	27	INT_TIMER1	11
INT_USBH	26	INT_TIMER0	10
INT_USBD	25	INT_WDT_AC97	9
INT_NFCON	24	INT_TICK	8
INT_UART1	23	nBATT_FLT	7
INT_SPI0	22	INT_CAM	6
INT_SDI	21	EINT8_23	5
INT_DMA3	20	EINT4_7	4
INT_DMA2	19	EINT3	3
INT_DMA1	18	EINT2	2
INT_DMA0	17	EINT1	1
INT_LCD	16	EINT0	0

注意：FIQ 模式中断不会影响 INTOFFSET 寄存器因为该寄存器只对 IRQ 模式中断有效。

7. 次级源挂起寄存器

可以通过写入数据到次级源挂起（SUBSRCPND）寄存器来清除 SUBSRCPND 寄存器的指定位。只有数据中那些被设置为1的相应 SUBSRCPND 寄存器的位的位置才能被清除。数据中那些被设置为0的相应位的位置则保持不变。

次级源挂起寄存器相关说明如表7.18（1）~（3）所示。

表7.18 （1）次级源挂起（SUBSRCPND）寄存器相关说明之一

寄存器	地 址	R/W	描 述	复位值
SUBSRCPND	0X4A000018	R/W	指示中断请求状态 0 = 未请求中断 1 = 中断源已声明中断请求	0x00000000

表7.18 （2）次级源挂起（SUBSRCPND）寄存器相关说明之二

SUBSRCPND	位	描 述		初始状态
保留	[31:15]	未使用		0
INT_AC97	[14]	0 = 未请求	1 = 请求	0
INT_WDT	[13]	0 = 未请求	1 = 请求	0
INT_CAM_P	[12]	0 = 未请求	1 = 请求	0
INT_CAM_C	[11]	0 = 未请求	1 = 请求	0
INT_ADC_S	[10]	0 = 未请求	1 = 请求	0

续表

SUBSRCPND	位	描 述		初始状态
INT_TC	[9]	0 = 未请求	1 = 请求	0
INT_ERR2	[8]	0 = 未请求	1 = 请求	0
INT_TXD2	[7]	0 = 未请求	1 = 请求	0
INT_RXD2	[6]	0 = 未请求	1 = 请求	0
INT_ERR1	[5]	0 = 未请求	1 = 请求	0
INT_TXD1	[4]	0 = 未请求	1 = 请求	0
INT_RXD1	[3]	0 = 未请求	1 = 请求	0
INT_ERR0	[2]	0 = 未请求	1 = 请求	0
INT_TXD0	[1]	0 = 未请求	1 = 请求	0
INT_RXD0	[0]	0 = 未请求	1 = 请求	0

表 7.18 （3）次级源挂起（SUBSRCPND）寄存器相关说明之三

SRCPND	SUBSRCPND	备注
INT_UART0	INT_RXD0，INT_TXD0，INT_ERR0	
INT_UART1	INT_RXD1，INT_TXD1，INT_ERR1	
INT_UART2	INT_RXD2，INT_TXD2，INT_ERR2	
INT_ADC	INT_ADC_S，INT_TC	
INT_CAM	INT_CAM_C，INT_CAM_P	
INT_WDT_AC97	INT_WDT，INT_AC97	

8. 中断次级屏蔽寄存器

中断次级屏蔽（INTSUBMSK）寄存器有 11 位，其每一位都与一个中断源相联系。如果某个指定位被设置为 1，则相应中断源的中断请求不会被 CPU 所服务（请注意即使在这种情况中，SRCPND 寄存器的相应位也设置为 1）。如果屏蔽位为 0，则可以服务中断请求。

中断次级屏蔽寄存器相关说明如表 7.19（1）~（2）所示。

表 7.19 （1）中断次级屏蔽（INTSUBMSK）寄存器相关说明之一

寄存器	地 址	R/W	描 述	复位值
INTSUBMSK	0X4A00001C	R/W	决定屏蔽哪个中断源。被屏蔽的中断源将不会服务 0 = 中断服务可用 1 = 屏蔽中断服务	0xFFFF

表 7.19 （2）中断次级屏蔽（INTSUBMSK）寄存器相关说明之二

INTSUBMSK	位	描 述		初始状态
保留	[31:15]	未使用		0
INT_AC97	[14]	0 = 可服务	1 = 屏蔽	1
INT_WDT	[13]	0 = 可服务	1 = 屏蔽	1
INT_CAM_P	[12]	0 = 可服务	1 = 屏蔽	1
INT_CAM_C	[11]	0 = 可服务	1 = 屏蔽	1
INT_ADC_S	[10]	0 = 可服务	1 = 屏蔽	1
INT_TC	[9]	0 = 可服务	1 = 屏蔽	1
INT_ERR2	[8]	0 = 可服务	1 = 屏蔽	1
INT_TXD2	[7]	0 = 可服务	1 = 屏蔽	1

续表

INTSUBMSK	位	描　述		初始状态
INT_RXD2	[6]	0=可服务	1=屏蔽	1
INT_ERR1	[5]	0=可服务	1=屏蔽	1
INT_TXD1	[4]	0=可服务	1=屏蔽	1
INT_RXD1	[3]	0=可服务	1=屏蔽	1
INT_ERR0	[2]	0=可服务	1=屏蔽	1
INT_TXD0	[1]	0=可服务	1=屏蔽	1
INT_RXD0	[0]	0=可服务	1=屏蔽	1

7.2.6 中断编程实例

电路图如图7.4所示。启动程序后，PC串口收到数据“the main is running”。按下S2和S4，PC串口分别收到“EINT0 is occurred”和“EINT2 is occurred”。

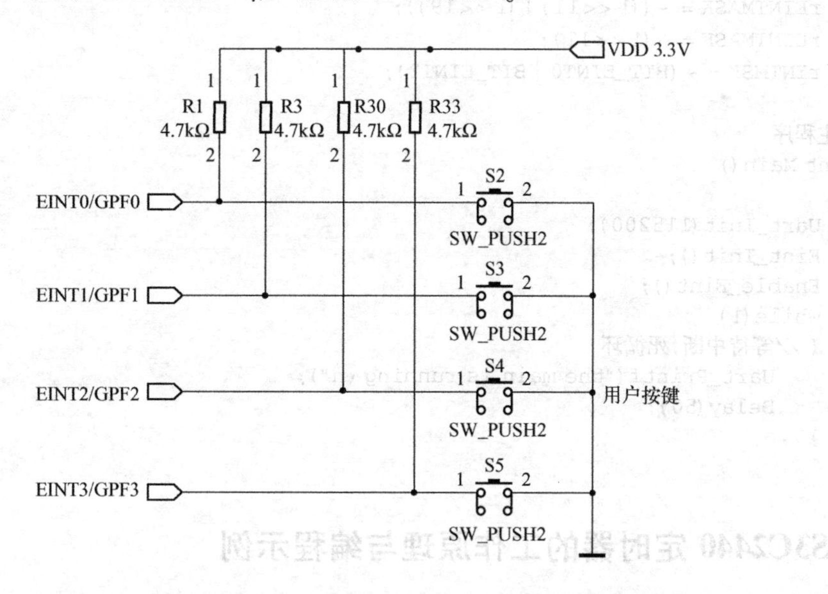

图7.4　中断实验电路图（按键S2和S4为中断0和中断2）

中断程序：

```
/**********************中断0程序*******************************/
static void __irq Eint0_ISR(void)
{
    Delay(10);
    Uart_Printf("EINT0 is occurred.\n");
    ClearPending(BIT_EINT0);
}
/**********************中断2程序*******************************/
static void __irq Eint2_ISR(void)
{
    Delay(10);
    ClearPending(BIT_EINT2);
    Uart_Printf("EINT2 is occurred.\n");
}
/**********************中断初始化*******************************/
void Eint_Init(void)
{
```

```
    rGPFCON = rGPFCON & ~ (3) | (1 <<1);           //GPF0 设置为 EINT0
    rGPFCON = rGPFCON & ~ (3 <<4) | (1 <<5);       //GPF2 设置为 EINT2
    rGPFUP | = (1 <<0);                            //disable GPF0 pull up
    rGPFUP | = (1 <<2);                            //disable GPF2 pull up
    rEXTINT0 = (rEXTINT0 & ~ (7 <<0)) | (2 <<0);   //EINT0 -> falling edge triggered
    rEXTINT0 = (rEXTINT0 & ~ (7 <<8)) | (2 <<8);   //EINT2 -> falling edge triggered
    pISR_EINT0 = (unsigned)Eint0_ISR;
    pISR_EINT2 = (unsigned)Eint2_ISR;
}
/********************** 中断使能 ****************************** /
void Enable_Eint(void)
{
    rEINTPEND = 0xffffff;      //to clear the previous pending states
    rSRCPND  | = BIT_EINT0 | BIT_EINT2;
    rINTPND  | = BIT_EINT0 | BIT_EINT2;
    rEINTMASK = ~ ((1 <<11) | (1 <<19));
    rEINTMASK = ~ (1 <<11);
    rINTMSK = ~ (BIT_EINT0 | BIT_EINT2);
}
//主程序
  int Main()
{
    Uart_Init(115200);
    Eint_Init();
    Enable_Eint();
    while(1)
    { //等待中断,死循环
        Uart_Printf("the main is running\n");
        Delay(50);
    }
}
```

7.3 S3C2440 定时器的工作原理与编程示例

7.3.1 概述

S3C2440 有 5 个 16 位定时器。其中定时器 0、1、2 和 3 具有脉宽调制（PWM）功能。定时器 4 是一个无输出引脚的内部定时器。定时器 0 还包含用于大电流的驱动发生器。

定时器 0 和 1 共用一个 8 位预分频器，定时器 2、3 和 4 共用另外的 8 位预分频器。每个定时器都有一个可以生成 5 种不同分频信号（1/2，1/4，1/8，1/16 和 TCLK）的时钟分频器。每个定时器模块从相应 8 位预分频器得到时钟的时钟分频器中得到其自己的时钟信号。8 位预分频器是可编程的，并且按存储在 CFG0 和 TCFG1 寄存器中的加载值来分频 PCLK。

定时计数缓冲寄存器（TCNTBn）包含了一个当使能了定时器时的被加载到递减计数器中的初始值。定时比较缓冲寄存器（TCMPBn）包含了一个被加载到比较寄存器中的与递减计数器相比较的初始值。这种 TCNTBn 和 TCMPBn 的双缓冲特征保证了改变频率和占空比时定时器产生稳定的输出。

每个定时器有自己的由定时器时钟驱动的 16 位递减计数器。当递减计数器到达零时，产生定时器中断请求通知 CPU 定时器操作已经完成。当定时器计数器到达零时，相应的 TCNTBn 的值将自动被加载到递减计数器以继续下一次操作。然而，如果定时器停止了，如在定时器运行模式期间清除 TCONn 的定时器使能位，TCNTBn 的值将不会被重新加载到计数器中。

TCMPBn 的值是用于脉宽调制（PWM）。当递减计数器的值与定时器控制逻辑中的比较寄存器的值相匹配时定时器控制逻辑改变输出电平。因此，比较寄存器决定 PWM 输出的开启时间（或关闭时间）。

7.3.2 定时器内部逻辑控制工作流程

其工作流程如下：

（1）程序初始，先设置 TCMPBn、TCNTBn 这两个寄存器，分别表示定时器 n 的比较值和初始计数值。

（2）然后设置 TCON 寄存器启动定时器 n，这时 TCMPBn、TCNTBn 值将被装入内部寄存器 TCMPn、TCNTn。在定时器 n 的工作频率下，TCNTn 开始减 1 计数，其值可以通过读取 TCNTOn 得知。

（3）当 TCNTn 值等于 TCMPn 值的时候，定时器 n 的输出引脚 TOUTn 反转；TCNTn 继续减 1 计数。

（4）当 TCNTn 值为 0，输出引脚 TOUTn 再次反转，并触发定时器 n 中断（中断使能）。

（5）当 TCNTn 值为 0，如果在 TCON 寄存器中将定时器 n 设为自动加载。

7.3.3 脉宽调制 PWM 实现

PWM 是通过引脚 TOUT0—TOUT3 输出的，而这 4 个引脚是与 GPB0—GPB3 复用的，因此要实现 PWM 功能首先要把相应的引脚配置成 TOUT 输出。接着再设置定时器的输出时钟频率，它是以 PCLK 为基准，再除以用寄存器 TCFG0 配置的 prescaler 参数和用寄存器 TCFG1 配置的 divider 参数。然后设置脉冲的具体宽度，它的基本原理是通过寄存器 TCNTBn 来对寄存器 TCNTn（内部寄存器）进行配置计数，TCNTn 是递减的，如果减到零，则它又会重新装载 TCNTBn 里的数，重新开始计数。而寄存器 TCMPBn 作为比较寄存器与计数值进行比较，当 TCNTn 等于 TCMPBn 时，TOUTn 输出的电平会翻转；当 TCNTn 减为零时，电平会又翻转过来，就这样周而复始。因此这一步的关键是设置寄存器 TCNTBn 和 TCMPBn，前者可以确定一个计数周期的时间长度，而后者可以确定方波的占空比。由于 S3C2440 定时器具有双缓存，因此可以在定时器运行的状态下，改变这两个寄存器的值，它会在下个周期开始有效。最后就是对 PWM 的控制，它是通过寄存器 TCON 来实现的，当不想计数了，可以使自动重载无效。这样在 TCNTn 减为零后，不会有新的数加载给它，那么 TOUTn 输出会始终保持一个电平（输出反转位为 0 时，是高电平输出；输出反转位为 1 时，是低电平输出），这样就没有 PWM 功能了，因此这一位可以用于停止 PWM。

7.3.4 定时器相关寄存器

1. 定时器配制寄存器 0（TCFG0）

定时器输入时钟频率 = PCLK/{预分频值 +1}/{分频值}

{预分频值} =0 ~255

{分频值} =2,4,8,16

该寄存器相关说明如表 7.20（1）~（2）所示。

表 7.20 （1）定时器配制寄存器 0（TCFG0）相关说明之一

寄存器	地址	R/W	描述	复位值
TCFG0	0x51000000	R/W	配制两个 8 位预分频器	0x00000000

表 7.20 （2）定时器配制寄存器 0（TCFG0）相关说明之二

TCFG0	位	描述	初始状态
保留	[31:24]		0x00
死区长度	[23:16]	该 8 位决定了死区段。死区段持续为 1 的时间等于定时器 0 持续为 1 的时间	0x00

续表

TCFG0	位	描述	初始状态
Prescaler	[15:8]	该 8 位决定了定时器 2，3 和 4 的预分频值	0x00
Prescaler	[7:0]	该 8 位决定了定时器 0 和 1 的预分频值	0x00

2. 定时器配置寄存器 1（TCFG1）

该寄存器相关说明如表 7.21（1）~（2）所示。

表 7.21 （1）定时器配置寄存器 1（TCFG1）相关说明之一

寄存器	地址	R/W	描述	复位值
TCFG1	0x51000004	R/W	5 路多路选择器和 DMA 模式选择寄存器	0x00000000

表 7.21 （2）定时器配置寄存器 1（TCFG1）相关说明之二

[31:24]	[23:20]	[19:16]	[15:12]	[11:8]	[7:4]	[3:0]
保留	DMA 模式	MUX4	MUX3	MUX2	MUX1	MUX0

注：MUX4—MUX0——timer4—timer0 分频值选择如下：

0000:1/2　　0001:1/4

0010:1/8　　0011:1/16

01XX:选择外部 TCLK0、TCLK1

可选择外部时钟为记数信号（对 timer0、timer1 是选 TCLK0，对 timer4、timer3、timer2 是选 TCLK1）。

3. 定时器控制寄存器（TCON）

该寄存器相关说明如表 7.22（1）~（2）所示。

表 7.22 （1）定时器控制寄存器 1（TCON）相关说明之一

[31:23]	22	21	20	19	18	17	16	15	14	13
保留	TL4	TUP4	TR4	TL3	TO3	TUP3	TR3	TL2	TO2	TUP2

注：TL4—TL0——计数初值自动重装控制位：

0:单次计数。

1:计数器值减到 0 时，自动重新装入初值连续计数。

TUP4—TUP0——计数初值手动装载控制位：

0:不操作。

1:立即将 TCNTBn 中的计数初值装载到计数寄存器 TCNTn 中。

说明：如果没有执行手动装载初值，则计数器启动时无初值。

表 7.22 （2）定时器控制寄存器 1（TCON）相关说明之二

12	11	10	9	8	7…5	4	3	2	1	0
TR2	TL1	TO1	TUP1	TR1	保留	DZE	TL0	TO0	TUP0	TR0

注：TR4—TR0——TIMER4—TIMER0 运行控制位：

0:停止；　　1:启动对应的 TIMER。

TO3—TO0——TIMER4—TIMER0 输出控制位：

0:正相输出；　　1:反相输出。

4. 定时器 n(n=0,1,2,3,4)计数缓冲寄存器和比较缓冲寄存器（TCNTBn/TCMPBn）

该寄存器相关说明如表 7.23 所示。

表 7.23　定时器 n 计数缓冲寄存器和比较缓冲寄存器（TCNTBn/TCMPBn）相关说明

寄存器	地址	R/W	描　述	复位值
TCNTB0	0x5100000C	R/W	定时器 0 计数缓冲寄存器	0x00000000
TCMPB0	0x51000010	R/W	定时器 0 比较缓冲寄存器	0x00000000
TCNTB1	0x51000018	R/W	定时器 1 计数缓冲寄存器	0x00000000
TCMPB1	0x5100001C	R/W	定时器 1 比较缓冲寄存器	0x00000000
TCNTB2	0x51000024	R/W	定时器 2 计数缓冲寄存器	0x00000000
TCMPB2	0x51000028	R/W	定时器 2 比较缓冲寄存器	0x00000000
TCNTB3	0x51000030	R/W	定时器 3 计数缓冲寄存器	0x00000000
TCMPB3	0x51000034	R/W	定时器 3 比较缓冲寄存器	0x00000000
TCNTB4	0x5100003C	R/W	定时器 4 计数缓冲寄存器	0x00000000
TCMPB4	0x51000040	R/W	定时器 4 比较缓冲寄存器	0x00000000

TCNTBn 是 16 位的寄存器，该寄存器设置定时器 n 计数缓冲器的值，TCMPBn 是 16 位的寄存器，该寄存器设置定时器 n 比较缓冲器的值。

5. 定时器（n=0,1,2,3,4）计数监视寄存器

定时器计数监视寄存器（TCNTOn）相关说明如表 7.24 所示。

表 7.24　定时器 n 计数监视寄存器（TCNTOn）相关说明

寄存器	地址	R/W	描　述	复位值
TCNTO0	0x51000014	R	定时器 0 计数监视寄存器	0x00000000
TCNTO1	0x51000020	R	定时器 0 计数监视寄存器	0x00000000
TCNTO2	0x5100002C	R	定时器 0 计数监视寄存器	0x00000000
TCNTO3	0x51000038	R	定时器 0 计数监视寄存器	0x00000000
TCNTO4	0x51000040	R	定时器 0 计数监视寄存器	0x00000000

TCNTOn 是 16 位的寄存器，该寄存器存放定时器 n 计数监视值。

7.3.5　定时器编程实例

接口电路如图 7.5 如示。将 S3C2440 的 TOUT0 端口（定时器 1 的脉冲输出端口，GPB0）与蜂鸣器的脉冲输入端口相连。蜂鸣器使 TOUT0 输出 300～3 400Hz 的时钟信号来驱动蜂鸣器。

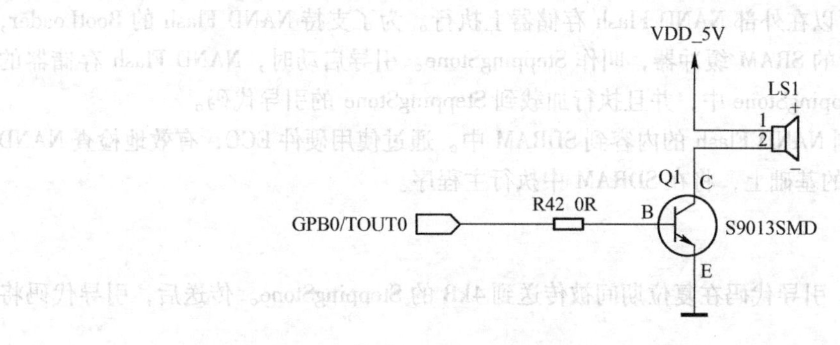

图 7.5　蜂鸣器接口电路图

定时器主要程序如下：

```
/****************************************************************************
【功能说明】蜂鸣器 PWM 测试
```

```
******************************************************************************/
void BUZZER_PWM_Test(void)
{
  U16 freq = 1000;
  Uart_Printf("\nBUZZER TEST(PWM Control)\n");
  Uart_Printf("Press +/- to increase/reduce the frequency of BUZZER !\n");
  Uart_Printf("Press 'ESC' key to Exit this program !\n\n");
  Buzzer_Freq_Set(freq);
  while(1)
  {
    U8 key = Uart_Getch();
     if(key == '+')
     {
       if(freq < 20000)
       freq += 10;
        Buzzer_Freq_Set(freq);
     }
     if(key == '-')
     {
       if(freq > 11)
       freq -= 10;
       Buzzer_Freq_Set(freq);
      }
     Uart_Printf("\tFreq = %d\n",freq);
     if(key == ESC_KEY)
    {
      Buzzer_Stop();
     return;
    }
  }
}
```

7.4　S3C2440 NAND Flash 存储器的工作原理与编程示例

7.4.1　概述

目前的 NOR Flash 存储器价格较高，相对而言 SDRAM 和 NAND Flash 存储器更经济，这样促使了一些用户在 NAND Flash 中执行引导代码，在 SDRAM 中执行主代码。

S3C2440 引导代码可以在外部 NAND Flash 存储器上执行。为了支持 NAND Flash 的 BootLoader，S3C2440 配备了一个内置的 SRAM 缓冲器，叫作 SteppingStone。引导启动时，NAND Flash 存储器的开始 4kB 将被加载到 SteppingStone 中，并且执行加载到 SteppingStone 的引导代码。

通常引导代码会复制 NAND Flash 的内容到 SDRAM 中。通过使用硬件 ECC，有效地检查 NAND Flash 数据。在复制完成的基础上，将在 SDRAM 中执行主程序。

7.4.2　特性

（1）关于引导启动：引导代码在复位期间被传送到 4kB 的 SteppingStone。传送后，引导代码将在 SteppingStone 中执行。

（2）NAND Flash 存储器接口：支持 256B，512B，1kB 和 2kB。

（3）软件模式：用户可以直接访问 NAND Flash 存储器。例如，此特性可用于 NAND Flash 存储器的读/擦除/编程。

（4）接口：8/16 位 NAND Flash 存储器接口总线。

（5）硬件ECC生成，检测和指示（软件纠错）。

（6）SFR I/F：支持小端模式是按字节/半字/字访问数据和ECC数据寄存器，和按字访问其他寄存器。

（7）SteppingStone接口：支持大/小端模式的按字节/半字/字访问。

（8）SteppingStone 4kB内部SRAM缓冲器可以在NAND Flash引导启动后用于其他用途。

7.4.3　软件模式

S3C2440只支持软件模式的访问。使用该模式，用户可以完整地访问NAND Flash存储器。NAND Flash控制器支持NAND Flash存储器的直接访问接口。

（1）写命令寄存器＝NAND Flash存储器命令周期

（2）写地址寄存器＝NAND Flash存储器地址周期

（3）写数据寄存器＝写入数据到NAND Flash存储器（写周期）

（4）读数据寄存器＝从NAND Flash存储器读取数据（读周期）

（5）读主ECC寄存器和备份ECC寄存器＝从NAND Flash存储器读取数据

注意：在软件模式下，必须用定时查询或中断来检测RnB状态输入引脚。

7.4.4　NAND Flash控制器的寄存器

NAND Flash控制器的寄存器主要有NAND Flash配置寄存器NFCONF，NAND Flash控制寄存器NFCONT，NAND Flash命令集寄存器NFCMMD，NAND Flash地址集寄存器NFADDR，NAND Flash数据寄存器NFDATA，NAND Flash的main区ECC寄存器NFMECCD0/1，NAND Flash的spare区ECC寄存器NFSECCD，NAND Flash操作状态寄存器NFSTAT，NAND Flash的ECC状态寄存器NFESTAT0/1，NAND Flash用于数据的ECC寄存器NFMECC0/1，以及NAND Flash用于I/O的ECC寄存器NFSECC。

（1）NFCONF：S3C2440的NFCONF寄存器是用来设置NAND Flash的时序参数TACLS、TWRPH0、TWRPH1。配置寄存器的［3:0］是只读位，用来指示外部所接的NAND Flash的配置信息，它们是由配置引脚NCON，GPG13，GPG14和GPG15所决定的（比如说K9F2G08U0A的配置为NCON、GPG13和GPG14接高电平，GPG15接低电平，所以［3:0］位状态应该是1110）。

（2）NFCONT：用来使能/禁止NAND Flash控制器、使能/禁止控制引脚信号nFCE、初始化ECC。它还有其他功能，在一般的应用中用不到，如锁定NAND Flash。

（3）NFCMMD：对于不同型号的Flash，操作命令一般不一样。参考前面介绍的K9F2G08U0A命令序列。

（4）NFADDR：当写这个寄存器时，它将对Flash发出地址信号。只用到低8位来传输，所以需要分次来写入一个完整的32位地址，K9F2G08U0A的地址序列在图4已经做了详细说明。

（5）NFDATA：只用到低8位，读/写此寄存器将启动对NAND Flash的读/写数据操作。

（6）STAT：只用到位0，用来检测NAND Flash是否准备好。0：busy，1：ready。

NFCONF寄存器使用TACLS、TWRPH0、TWRPH1这3个参数来控制NAND Flash信号线CLE/ALE与写控制信号nWE的时序关系，它们之间的关系如图7.6和图7.7所示。

TACLS为CLE/ALE有效到nWE有效之间的持续时间，TWRPH0为nWE的有效持续时间，TWRPH1为nWE无效到CLE/ALE无效之间的持续时间，这些时间都是以HCLK为单位的。以K9F2G08U0A存储器为例，通过查阅K9F2G08U0A的数据手册，可以找到并计算与S3C2440相对应的时序：K9F2G08U0A中的Twp与TWRPH0相对应，TCLH与TWRPH1相对应，TACLS应该是与TCLS相对应。K9F2G08U0A给出的都是最小时间，S3C2440只要满足它的最小时间即可。

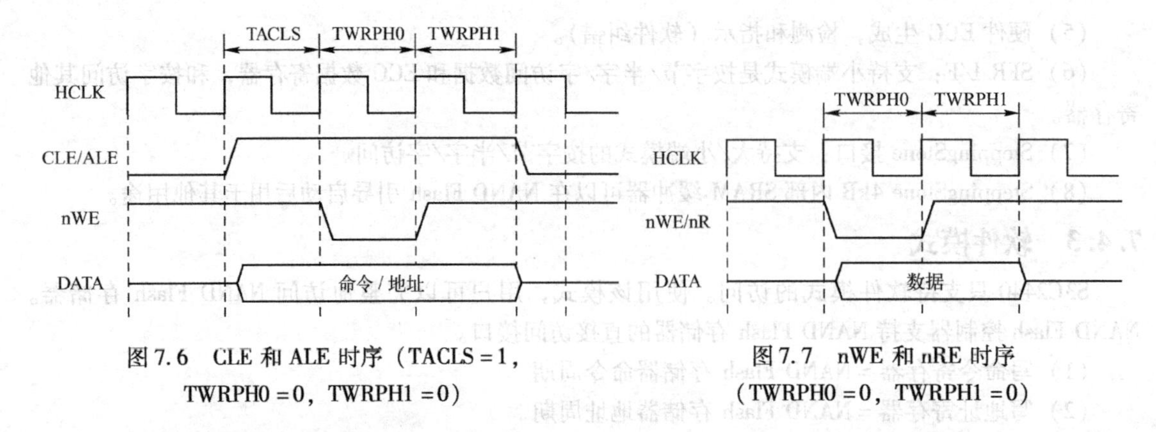

图 7.6 CLE 和 ALE 时序（TACLS = 1, TWRPH0 = 0, TWRPH1 = 0）

图 7.7 nWE 和 nRE 时序（TWRPH0 = 0, TWRPH1 = 0）

7.4.5 NAND Flash 编程实例

下面就开始详细介绍基于 K9F2G08U0A 的基本控制操作，包括复位、读 ID、页读、写数据、随意读、写数据、块擦除等。为了更好地应用 ECC 和使能 NAND Flash 片选，这里还需要一些宏定义。

```
#define NF_nFCE_L()          {rNFCONT & = ~(1 <<1);}
#define NF_CE_L()            NF_nFCE_L()              //打开 NAND Flash 片选
#define NF_nFCE_H()          {rNFCONT |= (1 <<1);}
#define NF_CE_H()            NF_nFCE_H()              //关闭 NAND Flash 片选
#define NF_RSTECC()          {rNFCONT |= (1 <<4);}    //复位 ECC
#define NF_MECC_UnLock()     {rNFCONT & = ~(1 <<5);}  //解锁 main 区 ECC
#define NF_MECC_Lock()       {rNFCONT |= (1 <<5);}    //锁定 main 区 ECC
#define NF_SECC_UnLock()     {rNFCONT & = ~(1 <<6);}  //解锁 spare 区 ECC
#define NF_SECC_Lock()       {rNFCONT |= (1 <<6);}    //锁定 spare 区 ECC
```

NFSTAT 是另一个比较重要的寄存器，它的第 0 位可以用于判断 NAND Flash 是否在忙，第 2 位用于检测 RnB 引脚信号，宏定义如下：

```
#define NF_WAITRB()      {while(!(rNFSTAT&(1 <<0)));}  //等待 NAND Flash 不忙
#define NF_CLEAR_RB()    {rNFSTAT |= (1 <<2);}         //清除 RnB 信号
#define NF_DETECT_RB()   {while(!(rNFSTAT&(1 <<2)));}  //等待 RnB 信号变高,即不忙
```

NFCMMD，NFADDR 和 NFDATA 分别用于传输命令，地址和数据，为了方便起见，这里可以定义一些宏定义用于完成上述操作。

```
#define NF_CMD(data)       {rNFCMD = (data);}      //传输命令
#define NF_ADDR(addr)      {rNFADDR = (addr);}     //传输地址
#define NF_RDDATA()        (rNFDATA)               //读 32 位数据
#define NF_RDDATA8()       (rNFDATA8)              //读 8 位数据
#define NF_WRDATA(data)    {rNFDATA = (data);}     //写 32 位数据
#define NF_WRDATA8(data)   {rNFDATA8 = (data);}    //写 8 位数据
```

首先，初始化操作过程：

```
void rNF_Init(void)
{
rNFCONF = (TACLS <<12) | (TWRPH0 <<8) | (TWRPH1 <<4) | (0 <<0);  //初始化时序参数
rNFCONT = (0 <<13) | (0 <<12) | (0 <<10) | (0 <<9) | (0 <<8) | (1 <<6) | (1 <<5) | (1 <<4) | (1
<<1) | (1 <<0);
/* 非锁定,屏蔽 NAND Flash 中断,初始化 ECC 及锁定 main 区和 spare 区 ECC,使能 NAND Flash 片选
及控制器 * /
```

```
rNF_Reset();                                  //复位芯片
}
```

复位操作,写入复位命令

```
static void rNF_Reset()
{
NF_CE_L();                                    //打开 NAND Flash 片选
NF_CLEAR_RB();                                //清除 RnB 信号
NF_CMD(CMD_RESET);                            //写入复位命令
NF_DETECT_RB();                               //等待 RnB 信号变高,即不忙
NF_CE_H();                                    //关闭 NAND Flash 片选
}
```

读取 K9F2G08U0A 芯片 ID 的操作如下：时序图在 datasheet 的 figure18。首先需要写入读 ID 命令（0x90），然后再写入 0x00 地址，并等待芯片就绪，就可以读取到一共五个周期的芯片 ID，第一个周期为厂商 ID，第二个周期为设备 ID，第三个周期至第五个周期包括了一些具体的该芯片信息，函数如下：

```
static char rNF_ReadID()
{
    char pMID;
    char pDID;
    char cyc3,cyc4,cyc5;

    NF_nFCE_L();                              //打开 NAND Flash 片选
    NF_CLEAR_RB();                            //清 RnB 信号
    NF_CMD(CMD_READID);                       //读 ID 命令
    NF_ADDR(0x0);                             //写 0x00 地址
    for(i =0;i <100;i ++);等一段时间
    //读五个周期的 ID
    pMID = NF_RDDATA8();                      //厂商 ID:0xEC
    pDID = NF_RDDATA8();                      //设备 ID:0xDA
    cyc3 = NF_RDDATA8();                      //0x10
    cyc4 = NF_RDDATA8();                      //0x95
    cyc5 = NF_RDDATA8();                      //0x44
    NF_nFCE_H();                              //关闭 NAND Flash 片选
    return(pDID);
}
```

下面介绍 NAND Flash 读操作，读操作是以页为单位进行的。如果在读取数据的过程中不进行 ECC 校验判断，则读操作比较简单，在写入读命令的两个周期之间写入要读取的页地址，然后读取数据即可。如果为了更准确地读取数据，则在读取完数据之后还要进行 ECC 校验判断，以确定所读取的数据是否正确。在上文中已经介绍过，NAND Flash 的每一页有两区：main 区和 spare 区，main 区用于存储正常的数据，spare 区用于存储其他附加信息，其中就包括 ECC 校验码。当用户在写入数据的时候，就计算这一页数据的 ECC 校验码，然后把校验码存储到 spare 区的特定位置中；在下次读取这一页数据的时候，同样也计算 ECC 校验码，然后与 spare 区中的 ECC 校验码比较。如果一致，则说明读取的数据正确；如果不一致，则不正确。ECC 的算法较为复杂，好在 S3C2440 能够硬件产生 ECC 校验码，这样就省去了不少的麻烦事。S3C2440 既可以产生 main 区的 ECC 校验码，也可以产生 spare 区的 ECC 校验码。因为 K9F2G08U0A 是 8 位 I/O 口，所以 S3C2440 共产生 4 个字节的 main 区 ECC 码和 2 个字节的 spare 区 ECC 码。这里规定，在每一页的 spare 区的第 0 个地址到第 3 个地址存储 main 区 ECC，第 4 个地址和第 5 个地址存储 spare 区 ECC。

产生 ECC 校验码的过程为：在读取或写入哪个区的数据之前，先解锁该区的 ECC，以便产生该区的 ECC。在读取或写入完数据之后，再锁定该区的 ECC，这样系统就会把产生的 ECC 码保存

到相应的寄存器中。main 区的 ECC 保存到 NFMECC0/1 中（因为 K9F2G08U0A 是 8 位 I/O 口，因此这里只用到了 NFMECC0），spare 区的 ECC 保存到 NFSECC 中。对于读操作来说，还要继续读取 spare 区的相应地址内容，以得到上次写操作时所存储的 main 区和 spare 区的 ECC，并把这些数据分别放入 NFMECCD0/1 和 NFSECCD 的相应位置中。最后就可以通过读取 NFESTAT0/1（因为 K9F2G08U0A 是 8 位 I/O 口，因此这里只用到了 NFESTAT0）中的低 4 位来判断读取的数据是否正确，其中第 0 位和第 1 位为 main 区指示错误，第 2 位和第 3 位为 spare 区指示错误。

下面是一段具体的页读操作程序：

```
U8 rNF_ReadPage(U32 page_number)
{
    U32 i,mecc0,secc;
NF_RSTECC();                          //复位 ECC
NF_MECC_UnLock();                     //解锁 main 区 ECC
    NF_nFCE_L();                      //使能芯片
    NF_CLEAR_RB();                    //清除 RnB
NF_CMD(CMD_READ1);                    //页读命令周期 1,0x00
    //写入 5 个地址周期
    NF_ADDR(0x00);                    //列地址 A0 - A7
    NF_ADDR(0x00);                    //列地址 A8 - A11
    NF_ADDR((addr)& 0xff);            //行地址 A12 - A19
    NF_ADDR((addr >>8)& 0xff);        //行地址 A20 - A27
    NF_ADDR((addr >>16)& 0xff);       //行地址 A28
    NF_CMD(CMD_READ2);                //页读命令周期 2,0x30
    NF_DETECT_RB();                   //等待 RnB 信号变高,即不忙
      for(i =0;i <2048;i ++)
    {
        buf[i]=   NF_RDDATA8();       //读取一页数据内容
    }
    NF_MECC_Lock();                   //锁定 main 区 ECC 值
    NF_SECC_UnLock();                 //解锁 spare 区 ECC
    mecc0 =NF_RDDATA();
    //读 spare 区的前 4 个地址内容,即第 2048 ~2051 地址,这 4 个字节为 main 区的 ECC
    //把读取到的 main 区的 ECC 校验码放入 NFMECCD0 /1 的相应位置内
rNFMECCD0 = ((mecc0&0xff00) <<8) | (mecc0&0xff);
rNFMECCD1 = ((mecc0&0xff000000) >>8) | ((mecc0&0xff0000) >>16);
    NF_SECC_Lock();                   //锁定 spare 区的 ECC 值
    secc =NF_RDDATA();
    /* 继续读 spare 区的 4 个地址内容,即第 2052 ~2055 地址,其中前 2 个字节为 spare 区的 ECC
值 */
    //把读取到的 spare 区的 ECC 校验码放入 NFSECCD 的相应位置内
rNFSECCD = ((secc&0xff00) <<8) | (secc&0xff);
    NF_nFCE_H();                      //关闭 NAND Flash 片选
    //判断所读取到的数据是否正确
if((rNFESTAT0&0xf) ==0x0)
return 0x66;                          //正确
else
return 0x44;                          //错误
}
```

这段程序是把某一页的内容读取到全局变量数组 buffer 中。该程序的输入参数直接就为 K9F2G08U0A 的第几页，例如当要读取第 128 064 页中的内容时，可以调用该程序为：rNF_ReadPage(128 064)。由于第 128 064 页是第 2 001 块中的第 0 页（128 064 =2 001 ×64 +0），所以为了更清楚地表示页与块之间的关系，也可以写为：rNF_ReadPage(2 001 ×64)。

页写操作的大致流程为：在两个写命令周期之间分别写入页地址和数据。当然如果为了保证下

次读取该数据时的正确性，还需要把 main 区的 ECC 值和 spare 区的 ECC 值写入该页的 spare 区内。然后还需要读取状态寄存器，以判断这次写操作是否正确。下面就给出一段具体的页写操作程序，其中输入参数也是要写入数据到第几页：

```
U8 rNF_WritePage(U32 page_number)
{
U32 i,mecc0,secc;
U8 stat,temp;
temp = rNF_IsBadBlock(page_number >>6);        //判断该块是否为坏块
if(temp == 0x33)
return 0x42;                                   //是坏块,返回
NF_RSTECC();                                   //复位 ECC
NF_MECC_UnLock();                              //解锁 main 区的 ECC
NF_nFCE_L();                                   //打开 NAND Flash 片选
NF_CLEAR_RB();                                 //清 RnB 信号

NF_CMD(CMD_WRITE1);                            //页写命令周期 1
//写入 5 个地址周期
NF_ADDR(0x00);                                 //列地址 A0 ~ A7
NF_ADDR(0x00);                                 //列地址 A8 ~ A11
NF_ADDR((page_number)& 0xff);                  //行地址 A12 ~ A19
NF_ADDR((page_number >>8)& 0xff);              //行地址 A20 ~ A27
NF_ADDR((page_number >>16)& 0xff);             //行地址 A28

for(i = 0;i <2048;i ++)                        //写入一页数据
{
NF_WRDATA8((char)(i +6));
}
NF_MECC_Lock();                                //锁定 main 区的 ECC 值
mecc0 = rNFMECC0;                              //读取 main 区的 ECC 校验码
//把 ECC 校验码由字型转换为字节型,并保存到全局变量数组 ECCBuf 中
ECCBuf[0] = (U8)(mecc0&0xff);
ECCBuf[1] = (U8)((mecc0 >>8)& 0xff);
ECCBuf[2] = (U8)((mecc0 >>16)& 0xff);
ECCBuf[3] = (U8)((mecc0 >>24)& 0xff);
NF_SECC_UnLock();                              //解锁 spare 区的 ECC
//把 main 区的 ECC 值写入到 spare 区的前 4 个字节地址内,即第 2048 ~ 2051 地址
for(i = 0;i <4;i ++)
{
NF_WRDATA8(ECCBuf[i]);
}
NF_SECC_Lock();                                //锁定 spare 区的 ECC 值
secc = rNFSECC;                                //读取 spare 区的 ECC 校验码
//把 ECC 校验码保存到全局变量数组 ECCBuf 中
ECCBuf[4] = (U8)(secc&0xff);
ECCBuf[5] = (U8)((secc >>8)& 0xff);
//把 spare 区的 ECC 值继续写入到 spare 区的第 2052 ~ 2053 地址内
for(i = 4;i <6;i ++)
{
NF_WRDATA8(ECCBuf[i]);
}
    NF_CMD(CMD_WRITE2);                        //页写命令周期 2
    delay(1000);                               //延时一段时间,以等待写操作完成
NF_CMD(CMD_STATUS);                            //读状态命令
//判断状态值的第 6 位是否为 1,即是否在忙,该语句的作用与 NF_DETECT_RB();相同
do{
```

```
    stat = NF_RDDATA8 ();
    }while(!(stat&0x40));
    NF_nFCE_H();                                      //关闭 NAND Flash 片选
    //判断状态值的第 0 位是否为 0,为 0 则写操作正确,否则错误
    if(stat & 0x1)
    {
    temp = rNF_MarkBadBlock(page_number >>6);         //标注该页所在的块为坏块
    if(temp ==0x21)
    return 0x43                                       //标注坏块失败
    else
    return 0x44;                                      //写操作失败
    }
    else
    return 0x66;                                      //写操作成功
    }
```

该段程序先判断该页所在的块是否为坏块，如果是，则退出。在最后写操作失败后，还要标注该页所在的块为坏块，其中所用到的函数 rNF_IsBadBlock 和 rNF_MarkBadBlock，将在后面介绍。这里再总结一下该程序所返回数值的含义，0x42：表示该页所在的块为坏块；0x43：表示写操作失败，并且在标注该页所在的块为坏块时也失败；0x44：表示写操作失败，但是标注坏块成功；0x66：写操作成功。擦除是以块为单位进行的，因此在写地址周期时，只需写三个行周期，并且要从 A18 开始写起。与写操作一样，在擦除结束前还要判断是否擦除操作成功，另外同样也存在需要判断是否为坏块以及要标注坏块的问题。下面就给出一段具体的块擦除操作程序：

```
U8 rNF_EraseBlock(U32 block_number)
{
char stat,temp;
     temp = rNF_IsBadBlock(block_number);              //判断该块是否为坏块
if(temp ==0x33)
return 0x42;                                           //是坏块,返回
NF_nFCE_L();                                           //打开片选
NF_CLEAR_RB();                                         //清 RnB 信号
   NF_CMD(CMD_ERASE1);                                 //擦除命令周期 1
     //写入 3 个地址周期,从 A18 开始写起
NF_ADDR((block_number<<6)& 0xff);                      //行地址 A18 ~ A19
NF_ADDR((block_number>>2)& 0xff);                      //行地址 A20 ~ A27
NF_ADDR((block_number>>10)& 0xff);                     //行地址 A28
   NF_CMD(CMD_ERASE2);                                 //擦除命令周期 2
   delay(1000);                                        //延时一段时间
   NF_CMD(CMD_STATUS);                                 //读状态命令
  //判断状态值的第 6 位是否为 1,即是否在忙,该语句的作用与 NF_DETECT_RB();相同
do{
     stat = NF_RDDATA8();
}while(!(stat&0x40));
NF_nFCE_H();                                           //关闭 NAND Flash 片选

//判断状态值的第 0 位是否为 0,为 0 则擦除操作正确,否则错误
if(stat & 0x1)
{
     temp = rNF_MarkBadBlock(page_number >>6);         //标注该块为坏块
     if(temp ==0x21)
           return 0x43                                 //标注坏块失败
     else
           return 0x44;                                //擦除操作失败
}
```

```
else
return 0x66;                                          //擦除操作成功
}
```

该程序的输入参数为 K9F2G08U0A 的第几块，如要擦除第 2 001 块，则调用该函数为：rNF_EraseBlock(2 001)。K9F2G08U0A 除了提供了页读和页写功能外，还提供了页内地址随意读/写功能。页读和页写是从页的首地址开始读/写，而随意读/写实现了在一页范围内任意地址的读/写。随意读操作是在页读操作后输入随意读命令和页内列地址，这样就可以读取到列地址所指定地址的数据。随意写操作是在页写操作的第二个页写命令周期前，输入随意写命令和页内列地址，以及要写入的数据，这样就可以把数据写入到列地址所指定的地址内。下面两段程序实现了随意读和随意写功能，其中随意读程序的输入参数分别为页地址和页内地址，输出参数为所读取到的数据，随意写程序的输入参数分别为页地址、页内地址以及要写入的数据。

```
U8 rNF_RamdomRead(U32 page_number,U32 add)
{
NF_nFCE_L();                                 //打开 NAND Flash 片选
NF_CLEAR_RB();                               //清 RnB 信号
NF_CMD(CMD_READ1);                           //页读命令周期 1
//写入 5 个地址周期
NF_ADDR(0x00);                               //列地址 A0 ~ A7
NF_ADDR(0x00);                               //列地址 A8 ~ A11
NF_ADDR((page_number)& 0xff);                //行地址 A12 ~ A19
NF_ADDR((page_number >>8)& 0xff);            //行地址 A20 ~ A27
NF_ADDR((page_number >>16)& 0xff);           //行地址 A28
  NF_CMD(CMD_READ2);                         //页读命令周期 2
NF_DETECT_RB();                              //等待 RnB 信号变高,即不忙
NF_CMD(CMD_RANDOMREAD1);                     //随意读命令周期 1
//页内地址
NF_ADDR((char)(add&0xff));                   //列地址 A0 ~ A7
NF_ADDR((char)((add >>8)&0x0f));             //列地址 A8 ~ A11
NF_CMD(CMD_RANDOMREAD2);                     //随意读命令周期 2
return NF_RDDATA8();                         //读取数据
}
U8 rNF_RamdomWrite(U32 page_number,U32 add,U8 dat)
{
U8 temp,stat;
NF_nFCE_L();                                 //打开 NAND Flash 片选
NF_CLEAR_RB();                               //清 RnB 信号
NF_CMD(CMD_WRITE1);                          //页写命令周期 1
//写入 5 个地址周期
NF_ADDR(0x00);                               //列地址 A0 ~ A7
NF_ADDR(0x00);                               //列地址 A8 ~ A11
NF_ADDR((page_number)& 0xff);                //行地址 A12 ~ A19
NF_ADDR((page_number >>8)& 0xff);            //行地址 A20 ~ A27
NF_ADDR((page_number >>16)& 0xff);           //行地址 A28
NF_CMD(CMD_RANDOMWRITE);                     //随意写命令
//页内地址
NF_ADDR((char)(add&0xff));                   //列地址 A0 ~ A7
NF_ADDR((char)((add >>8)&0x0f));             //列地址 A8 ~ A11
    NF_WRDATA8(dat);                         //写入数据
NF_CMD(CMD_WRITE2);                          //页写命令周期 2
delay(1000);                                 //延时一段时间
NF_CMD(CMD_STATUS);                          //读状态命令
//判断状态值的第 6 位是否为 1,即是否在忙,该语句的作用与 NF_DETECT_RB();相同
do{
```

```
        stat =  NF_RDDATA8();
    }while(!(stat&0x40));
    NF_nFCE_H();                                //关闭 NAND Flash 片选
    //判断状态值的第 0 位是否为 0,为 0 则写操作正确,否则错误
    if(stat & 0x1)
    return 0x44;                                //失败
    else
    return 0x66;                                //成功
    }
```

下面介绍上文中提到的判断坏块以及标注坏块的那两个程序 rNF_IsBadBlock 和 rNF_MarkBadBlock。这里定义在 spare 区的第 6 个地址（即每页的第 2 054 地址）用来标注坏块，0x44 表示该块为坏块。要判断坏块时，利用随意读命令来读取 2 054 地址的内容是否为 0x44，要标注坏块时，利用随意写命令来向 2 054 地址写 0x33。下面就给出这两个程序，它们的输入参数都为块地址，也就是即使仅仅一页出现问题，也要标注整个块为坏块。

```
U8 rNF_IsBadBlock(U32 block)
{
        return rNF_RamdomRead(block * 64,2054);
}
U8 rNF_MarkBadBlock(U32 block)
{
U8 result;
result = rNF_RamdomWrite(block * 64,2054,0x33);
   if(result == 0x44)
return 0x21;                    //写坏块标注失败
else
return 0x60;                    //写坏块标注成功
}
```

7.5 本章小结

本章主要介绍了在前一章所设计的最小系统硬件平台上，进行简单程序设计的基本步骤，同时也介绍了 S3C2440 相关硬件模块的工作原理，通过对本章的阅读，希望读者能掌握基于 S3C2440 的嵌入式系统的基本编程方法。

本章的难点主要有两个：其一是中断管理控制器，由于 S3C2440 处理功能非常强大，中断管理相对来说比较复杂，理解 S3C2440 的中断管理控制器的工作原理和处理过程是掌握该模块的关键。只有正确理解中断管理相关寄存器的用法并进行相关设置，才能通过编程来完成基于 S3C2440 嵌入式系统的中断管理控制；其二是 Flash 的编程，嵌入式系统外接 Flash 存储器种类比较多，容量比较大，应用范围广。通过本章的学习，可以掌握根据不同外接 Flash 技术手册中的读、写、擦除等时序在 S3C2440 中完成 Flash 的操作编程。

思考与练习

1. 简述 S3C2440 定时器的工作原理。
2. 简述 PWM 波形是如何形成的。
3. 简述 PWM 中死区的概念。
4. 简述如何对 S3C2440 进行中断优先级的设置。
5. 完成一款 NAND Flash 芯片与 S3C2440 的电路设计，并对其控制编程。

第8章　Boot Loader及实现

Boot Loader负责硬件平台最基本的初始化，并引导Linux内核的启动。它的作用就相当于Windows中的BIOS（Basic Input Output System）。本章主要对Boot Loader种类、操作模式、启动方式、启动过程等作一个较详细的说明，最后介绍了U-Boot编译、移植与调试、Boot Loader的操作实现过程。通过对本章的阅读，可以使读者了解并掌握Boot Loader的工作原理及其实现。

本章的主要内容包括：

- Boot Loader简介
- Boot Loader的种类
- Boot Loader的操作模式
- Boot Loader的启动方式
- Boot Loader的启动过程
- U-Boot编译、移植与调试
- Boot Loader的实现

8.1　Boot Loader简介

Boot Loader是操作系统运行之前的一段小程序，它主要负责初始化硬件设备，建立内存空间的映射表等，将操作系统映像装载到内存中，然后跳转到操作系统所在的空间，启动操作系统运行。

Boot Loader是基于特定的硬件平台来实现的，所以嵌入式系统不可能建立一个通用的Boot Loader，它不仅依赖于CPU的体系结构，而且依赖于嵌入式系统板级设备的配置。但是大部分的Boot Loader又具有很多的共性，某些Boot Loader也能够支持多种体系结构的嵌入式系统，移植到U-Boot，就能同时支持Power PC，ARM，MIPS和X86等体系结构，并且能够支持百种以上的板子。Boot Loader的启动过程是多阶段的，这使得它既能提供复杂的功能，又有很好的可移植性。

8.2　Boot Loader的种类

随着嵌入式系统的发展，Boot Loader的种类也不断增多，对其种类的划分也有多种方式，可以按处理器体系结构来划分，还可以按照复杂程度的不同来划分。与Boot Loader功能类似的还有Monitor，但是与Boot Loader不同的是，除了引导设备、执行主程序外，还提供了更多的命令行接口，可以进行调试、读/写内存、烧写Flash、配置环境变量等。Monitor可以在嵌入式系统开发过程中提供很好的调试功能，开发完成以后就设置成Boot Loader，所以通常意义上可以把Monitor和Boot Loader统称为Boot Loader。

对于每种体系结构，都有一系列的开放源码的Boot Loader可以选用。表8.1列出了现有的比较常用的Boot Loader。

表8.1　开放源码的Linux引导程序

Boot Loader	Monitor	描　述	X86	ARM	Power PC
LILO	否	Linux磁盘引导程序	是	否	否
GRUB	否	GNU的LILO替代程序	是	否	否
Loadin	否	从DOS引导Linux	是	否	否

续表

Boot Loader	Monitor	描　述	X86	ARM	Power PC
ROLO	否	从 ROM 引导 Linux 而不需要 BIOS	是	否	否
Etherboot	否	通过以太网卡启动 Linux 系统的固件	是	否	否
LinuxBIOS	否	完全替代 BUIS 的 Linux 引导程序	是	否	否
BLOB	否	LART 等硬件平台的引导程序	否	是	否
U - Boot	是	通用引导程序	是	是	是
RedBoot	是	基于 eCos 的引导程序	是	是	是

（1）X86：X86 的工作站和服务器上一般使用 LILO 和 GRUB。LILO 是 Linux 发行版主流的 Boot Loader。不过 Redhat Linux 发行版已经使用了 GRUB，GRUB 比 LILO 有更友好的显示界面，使用配置也更加灵活方便。在某些 X86 嵌入式单板机或特殊设备上，会采用其他 Boot Loader，如 ROLO。这些 Boot Loader 可以取代 BIOS 的功能，能够从 Flash 中直接引导 Linux 启动。现在 ROLO 支持的开发板已经并入 U - Boot，所以 U - Boot 也可以支持 X86 平台。

（2）ARM：ARM 处理器的芯片商很多，所以每种芯片的开发板都有自己的 Boot Loader，结果是 ARM Boot Loader 也变得多种多样。最早有为 ARM720 处理器开发板设计的固件，又有了 armboot，StrongARM 平台的 blob，还有 S3C2440 处理器开发板上的 vivi 等。现在 armboot 已经并入了 U - Boot，所以 U - Boot 也支持 ARM/XSCALE 平台。U - Boot 已经成为 ARM 平台事实上的标准 Boot Loader。

（3）PowerPC：PowerPC 平台的处理器有标准的 Boot Loader，就是 PPCBOOT。PPCBOOT 在合并 armboot 等之后，创建了 U - Boot，成为各种体系结构开发板的通用引导程序。U - Boot 仍然是 PowerPC 平台的主要 Boot Loader。

8.3 Boot Loader 的操作模式

大多数的 Boot Loader 都包含有两种不同的操作模式：本地加载模式和远程下载模式。

1. 启动加载模式

启动加载模式也称为“自主”（Autonomous）模式。即 Boot Loader 从目标机上的某个固态存储设备上将操作系统加载到 RAM 中运行，整个过程并没有用户的介入。这种模式是 Boot Loader 的正常工作模式，在发布的嵌入式产品中，Boot Loader 都应该工作在这种模式下。

2. 远程下载模式

在远程下载模式下，目标机上的 Boot Loader 将通过串口连接或网络连接等通信手段从主机（Host）下载文件，如下载内核映像和根文件系统映像等。从主机下载的文件通常首先被 Boot Loader 保存到目标机的 RAM 中，然后再被 Boot Loader 写到目标机上的 Flash 类固态存储设备中。Boot Loader 的这种模式通常在第一次安装内核与根文件系统时被使用。此外，以后的系统更新也会使用 Boot Loader 的这种工作模式。工作于这种模式下的 Boot Loader，通常都会向它的终端用户提供一个简单的命令行接口。

8.4 Boot Loader 的启动方式

系统启动后，所有的 CPU 都会从处理器设定的复位地址开始执行，ARM 处理器在复位时从地址 0x00000000 提取第一条指令，所以嵌入式系统的开发板的 ROM 或 Flash 都要映射到这个地址，把 Boot Loader 程序设置在相应的 Flash 位置，系统加电后，就会首先执行它。

Boot Loader 引导系统有多种启动方式，如网络启动方式、硬盘启动方式、Flash 启动方式等。

8.4.1 网络启动方式

网络启动方式不需要开发板配置较大的存储介质，类似于无盘工作站，但是需要在启动之前，把 Boot Loader 安装到板上的 EPROM 或者 Flash 中，Boot Loader 通过以太网接口远程下载 Linux 内核映像或文件系统。

开发板的传输接口有串口、以太网接口、USB 口等，其中以太网接口因为速率快，传输简单等优点成为最为普遍的网络启动接口。

以以太网连接方式为例，首先，需要在服务器上配置启动相关的网络服务，利用 DHCP/BOOTP 服务为 Boot Loader 分配 IP 地址，配置网络参数，开启 TFTP 服务，把内核映像和其他文件放在/tftpboot 目录下，Boot Loader 客户端通过简单的 TFTP 协议远程下载内核映像到开发板内存。

具体过程如图 8.1 所示。

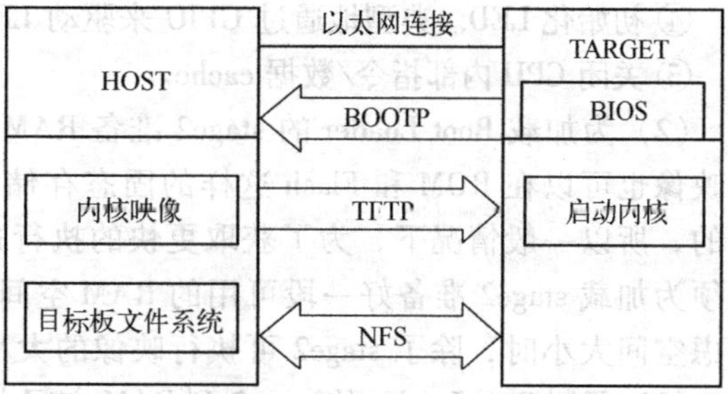

图 8.1　以太网连接方式

8.4.2　磁盘启动方式

传统的 Linux 系统运行在台式机和服务器上，这样的系统是使用 BIOS 引导，且使用磁盘作为存储介质，进入 BIOS 设置菜单，设置 BIOS 从软盘、光盘或某块硬盘启动，在硬盘的主引导分区，还需要安装 Boot Loader，Boot Loader 负责从磁盘文件系统中把操作系统引导起来。

传统的 Linux 引导程序有 LILO，之后又出现了 GRUB。它们都可以引导操作系统。

8.4.3　Flash 启动方式

大多数嵌入式系统都使用 Flash 存储介质，有些 Flash 可以支持随机访问（如 NOR Flash），所以代码可以直接在 Flash 上执行。Boot Loader 一般存储在 Flash 芯片上，这种情况下通常需要把 Flash 分区使用，图 8.2 是 Boot Loader 和内核映像及文件系统的分区表。

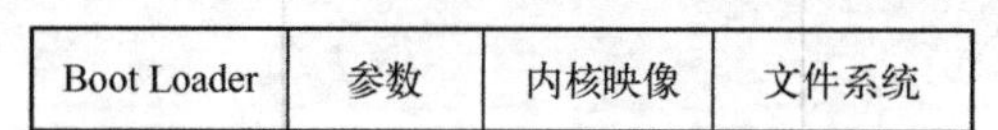

图 8.2　固态存储设备的典型空间分配结构

- Boot Loader 根据处理器的复位向量设置，放置在 Flash 的底端或者顶端，使 Boot Loader 的入口位于处理器上电执行第一条指令的位置。
- 参数区，这里作为 Boot Loader 的参数保存区。
- 内核映像区，Boot Loader 引导 Linux 内核，就是从这个地方把内核映像解压到 RAM 中去，然后跳转到内核映像入口执行。
- 文件系统区，如果使用 Ramdisk 文件系统，则需要 Boot Loader 把它解压到 RAM 中，如果使用 JFFS2 文件系统，将直接挂载为文件系统。

8.5　Boot Loader 的启动过程

从操作系统的角度看，Boot Loader 的总目标就是正确地调用内核来执行。由于 Boot Loader 的实现依赖于 CPU 的体系结构，因此大多数 Boot Loader 都分为 stage1 和 stage2 两大部分。依赖于 CPU 体系结构的代码，如设备初始化代码等，通常都放在 stage1 中，而且通常都用汇编语言来实现，以达到短小精悍的目的。而 stage2 则通常用 C 语言来实现，这样可以实现更复杂的功能，而且代码会具有更好的可读性和可移植性。

8.5.1　Boot Loader 的 stage1

Boot Loader 的 stage1 通常包括以下步骤（以执行的先后顺序）：

（1）硬件设备初始化。这是 Boot Loader 一开始就执行的操作，其目的是为 stage2 的执行以及随后的 kernel 的执行准备好一些基本的硬件环境。

① 屏蔽所有的中断。可以通过写 CPU 的中断屏蔽寄存器或状态寄存器来完成。

② 设置 CPU 的速度和时钟频率。

③ RAM 初始化。包括正确地设置系统的内存控制器的功能寄存器等。

④ 初始化 LED。典型地通过 GPIO 来驱动 LED，其目的是表明系统的状态。

⑤ 关闭 CPU 内部指令/数据 cache。

（2）为加载 Boot Loader 的 stage2 准备 RAM 空间。虽然嵌入式系统的内核映像和根文件系统映像也可以在 ROM 和 Flash 这样的固态存储设备中直接运行，但这是以牺牲运行速度为代价的，所以一般情况下，为了获取更快的执行速度，通常把 stage2 加载到 RAM 来执行。因此必须为加载 stage2 准备好一段可用的 RAM 空间。由于 stage2 通常是 C 语言执行代码，因此在考虑空间大小时，除了 stage2 可执行映像的大小外，还必须把堆栈空间也考虑进来。

（3）复制 Boot Loader 的 stage2 到 RAM 空间中。在复制之前必须确定可执行映像在固态存储设备中的起始地址和终止地址，以及 RAM 空间的其实地址。

（4）设置好堆栈。通常可以把 sp 的值设置为 RAM 空间的最顶端（堆栈向下生长）。在设置堆栈指针 sp 之前，也可以使用 LED 灯，输出特定状态，以提示用户开发板准备跳转到 stage2。

（5）跳转到 stage2 的 C 入口点，图 8.3 为 stage2 可执行映像刚被复制到 RAM 空间时的系统内存布局。

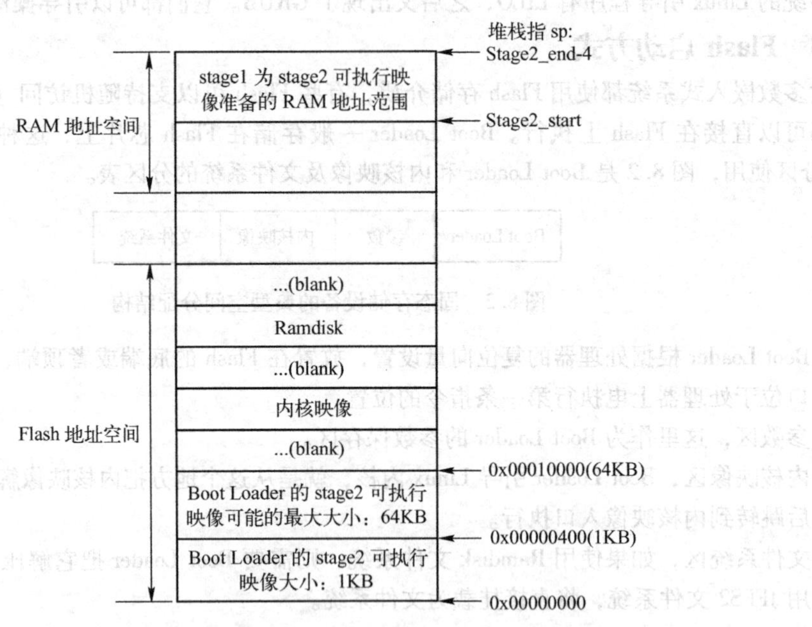

图 8.3　可执行映像刚被复制到 RAM 空间时的系统内存布局

8.5.2　Boot Loader 的 stage2

Boot Loader 的 stage2 通常包括以下步骤（以执行的先后顺序）：

（1）初始化本阶段要使用到的硬件设备。通常包括：初始化至少一个串口，以便和终端用户进行 I/O 输出信息，初始化计时器等。

（2）检测系统内存映射（memory map）。所谓内存映射就是指在整个物理地址空间中有哪些地址范围被分配用来寻址系统的 RAM 单元。虽然 CPU 通常预留出一大段足够的地址空间给系统 RAM，但是在搭建具体的嵌入式系统时，却不一定会实现 CPU 预留的全部 RAM 地址空间。因此 Boot Loader 的 stage2 必须在将存储在 Flash 上的内核映像读到 RAM 空间之前检测整个系统的内存映射情况。

（3）加载内核映像和根文件系统映像，即将 kernel 映像和根文件系统映像从 Flash 上读到 RAM 空间中。

（4）为内核设置启动参数。在嵌入式 Linux 系统中，通常需要由 Boot Loader 设置的常见启动参数有 ATAG_CORE、ATAG_MEM、ATAG_CMDLINE、ATAG_RAMDISK、ATAG_INITRD 等。

（5）调用内核。Boot Loader 调用 Linux 内核的方法是直接跳转到内核的第一条指令处。

8.6　U - Boot 编译、移植与调试

U - Boot 作为通用的 Boot Loader，可以方便地移植到其他硬件平台上，其源代码也值得开发者们研究学习。

8.6.1　U - Boot 介绍

最早，DENX 软件工程中心的 Wolfgang Denk 将基于 8xxrom 的源码创建了 PPCBOOT 工程，并且不断添加处理器的支持。后来，Sysgo Gmbh 把 PPCBOOT 移植到 ARM 平台上，创建了 ARMboot 工程。然后以 PPCBOOT 工程和 ARMboot 工程为基础，创建了 U - Boot 工程。

现在，U - Boot 已经能够支持 PowerPC、ARM、X86、MIPS 体系结构的上百种开发板，已经成为功能最多、灵活性最强并且开发最积极的开放源码 Boot Loader。目前仍然由 DENX 的 Wolfgang Denk 维护。

U - Boot 的源码包可以从 sourceforge 网站下载，还可以订阅该网站活跃的 U - Boot Users 邮件论坛，这个邮件论坛对于 U - Boot 的开发和使用都很有帮助。

U - Boot 邮件列表网站：http:// lists. sourceforge. net/lists/listinfo/u - boot - users/。

U - Boot 软件包下载网站：http:// sourceforge. net/project/u - boot。

DENX 相关的网站：http:// www. denx. de/re/DPLG. html。

8.6.2　U - Boot 编译

U - Boot 的源码是通过 GCC 和 Makefile 组织编译的。顶层目录下的 Makefile 首先可以设置开发板的定义，然后递归调用各级子目录下的 Makefile，最后把编译过的程序链接成 U - Boot 映像。

1. 顶层目录下的 Makefile

Makefile 负责 U - Boot 整体配置编译。按照配置的顺序阅读其中关键的几行。每一种开发板在 Makefile 上都需要有板子配置的定义。例如，SMDK2440 开发板的定义如下：

```
smdk2440_config : unconfig
@ ./mkconfig $(@:_config =)arm arm920t smdk2440 NULL s3c24x0
```

执行配置 U - Boot 的命令 make smdk2440_config，通过./mkconfig 脚本生成 include/config. mk 的配置文件。文件内容正是根据 Makefile 对开发板的配置生成的。

```
ARCH = arm
CPU = arm920t
BOARD = smdk2440
SOC = s3c24x0
```

上面的 include/config. mk 文件定义了 ARCH、CPU、BOARD、SOC 这些变量。这样硬件平台依赖的目录文件可以根据这些定义来确定。SMDK2440 平台相关目录如下：

```
board/smdk2440/
cpu/arm920t/
cpu/arm920t/s3c24x0/
lib_arm/
```

```
include/asm-arm/
include/configs/smdk2440.h
```

再回到顶层目录的Makefile文件开始的部分，其中下列几行包含了这些变量的定义。

```
# load ARCH,BOARD,and CPU configuration
include include/config.mk
export ARCH CPU BOARD VENDOR SOC
```

Makefile的编译选项和规则在顶层目录的config. mk文件中定义。各种体系结构通用的规则直接在这个文件中定义。通过ARCH、CPU、BOARD、SOC等变量为不同硬件平台定义不同选项。不同体系结构的规则分别包含在ppc_config. mk、arm_config. mk、mips_config. mk等文件中。顶层目录的Makefile中还要定义交叉编译器，以及编译U-Boot所依赖的目标文件。

```
ifeq($(ARCH),arm)
CROSS_COMPILE = arm-Linux-                    //交叉编译器的前缀
#endif
export CROSS_COMPILE
……
# U-Boot objects....order is important(i.e. start must be first)
OBJS = cpu/$(CPU)/start.o                     //处理器相关的目标文件
……
LIBS = lib_generic/libgeneric.a               //定义依赖的目录,每个目录下先把目标
文件连接成*.a文件.
LIBS += board/$(BOARDDIR)/lib $(BOARD).a
LIBS += cpu/$(CPU)/lib $(CPU).a
ifdef SOC
LIBS += cpu/$(CPU)/$(SOC)/lib $(SOC).a
endif
……
```

然后还有U-Boot映像编译的依赖关系。

```
ALL = u-boot.srec u-boot.bin System.map
all: $(ALL)
u-boot.srec: u-boot
 $(OBJCOPY) ${OBJCFLAGS} -O srec $< $@
u-boot.bin: u-boot
 $(OBJCOPY) ${OBJCFLAGS} -O binary $< $@
……
u-boot: depend $(SUBDIRS) $(OBJS) $(LIBS) $(LDSCRIPT)
UNDEF_SYM = '$(OBJDUMP) -x $(LIBS) \
|sed -n e's/.*\(__u_boot_cmd_.*\)/-u\1/p'|sort|uniq;\
 $(LD) $(LDFLAGS) $$UNDEF_SYM $(OBJS) \
 --start-group $(LIBS) $(PLATFORM_LIBS) --end-group \
 -Map u-boot.map -o u-boot
LIBS += lib_$(ARCH)/lib $(ARCH).a
```

Makefile默认的编译目标为all，包括u-boot. srec、u-boot. bin、System. map。u-boot. srec和u-boot. bin又依赖于U-Boot。U-Boot就是通过ld命令按照u-boot. map地址表把目标文件组装成U-Boot。其他Makefile内容就不再详细分析了，上述代码分析可以为阅读代码提供一个线索。

2. 配置开发板头文件

除了编译过程Makefile以外，还要在程序中为开发板定义配置选项或者参数。这个头文件是include/configs/ <board_name>. h。 <board_name>用相应的BOARD定义代替。

这个头文件中主要定义两类变量。

一类是选项，前缀是CONFIG_，用来选择处理器、设备接口、命令、属性等。例如，

```
#define CONFIG_ARM920T          1
#define CONFIG_DRIVER_CS8900 1
```

另一类是参数，前缀是CFG_，用来定义总线频率、串口波特率、Flash地址等参数。例如，

```
#define CFG_FLASH_BASE  0x00000000
#define CFG_PROMPT      "=>"
```

3. 编译结果

根据对Makefile的分析，编译分为两步。第一步配置，如make smdk2440_config；第二步编译，执行make就可以了。

编译完成后，可以得到U-Boot各种格式的映像文件和符号表，如表8.2所示。

表8.2　U-Boot编译生成的映像文件

文件名称	说明	文件名称	说明
System map	U-Boot映像的符号表	u-boot.bin	U-Boot映像原始的二进制格式
u-boot	U-Boot映像的ELF格式	u-boot.srec	U-Boot映像的S-Record格式

U-Boot的3种映像格式都可以烧写到Flash中，但需要观察加载器能否识别这些格式。一般u-boot.bin最为常用，直接按照二进制格式下载，并且按照绝对地址烧写到Flash中就可以了。U-Boot和u-boot.srec格式映像都自带定位信息。

8.6.3　U-Boot移植

U-Boot能够支持多种体系结构的处理器，支持的开发板也越来越多。因为Boot Loader是完全依赖硬件平台的，所以在新电路板上需要移植U-Boot程序。

开始移植U-Boot之前，先要熟悉硬件电路板和处理器，确认U-Boot是否已经支持新开发板的处理器和I/O设备。假如U-Boot已经支持一块非常相似的电路板，那么移植的过程将比较简单。移植U-Boot工作就是添加开发板硬件相关的文件、配置选项，然后配置编译。

开始移植之前，需要先分析一下U-Boot已经支持的开发板，比较出硬件配置最接近的开发板。选择的原则是：首先处理器相同，其次处理器体系结构相同，最后是以太网接口等外围接口。还要验证一下这个参考开发板的U-Boot，至少能被配置编译通过。

这里以S3C2440处理器的开发板为例，U-Boot-1.1.2版本已经支持SMDK2440开发板。用户可以基于SMDK2440移植，并且让SMDK2440编译通过。

这里以S3C2440开发板FS2440为例说明。移植的过程参考SMDK2440开发板，SMDK2440在U-Boot-1.1.2中已经支持。

移植U-Boot的基本步骤如下：

（1）在顶层Makefile中为开发板添加新的配置选项，使用已有的配置项目为例。

```
smdk2440_config : unconfig
@ ./mkconfig $(@:_config =)arm arm920t smdk2440 NULL s3c24x0
```

参考上面2行，添加下面2行。

```
fs2440_config : unconfig
@ ./mkconfig $(@:_config =)arm arm920t fs2440 NULL s3c24x0
```

（2）创建一个新目录存放开发板相关的代码，并且添加文件。

```
board/fs2440/config.mk
```

```
board/fs2440/flash.c
board/fs2440/fs2440.c
board/fs2440/Makefile
board/fs2440/memsetup.S
board/fs2440/u-boot.lds
```

(3) 为开发板添加新的配置文件，可以先复制参考开发板的配置文件，再修改。例如，

```
$cp include/configs/smdk2440.h include/configs/fs2440.h
```

如果是为一颗新的 CPU 移植，还要创建一个新的目录存放 CPU 相关的代码。

(4) 配置开发板。

```
$make fs2440_config
```

(5) 编译 U-Boot：执行 make 命令，编译成功可以得到 U-Boot 映像。有些错误是跟配置选项有关系的，通常打开某些功能选项会带来一些错误，一开始可以尽量跟参考板配置相同。

(6) 添加驱动或者功能选项：在编译通过的基础上，还要实现 U-Boot 的以太网接口、Flash 擦写等功能。对于 FS2440 开发板的以太网驱动和 SMDK2440 完全相同，所以可以直接使用。CS8900 驱动程序文件如下：

```
drivers/cs8900.c
drivers/cs8900.h
```

对于 Flash 的选择就麻烦多了，Flash 芯片价格或者采购方面的因素都有影响。多数开发板大小、型号都不相同。所以还需要移植 Flash 的驱动。每种开发板目录下一般都有 flash.c 这个文件，需要根据具体的 Flash 类型修改。例如，

```
board/fs2440/flash.c
```

(7) 调试 U-Boot 源代码，直到 U-Boot 在开发板上能够正常启动。调试的过程是艰难的，需要借助工具，并且有些问题会困扰很长时间。

8.6.4 U-Boot 调试

新移植的 U-Boot 不能正常工作，这时就需要调试。调试 U-Boot 离不开工具，只有理解 U-Boot 启动过程，才能正确地调试 U-Boot 源码。

1. 硬件调试器

硬件电路板制作完成以后，这时硬件电路板上面还没有任何程序，所以叫作裸板。首要的工作是把程序或者固件加载到裸板上，这就要通过硬件工具来完成。习惯上，这种硬件工具叫作仿真器。

仿真器可以通过处理器的 JTAG 等接口控制电路板，直接把程序下载到目标板内存，或者进行 Flash 编程。如果板上的 Flash 是可以拔插的，就可以通过专用的 Flash 烧写器来完成。仿真器还有一个重要的功能就是在线调试程序，这对于调试 Boot Loader 和硬件测试程序很有用。

从最简单的 JTAG 电缆，到 ICE 仿真器，再到可以调试 Linux 内核的仿真器。复杂的仿真器可以支持与计算机间的以太网或者 USB 接口通信。对于 U-Boot 的调试，可以采用 BDI2000。BDI2000 完全可以反汇编地跟踪 Flash 中的程序，也可以进行源码级的调试。

使用 BDI2000 调试 U-Boot 的方法如下：

(1) 配置 BDI2000 和目标板初始化程序，连接目标板。

(2) 添加 U-Boot 的调试编译选项，重新编译。U-Boot 的程序代码是位置相关的，调试的时候尽量在内存中调试，可以修改连接定位地址 TEXT_BASE。TEXT_BASE 在 board/<board_name>/config.mk 中定义。

另外，如果有复位向量，也需要先从链接脚本中去掉。链接脚本是 board/ < board_name >/ - boot. lds。

添加调试选项，在 config. mk 文件中查找 DBGFLAGS，加上 - g 选项，最后重新编译 U - Boot。

（3）下载 U - Boot 到目标板内存。通过 BDI2000 的下载命令 LOAD，把程序加载到目标板内存中。然后跳转到 U - Boot 入口。

（4）启动 GDB 调试。这里是交叉调试的 GDB。GDB 与 BDI2000 建立链接，然后就可以设置断点执行了。

```
$arm - Linux - gdb u - boot
(gdb)target remote 192.168.1.100:2001
(gdb)stepi
(gdb)b start_armboot
(gdb)c
```

2. 软件追踪

假如 U - Boot 没有任何串口打印信息，手头又没有硬件调试工具，那么如何知道 U - Boot 执行到什么地方了呢？可以通过开发板上的 LED 指示灯判断。

开发板上最好设计并安装八段数码管等 LED，可以用来显示数字或者数字位。U - Boot 可以定义函数 show_boot_progress(int status)，用来指示当前启动进度。在 include/common. h 头文件中声明这个函数。

```
#ifdef CONFIG_SHOW_BOOT_PROGRESS
void show_boot_progress(int status);
#endif
```

CONFIG_SHOW_BOOT_PROGRESS 是需要定义的。这个在电路板配置的头文件中定义。CSB226 开发板对这项功能有完整实现，可以参考。在头文件 include/ configs/csb226. h 中，有下列一行。

```
#define CONFIG_SHOW_BOOT_PROGRESS 1
```

函数 show_boot_progress(int status)的实现跟开发板关系密切，所以一般在 board 目录下的文件中实现。看一下 CSB226 在 board/csb226/csb226. c 中的实现函数。

```
/** 设置 CSB226 板的 0、1、2 三个指示灯的开关状态
* csb226_set_led: - switch LEDs on or off
* @ param led: LED to switch(0,1,2)
* @ param state: switch on(1)or off(0)
* /
void csb226_set_led(int led,int state)
{
switch(led){
case 0: if(state ==1){
GPCR0 |=CSB226_USER_LED0;
} else if(state ==0){
GPSR0 |=CSB226_USER_LED0;
}
break;
case 1: if(state ==1){
GPCR0 |=CSB226_USER_LED1;
} else if(state ==0){
GPSR0 |=CSB226_USER_LED1;
}
break;
case 2: if(state ==1){
```

```
GPCR0 |=CSB226_USER_LED2;
} else if(state==0){
break;
}
return;
}
/** 显示启动进度函数,在比较重要的阶段,设置三个灯为亮的状态(1,5,15)*/
void show_boot_progress(int status)
{
switch(status){
case 1: csb226_set_led(0,1);break;
case 5: csb226_set_led(1,1);break;
case 15: csb226_set_led(2,1);break;
}
return;
}
```

这样，在 U – Boot 启动过程中就可以通过 show_boot_progress 指示执行进度。比如 hang( ) 函数是系统出错时调用的函数，这里需要根据特定的开发板给定显示的参数值。

```
void hang(void)
{
puts("### ERROR ### Please RESET the board ###\n");
#ifdef CONFIG_SHOW_BOOT_PROGRESS
show_boot_progress(-30);
#endif
for(;;);
}
```

3. U – Boot 启动

尽管有了调试追踪手段，甚至也可以通过串口打印信息，但是不一定能够判断出错原因。如果能够充分理解代码的启动流程，那么对准确地解决和分析问题很有帮助。

开发板上电后，执行 U – Boot 的第一条指令，然后顺序执行 U – Boot 启动函数。函数调用顺序如图 8.4 所示。看一下 board/smsk2440/u – boot. lds 这个链接脚本，可以知道目标程序的各部分链接顺序。

第一个要链接的是 cpu/arm920t/start. o，那么 U – Boot 的入口指令一定位于这个程序中。下面详细分析一下程序跳转和函数的调用关系以及函数实现。

1) cpu/arm920t/start. S

这个汇编程序是 U – Boot 的入口程序，开头就是复位向量的代码。程序流程图如图 8.4 所示。

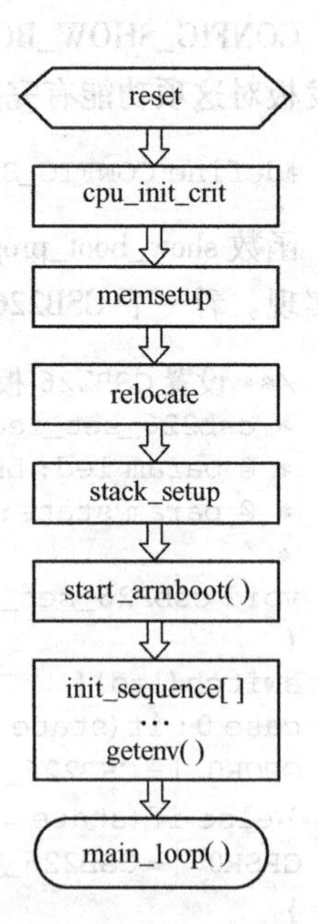

图 8.4 U – Boot 启动代码流程图

```
_start: b reset                         //复位向量
ldr pc,_undefined_instruction
ldr pc,_software_interrupt
ldr pc,_prefetch_abort
ldr pc,_data_abort
ldr pc,_not_used
ldr pc,_irq                             //中断向量
ldr pc,_fiq                             //中断向量
…
/* the actual reset code */
```

```
reset:                                  //复位启动子程序
/* 设置 CPU 为 SVC32 模式 */
mrs r0,cpsr
bic r0,r0,#0x1f
orr r0,r0,#0xd3
msr cpsr,r0
/* 关闭看门狗 */
/* 这些初始化代码在系统重起的时候执行,运行时热复位从 RAM 中启动不执行 */
#ifdef CONFIG_INIT_CRITICAL
bl cpu_init_crit
#endif
relocate:                               /* 把 U-Boot 重新定位到 RAM */
adr r0,_start                           /* r0 是代码的当前位置 */
ldr r1,_TEXT_BASE                       /* 测试判断是从 Flash 启动,还是 RAM */
cmp r0,r1                               /* 比较 r0 和 r1,调试的时候不要执行重定位 */
beq stack_setup                         /* 如果 r0 等于 r1,跳过重定位代码 */
/* 准备重新定位代码 */
ldr r2,_armboot_start
ldr r3,_bss_start
sub r2,r3,r2                            /* r2 得到 armboot 的大小 */
add r2,r0,r2                            /* r2 得到要复制代码的末尾地址 */
copy_loop:                              /* 重新定位代码 */
ldmia r0!,{r3 - r10}                    /* 从源地址[r0]复制 */
stmia r1!,{r3 - r10}                    /* 复制到目的地址[r1] */
cmp r0,r2                               /* 复制数据块直到源数据末尾地址[r2] */
ble copy_loop
/* 初始化堆栈等 */
stack_setup:
ldr r0,_TEXT_BASE                       /* 上面是 128 KiB 重定位的 u-boot */
sub r0,r0,#CFG_MALLOC_LEN               /* 向下是内存分配空间 */
sub r0,r0,#CFG_GBL_DATA_SIZE            /* 然后是 bdinfo 结构体地址空间 */
#ifdef CONFIG_USE_IRQ
sub r0,r0,#(CONFIG_STACKSIZE_IRQ + CONFIG_STACKSIZE_FIQ)
#endif
sub sp,r0,#12                           /* 为 abort-stack 预留 3 个字 */
clear_bss:
ldr r0,_bss_start                       /* 找到 bss 段起始地址 */
ldr r1,_bss_end                         /* bss 段末尾地址 */
mov r2,#0x00000000                      /* 清零 */
clbss_l:str r2,[r0]                     /* bss 段地址空间清零循环 ... */
add r0,r0,#4
cmp r0,r1
bne clbss_l
/* 跳转到 start_armboot 函数入口,_start_armboot 字保存函数入口指针 */
ldr pc,_start_armboot
_start_armboot:.word start_armboot //start_armboot 函数在 lib_arm/board.c
中实现
/* 关键的初始化子程序 */
cpu_init_crit:
…… //初始化 CACHE,关闭 MMU 等操作指令
/* 初始化 RAM 时钟.
* 因为内存时钟是依赖开发板硬件的,所以在 board 的相应目录下可以找到 memsetup.S 文件.
*/
mov ip,lr
bl memsetup //memsetup 子程序在 board/smdk2440/memsetup.S 中实现
mov lr,ip
mov pc,lr
```

2）lib_arm/board.c

start_armboot 是 U-Boot 执行的第一个 C 语言函数，完成系统初始化工作，进入主循环，处理用户输入的命令。

```
void start_armboot(void)
{
DECLARE_GLOBAL_DATA_PTR;
ulong size;
init_fnc_t **init_fnc_ptr;
char *s;
/* Pointer is writable since we allocated a register for it */
gd = (gd_t *)(_armboot_start - CFG_MALLOC_LEN - sizeof(gd_t));
/* compiler optimization barrier needed for GCC >=3.4 */
__asm__ __volatile__("": : :"memory");
memset((void *)gd,0,sizeof(gd_t));
gd->bd = (bd_t *)((char *)gd - sizeof(bd_t));
memset(gd->bd,0,sizeof(bd_t));
monitor_flash_len = _bss_start - _armboot_start;
/* 顺序执行 init_sequence 数组中的初始化函数 */
for(init_fnc_ptr = init_sequence; *init_fnc_ptr; ++init_fnc_ptr){
if((*init_fnc_ptr)()!=0){
hang();
}
}
/* 配置可用的 Flash */
size = flash_init();
display_flash_config(size);
/* _armboot_start 在 u-boot.lds 链接脚本中定义 */
mem_malloc_init(_armboot_start - CFG_MALLOC_LEN);
/* 配置环境变量,重新定位 */
env_relocate();
/* 从环境变量中获取 IP 地址 */
gd->bd->bi_ip_addr = getenv_IPaddr("ipaddr");
/* 以太网接口 MAC 地址 */
……
devices_init();                    /* 获取列表中的设备 */
jumptable_init();
console_init_r();                  /* 完整地初始化控制台设备 */
enable_interrupts();               /* 使能例外处理 */
/* 通过环境变量初始化 */
if((s = getenv("loadaddr"))!= NULL){
load_addr = simple_strtoul(s,NULL,16);
}
/* main_loop()总是试图自动启动,循环不断执行 */
for(;;){
main_loop();                       /* 主循环函数处理执行用户命令 -- common/main.c */
}
/* NOTREACHED - no way out of command loop except booting */
}
```

3）init_sequence[]

init_sequence[]数组保存着基本的初始化函数指针。这些函数名称和实现的程序文件在下列注释中。

```
init_fnc_t *init_sequence[] = {
cpu_init,                     /* 基本的处理器相关配置 -- cpu/arm920t/cpu.c */
```

```
board_init,              /* 基本的板级相关配置 --board/smdk2440/smdk2440.c */
interrupt_init,          /* 初始化例外处理 --cpu/arm920t/s3c24x0/interrupt.c */
env_init,                /* 初始化环境变量 --common/cmd_flash.c */
init_baudrate,           /* 初始化波特率设置 --lib_arm/board.c */
serial_init,             /* 串口通信设置 --cpu/arm920t/s3c24x0/serial.c */
console_init_f,          /* 控制台初始化阶段 1 --common/console.c */
display_banner,          /* 打印 u-boot 信息 --lib_arm/board.c */
dram_init,               /* 配置可用的 RAM --board/smdk2440/smdk2440.c */
display_dram_config,     /* 显示 RAM 的配置大小 --lib_arm/board.c */
NULL,
};
```

4. U-Boot 与内核

U-Boot 作为 Bootloader 之一，具备多种引导内核启动的方式。常用的 go 和 bootm 命令可以直接引导内核映像启动。U-Boot 与内核的关系主要是负责内核启动过程中参数的传递。

1）go 命令的实现

```
/* common/cmd_boot.c */
int do_go(cmd_tbl_t *cmdtp,int flag,int argc,char *argv[])
{
ulong addr,rc;
int rcode =0;
if(argc <2){
printf("Usage:\n%s\n",cmdtp->usage);
return 1;
}
addr = simple_strtoul(argv[1],NULL,16);
printf("## Starting application at 0x%08lX ...\n",addr);
/*
 * pass address parameter as argv[0](aka command name),
 * and all remaining args
 */
rc = ((ulong(*)(int,char *[]))addr)(--argc,&argv[1]);
if(rc !=0)rcode =1;
printf("## Application terminated,rc =0x%lX\n",rc);
return rcode;
}
```

go 命令用于调用 do_go()函数，跳转到某个地址开始执行。如果这个地址准备好了自引导的内核映像，就可以启动了。尽管 go 命令可以带变参，但是实际使用时一般不用来传递参数。

2）bootm 命令的实现

```
/* common/cmd_bootm.c */
int do_bootm(cmd_tbl_t *cmdtp,int flag,int argc,char *argv[])
{
ulong iflag;
ulong addr;
ulong data,len,checksum;
ulong *len_ptr;
uint unc_len =0x400000;
int i,verify;
char *name,*s;
int(*appl)(int,char *[]);
image_header_t *hdr =&header;
s =getenv("verify");
verify = (s &&(*s =='n'))?0 :1;
if(argc <2){
```

```
addr = load_addr;
} else {
addr = simple_strtoul(argv[1],NULL,16);
}
SHOW_BOOT_PROGRESS(1);
printf("## Booting image at %08lx ...\n",addr);
/* Copy header so we can blank CRC field for re-calculation */
memmove(&header,(char *)addr,sizeof(image_header_t));
if(ntohl(hdr->ih_magic)!= IH_MAGIC)
{
puts("Bad Magic Number\n");
SHOW_BOOT_PROGRESS(-1);
return 1;
}
SHOW_BOOT_PROGRESS(2);
data = (ulong)&header;
len = sizeof(image_header_t);
checksum = ntohl(hdr->ih_hcrc);
hdr->ih_hcrc = 0;
if(crc32(0,(char *)data,len)!= checksum){
puts("Bad Header Checksum\n");
SHOW_BOOT_PROGRESS(-2);
return 1;
}
SHOW_BOOT_PROGRESS(3);
/* for multi-file images we need the data part,too */
print_image_hdr((image_header_t *)addr);
data = addr + sizeof(image_header_t);
len = ntohl(hdr->ih_size);
if(verify){
puts(" Verifying Checksum ... ");
if(crc32(0,(char *)data,len)!= ntohl(hdr->ih_dcrc)){
printf("Bad Data CRC\n");
SHOW_BOOT_PROGRESS(-3);
return 1;
}
puts("OK\n");
}
SHOW_BOOT_PROGRESS(4);
len_ptr = (ulong *)data;
……
switch(hdr->ih_os){
default: /* handled by(original)Linux case */
case IH_OS_LINUX:
do_bootm_Linux(cmdtp,flag,argc,argv,
addr,len_ptr,verify);
break;
……
}
```

bootm 命令用于调用 do_bootm 函数。这个函数专门用来引导各种操作系统映像，可以支持引导 Linux、VxWorks、QNX 等操作系统。引导 Linux 的时候，调用 do_bootm_Linux( ) 函数。

3) do_bootm_Linux 函数的实现

```
/* lib_arm/armLinux.c */
void do_bootm_Linux(cmd_tbl_t *cmdtp,int flag,int argc,char *argv[],
ulong addr,ulong *len_ptr,int verify)
```

```
{
DECLARE_GLOBAL_DATA_PTR;
ulong len = 0,checksum;
ulong initrd_start,initrd_end;
ulong data;
void( * theKernel)(int zero,int arch,uint params);
image_header_t * hdr = &header;
bd_t * bd = gd -> bd;
#ifdef CONFIG_CMDLINE_TAG
char * commandline = getenv("bootargs");
#endif
theKernel = (void( * )(int,int,uint))ntohl(hdr -> ih_ep);
/* Check if there is an initrd image * /
if(argc >= 3){
SHOW_BOOT_PROGRESS(9);
addr = simple_strtoul(argv[2],NULL,16);
printf("## Loading Ramdisk Image at %08lx ... \n",addr);
/* Copy header so we can blank CRC field for re - calculation * /
memcpy(&header,(char * )addr,sizeof(image_header_t));
if(ntohl(hdr -> ih_magic)!= IH_MAGIC){
printf("Bad Magic Number\n");
SHOW_BOOT_PROGRESS( - 10);
do_reset(cmdtp,flag,argc,argv);
}
data = (ulong)& header;
len = sizeof(image_header_t);
checksum = ntohl(hdr -> ih_hcrc);
hdr -> ih_hcrc = 0;
if(crc32(0,(char * )data,len)!= checksum){
printf("Bad Header Checksum\n");
SHOW_BOOT_PROGRESS( - 11);
do_reset(cmdtp,flag,argc,argv);
}
SHOW_BOOT_PROGRESS(10);
print_image_hdr(hdr);
data = addr + sizeof(image_header_t);
len = ntohl(hdr -> ih_size);
if(verify){
ulong csum = 0;
printf(" Verifying Checksum ... ");
csum = crc32(0,(char * )data,len);
if(csum != ntohl(hdr -> ih_dcrc)){
printf("Bad Data CRC\n");
SHOW_BOOT_PROGRESS( - 12);
do_reset(cmdtp,flag,argc,argv);
}
printf("OK\n");
}
SHOW_BOOT_PROGRESS(11);
if((hdr -> ih_os != IH_OS_LINUX) ||
(hdr -> ih_arch != IH_CPU_ARM) ||
(hdr -> ih_type != IH_TYPE_RAMDISK)){
printf("No Linux ARM Ramdisk Image\n");
SHOW_BOOT_PROGRESS( - 13);
do_reset(cmdtp,flag,argc,argv);
}
```

```
/* Now check if we have a multifile image */
} else if((hdr->ih_type==IH_TYPE_MULTI)&&(len_ptr[1])){
ulong tail=ntohl(len_ptr[0])%4;
int i;
SHOW_BOOT_PROGRESS(13);
/* skip kernel length and terminator */
data=(ulong)(&len_ptr[2]);
/* skip any additional image length fields */
for(i=1;len_ptr[i];++i)
data+=4;
/* add kernel length,and align */
data+=ntohl(len_ptr[0]);
if(tail){
data+=4-tail;
}
len=ntohl(len_ptr[1]);
} else {
/* no initrd image */
SHOW_BOOT_PROGRESS(14);
len=data=0;
}
if(data){
initrd_start=data;
initrd_end=initrd_start+len;
} else {
initrd_start=0;
initrd_end=0;
}
SHOW_BOOT_PROGRESS(15);
debug("## Transferring control to Linux(at address %08lx)...\n",
(ulong)theKernel);
#if defined(CONFIG_SETUP_MEMORY_TAGS) || \
defined(CONFIG_CMDLINE_TAG) || \
defined(CONFIG_INITRD_TAG) || \
defined(CONFIG_SERIAL_TAG) || \
defined(CONFIG_REVISION_TAG) || \
defined(CONFIG_LCD) || \
defined(CONFIG_VFD)
setup_start_tag(bd);
#ifdef CONFIG_SERIAL_TAG
setup_serial_tag(&params);
#endif
#ifdef CONFIG_REVISION_TAG
setup_revision_tag(&params);
#endif
#ifdef CONFIG_SETUP_MEMORY_TAGS
setup_memory_tags(bd);
#endif
#ifdef CONFIG_CMDLINE_TAG
setup_commandline_tag(bd,commandline);
#endif
#ifdef CONFIG_INITRD_TAG
if(initrd_start && initrd_end)
setup_initrd_tag(bd,initrd_start,initrd_end);
#endif
setup_end_tag(bd);
```

```
#endif
/* we assume that the kernel is in place */
printf("\nStarting kernel ...\n\n");
cleanup_before_Linux();
theKernel(0,bd->bi_arch_number,bd->bi_boot_params);
}
```

do_bootm_Linux()函数是专门引导 Linux 映像的函数，它还可以处理 ramdisk 文件系统的映像。这里引导的内核映像和 ramdisk 映像，必须是 U - Boot 格式的。U - Boot 格式的映像可以通过 mkimage 工具来转换，其中包含了 U - Boot 可以识别的符号。

8.7　Boot Loader 的实现

1. 一般程序的结构

一般的可执行程序包括代码段、数据段和 BSS 段。也可以简单地看作由两部分组成：RO 段和 RW 段。RO 段一般包括代码段和一些常量，在运行的时候是只读的。而 RW 段包括一些全局变量和静态变量，在运行的时候是可以改变的。如果有部分全局变量被初始化为零，则 RW 段里还包括了 ZI 段。

```
RO:Read Only
RW:Read Write
ZI:Zero Init
```

因为 RO 段是只读的，在运行的时候不可以改变，所以，在运行的时候，RO 段可以驻留在 Flash 里（当然也可以在 SDRAM 或者 SRAM 里了）。而 RW 段是可以读/写的，所以，在运行的时候必须被装载到 SDRAM 或者 SRAM 里。在用 ADS 编译的时候，是需要设置 RO BASE 和 RW BASE 的。通过 RO BASE 和 RW BASE 的设置，告诉连接器该程序的起始运行地址（RO BASE）和 RW 段的地址（RW BASE）。如果一个程序只有 RO 段，没有 RW 段，那么这个程序可以完全在 Flash 里运行，不需要用到 SDRAM 或者 SRAM。如果包括 RW 段和 RO 段，那么该程序的 RW 段必须在被访问以前被复制到 SDRAM 或者 SRAM 里去，以保证程序可以正确运行。如图 8.5 说明了一个程序执行前（加载时域）和执行时（运行时域）的状态。从图 8.5 中可以看到，整个程序在执行前放在 ROM 里，在执行的时候，RW 段被复制到了 RAM 里的合适位置去。

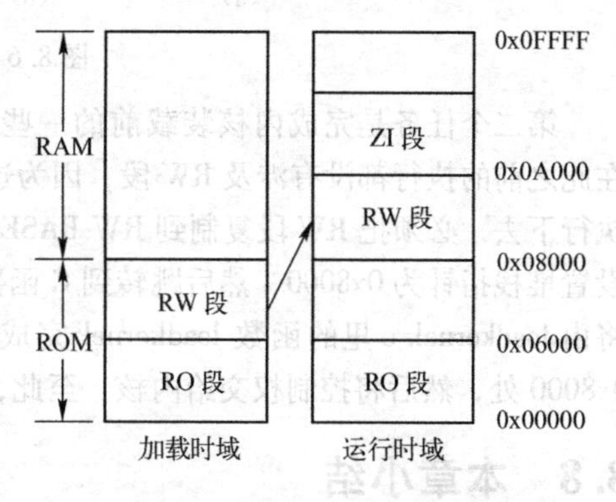

图 8.5　映像文件的地址映射

在 ADS 里，有一些预先定义了的变量可以用在下面的实现里，用到了几个预定义的变量如表 8.3 所示。

表 8.3　连接器生成的与输出段相关的符号

符 号 名 称	含　义
Image$$RO$$Base	RO 段运行时起始地址
Image$$RO$$Limit	RO 段运行时存储区域界限
Image$$RW$$Base	RW 段运行时起始地址
Image$$RW$$Limit	RW 段运行时存储区域界限
Image$$ZI$$Base	ZI 段运行时起始地址

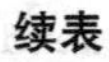
续表

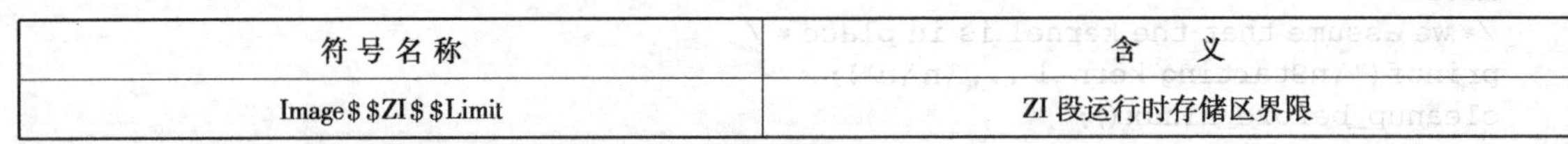

符号名称	含　义
Image$$ZI$$Limit	ZI 段运行时存储区界限

注：Image$$RO$$Limit 减 Image$$RO$$Base 等于 RO 段的大小。
Image$$RW$$Limit 减 Image$$RW$$Base 等于 RW 段的大小。
Image$$ZI$$Limit 减 Image$$ZI$$Base 等于 ZI 段的大小。

加载时域时：RO 段 + RW 段 = 程序的大小，运行时域段：RO 段 + RW 段 + ZI 段 = 程序的大小。

2. 实现与分析

本系统从节省 Flash 资源的角度出发，设计了一个适合于 S3C2440 的 Boot Loader 程序和一个 load kernel 程序。利用此程序就能把 image. ram 和 image. rom 装载到 SDRAM 上。第一个任务就是内存重映射，变化过程如图 8.6 所示。最后 Flash 被映射到 2 ~ 16M 的位置，SDRAM 被映射到 0x0 开始的地方，而在 SDRAM 里有一个 Boot Loader 的复制，这时 Flash 已经不用再关心它的存在了。

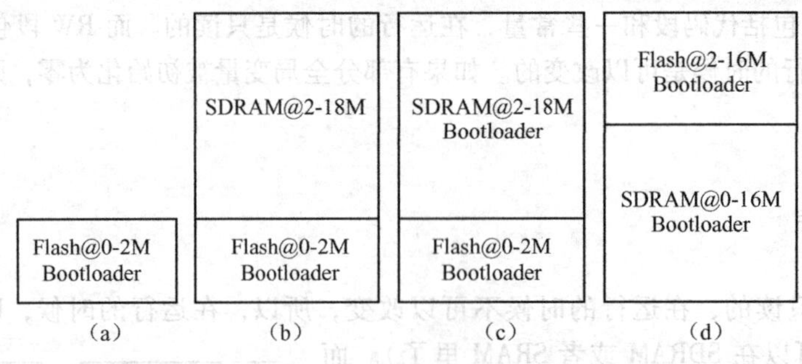

图 8.6　内存映射的变化过程

第二个任务是完成内核装载前的一些处理工作。C 语言函数 loadkernel( ) 完成 kernel 的装载。在此之前的执行都没有涉及 RW 段，因为这里还没有用到 RW 数据。为了让后面的程序能够顺利地执行下去，必须把 RW 段复制到 RW BASE 指定的位置上去，并且把 RW 段里的 ZI 段初始化为零，设置堆栈指针为 0x8000，然后跳转到 C 函数 loadkernel( ) 里去。至此，init. s 执行完毕，内核的装载将由 loadkernel. c 里的函数 loadkernel 完成。该函数通过对数组 kernel[ ] 的引用，将内核装载到 0x8000 处，然后将控制权交给内核，至此，Boot Loader 的任务就全部完成，内核启动。

8.8　本章小结

本章主要对 Boot Loader 类型、操作模式、启动方式、启动过程等作一个较详细的说明，随后较详细地介绍了 U – Boot 编译、移植与调试、Boot Loader 的实现过程。通过对本章的阅读，可以使读者了解及掌握 Boot Loader 的工作原理及及基本实现过程。

思考与练习

1. 简述 Boot Loader 的两种操作模式（Operation Mode）。
2. 什么是 Boot Loader？它的主要主要功能是什么？
3. Boot Loader 目标代码是什么格式的文件？
4. Boot Loader 通过串口与 PC 进行传输，通常有哪些传输协议？
5. ARM 系统中 Boot Loader 的主要作用是什么？
6. Boot Loader 的 stage1 和 stage2 的作用分别是什么？
7. Boot Loader 具体如何实现编译、移植与调试？

第9章　ARM Linux系统移植与驱动开发

在这一章里，将介绍Linux操作系统、Linux内核结构、目录与文件描述、进程调度与管理、开发流程、交叉编译环境、移植过程及硬件接口驱动设计方法等。通过本章的学习，可以使读者掌握Linux系统移植与驱动开发的工作原理及方法。

本章主要内容有：

- Linux操作系统概述
- Linux操作系统的内核结构
- Linux目录与文件描述
- Linux进程调度与管理
- Linux系统下多线程
- Linux开发流程
- Linux交叉编译环境
- Linux的移植过程
- Linux下硬件接口驱动设计方法

9.1 Linux操作系统概述

简单地说，Linux是一套免费使用和自由传播的类UNIX操作系统，是一个支持多用户、多进程、多线程、实时性较好的功能强大而稳定的操作系统。它可以运行在X86 PC、Sun Sparc、Digital Alpha、680x0、ARM、MIPS等平台上。这个系统是由全世界各地的成千上万的程序员设计和实现的。其目的是建立起不受任何商品化软件的版权制约、全世界都能自由使用的UNIX兼容产品。

9.1.1 Linux操作系统的发展

Linux的历史可追溯到1990年，当时有一位名叫Linus Torvalds的计算机业余爱好者，他是芬兰赫尔辛基大学的学生。他的目的是想设计一个代替Minix（是由一位名叫Andrew Tannebaum的计算机教授编写的一个操作系统示教程序）的操作系统，这个操作系统可用于386、486或奔腾处理器的个人计算机上，并且具有UNIX操作系统的全部功能，因而开始了Linux雏形的设计。

Linux以它的高效性和灵活性著称。它能够在PC上实现全部的UNIX特性，具有多任务、多用户的能力。Linux是在GNU公共许可权限下免费获得的，是一个符合POSIX标准的操作系统。Linux操作系统软件包不仅包括完整的Linux操作系统，而且还包括了文本编辑器、高级语言编译器等应用软件。它还包括带有多个窗口管理器的X－Windows图形用户界面，如同用户使用Windows NT一样，允许用户使用窗口、图标和菜单对系统进行操作。

Linux之所以受到广大计算机爱好者的喜爱，主要原因有两个：一是它属于自由软件，用户不用支付任何费用就可以获得它和它的源代码，并且可以根据自己的需要对它进行必要的修改，无偿对它使用，无约束地继续传播。另一个原因是：它具有UNIX的全部功能，任何使用UNIX操作系统或想要学习UNIX操作系统的人都可以从Linux中获益。到目前为止，Linux内核版本从原先的0.0.1已发展到现在的2.6.xx。

9.1.2 Linux在嵌入式产品中的优点

Linux是一个成熟而稳定的网络操作系统，将Linux植入嵌入式设备中具有众多的优点。首先，Linux的源代码是开放的，任何人都可以获取并修改，用于开发自己的产品。其次，Linux是可以定制的，其系统内核最小只有约134KB。一个带有中文系统和图形用户界面的核心程序也可以做到不足1MB，并且同样稳定。另外，Linux带有UNIX用户熟悉的完善的开发工具，几乎所有的UNIX系统的应用软件都已移植到了Linux上。Linux还提供了强大的网络功能，有多种可选择窗口管理器(X－Windows)。其强大的语言编译器GCC，C++等也可以很容易得到，不但成熟完善，而且使用方便。同时，由于具有良好的可移植性，人们已成功使Linux运行于数百种硬件平台之上。

9.1.3 Linux版本

Linux最早由Linus Benedict Torvalds在1991年开始编写。在这之前，Richard Stallman创建了Free Software Foundation（FSF）组织以及GNU项目，并不断的编写创建GNU程序（此类程序的许可方式均为GPL：General Public License）。在不断的有杰出的程序员和开发者加入到GNU组织中以后，便造就了今天我们所看到的Linux，或称GNU/Linux。

Linux发行版本可以分为两类，一类是商业公司维护的发行版本，另一类是社区组织维护的发行版本，前者以著名的Redhat（RHEL）为代表，后者以Debian为代表。下面介绍一下各个发行版本的特点。

1. Redhat

应该称为Redhat系列，包括RHEL（Redhat Enterprise Linux，也就是所谓的Redhat Advance Server，收费版本）、Fedora Core（由原来的Redhat桌面版本发展而来，免费版本）、CentOS（RHEL的社区克隆版本，免费）。Redhat应该说是在国内使用人群最多的Linux版本，甚至有人将Redhat等同于Linux，而有些老用户更是只用这一个版本的Linux。所以这个版本的特点就是使用人群数量大，资料非常多，言下之意就是如果用户有什么不明白的地方，很容易找到答案，而且网上的一般Linux教程都是以Redhat为例来讲解的。Redhat系列的包管理方式采用的是基于RPM包的YUM包管理方式，包分发方式是编译好的二进制文件。稳定性方面RHEL和CentOS的稳定性都非常好，适合于服务器使用，但是Fedora Core的稳定性较差，最好只用于桌面应用。

2. Debian

或者称Debian系列，包括Debian和Ubuntu等。Debian是社区类Linux的典范，是迄今为止最遵循GNU规范的Linux系统。Debian最早由Ian Murdock于1993年创建，分为三个版本分支(branch)：stable，testing和unstable。其中，unstable为最新的测试版本，其中包括最新的软件包，但是也有相对较多的bug，适合桌面用户。testing的版本经过unstable中的测试，相对较为稳定，也支持了不少新技术（如SMP等）。而stable一般只用于服务器，上面的软件包大部分都比较过时，但是稳定和安全性都非常高。Debian最具特色的是apt－get /dpkg包管理方式，其实Redhat的YUM也是在模仿Debian的APT方式，但在二进制文件发行方式中，APT应该是最好的了。

3. Ubuntu

严格来说不能算一个独立的发行版本，Ubuntu是基于Debian的unstable版本加强而来，可以这么说，Ubuntu就是一个拥有Debian所有的优点，以及自己所加强的优点的近乎完美的Linux桌面系统。根据选择的桌面系统不同，有三个版本可供选择，基于Gnome的Ubuntu，基于KDE的Kubuntu以及基于Xfc的Xubuntu。特点是界面非常友好，容易上手，对硬件的支持非常全面，是最适合做桌面系统的Linux发行版本。

4. Gentoo

伟大的Gentoo是Linux世界最年轻的发行版本，正因为年轻，所以能吸取之前所有发行版本的优点，这也是Gentoo被称为最完美的Linux发行版本的原因之一。Gentoo最初由Daniel Robbins(FreeBSD的开发者之一）创建，首个稳定版本发布于2002年。由于开发者对FreeBSD的熟识，所以Gentoo拥有媲美FreeBSD的广受美誉的Ports系统——Portage包管理系统。不同于APT和YUM等二进制文件分发的包管理系统，Portage是基于源代码分发的，必须编译后才能运行，对于大型软件而言比较慢，不过正因为所有软件都是在本地机器编译的，在经过各种定制的编译参数优化后，能将机器的硬件性能发挥到极致。Gentoo 是所有 Linux 发行版本里安装最复杂的，但是又是安装完成后最便于管理的版本，也是在相同硬件环境下运行最快的版本。

5. FreeBSD

需要强调的是：FreeBSD 并不是一个 Linux 系统！但 FreeBSD 与 Linux 的用户群有相当一部分是重合的，二者支持的硬件环境也基本一致，所采用的软件也基本类似，可以将 FreeBSD 视为一个 Linux 版本来比较。FreeBSD 拥有两个分支：stable 和 current。顾名思义，stable 是稳定版，而 current 则是添加了新技术的测试版。FreeBSD 采用 Ports 包管理系统，与 Gentoo 类似，基于源代码分发，必须在本地机器编后才能运行，但是 Ports 系统没有 Portage 系统使用简便，使用起来稍微复杂一些。FreeBSD 的最大特点就是稳定和高效，是作为服务器操作系统的最佳选择，但对硬件的支持没有 Linux 完备，所以并不适合作为桌面系统。

9.2 Linux 操作系统的内核结构

9.2.1 Linux 内核结构

Linux 内核主要由五个子系统组成：进程调度、内存管理、虚拟文件系统、网络接口和进程间通信。

（1）进程调度（SCHED）：控制进程对 CPU 的访问。当需要选择下一个进程运行时，由调度程序选择最值得运行的进程。运行进程实际上是仅等待 CPU 资源的进程，如果某个进程在等待其他资源，则该进程是运行进程。Linux 使用了比较简单的基于优先级的进程调度算法选择新的进程。

（2）内存管理（MM）：允许多个进程安全的共享主内存区域。Linux 的内存管理支持虚拟内存，即在计算机中运行的程序，其代码、数据、堆栈的总量可以超过实际内存的大小，操作系统只是把当前使用的程序块保留在内存中，其余的程序块则保留在磁盘中。必要时，操作系统负责在磁盘和内存间交换程序块。内存管理从逻辑上分为硬件无关部分和硬件有关部分。硬件无关部分提供了进程的映射和逻辑内存的对换；硬件相关的部分为内存管理硬件提供了虚拟接口。

（3）虚拟文件系统（Virtual File System，VFS）：隐藏了各种硬件的具体细节，为所有的设备提供了统一的接口，VFS 提供了多达数十种不同的文件系统。虚拟文件系统可以分为逻辑文件系统和设备驱动程序。逻辑文件系统指 Linux 所支持的文件系统，如 ext2、FAT 等，设备驱动程序指为每一种硬件控制器所编写的设备驱动程序模块。

（4）网络接口（NET）：提供了对各种网络标准的存取和各种网络硬件的支持。网络接口可分为网络协议和网络驱动程序。网络协议部分负责实现每一种可能的网络传输协议。网络设备驱动程序负责与硬件设备通信，每一种可能的硬件设备都有相应的设备驱动程序。

（5）进程间通信（IPC）：支持进程间各种通信机制。处于中心位置的进程调度，所有其他的子系统都依赖它，因为每个子系统都需要挂起或恢复进程。一般情况下，当一个进程等待硬件操作完成时，它被挂起；当操作真正完成时，进程被恢复执行。例如，当一个进程通过网络发送一条消息时，网络接口需要挂起发送进程，直到硬件成功地完成消息的发送，当消息被成功的发送出去以后，网络接口给进程返回一个代码，表示操作的成功或失败。其他子系统以相似的理由依赖于进程调度。

各个子系统之间的依赖关系如下：

① 进程调度与内存管理之间的关系：这两个子系统互相依赖。在多道程序环境下，程序要运行必须为之创建进程，而创建进程的第一件事情，就是将程序和数据装入内存。

② 进程间通信与内存管理的关系：进程间通信子系统要依赖内存管理支持共享内存通信机制，这种机制允许两个进程除了拥有自己的私有空间，还可以存取共同的内存区域。

③ 虚拟文件系统与网络接口之间的关系：虚拟文件系统利用网络接口支持网络文件系统(NFS)，也利用内存管理支持RAMDISK设备。

④ 内存管理与虚拟文件系统之间的关系：内存管理利用虚拟文件系统支持交换，交换进程(swapd)定期由调度程序调度，这也是内存管理依赖于进程调度的唯一原因。当一个进程存取的内存映射被换出时，内存管理向文件系统发出请求，同时，挂起当前正在运行的进程。

⑤ 除了这些依赖关系外，内核中的所有子系统还要依赖于一些共同的资源。这些资源包括所有子系统都用到的过程。例如，分配和释放内存空间的过程，打印警告或错误信息的过程，还有系统的调试过程等。

9.2.2 Linux源码结构

Linux源码采用C语言和汇编实现，了解源码结构有利于理解Linux如何组织各项功能的实现，以及掌握下一步移植内核的方法和步骤。

1. arch目录

arch子目录包括了所有和体系结构相关的核心代码。它的每一个子目录都代表一种支持的体系结构，如i386就是关于Intel CPU及与之相兼容体系结构的子目录。PC一般都基于此目录。

2. drivers目录

drivers子目录放置系统所有的设备驱动程序，每种驱动程序又各占用一个子目录。例如，/block下为块设备驱动程序，如ide(ide.c)。如果用户希望查看所有可能包含文件系统的设备是如何初始化的，可以看drivers/block/genhd.c中的device_setup()，它不仅初始化硬盘，也初始化网络，因为安装NFS文件系统的时候需要网络。

3. kernel目录

主要的核心代码，此目录下的文件实现了大多数Linux系统的内核函数，其中最重要的文件当属sched.c；同样，和体系结构相关的代码在arch/*/kernel中。

4. 其他目录

Lib，放置核心的库代码;Net，核心与网络相关的代码;Ipc，这个目录包含核心的进程间通信的代码;Fs，所有的文件系统代码和各种类型的文件操作代码，它的每一个子目录支持一个文件系统，如fat和ext2;Scripts，此目录包含用于配置核心的脚本文件等。一般地，在每个目录下，都有一个.depend文件和一个Makefile文件，这两个文件都是编译时使用的辅助文件，仔细阅读这两个文件对弄清各个文件之间的联系和依托关系很有帮助；而且，在有的目录下还有Readme文件，它是对该目录下的文件的一些说明，同样有利于用户对内核源码的理解。

9.2.3 Linux内核配置及编译

在编辑好源代码后，只有经过编译，才能生成可以直接运行的程序，Linux内核源码在运行在开发板上之前，也需要这一步。进入/usr/src/Linux—source-2.6.20目录下，可以看到Makefile文件，它包含了整个内核树编译信息。该文件最上面四行是关于内核版本的信息。对于整个Makefile可以不用做修改，采用默认就可以了。

1. Linux内核配置

一般情况下，需要先用命令诸如“make menuconfig”、“make xconfig”或者“make oldcofig”对内核进行配置，这几个都是对内核进行配置的命令，只是它们运行的环境不一样，执行这几个命令中的任何一个即可对内核进行配置。

make menuconfig是基于界面的内核配置方法，make xconfig应该是基于QT库的，还有make gcofig也是基于图形的配置方法，需要GTK的环境，make oldcofig就是对内核树原有的.config文件进行配置即可。

其实内核的配置部分，主要是保证内核启动模块可动态加载的配置，默认的配置里应该已经包含了这样的内容，因此，可以用 make oldconfig。

2. Linux 内核编译

在内核源码的目录下执行：

```
# make
# make bzImage
```

其中，第一个 make 可以不执行，直接 make bzImage。这个过程可能要持续一个小时左右，也是对整个内核进行的重新编译。执行结束后，可以看到在当前目录下生成了一个新的文件：vmLinux，其属性为 - rwxr - xr - x。

然后执行：

```
# make modules
# make modules_install
```

对内核的所有模块进行编译和安装。

执行结束之后，会在/lib/modules 下生成新的目录/lib/modules/2.6.20/。在随后编译模块文件时，要用到这个路径下的 build 目录。至此，内核编译完成，可以重启系统。

9.3 Linux 目录与文件描述

9.3.1 Linux 目录结构

Linux 目录结构如表 9.1 所示，表中详细列出了 Linux 文件系统中各主要目录的存放内容。

表 9.1 Linux 文件系统目录结构

目 录	目 录 内 容
/bin	系统所需要的那些命令位于此目录，比如 ls、cp、mkdir 等命令；功能和/usr/bin 类似，这个目录中的文件都是可执行的、普通用户都可以使用的命令。作为基础系统所需要的最基础的命令就放在这里
/boot	Linux 的内核及引导系统程序所需要的文件目录，比如 vmlinuz initrd. img 文件都位于这个目录中。在一般情况下，GRUB 或 LILO 系统引导管理器也位于这个目录
/dev	dev 是 Device（设备）的缩写。该目录下存放的是 Linux 的外部设备，在 Linux 中访问设备的方式和访问文件的方式是相同的
/etc	这个目录用来存放所有系统管理所需要的配置文件和子目录
/etc/init. d	这个目录是用来存放系统或服务器以 System V 模式启动的脚本，这在以 System V 模式启动或初始化的系统中常见。比如 Fedora/RedHat
/etc/xinit. d	如果服务器是通过 xinetd 模式运行的，它的脚本要放在这个目录下。有些系统没有这个目录，比如 Slackware，有些老的版本也没有。在 Rehat/Fedora 中比较新的版本中存在
/etc/rc. d	这是 Slackware 发行版有的一个目录，是 BSD 方式启动脚本的存放地；例如定义网卡，服务器开启脚本等
/etc/X11	这是 X – Windows 相关的配置文件存放地
/home	普通用户家目录默认存放目录，在 Linux 中，每个用户都有一个自己的目录，一般该目录名是以用户的账号命名的
/lib	这个目录里存放着系统最基本的动态链接共享库，其作用类似于 Windows 里的 DLL 文件。几乎所有的应用程序都需要用到这些共享库
/lost + found	这个目录一般情况下是空的，当系统产生异常时，这里就存放了一些文件
/mnt	在这里面中有四个目录，系统提供这些目录是为了让用户临时挂载别的文件系统的，可以将光驱挂载在/mnt/cdrom 上，然后进入该目录就可以查看光驱里的内容
/proc	这个目录是一个虚拟的目录，它是系统内存的映射，可以通过直接访问这个目录来获取系统信息

续表

目　录	目录内容
/root	该目录为系统管理员，也称作超级权限者的用户主目录
/sbin	s 就是 Super User 的意思，这里存放的是系统管理员使用的系统管理程序
/tmp	临时文件目录，有时用户运行程序的时候，会产生临时文件。/tmp 就用来存放临时文件的。/var/tmp 目录和这个目录相似
/usr	这个是系统存放程序的目录，如命令、帮助文件等。这个目录下有很多的文件和目录。当安装一个 Linux 发行版官方提供的软件包时，大多安装在这里。如果有涉及服务器配置文件的，会把配置文件安装在/etc 目录中。/usr 目录下还包括涉及字体目录/usr/share/fonts，帮助目录 /usr/share/man 或/usr/share/doc，普通用户可执行文件目录/usr/bin 或/usr/local/bin 或/usr/X11R6/bin，超级权限用户 root 的可执行命令存放目录，如 /usr/sbin 或/usr/X11R6/sbin 或/usr/local/sbin 等；还有程序的头文件存放目录/usr/include
/sys	sysfs 是 Linux 内核中设计较新的一种虚拟的基于内存的文件系统。它的作用与 proc 有些类似，但除了与 proc 相同的具有查看和设定内核参数功能之外，还有为 Linux 统一设备模型作为管理之用
/var	这个目录中存放着在不断扩充着的内容，通常习惯将那些经常被修改的目录放在这个目录下。包括各种日志文件。如果用户想做一个网站，也会用到/var/www 这个目录

9.3.2 Linux 文件类型及文件属性与权限

1. 文件类型

Linux 文件类型和 Linux 文件名所代表的意义是两个不同的概念。这里通过一般应用程序而创建的例如 file. txt、file. tar. gz，这些文件虽然要用不同的程序来打开，但放在 Linux 文件类型中衡量的话，大多是常规文件（也被称为普通文件）。Linux 文件类型常见的有：普通文件、目录文件、设备文件、管道文件、链接文件等。

1）普通文件

普通文件是计算机用户和操作系统用于存放数据、程序等信息的文件。一般都长期地存放在外存储器（磁盘等）中。普通文件一般又分为文本文件和二进制文件。

2）目录文件

目录文件是文件系统中一个目录所包含的目录项组成的文件。目录文件只允许系统进行修改。用户进程可以读取目录文件，但不能对其进行修改。

3）设备文件

设备文件用于与 I/O 设备提供连接的一种文件，分为字符设备文件和块设备文件，对应于字符设备和块设备。Linux 把对设备的 I/O 作为普通文件的读取/写入操作内核提供了对设备处理和对文件处理的统一接口。每一种 I/O 设备对应一个设备文件，存放在/dev 目录中，如行式打印机对应/dev/lp。

4）管道文件

管道文件主要用于在进程间传递数据。管道是进程间传递数据的“媒介”。某进程数据写入管道的一端，另一个进程从管道另一端读取数据。Linux 对管道的操作与文件操作相同，它把管道作为文件进行处理。管道文件又称先进先出（FIFO）文件。

5）链接文件

链接文件又称符号链接文件，它提供了共享文件的一种方法，在链接文件中不是通过文件名实现文件共享，而是通过链接文件中包含的指向文件的指针来实现对文件的访问。普通用户可以建立链接文件，并通过其指针所指向的文件，使用链接文件可以访问普通文件，还可以访问目录文件和不具有普通文件实态的其他文件。它可以在不同的文件系统之间建立链接关系。

2. 文件属性与权限

文件的属性与权限是 Linux 系统中目录和文件的两个基本特性，所有的目录和文件都具备这两种特性，它们决定了文件的使用方法与安全性问题。在Linux系统中，目录也是一种特殊的文件，并能够将其作为文件使用，这与直观获得对目录的体验并不一样。另外，Linux系统还有多种文件类型。例如，设备文件、管道文件和链接文件，它们是文件概念的泛化。

Linux系统中文件安全机制是通过给系统中的文件赋予两个属性来实现的：这两个属性分别是所有者属性和访问权限属性。Linux系统下的每一个文件必须严格地属于一个用户和一个组，针对不同的用户和组又具有不同的访问权限。对于多用户操作系统来说，这种机制是保障每一个用户数据安全的必要手段。在Linux系统的文件管理器中，右击一个文件或目录的图标，在弹出菜单中选择"属性"命令，将打开"属性"对话框。在"属性"对话框中单击"权限"标签，可查看文件的访问权限信息。

9.3.3 Linux文件系统类型

在Linux系统中，每个分区都是一个文件系统，都有自己的目录层次结构。Linux最重要的特征之一就是支持多种文件系统，这样它更加灵活，并可以和许多其他种操作系统共存。Virtual file System（虚拟文件系统，VFS）是Linux内核中的一个软件层，用于给用户空间的程序提供文件系统接口，它也提供了内核中一个抽象功能，允许不同的文件系统共享，使得Linux可以支持多个不同的文件系统格式。由于VFS已将Linux文件系统的所有细节进行了转换，所以Linux核心的其他部分及系统中运行的程序将看到统一的文件系统格式。Linux的虚拟文件系统允许用户同时能透明地安装许多不同的文件系统，并且也是为Linux用户提供快速且高效的文件访问服务而设计的。

随着Linux的不断发展，它所支持的文件系统格式也在迅速扩充。Linux系统可以支持十多种文件系统类型：JFS，ReiserFS，ext，ext2，ext3，ISO9660，XFS，MSDOS，UMSDOS，VFAT，NTFS，HPFS，NFS，SMB，SysV，PROC等。而这些不同格式的文件系统因使用的场合不同分为了两大类：本地磁盘文件系统和在网络上使用的文件系统。

1. 本地磁盘文件系统

1）文件分配表系统

文件分配表（FAT）系统1982年开始应用于MS－DOS中。FAT文件系统主要的优点是它可以由多种操作系统访问，但不支持长文件名，受8.3命名规则限制（8个字符名，3个字符扩展名）。同时无法支持系统高级容错特性，不具有内部安全特性等。

2）虚拟文件分配表系统

有Windows 95中，通过对FAT文件系统的扩展，长文件名问题得到了妥善解决，这就是人们所谓的虚拟文件分配表（VFAT）系统，在Windows 95中文件名可长达255字符。它同时也支持文件日期和时间属性，为每个文件保留了文件创建日期/时间、文件最近被修改的日期/时间和文件最近被打开的日期/时间。

3）高性能文件系统

高性能文件（HPFS）系统是微软的LAN Nanager中的文件系统，同时也是IBM的LAN Server和OS/2的文件系统。支持长文件名比FAT文件系统有更强的纠错能力。但HPFS使用可靠性差，也较低级。

4）Windows NT文件系统

Windows NT文件系统（NTFS）最大特点就是安全性好，可以对文件和目录进行相应的访问控制。其次，它具有先进的容错能力，NTFS使用一种称为事务登录的技术跟踪对磁盘进行修改，因此，NTFS可以在几秒钟内恢复错误。对于大分区，NTFS比FAT和HPFS效率更高。

5）扩展文件系统

扩展文件系统（ext）是第一个专门为Linux开发的文件系统类型。对Linux早期的发展产生了重要作用。但是，由于其在稳定性、速度和兼容性上存在许多缺陷，现在已经很少使用。

6）二级扩展文件系统

二级扩展文件系统（ext2）是为解决 ext 文件系统的缺陷设计的可扩展的、高性能的文件系统，是 Linux 文件系统类型中使用最多的格式，并且在速度和 CPU 利用率上较为突出，是 GNU/Linux 系统中标准的文件系统。

7）日志格式文件系统

日志格式文件系统（ext3）是一个典型的日志格式文件系统。ext3 系统起源于 Oracle，Sybase 等大型数据库。由于数据库操作往往是由多个相关的、相互依赖的子操作组成，任何一个子操作的失败都意味着整个操作的无效性，对数据库数据的任何修改都要恢复到操作以前的状态，Linux 日志文件系统就是由此发展而来的。ext3 设计是 ext2 设计的升级版本，和 ext2 相比 ext3 提供了更佳的安全性。

8）ISO9660

ISO9660 是用于 CD - ROM 的典型文件系统，用定义该格式标准的名字命名。

2. 在网络上使用的文件系统

1）NFS

NFS 是网络文件系统（Network File System）的缩写，是在类 UNIX 系统间实现磁盘文件共享的一种方法，它支持应用程序在客户端通过网络存取位于服务器磁盘中数据的一种文件系统协议。功能是透过网络让不同的机器，不同的操作系统能够彼此分享个别的数据。所以用户可以简单地将其看作是一个文件服务器。

2）SMB/CIFS

SMB/CIFS（Server Message Block，1996 年改为 Common Internet File System，CIFS）是由微软开发的一种网络传输协议，主要用来使网络上的不同计算机共享文件，打印机等资源。

9.4 Linux 进程调度与管理

9.4.1 Linux 进程的定义

一个进程是一个程序一次执行的过程，程序是静态的，它是一些保存在磁盘上的可执行的代码和数据集合。进程是一个动态的概念。

9.4.2 Linux 进程的属性

Linux 进程最知名的属性就是它的进程号 PID（Process Idenity Number，PID）和它的父进程号 PPID（Parent Process ID，PPID）。PID、PPID 都是非零正整数。一个 PID 唯一地标示一个进程。一个进程创建新进程称为创建了子进程（child process）。相反地，创建子进程的进程称为父进程。所有进程追溯其祖先最终都会落到进程号为 1 的进程身上，这个进程叫作 init 进程，是内核自举后第一个启动的进程。init 进程作用是扮演终结父进程的角色，因为 init 进程永远不会被终止，所以系统总是可以确信它的存在，并在必要的时候以它为参照。如果某个进程在它衍生出来的全部子进程结束之前被终止，就会出现必须以 init 为参照的情况。此时那些失去了父进程的子进程就都会以 init 作为它们的父进程。如果执行一下 ps - af 命令，可以列出许多父进程 ID（Parent Process ID，PPID）为 1 的进程来。Linux 提供了一条 pstree 命令，允许用户查看系统内正在运行的各个进程之间的继承关系。直接在命令行中输入 pstree 即可，程序会以树状结构方式列出系统中正在运行的各进程之间的继承关系。

9.4.3 Linux 进程调度

Linux 的进程调度由调度程序 schedule( ) 完成，通过对 schedule( ) 的分析能更好理解调度的过程。schedule( ) 首先判断当前运行进程是否具有 SCHED_RR 标志，本文取一部分加以分析：

```
if(prev->policy==SCHED_RR)  /*如果是轮转调度,先作goto特殊处理*/
    Goto move_rr_last;
    ……
Move_rr_last:
    If(!prev->counter){      /*如果counter减至0*/
        Prev->counter=NICE_TO_TICKS(prev->nice);
        Move_last_runqueue(prev);
}
Goto move_rr_back;
```

prcv >counter代表当前进程的运行时间配额，其值逐渐减小。一旦减至0，就要从可执行队列runqueue中当前的位置移到末尾，宏操作NICE_TO_TICKS根据系统时钟的精度将进程的优先级别换算成可以运行的时间配额，即恢复其初始的时间配额。把该进程移到末尾意味着：如果没有权值更高的进程，但是有一个权值与这相同的进程存在，那么，那个权值相同而排列在前的进程就会被选中，从而顾全了大局。接下来调度函数查询当前运行进程的状态是否改变：

```
Move_rr_back:
    switch(prev->state){                    /*查看进程当前的状态*/
        Case TASK_INTERRUPTIBLE:
            if(signal pending(prev)){       /*判断运行期间是否收到信号*/
Prev->state=TASK_RUNNING;
Break;
}
            default:                        /*当前运行进程处于非TASK_RUNNING状态*/
Del_from_runqueue(prev);
            Case TASK_RUNNING:
}
Prev->need_resched=0;
```

容易理解：如果发现进程处于TASK_INTERRUPTIBLE状态且有信号等待处理，则内核将其状态设为TASK_RUNNING，让其处理完信号，接下来仍有机会获得CPU；如果没有信号等待，则将其从可运行队列中撤下来；如果处于TASK_RUNNING状态，则继续进行。然后，将prev->need_resched的值恢复成0，因为所需的调度已经在运行。

```
Repeat schedule():
    next=idle_task(this_cpu);           /*next指向最佳候选进程*/
    c=-1000;   /*进程的综合权值,初始时是0号进程,-1000是可能的最低值*/
     If(prev->state==TASK_RUNNING)
        Goto still_running;

Still_running_back:
    List_for_each(tmp,&runqueue_head){
        P=list_entry(tmp,struct task_struct,run_list);
        if(can_schedule(p,this_cpu)){        /*计算p指向的进程的权值*/
Int weight=goodness(p,this_cpu,prev->active_mm);
if(weight>c)                             /*比较权值大小*/
C=weight,next=p;
}
}
```

调度之前，将待调度的进程默认为0号进程，权值置为-1000。0号进程比较特别，既不会睡眠，又不能被停止。接下来内核遍历可执行队列run queue中的每个进程，为每个进程通过goodness()函数计算出它当前所具有的权值，然后与当前的最高值c相比。如果两个进程具有相同权值的话，那么排在前面的进程胜出。

```
Still_running:
    C = goodness(prev,this_cpu,prev -> active_mm);
    Next = prev;
    Goto still_running_back;
```

上面的代码说明，如果当前进程想要继续运行，那么在挑选进程时以当前进程此刻的权值开始。这意味着，相对于权值相同的其他进程来说，当前进程优先。若发现当前已选进程的权值为0，则需要重新计算各个进程的时间配额，schedule()将转入 recalculate 部分。限于篇幅，在此不再展开。

9.5 Linux 系统下多线程

9.5.1 Linux 线程

线程（thread）技术早在20世纪60年代就被提出，但真正应用多线程到操作系统中去，是在20世纪80年代中期，solaris 是这方面的佼佼者。传统的 UNIX 也支持线程的概念，但是在一个进程（process）中只允许有一个线程，这样多线程就意味着多进程。现在，多线程技术已经被许多操作系统所支持，包括 Windows/NT，当然，也包括 Linux。

为什么有了进程的概念后，还要再引入线程呢？使用多线程到底有哪些好处？什么系统应该选用多线程？我们必须回答这些问题。

使用多线程的理由之一是和进程相比，它是一种非常“节俭”的多任务操作方式。众所周知，在 Linux 系统下，启动一个新的进程必须分配给它独立的地址空间，建立众多的数据表来维护它的代码段、堆栈段和数据段，这是一种“昂贵”的多任务工作方式。而运行于一个进程中的多个线程，它们彼此之间使用相同的地址空间，共享大部分数据，启动一个线程所花费的空间远远小于启动一个进程所花费的空间，而且，线程间彼此切换所需的时间也远远小于进程间切换所需要的时间。据统计，总体来说，一个进程的开销大约是一个线程开销的30倍左右，当然，在具体的系统上，这个数据可能会有较大的区别。

使用多线程的理由之二是线程间方便的通信机制。对不同进程来说，它们具有独立的数据空间，要进行数据的传递只能通过通信的方式进行，这种方式不仅费时，而且很不方便。线程则不然，由于同一进程下的线程之间共享数据空间，所以一个线程的数据可以直接为其他线程所用，这不仅快捷，而且方便。当然，数据的共享也带来其他一些问题，有的变量不能同时被两个线程所修改，有的子程序中声明为 static 的数据更有可能给多线程程序带来灾难性的打击，这些正是编写多线程程序时最需要注意的地方。

除了以上所述的优点外，与进程比较，多线程程序作为一种多任务、并发的工作方式，具有以下的优点：

（1）提高应用程序响应。这对图形界面的程序尤其有意义，当一个操作耗时很长时，整个系统都会等待这个操作，此时程序不会响应键盘、鼠标、菜单的操作，而使用多线程技术，将耗时长的操作（time consuming）置于一个新的线程，可以避免这种尴尬的情况。

（2）使多 CPU 系统更加有效。操作系统会保证当线程数不大于 CPU 数目时，不同的线程运行于不同的 CPU 上。

（3）改善程序结构。一个既长又复杂的进程可以考虑分为多个线程，成为几个独立或半独立的运行部分，这样的程序会利于理解和修改。

下面来尝试编写一个简单的多线程程序。

9.5.2 基于 Linux 的多线程编程

Linux 系统下的多线程遵循 POSIX 线程接口，称为 pthread。编写 Linux 下的多线程程序，需要使用头文件 pthread. h，链接时需要使用库 libpthread. a。顺便说一下，Linux 下 pthread 的实现是通过系统调用 clone()来实现的。clone()是 Linux 所特有的系统调用，它的使用方式类似 fork，关于 clone()的详细情况，有兴趣的读者可以去查看有关文档说明。

下面展示一个最简单的多线程程序 example1. c。

```
/* example.c */
#include <stdio.h>
#include <pthread.h>
void thread(void)
{
int i;
for(i=0;i<3;i++)
printf("This is a pthread.\n");
}

int main(void)
{
pthread_t id;
int i,ret;
ret=pthread_create(&id,NULL,(void *)thread,NULL);
if(ret!=0){
printf("Create pthread error!\n");
exit(1);
}
for(i=0;i<3;i++)
printf("This is the main process.\n");
pthread_join(id,NULL);
return(0);
}
```

接下来编译此程序：

```
gcc example1.c -lpthread -o example1
```

运行 example1，我们得到如下结果：

```
This is the main process.
This is a pthread.
This is the main process.
This is the main process.
This is a pthread.
This is a pthread.
```

再次运行，我们可能得到如下结果：

```
This is a pthread.
This is the main process.
This is a pthread.
This is the main process.
This is a pthread.
This is the main process.
```

前后两次结果不一样，这是两个线程争夺 CPU 资源的结果。上面的示例中，我们使用到了两个函数，pthread_create 和 pthread_join，并声明了一个 pthread_t 型的变量。

pthread_t 在头文件/usr/include/bits/pthreadtypes. h 中定义：

```
typedef unsigned long int pthread_t;
```

它是一个线程的标识符。函数 pthread_create 用来创建一个线程，它的原型为：

```
extern int pthread_create __P((pthread_t *__thread,__const pthread_attr_t *__attr,
void *(*__start_routine)(void *),void *__arg));
```

第一个参数为指向线程标识符的指针，第二个参数用来设置线程属性，第三个参数是线程运行函数的起始地址，最后一个参数是运行函数的参数。

这里，函数 thread 不需要参数，所以最后一个参数设为空指针。第二个参数也设为空指针，这样将生成默认属性的线程。对线程属性的设定和修改将在下一节阐述。当创建线程成功时，函数返回 0；若不为 0，则说明创建线程失败，常见的错误返回代码为 EAGAIN 和 EINVAL。前者表示系统限制创建新的线程，如线程数目过多了；后者表示第二个参数代表的线程属性值非法。创建线程成功后，新创建的线程则运行参数三和参数四确定的函数，原来的线程则继续运行下一行代码。函数 pthread_join 用来等待一个线程的结束。函数原型为：

```
extern int pthread_join __P((pthread_t __th,void **__thread_return));
```

第一个参数为被等待的线程标识符，第二个参数为一个用户定义的指针，它可以用来存储被等待线程的返回值。这个函数是一个线程阻塞的函数，调用它的函数将一直等待到被等待的线程结束为止，当函数返回时，被等待线程的资源被收回。

一个线程的结束有两种途径，一种是像上面的例子一样，函数结束了，调用它的线程也就结束了；另一种方式是通过函数 pthread_exit 来实现。它的函数原型为：

```
extern void pthread_exit __P((void *__retval))__attribute__((__noreturn__));
```

唯一的参数是函数的返回代码，只要 pthread_join 中的第二个参数 thread_return 不是 NULL，这个值将被传递给 thread_return。

最后需说明的是：一个线程不能被多个线程等待，否则第一个接收到信号的线程成功返回，其余调用 pthread_join 的线程则返回错误代码 ESRCH。

这里编写了一个最简单的线程，并掌握了最常用的三个函数 pthread_create，pthread_join 和 pthread_exit。下面来了解线程的一些常用属性以及如何设置这些属性。

9.5.3 Linux 线程属性的修改

在上一节的例子中用 pthread_create 函数创建了一个线程，在这个线程中，使用了默认参数，即将该函数的第二个参数设为 NULL。的确，对大多数程序来说，使用默认属性就够了，但还是有必要来了解一下线程的有关属性。

属性结构为 pthread_attr_t，它同样在头文件/usr/include/pthread.h 中定义，喜欢追根问底的人可以自己去查看。属性值不能直接设置，需使用相关函数进行操作，初始化的函数为 pthread_attr_init，这个函数必须在 pthread_create 函数之前调用。属性对象主要包括是否绑定、是否分离、堆栈地址、堆栈大小、优先级。默认的属性为非绑定、非分离、默认 1MB 的堆栈、与父进程同样级别的优先级。

关于线程的绑定，牵涉另外一个概念：轻进程（LWP，Light Weight Process）。轻进程可以理解为内核线程，它位于用户层和系统层之间。系统对线程资源的分配、对线程的控制是通过轻进程来实现的，一个轻进程可以控制一个或多个线程。默认状况下，启动多少轻进程、哪些轻进程来控制哪些线程是由系统来控制的，这种状况即称为非绑定的。绑定状况下，则顾名思义，即某个线程固定地“绑”在一个轻进程之上。被绑定的线程具有较高的响应速度，这是因为 CPU 时间片的调度是面向轻进程的，绑定的线程可以保证在需要的时候它总有一个轻进程可用。通过设置被绑定的轻进程的优先级和调度级可以使得绑定的线程满足诸如实时反应之类的要求。

设置线程绑定状态的函数为 pthread_attr_setscope，它有两个参数，第一个是指向属性结构的指针，第二个是绑定类型，它有两个取值：PTHREAD_SCOPE_SYSTEM（绑定的）和 PTHREAD_SCOPE_PROCESS（非绑定的）。下面的代码即创建了一个绑定的线程。

```
#include
pthread_attr_t attr;
pthread_t tid;                /* 初始化属性值,均设为默认值 * /
pthread_attr_init(&attr);
pthread_attr_setscope(&attr,PTHREAD_SCOPE_SYSTEM);
pthread_create(&tid,&attr,(void *)my_function,NULL);
```

线程的分离状态决定一个线程以什么样的方式来终止自己。在上面的例子中，采用了线程的默认属性，即为非分离状态，这种情况下，原有的线程等待创建的线程结束。只有当 pthread_join() 函数返回时，创建的线程才算终止，才能释放自己占用的系统资源。而分离线程不是这样的，它没有被其他的线程所等待，自己运行结束了，线程终止，马上释放系统资源。程序员应该根据自己的需要，选择适当的分离状态。设置线程分离状态的函数为 pthread_attr_setdetachstate(pthread_attr_t *attr, int detachstate)。第二个参数可选为 PTHREAD_CREATE_DETACHED（分离线程）和 PTHREAD_CREATE_JOINABLE（非分离线程）。

9.6 Linux 开发流程

由于嵌入式系统本身的特性所影响，嵌入式系统开发与通用系统开发有很大的区别。嵌入式系统的开发主要分为系统总体开发、嵌入式硬件开发和嵌入式软件开发三大部分，其总体流程图如图 9.1 所示。

在系统总体开发中，由于嵌入式系统与硬件依赖程序非常紧密，往往某些需求只能通过特定的硬件才能实现，因此需要进行处理器选型，以便更好地满足产品需求。另外，对于有些硬件和软件都可以实现的功能，就需要在成本和性能上做出抉择。往往通过硬件实现会增加产品的成本，但能大大提高产品的性能和可靠性。

其次，开发环境的选择对于嵌入式系统的开发也有很大影响。这里的开发环境包括嵌入式操作系统的选择以及开发工具的选择等。例如，对开发成本和进度限制较大的产品可以选择嵌入式 Linux，对实时性要求非常高的产品可以选择 VxWorks 等。

由于本书主要讨论嵌入式软件的应用开发，因此对硬件开发不做详细讲解，而主要讨论嵌入式软件开发的流程。

嵌入式软件开发总体流程为图 9.1 中“软件制作实现”部分所示，它同通用计算机软件开发一样，分为需求分析、软件概要设计、软件详细设计、软件实现和软件测试。其中嵌入式软件需求分析与硬件的需求分析合二为一，故没有分开画出。

由于嵌入式软件开发需要的工具非常多，为了更好地帮助读者选择开发工具，下面首先对嵌入式软件开发过程中所使用的工具做一简单归纳。

嵌入式软件的开发工具根据不同的开发过程而划分，如在需求分析阶段，可以选择 IBM 的 Rational Rose 等软件，而在程序开发阶段可以采用 CodeWarrior（下面要介绍的 ADS 的一个工具）等，在调试阶段所用的 Multi-ICE 等。同时，不同的嵌入式操作系统往往会有配套的开发工具，如 VxWorks 有集成开发环境 Tornado，WinCE 的集成开发环境 WinCE Platform 等。此外，不同的处理器可能还有相应的开发工具，如 ARM 的常用集成开发工具 ADS 等。在这里，大多数软件都有比较高的使用费用，但也可以大大加快产品的开发进度，用户可以根据需求自行选择。

嵌入式系统的软件开发与通常软件开发的区别主要在于软件实现部分，其中又可以分为编译和调试两部分，下面分别对这两部分进行讲解。

1. 交叉编译

嵌入式软件开发所采用的编译为交叉编译。这将在以后的章节中详细讲解。

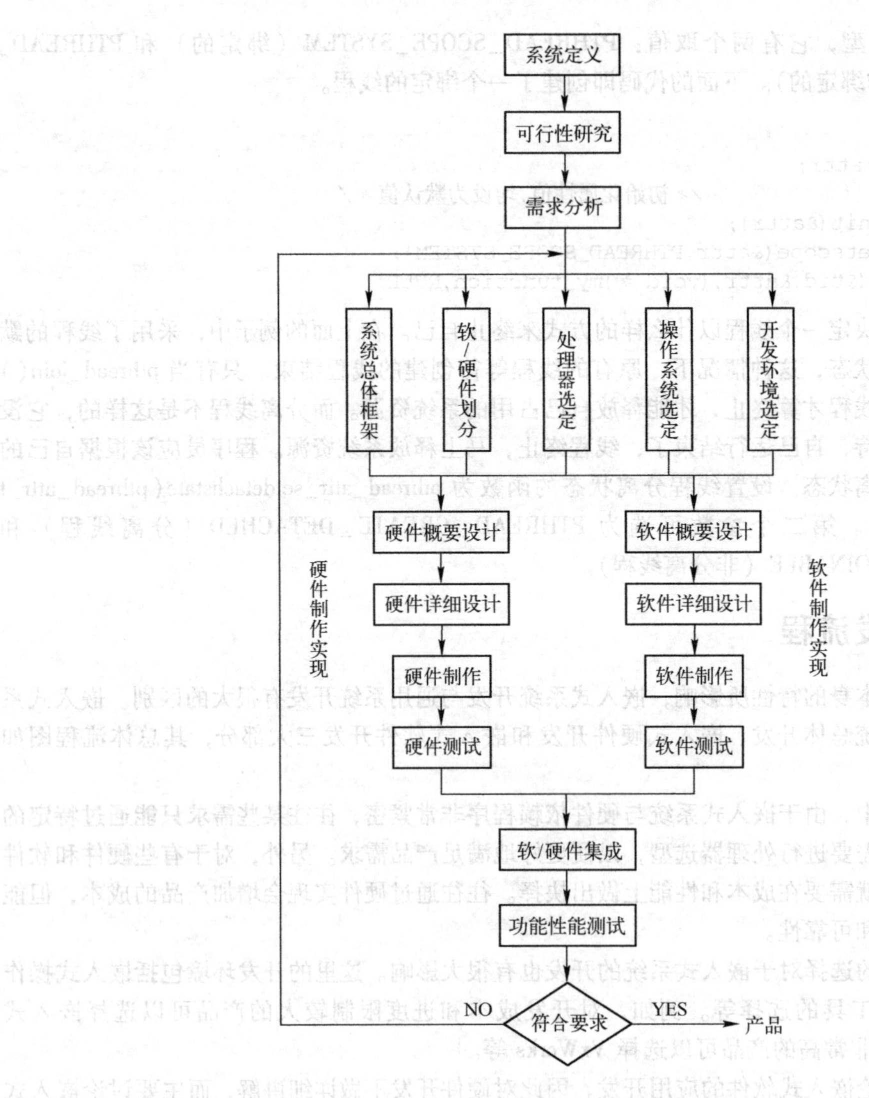

图 9.1　嵌入式系统开发流程图

2. 调试阶段

嵌入式软件经过编译和链接后即进入调试阶段，调试是软件开发过程中必不可少的一个环节，嵌入式软件开发过程中的交叉调试与通用软件开发过程中的调试方式有很大的差别。

在常见软件开发中，调试器与被调试的程序往往运行在同一台计算机上，调试器是一个单独运行的进程，它通过操作系统提供的调试接口来控制被调试的进程。而在嵌入式软件开发中，调试采用的是在宿主机和目标机之间进行的交叉调试，调试器仍然运行在宿主机的通用操作系统之上，但被调试的进程却是运行在基于特定硬件平台的嵌入式操作系统中，调试器和被调试进程通过串口或者网络进行通信，调试器可以控制、访问被调试进程，读取被调试进程的当前状态，并能够改变被调试进程的运行状态。

嵌入式系统的交叉调试有多种方法，主要可分为软件方式和硬件方式两种。它们一般都具有如下一些典型特点：

（1）调试器和被调试进程运行在不同的机器上，调试器运行在 PC 或者工作站上（宿主机），而被调试的进程则运行在各种专业调试板上（目标机）。

（2）调试器通过某种通信方式（串口、并口、网络、JTAG 等）控制被调试进程。

（3）在目标机上一般会具备某种形式的调试代理，它负责与调试器共同配合完成对目标机上运行着的进程的调试。这种调试代理可能是某些支持调试功能的硬件设备，也可能是某些专门的调试软件（如 gdbserver）。

（4）目标机可能是某种形式的系统仿真器，通过在宿主机上运行目标机的仿真软件，整个调试过程可以在一台计算机上运行。此时物理上虽然只有一台计算机，但逻辑上仍然存在着宿主机和目标机的区别。

下面分别就软件调试桩方式和硬件片上调试两种方式进行详细介绍。

1）软件方式

软件方式调试主要是通过插入调试桩的方式来进行的。调试桩方式进行调试是通过目标操作系统和调试器内分别加入某些功能模块，二者互通信息来进行调试。该方式的典型调试器有 Gdb 调试器。

2）硬件调试

相对于软件调试而言，使用硬件调试器可以获得更强大的调试功能和更优秀的调试性能。硬件调试器的基本原理是通过仿真硬件的执行过程，让开发者在调试时可以随时了解到系统的当前执行情况。目前嵌入式系统开发中最常用到的硬件调试器是 ROMMonitor、ROMEmulator、In - CircuitEmulator 和 In - CircuitDebugger。

9.7　Linux 交叉编译环境

交叉编译是嵌入式开发过程中的一项重要技术，它的主要特征是某机器中执行的程序代码不是在本机编译生成，而是由另一台机器编译生成，一般把前者称为目标机，后者称为主机。采用交叉编译的主要原因在于：多数嵌入式目标系统不能提供足够的资源供编译过程使用，因而只好将编译工程转移到高性能的主机中进行。

9.7.1　Linux 交叉编译

在一种计算机环境中运行的编译程序，能编译出在另外一种环境下运行的代码，我们就称这种编译器支持交叉编译。这个编译过程就叫交叉编译。简单地说，就是在一个平台上生成另一个平台上的可执行代码。这里需要注意的是所谓平台，实际上包含两个概念：体系结构（Architecture）、操作系统（Operating System）。同一个体系结构可以运行不同的操作系统；同样，同一个操作系统也可以在不同的体系结构上运行。举例来说，我们常说的 X86 Linux 平台实际上是 Intel X86 体系结构和 Linux for X86 操作系统的统称；而 X86 WinNT 平台实际上是Intel X86 体系结构和 Windows NT for X86 操作系统的简称。

有时是因为目的平台上不允许或不能够安装用户所需要的编译器，而用户又需要这个编译器的某些特征；有时是因为目的平台上的资源贫乏，无法运行用户所需要的编译器；有时又是因为目的平台还没有建立，连操作系统都没有，根本谈不上运行什么编译器。

交叉编译这个概念的出现和流行是和嵌入式系统的广泛发展同步发展的。用户常用的计算机软件，都需要通过编译的方式，把使用高级计算机语言编写的代码（比如 C 代码）编译（compile）成计算机可以识别和执行的二进制代码。例如，在 Windows 平台上，可使用 Visual C ++ 开发环境，编写程序并编译成可执行程序。这种方式下，使用 PC 平台上的 Windows 工具开发针对 Windows 本身的可执行程序，这种编译过程称为 native compilation（本机编译）。然而，在进行嵌入式系统的开发时，运行程序的目标平台通常具有有限的存储空间和运算能力。例如，常见的 ARM 平台，其一般的静态存储空间大概是 16MB 到 32MB，而 CPU 的主频大概在 100MHz 到 500MHz 之间。这种情况下，在 ARM 平台上进行本机编译就不太可能了，这是因为一般的编译工具链（compilation tool chain）需要很大的存储空间，并需要很强的 CPU 运算能力。为了解决这个问题，交叉编译工具就应运而生了。通过交叉编译工具，我们就可以在 CPU 能力很强、存储组件足够的主机平台上（如 PC 上）编译出针对其他平台的可执行程序。

要进行交叉编译，需要在主机平台上安装对应的交叉编译工具链（cross compilation tool chain），然后用这个交叉编译工具链编译源代码，最终生成可在目标平台上运行的代码。常见的交叉编译例子如下：

（1）在 Windows PC 上，利用 ADS（ARM 开发环境），使用 ARMCC 编译器，则可编译出针对 ARM CPU 的可执行代码。

（2）在 Linux PC 上，利用 arm - linux - gcc 编译器，可编译出针对 Linux ARM 平台的可执行代码。

（3）在 Windows PC 上，利用 cygwin 环境，运行 arm - elf - gcc 编译器，可编译出针对 ARM CPU 的可执行代码。

9.7.2　基于 S3C2440 的交叉编译环境建立

建议采用 X86 Linux 做主机平台，因为这样需要的设置工作最少。当然也可以使用喜欢的平台或所能得到的平台，其中的区别在于可能必须做更多的设置工作。当然也有这种可能：就是所选择的主机平台根本不能生成适用于目标平台的正确的交叉编译器。

这里首先手动生成适用于 S3C2440 体系结构的交叉编译器，这对理解交叉编译以及嵌入式系统开发很有裨益。用户必须进行必要的准备。

（1）一台安装有 Linux 系统的 PC，并且需要有充足的磁盘空间，需要几百兆的空间。

（2）各种源代码或者将主机连接到 Internet。

一切准备就绪后，就开始安装基于 S3C2440 体系结构的交叉编译工具链。

首先，下载 Crosstool 交叉工具集。Crosstool 是一组脚本工具集，可构建和测试不同版本的 gcc 和 glibc，用于那些支持 glibc 的体系结构。它也是一个开源项目，下载地址是 http://kegel.com/crosstool。用 Crosstool 构建交叉工具链要比上述的分步编译容易得多，并且也方便许多，建议读者使用此方法。

对于 Crosstool 要生成的特定平台的交叉编译工具时，需要一些资源进行构建。这些资源可以通过两种方法取得：其一是自行单独下载好，其二是由 Crosstool 在网络上自动下载。

其次，在取得 Crosstool 源码后，将其解压到主机/opt 文件夹下。总体命令如清单 9.1 所示。

注意： 当前用户不要用 root，使用 root 用户进行直接操作较为危险！

清单 9.1　Crosstool 编译过程

```
$cd /home/ARM Linux                              //假设用户为 ARM Linux
$su - root                                       //切换到 root 用户,建立文件夹
#mkdir /opt/crosstool
#chown ARM Linux /opt/crosstool                  //改变 crosstool 拥有者权限
#exit                                            //退出 root
$cd /opt/crosstool
$tar zxvf crosstool - 0.43.tar.gz                //解压 crosstool 压缩包
$cd crosstool - 0.43
$vim demo - S3C2440.sh                           //编译 S3C2440 体系结构脚本
//将最后一行的 eval 中的 gcc 版本改为 3.4.4,glibc 版本改为 2.3.3,保存退出
$./demo - S3C2440.sh                             //进行编译
$vim /home/ARM Linux/.bash_profile               //将交叉编译命令加入环境变量
//在最后添加
$PATH = /opt/crosstool/gcc - 3.4.4 - glibc - 2.3.3/S3C2440 - linux - gnu/bin:$PATH
```

最后，注销重启，输入 S3C2440 - linux - gnu - gcc，如果显示 no input file，则交叉工具已经成功安装。

使用编译器S3C2440 - Linux - gnu - gcc得到的二进制可执行文件，即是运行在S3C2440平台上的可执行文件。

注意：

如果所使用的主机平台不是运行的Linux，还必须注意以下这些问题。

（1）GNU bash必须是默认shell，所以需要将/bin/sh改成bash。

（2）要确认已经安装了GNU bison，因为这些软件同样使用了bison扩展。

（3）GNU gmake最好是系统默认的make，因为这些软件都使用了gmake扩展，如果不是，在需要make时，需要使用gmake。

（4）如果要生成交叉glibc，则GNU gsed必须设置成默认sed，因为glibc会用到gsed的扩展。

（5）如果想生成交叉glibc，还必须提供glibc - Linuxthreads - 2.2.2的源代码。

（6）确认能够搜索正确的路径顺序，最好让GNU软件首先被执行。

9.8　Linux的移植过程

嵌入式操作系统并不总是必需的，因为程序完全可以在裸板上运行。尽管如此，但对于复杂的系统，为使其具有任务管理、定时器管理、存储器管理、资源管理、事件管理、系统管理、消息管理、队列管理和中断处理的能力，提供多任务处理，更好地分配系统资源的功能，有必要针对特定的硬件平台和实际应用移植操作系统。

鉴于Linux源代码的开放性，它成为嵌入式操作系统领域的很好选择。国内外许多知名大学、公司、研究机构都加入了嵌入式Linux的研究行列，推出了一些著名的版本：

（1）RT - Linux提供了一个精巧的实时内核，把标准的Linux核心作为实时核心的一个进程同用户的实时进程一起调度。RT - Linux已成功地应用于航天飞机的空间数据采集、科学仪器测控和电影特技图像处理等广泛的应用领域。如NASA（美国国家宇航局）将装有RT - Linux的设备放在飞机上，以测量Georgette飓风的风速。

（2）μCLinux（Micro - Control - Linux，μ表示Micro，C表示Control）去掉了MMU（内存管理）功能，应用于没有虚拟内存管理的微处理器/微控制器，它已经被成功地移植到了很多平台上。

本节涉及的Linux由Samsung公司根据Linux 2.6内核改进而来，支持S3C2440处理器。

9.8.1　Linux内核要点

和其他操作系统一样，Linux包含进程调度与进程间通信（IPC）、内存管理（MMU）、虚拟文件系统（VFS）、网络接口等，图9.2给出了Linux的组成及其关系。

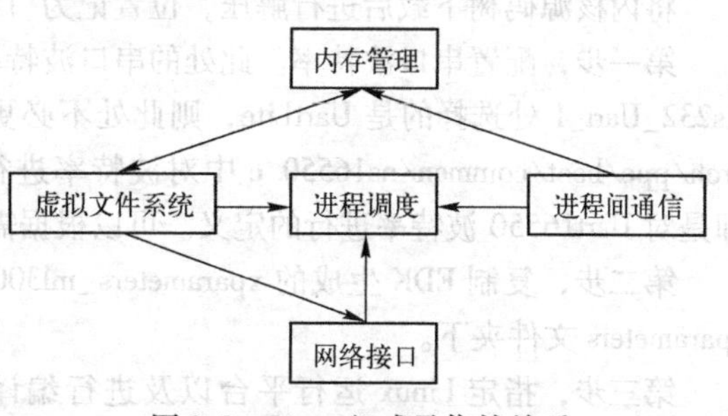

图9.2　Linux组成及依赖关系

图9.2中，Linux内核源代码包括多个目录：

（1）arch：包括硬件特定的内核代码，如arm、mips、PowerPC、i386等；

（2）drivers：包含硬件驱动代码，如char、cdrom、scsi、mtd等；

（3）include：通用头文件及针对不同平台特定的头文件，如asm - i386、asm - arm等；

（4）init：内核初始化代码；

（5）ipc：进程间通信代码；

（6）kernel：内核核心代码；

（7）mm：内存管理代码；

（8）net：与网络协议栈相关的代码，如ipv4、ipv6、ethernet等；

（9）fs：文件系统相关代码，如nfs、vfat等；

（10）lib：库文件，与平台无关的 strlen、strcpy 等，如在 string. c 中包含：

```
char * strcpy(char * dest,const char * src)
{
        char *tmp = dest;
        while((* dest ++ = * src ++)! = '')
                /* nothing * /;
                return tmp;
}
```

（11）Documentation：文档。

在 Linux 内核的实现中，有一些数据结构使用非常频繁，对研读内核的人来说至为关键，它们是：

① task_struct：Linux 内核利用 task_struct 数据结构代表一个进程，用 task_struct 指针形成一个 task 数组。当建立新进程的时候，Linux 为新的进程分配一个 task_struct 结构，然后将指针保存在 task 数组中。调度程序维护 current 指针，它指向当前正在运行的进程。

② mm_struct：每个进程的虚拟内存由 mm_struct 结构代表。该结构中包含了一组指向 vm – area_struct 结构的指针，vm – area_struct 结构描述了虚拟内存的一个区域。

③ inode：Linux 虚拟文件系统中的文件、目录等均由对应的索引节点（inode）代表。

9.8.2 Linux 移植项目

首先，需要下载 Linux 的源码树。Xilinx、SecretLab 都较好地提供了适用于 Virtex – II Pro 开发板的源码树。网址如下：

Xilinx：http://git. xilinx. com/cgi – bin/gitweb. cgi；

SecretLab：http://git. secretlab. ca/?p = linux – 2. 6 – virtex. git；a = summary。

可以采用 Git 工具下载 Linux 源码树。Git 版本控制工具的作者是 Linux 之父 Linus Trovalds，最初是专门针对 Linux 内核开发的特点编写的，即协作人员异地分布、人数众多、项目规模巨大、复杂度高等。与常用的版本控制 CVS，Subversion 等不同，它采用了分布式版本库的方式，不必依靠服务器中断软件支持，使源代码的发布和维护变得极其方便。Git 的本地查询、搜索，补丁制作、提交和应用，项目跟踪，分支合并等功能，可以大大提高开发效率，具有较强的灵活性。有人认为 Git 太艰涩难懂，实际上结合一些有用的脚本命令使用，会使其变得非常好用。

Linux kernel、Wine、U – boot 等著名项目都采用 Git 管理，其页面上列举的项目全是用 Git 维护的，比较有趣的是 Git 本身也采用 Git 进行版本控制。

将内核源码树下载后进行解压，位置记为 {Xlnx_Kernel}。

第一步，配置串口波特率。此处的串口波特率和 UART16550 息息相关。如果之前在 EDK 工程 Rs232_Uart_1 处选择的是 UartLite，则此处不必更改。若选择的是 Uart16550，则在{Xlnx_Kernel}/arch/ppc/boot/common/ns16550. c 中对波特率进行配置。找到#define SERIAL_BAUD 9600 这一行，即是对 Uart16550 波特率进行的定义。可以根据需要进行更改。

第二步，复制 EDK 生成的 xparameters_ml300. h 文件到{Xlnx_Kernel}/arch/ppc/platforms /4xx/xparameters 文件夹下。

第三步，指定 Linux 运行平台以及进行编译的编译器。修改 Makefile 文件，Vim {Xlnx_Kernel} /Makefile。修改如下两行，这样就将平台限定为 ARM 平台，使用的编译器为之前编译好的交叉编译工具 S3C2440 – linux – gnu – 。

```
ARCH := ppc
CROSS_COMPILE = S3C2440 - linux - gnu -
```

在 {Xlnx_Kernel} 目录下通过 make menuconfig 命令即可对内核进行配置。配置完成后，会形成配置参数.config文件。以下是一些常用小知识：

make menuconfig　图形化的内核配置；
make mrproper　删除不必要的文件和目录；
make config　基于文本的最为传统的配置界面，不推荐使用；
make menuconfig　基于文本选单的配置界面，字符终端下推荐使用；
make xconfig　基于图形窗口模式的配置界面，Xwindow下推荐使用；
make oldconfig　在原来内核配置的基础上进行修改。

上述命令的目的都是生成一个.config文件，这些命令中，make xconfig的界面最为友好，如果可以使用Xwindow，推荐用make xconfig，其比较方便，也好设置。如果不能使用Xwindow，那么可以使用make menuconfig。

选择相应的配置时，有三种选择，它们分别代表的含义如下：

（1）Y——将该功能编译进内核。

（2）N——不将该功能编译进内核。

（3）M——将该功能编译成可以在需要时动态插入到内核中的模块。

内核参数配置完成后，通过make命令进行内核的编译工作。当内核编译完成后会在{Xlnx_Kernel} /arch/ppc/boot/images/目录下生成zImage.elf文件，此文件即是适用于S3C2440处理器的嵌入式Linux内核。

上面并没有使用内核模块，而在进一步应用中，很可能有一些内核选项是要以模块形式编译进去的，此时，接下来的工作就是建立及安装模块，用命令

```
$make modules
$make modules_install
```

编译成功后，系统会在/lib/modules/目录下生成一个按所编译内核的版本号命名的子目录，里面存放着新内核的所有可加载模块。将其复制到文件系统中，要使用时用insmod命令进行加载即可。目前的Linux 2.6x版本内核是自动解决依赖关系，所以暂时不用关注depmod。

在上述Linux移植的过程中，要关注：

（1）内核初始化：Linux内核的入口点是start_kernel()函数。它初始化内核的其他部分，包括捕获、IRQ通道、调度、设备驱动、标定延迟循环，最重要的是能够fork“init”进程，以启动整个多任务环境。可以在init中加上一些特定的内容。

（2）设备驱动：设备驱动占据了Linux内核很大部分。同其他操作系统一样，设备驱动为它们所控制的硬件设备和操作系统提供接口。在后续章节中将单独讲解驱动程序的编写方法。

（3）文件系统：Linux最重要的特性之一就是对多种文件系统的支持。这种特性使得Linux很容易同其他操作系统共存。文件系统的概念使得用户能够查看存储设备上的文件和路径而无须考虑实际物理设备的文件系统类型。Linux支持许多不同的文件系统，将各种安装的文件和文件系统以一个完整的虚拟文件系统的形式呈现给用户。

至此已经将内核编译完成。将zImage.elf复制到EDK工程目录下。在EDK集成环境中选择Download Bitstream→Debug：Launch XMD→dow zImage.elf→con。

打开串口工具，可以看到内核已经启动。但是由于没有制作文件系统，所以这个嵌入式Linux最终会崩溃。

9.8.3　制作根文件系统

文件系统是基于被划分的存储设备上的逻辑单位的一种定义文件命名、存储、组织及取出的方法。如果一个Linux没有根文件系统，它是不能被正确启动的。因此，需要为Linux创建根文件系统。

一个完整的 Linux 根文件系统至少包括如下目录。

(1) /bin(binary)：包含着所有的标准命令和应用程序；

(2) /dev(device)：包含外设的文件接口，在 Linux 下，文件和设备是采用同种方法访问的，系统上的每个设备都在/dev 里有一个对应的设备文件；

(3) /etc(etcetera)：这个目录包含着系统设置文件和其他的系统文件，如/etc/fstab（file system table）记录了启动时要 mount 的 filesystem；

(4) /home：存放用户主目录；

(5) /lib(library)：存放系统最基本的库文件；

(6) /mnt：用户临时挂载文件系统的地方；

(7) /proc：Linux 提供的一个虚拟系统，系统启动时在内存中产生，用户可以直接通过访问这些文件来获得系统信息；

(8) /root：超级用户主目录；

(9) /sbin：这个目录存放着系统管理程序，如 fsck、mount 等；

(10) /tmp(temporary)：存放不同的程序执行时产生的临时文件；

(11) /usr(user)：存放用户应用程序和文件。

文件系统根据存储格式的不同，大体可以分为以下几种。

1) cramfs

在根文件系统中，为保护系统的基本设置不被更改，可以采用 cramfs 格式，它是一种只读的闪存文件系统。制作 cramfs 文件系统的方法为：建立一个目录，将需要放到文件系统的文件 copy 到这个目录，运行"mkcramfs 目录名 image 名"就可以生成一个 cramfs 文件系统的 image 文件。例如，如果目录名为 rootfs，则正确的命令为：

```
$mkcramfs rootfs rootfs.ramfs
```

使用下面的命令可以 mount 生成的 rootfs. ramfs 文件，并查看其中的内容：

```
$mount -o loop -t cramfs rootfs.ramfs /mount/point
```

此地址可以下载 mkcramfs 工具：http://sourceforge. net/projects/cramfs/。

2) jfss2

对于 cramfs 闪存文件系统，如果没有 ramfs 的支持，则只能读；而采用 jfss2（The Journalling Flash File System version 2）文件系统，则可以直接在闪存中读/写数据。

jfss2 是一个日志结构（log - structured）的文件系统，包含数据和原数据（meta - data）的节点在闪存上顺序地存储。jfss2 记录了每个擦写块的擦写次数，当闪存上各个擦写块的擦写次数的差距超过某个预定的阈值，开始进行磨损平衡的调整。调整的策略是：在垃圾回收时将擦写次数小的擦写块上的数据迁移到擦写次数大的擦写块上，以达到磨损平衡的目的。

与 mkcramfs 类似，同样有一个 mkfs. jffs2 工具可以将一个目录制作为 jffs2 文件系统。假设把/bin 目录制作为 jffs2 文件系统，需要运行的命令为：

```
$mkfs.jffs2 -d /bin -o jffs2.img
```

3) yaffs

yaffs 是一种专门为嵌入式系统中常用的闪存设备设计的一种可读/写的文件系统，它比 jffs2 文件系统具有更快的启动速度，对闪存使用寿命有更好的保护机制。

为使 Linux 支持 yaffs 文件系统，这里需要将其对应的驱动加入到内核中 fs/yaffs/，并修改内核配置文件。使用 mkyaffs 工具可以将 NAND FLASH 中的分区格式化为 yaffs 格式（如/bin/mkyaffs /dev/mtdblock/0 命令可以将第 1 个 MTD 块设备分区格式化为 yaffs），而使用 mkyaffsimage（类似于

mkcramfs、mkfs. jffs2)，则可以将某目录生成为 yaffs 文件系统镜像。

4） ext2 及 ext3

ext2 文件系统，像所有多数文件系统一样，建立在文件的数据存放在数据块中的前提下。这些数据块都是相同长度，虽然不同的 ext2 文件系统的块长度可以不同，但是对于一个特定的 ext2 文件系统，它的块长度在创建的时候就确定了。每一个文件的长度都按照块取整。如果块大小是 1 024 字节，一个 1 025 字节的文件会占用两个 1 024 字节的块。Linux 像大多数操作系统一样，为了较少 CPU 的负载，使用相对低效率的磁盘利用率来交换。不是文件系统中所有的块都包含数据，一些块必须用于放置描述文件系统结构的信息。ext2 用一个 inode 数据结构描述系统中的每一个文件，定义了系统的拓扑结构。一个 inode 描述了一个文件中的数据占用了哪些块以及文件的访问权限、文件的修改时间和文件的类型。ext2 文件系统中的每一个文件都用一个 inode 描述，而每一个 inode 都用一个独一无二的数字标示。文件系统的 inode 都放在一起，在 inode 表中。ext2 的目录是简单的特殊文件（它们也使用 inode 描述），包括它们目录条目的 inode 的指针。

一个 ext2 文件系统占用了一个块结构的设备上一系列的块。只要提到文件系统，块设备都可以看做一系列能够读/写的块。文件系统不需要关心自身要放在物理介质的哪一个块上，这是设备驱动程序的工作。当一个文件系统需要从包括它的块设备上读取信息或数据的时候，它请求对它支撑的设备驱动程序读取整数数目的块。

一个 ext2 文件系统占用了一个块结构的设备上一系列的块。只要提到文件系统，块设备都可以看做一系列能够读/写的块。文件系统不需要关心自身要放在物理介质的哪一个块上，这是设备驱动程序的工作。当一个文件系统需要从包括它的块设备上读取信息或数据的时候，它请求对它支撑的设备驱动程序读取整数数目的块。

在 ext2 文件系统中，I 节点是建设的基石：文件系统中的每一个文件和目录都用一个且只用一个 inode 描述。每一个块组的 ext2 的 inode 都放在 inode 表中，还有一个位图，让系统跟踪分配和未分配的 I 节点。

mode 包括两组信息：inode 的描述内容和用户对于它的权限。

嵌入式 Linux 还可以使用 NFS（网络文件系统）通过以太网挂接根文件系统，这是一种经常用来作为调试使用的文件系统启动方式。通过网络挂接的根文件系统，可以在主机上生成 ARM 交叉编译版本的目标文件或二进制可执行文件，然后就可以直接装载或执行它，而不用频繁地写入 Flash。

因为开发板带有 CF 卡接口，所以此处这里采用灵活和功能强大的 ext2 格式文件系统。Mkrootfs 是由 klingauf 创建的一个用于生成 Linux 根文件系统的脚本，这里可以采用它来协助生成文件系统。同时，还要用到一个工具：BusyBox。BusyBox 是缩小根文件系统的好办法，因为其中提供了系统的许多基本指令，但是其体积很小，因此 BusyBox 被称为嵌入式 Linux 领域的“瑞士军刀”。此地址可以下载 BusyBox：http://www. busybox. net，当前最新版本为 1. 1. 3。

编译好 BusyBox 后，使用 mkrootfs 脚本，只要运行 ./mkrootfs 即可，其依赖于 BusyBox 的配置。最后将文件系统映像文件夹复制到 CF 卡。

至此，Linux 文件系统制作成功。

9. 9 Linux 下硬件接口驱动设计方法

设备驱动程序是软件概念和硬件电路之间的一个抽象层。本节将要讨论驱动程序在 Linux 平台之上如何访问 I/O 端口和 I/O 内存。

每种外设都通过读/写寄存器进行控制。大部分外设都有几个寄存器，不管是在内存地址空间还是 I/O 地址空间，这些寄存器的访问地址都是连续的。

在硬件层，内存区域和 I/O 区域没有概念上的区别：它们都通过向地址总线和控制总线发送电平信号进行访问，再通过数据总线读/写数据。

一些 CPU 制造厂商在它们的芯片中使用单一地址空间，而另一些则为外设保留了独立的地址空间，以便和内存加以区分。一些处理器（主要是 X86 家族的）还为 I/O 端口的读和写提供了独立的线路，并且使用特殊的 CPU 指令访问端口。

因为外设要与外围总线相匹配，而最流行的 I/O 总线是基于个人计算机模型的，所以即使原本没有独立的 I/O 端口地址空间的处理器，在访问外设时也要模拟成读/写 I/O 端口，这通常由外部芯片组或 CPU 核心中的附加电路来实现。后一种方式只在嵌入式的微处理器中比较多见。

基于同样的原因，Linux 在所有的计算机平台上都实现了 I/O 端口，包括使用单一地址空间的 CPU 在内。端口的操作具体实现有时依赖于宿主计算机的特定型号和构造，因为不同的型号使用不同的芯片组把总线操作映射到内存地址空间。

即使外设总线为 I/O 端口保留了分离的地址空间，也不是所有的设备都会把寄存器映射到 I/O 端口。

尽管硬件寄存器和内存非常相似，但程序员在访问 I/O 寄存器时必须注意避免由于 CPU 或编译器不恰当的优化而改变预期的 I/O 动作。

I/O 寄存器和 RAM 的最主要区别就是 I/O 操作具有边际效应，而内存操作则没有：内存写操作的唯一结果就是在指定位置存储一个数值；内存读操作则仅仅返回指定位置最后一次写入的数值。由于内存访问速度对 CPU 的性能至关重要，而且也没有边际效应，所以可用多种方法进行优化，如使用高速缓存保存数值/重新排序读/写指令等。

编译器能够将数值缓存在 CPU 寄存器中而不写入内存，即使存储数据，读/写数据也都能在高速缓存中进行而不用访问物理 RAM。无论在编译器一级或者硬件一级，指令的重新排序都有可能发生：一个指令序列如果以不同于程序文本中的次序运行常常能执行得更快。例如，在防止 RISC 处理器流水线的互锁时就是如此。在 CISC 处理器上，耗时的操作则可以和运行较快的操作并发执行。

在对常规内存进行优化时，优化过程是透明的，而且效果良好。但对 I/O 操作来说这些优化很可能造成致命的错误，这是因为它们受到边际效应的干扰，而这却是驱动程序访问 I/O 寄存器的主要目的。处理器无法预料某些其他进程是否会依赖于内存访问的顺序。编译器或 CPU 可能会重新排序所要求的操作，结果会发生奇怪的错误，并且很难调试。因此，驱动程序必须确保不使用高速缓存，并且在访问寄存器时不发生读或写指令的重新排序。

在尚未取得对这些端口的独占访问之前，用户不应该对这些端口进行操作。内核为用户提供了一个注册用的接口，它允许驱动程序声明自己需要操作的端口。该接口的核心函数是 request_region：

```
#include <linux/iport.h>
Struct resource *request_region(unsigned long first,unsigned long n,const char *
name);
```

这个函数告诉内核，我们要使用起始于 first 的 n 个端口。参数 name 是设备的名称。如果分配成功，则返回非 NULL 值。如果 request_region 返回 NULL，那么就不能使用这些期望的端口。

所有的端口分配可从/proc/ioports 中得到。如果无法分配到需要的端口集合，则可以通过这个/proc 文件得知哪个驱动程序已经分配好了这些端口。

如果不再使用某组 I/O 端口（可能在卸载模块时），则应该使用下面的函数将这些端口返回给系统：

```
Void release_region(unsigned long start,unsigned long n);
```

下面的函数允许驱动程序检查给定的 I/O 端口集是否可用：

```
int check_region(unsigned long first,unsigned long n);
```

如果给定的端口不可用，则返回值是负的错误代码。这里不赞成使用这个函数，因为它的返回值并不能确保分配是否能够成功，因为检查和其后的分配并不是原子操作。推荐使用 request_region，因为这个函数执行了必要的锁定，以确保分配过程以安全、原子的方式完成。

当驱动程序请求了需要使用的 I/O 端口范围后，必须读取或者写入这些端口。为此，大多数硬件会把 8 位/16 位/32 位的端口分开。

因此，C 语言程序必须调用不同的函数来访问大小不同的端口。如前所述，那些只支持内存映射的 I/O 寄存器的计算机体系架构通过把 I/O 端口重新映射到内存地址来伪装端口 I/O，并且为了易于移植，内核对驱动程序隐藏了这些细节。Linux 内核头文件中（与体系结构相关的头文件 <asm/io.h>）定义了如下一些访问 I/O 端口的内联函数。

```
unsigned inb(unsigned port);
void outb(unsigned char type,unsigned port);
```

字节（8 位宽）读/写端口。port 参数在一些平台上被定义为 unsigned long，而在另一些平台上被定义为 unsigned short。不同平台上 inb 返回值的类型也不相同。

```
unsigned inw(unsigned port);
void outw(unsigned short word,unsigned port);
```

这些函数用于访问 16 位端口（字宽度）；

```
unsigned inl(unsigned port);
void outl(unsigned longword,unsigned port);
```

这些函数用于访问 32 位端口。longword 参数根据不同平台被定义为 unsigned long 类型或 unsigned int 类型。

上面这些函数主要是提供给设备驱动程序使用的，但它们也可以在用户空间使用，至少在个人计算机上可以使用。GNU 的 C 库在 <sys/io.h> 中定义了这些函数。如果要在用户空间代码中使用 inb 及相关函数，则必须满足下面这些条件：

- 编译该程序时必须带 -O 选项来强制内联函数的展开；
- 必须用 ioperm 或 iopl 系统调用来获取对端口进行 I/O 操作的权限。ioperm 用来获取对单个端口的操作权限，而 iopl 用来获取对整个 I/O 空间的操作权限。
- 必须以 root 身份运行该程序才能调用 ioperm 或 iopl。或者，进程的祖先进程之一已经以 root 身份获取对端口的访问。

9.10　本章小结

本章主要介绍了 Linux 操作系统、Linux 内核结构、目录与文件描述、进程调度与管理、开发流程、交叉编译环境、移植过程及硬件接口驱动设计方法等相关知识。通过本章的学习，希望读者能掌握 Linux 系统移植与驱动开发的工作原理及方法。

思考与练习

1. ARM Linux 内核启动的主要工作包括哪些？
2. 简述 ARM Linux 三种主要编译开发工具的作用。
3. 嵌入式 Linux 的设备文件的属性是由哪三部分信息组成？
4. 简述嵌入式 Linux 的设备管理子系统结构中的文件系统层的作用。
5. 解释 Linux 中的块设备，并举出几种常见的块设备。

6. 向系统添加一个驱动程序相当于添加一个主设备号，写出字符型设备主设备号的添加和注销函数，并说明这两个函数原型在 Linux 的何文件中说明。
7. 内核模块与应用程序之间存在着什么区别?
8. 怎样完成 Linux 的字符设备的注销?
9. Linux 设备驱动程序通过调用 request_irq 函数来申请中断，通过 free_irq 来释放中断。它们在 linux/sched. h 中的定义如下：

```
int request_irq(unsigned int irq,void(*handler)(int irq,void dev_id,struct pt_re-
gs *regs),unsigned long flags,const char *device,void *dev_id );
void free_irq(unsigned int irq,void *dev_id);
```

试简述 request_irq 函数。

10. 下面的函数完成什么功能?

```
static void __exit leds_exit(void)
{
devfs_unregister(devfs_handle);
unregister_chrdev(LED_MAJOR,DEVICE_NAME);
}
```

第 10 章　ARM ADS 集成开发环境

在这一章里，将介绍 ARM 开发软件 ADS（ARM Developer Suite）。通过学习如何在 CodeWarrior IDE 集成开发环境下编写、编译一个工程的例子，读者能够掌握如何在 ADS 软件平台下开发用户应用程序。本章还描述了如何使用 AXD 调试工程，使读者对调试工程有个初步的理解，为进一步使用和掌握调试工具起到抛砖引玉的作用。

本章主要内容有：

- ADS 1.2 集成开发环境组成
- 工程的编辑及调试
- 使用 AXD 进行代码调试

10.1　ADS 1.2 集成开发环境组成

ARM ADS 是 ARM 公司推出的新一代 ARM 集成开发工具。现在 ADS 的最新版本是 1.2，它取代了早期的 ADS 1.1 和 ADS 1.0。

ADS 由命令行开发工具、ARM 实时库、GUI 开发环境（CodeWarrior 和 AXD）、实用程序及支持软件等组成。有了这些部件，用户就可以为 ARM 系列的 RISC 处理器编写和调试自己的开发应用程序了。ADS 1.2 由 6 个部分组成，如表 10.1 所示。

表 10.1　ADS 1.2 的组成部分

名　　称	描　　述	使用方式
代码生成工具	ARM 汇编器， ARM 的 C、C ++ 编译器， Thumb 的 C、C ++ 编译器， ARM 连接器	由 CodeWarrior IDE 调用
集成开发环境	CodeWarrior IDE	工程管理，编译连接
调试器	AXD， ADW/ADU， armsd	仿真调试
指令模拟器	ARMulator	由 AXD 调用
ARM 开发包	一些底层的例程， 实用程序（如 fromELF）	一些实用程序由 CodeWarrior IDE 调用
ARM 应用库	C、C ++ 函数库等	用户程序使用

10.1.1　CodeWarrior IDE 简介

ADS 1.2 使用了 CodeWarrior IDE 集成开发环境，并集成了 ARM 汇编器、ARM 的 C/C ++ 编译器、Thumb 的 C/C ++ 编译器、ARM 连接器，包含工程管理器、代码生成接口、语法敏感（对关键字以不同颜色显示）编辑器、源文件和类浏览器等。CodeWarrior IDE 主窗口如图 10.1 所示。

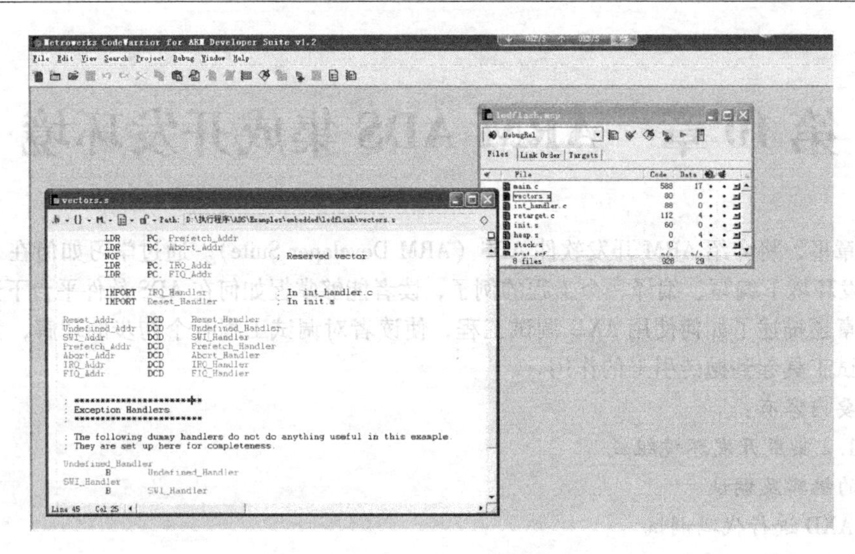

图 10.1 CodeWarrior 开发环境

10.1.2 AXD 调试器简介

AXD 调试器（ARM eXtended Debugger）为 ARM 扩展调试器，包括 ADW/ADU 的所有特性，支持硬件仿真和软件仿真（ARMulator）。AXD 能够装载映像文件到目标内存，具有单步、全速和断点等调试功能，可以观察变量、寄存器和内存的数据等。AXD 调试器主窗口如图 10.2 所示。

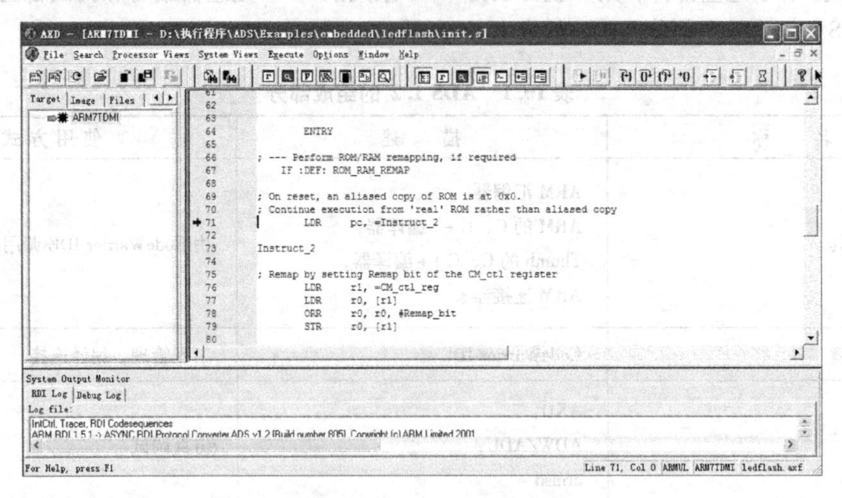

图 10.2 AXD 调试器

10.1.3 命令行开发工具

ADS 提供下面的命令行开发工具，这些工具用于完成将源代码编译、链接生成可执行代码的功能。

（1）ARMCC：ARMCC 是 ARM C 编译器。这个编译器通过了 Plum Hall C Validation Suite 为 ANSI C 的一致性测试。ARMCC 用于将用 ANSI C 编写的程序编译成 32 位 ARM 指令代码。

因为 ARMCC 是最常用的编译器，所以对此作一个详细的介绍。

在命令控制台环境下，输入命令：

```
armcc -help
```

可以查看 ARMCC 的语法格式以及最常用的一些操作选项

ARMCC 最基本的用法为：

```
armcc [options] file1 file2 … filen
```

这里的 option 是编译器所需要的选项，file1，file2，…，filen 是相关的文件名。

这里简单介绍一些最常用的操作选项。

-c：表示只进行编译不链接文件；

-C：（注意：这是大写的 C）禁止预编译器将注释行移走；

-D <symbol>：定义预处理宏，相当于在源程序开头使用了宏定义语句#define symbol，这里 symbol 默认为 1；

-E：仅仅是对 C 源代码进行预处理就停止；

-g <options>：指定是否在生成的目标文件中包含调试信息表；

-I <directory>：将 directory 所指的路径添加到#include 的搜索路径列表中去；

-J <directory>：用 directory 所指的路径代替默认的对#include 的搜索路径；

-o <file>：指定编译器最终生成的输出文件名；

-O0：不优化；

-O1：这是控制代码优化的编译选项，大写字母 O 后面跟的数字不同，表示的优化级别不同，-O1 关闭则影响调试结果的优化功能；

-O2：该优化级别提供了最大的优化功能；

-S：对源程序进行预处理和编译，自动生成汇编文件而不是目标文件；

-U <symbol>：取消预处理宏名，相当于在源文件开头，使用语句#undef symbol；

-W <options>：关闭所有的或被选择的警告信息。

有关更详细的选项说明，读者可查看 ADS 软件的在线帮助文件。

（2）ARMCPP：armcpp 是 ARM C++ 编译器。它将 ISO C++ 或 EC++ 编译成 32 位 ARM 指令代码。

（3）TCC：tcc 是 Thumb C 编译器。该编译器通过了 Plum Hall C Validation Suite 为 ANSI 一致性的测试。tcc 将 ANSI C 源代码编译成 16 位的 Thumb 指令代码。

（4）TCPP：tcpp 是 Thumb C++ 编译器。它将 ISO C++ 和 EC++ 源码编译成 16 位 Thumb 指令代码。

（5）ARMASM：armasm 是 ARM 和 Thumb 的汇编器。它对用 ARM 汇编语言和 Thumb 汇编语言写的源代码进行汇编。

（6）ARMLINK：armlink 是 ARM 连接器。该命令既可以将编译得到的一个或多个目标文件和相关的一个或多个库文件进行链接，生成一个可执行文件，也可以将多个目标文件部分链接成一个目标文件，以供进一步的链接。ARM 链接器生成的是 ELF 格式的可执行映像文件。

（7）ARMSD：armsd 是 ARM 和 Thumb 的符号调试器。它能够进行源码级的程序调试。用户可以在用 C 或汇编语言写的代码中进行单步调试，设置断点，查看变量值和内存单元的内容。

1. ARMCC 用法介绍

下面介绍上述的 4 种 ARM C 和 C++ 编译器的命令通用语法。

```
compiler [PCS-options] [source-language] [search-paths] [preprocessor-options]
[output-format] [target-options] [debug-options] [code-generation-options]
[warning-options] [additional-checks] [error-options] [source]
```

用户可以通过命令行操作选项控制编译器的执行。所有的选项都是以符号“-”开始，有些选项后面还跟有参数。在大多数情况下，ARM C 和 C++ 编译器允许在选项和参数之间存在空格。

命令行中各个选项出现顺序可以任意。各选项含义如下：

- 这里的 compiler 是指 armcc，tcc，armcpp 和 tcpp 中的一个；
- PCS－options：指定了要使用的过程调用标准；
- source－language：指定了编译器可以接受的编写源程序的语言种类。对于 C 编译器默认的语言是 ANSI C，对于 C++ 编译器默认的语言是 ISO 标准 C++；
- search－paths：该选项指定了对包含的文件（包括源文件和头文件）的搜索路径；
- preprocessor－options：该选项指定了预处理器的行为，其中包括预处理器的输出和宏定义等特性；
- output－format：该选项指定了编译器的输出格式，可以使用该项生成汇编语言输出列表文件和目标文件；
- target－options：该选项指定目标处理器或 ARM 体系结构；
- debug－options：该选项指定调试信息表是否生成和该调试信息表生成时的格式；
- code－generation－options：该选项指定了例如优化字节顺序和由编译器产生的数据对齐格式等选项；
- warning－options：该选项决定警告信息是否产生；
- additional－checks：该选项指定了几个能用于源码的附加检查，如检查数据流异常，检查没有使用的声明等；
- error－options：该选项可以关闭指定的可恢复的错误，或者将一些指定的错误降级为警告；
- source：该选项提供了包含有 C 或 C++ 源代码的一个或多个文件名，默认情况下，编译器在当前路径寻找源文件和创建输出文件。如果源文件是用汇编语言编写的（即该文件的文件名是以 .s 作为扩展名），汇编器将被调用来处理这些源文件。

如果操作系统对命令行的长度有限制，可以使用下面的操作，从文件中读取另外的命令行选项：

－via filename：该命令打开文件名为 filename 的文件，并从中读取命令行选项。用户可以对－via 进行嵌套调用，也即在文件 filename 中又通过－via filename2 包含了另外一个文件。

在下面的例子中，从 input.txt 文件中读取指定的选项，作为 armcpp 的操作选项：

```
armcpp -via input.txt source.c
```

以上是对编译器选项的一个简单概述。它们（包括后面还要介绍的其他一些命令工具）既可以在命令控制台环境下使用，同时由于它们被嵌入到了 ADS 的图形界面中，所以又可以在图形界面下使用。

2. ARMLINK 用法详解

在介绍 ARMLINK 的使用方法之前，先介绍要涉及的一些术语。

映像文件（image）：是指一个可执行文件，在执行的时候被加载到处理器中，是 ELF（Executable and linking format）格式的。一个映像文件有多个线程。

段（Section）：描述映像文件的代码或数据块。

RO：是 Read－only 的简写形式。

RW：是 Read－write 的简写形式。

ZI：是 Zero－initialized 的简写形式。

输入段（input section）：它包含着代码，初始化数据或描述了在应用程序运行之前必须要初始化为 0 的一段内存。

输出段（output section）：包含了一系列具有相同的 RO，RW 或 ZI 属性的输入段。

域（Regions）：在一个映像文件中，一个域包含了 1 至 3 个输出段。多个域组织在一起，就构成了最终的映像文件。

Read Only Position Independent（ROPI）：是指一个段，在这个段中代码和只读数据的地址在运行时候可以改变。

Read Write Position Independent（RWPI）：是指一个段，在该段中的可读/写的数据地址在运行期间可以改变。

加载时地址：是指映像文件位于存储器（在该映像文件没有运行时）中的地址。

运行时地址：是指映像文件在运行时的地址。

下面介绍ARMLINK命令的语法，完整的连接器命令语法如下：

```
armlink [-help] [-vsn] [-partial] [-output file] [-elf] [-reloc][-ro-base address] [-ropi]
[-rw-base address] [-rwpi] [-split]
[-scatter file][-debug|-nodebug][-remove RO/RW/ZI/DBG]|-noremove] [-entry location ]
[-keep section-id] [-first section-id] [-last section-id] [-libpath pathlist]
[-scanlib|-noscanlib] [-locals | -nolocals] [-callgraph] [-info topics] [-map]
[-symbols] [-symdefs file] [-edit file] [-xref] [-xreffrom object(section)] [-xrefto object(section)] [-errors file] [-list file] [-verbose]
[-unmangled | -mangled] [-match crossmangled][-via file] [-strict]
[-unresolved symbol][-MI | -LI | -BI] [input-file-list]
```

上面各选项的含义分别为：

（1）-help：这个选项会列出在命令行中常用的一些选项操作。

（2）-vsn：这个选项显示出所用的ARMLINK的版本信息。

（3）-partial：用这个选项创建的是部分链接的目标文件而不是可执行映像文件。

（4）-output file：这个选项指定了输出文件名，该文件可能是部分链接的目标文件，也可能是可执行映像文件。如果输出文件名没有特别指定的话，ARMLINK将使用下面的默认文件名：

如果输出是一个可执行映像文件，则生成的输出文件名为__image.axf；

如果输出是一个部分链接的目标文件，在生成的文件名为__object.o；

如果没有指定输出文件的路径信息，则输出文件就在当前目录下生成。如果指定了路径信息，则所指定的路径成为输出文件的当前路径。

（5）-elf：这个选项生成ELF格式的映像文件。这也是ARMLINK所支持的唯一的一种输出格式，是默认选项。

（6）-reloc：这个选项生成可重定址的映像。

一个可重定址的映像具有动态的段，这个段中包含可重定址信息，利用这些信息可以在链接后，进行映像文件的重新定址。

-reloc，-rw-base一起使用，但是如果没有-split选项，链接时会产生错误。

（7）-ro-base address：这个选项将包含有RO（Read-Only）属性，输出段的加载地址和运行地址设置为address，该地址必须是字对齐的，如果没有指定这个选项，则默认的RO基地址值为0x8000。

（8）-ropi：这个选项使得包含有RO输出段的加载域和运行域是位置无关的。如果该选项没有使用，则相应的域被标记为绝对的。通常每一个只读属性的输入段必须是只读位置无关的。如果使用了这个选项，ARMLINK将会进行以下操作：

- 检查各段之间的重定址是否有效；
- 确保任何由ARMLINK自身生成的代码是只读位置无关的。

这里希望读者注意的是，ARM工具直到ARMLINK完成了对输入段的处理后，才能够决定最终的生成映像是否为只读位置无关的。这就意味着，即使为编译器和汇编器指定了ROPI选项，

ARMLINK 也可能会产生 ROPI 错误信息。

（9） – rw – base address：这个选项设置包含 RW（Read/Write）属性输出段的域的运行时地址，该地址必须是字对齐的。

如果这个选项和 – split 选项一起使用，将设置包含 RW 输出段的域的加载和运行时地址都设置在 address 处。

（10） – rwpi：这个选项使得包含有 RW 和 ZI（Zero Initialization，初始化为0）属性的输出段的加载和运行时域为位置无关的。如果该选项没有使用，相应域标记为绝对的。这个选项要求 – rw – base 选项后有值，如果 – rw – base 没有指定的话，默认其值为 0，即相当于 – rw – base 0。通常每一个可写的输入段必须是可读/可写的位置无关的。

如果使用了该选项，ARMLINK 会进行以下的操作：

- 检查可读/可写属性的运行域的输入段是否设置了位置无关属性；
- 检查在各段之间的重定址是否有效；
- 生成基于静态寄存器 sb 的条目，这些在 RO 和 RW 域被复制和初始化的时候会用到。

编译器并不会强制可写的数据一定要为位置无关的，也就是说，即使在为编译器和汇编器指定了 RWPI 选项，ARMLINK 也可能生成数据不是 RWPI 的信息。

（11） – split：这个选项将包含 RO 和 RW 属性的输出段的加载域，分割成 2 个加载域。一个是包含 RO 输出段的加载域，默认的加载地址为 0x8000，但是可以用 – ro – base 选项设置其他的地址值；另一个加载域包含 RO 属性的输出段，由 – rw – base 选项指定加载地址，如果没有使用 – rw – base 选项的话，默认使用的是 – rw – base 0。

（12） – scatter file：这个选项使用在 file 中包含的分组和定位信息来创建映像内存映射。

注意，如果使用了该选项的话，必须要重新实现堆栈初始化函数__user_initial_stackheap( )。

（13） – debug：这个选项使输出文件包含调试信息，调试信息包括调试输入段、符号和字符串表。这是默认的选项。

（14） – nodebug：这个选项使得在输出文件中不包含调试信息。生成的映像文件短小，但是不能进行源码级的调试。ARMLINK 对在输入的目标文件和库函数中发现的任何调试输入段都不予处理，当加载映像文件到调试器中的时候，也不包含符号和字符串信息表。这个选项仅仅是对装载到调试器的映像文件的大小有影响，但是对要下载到目标板上的二进制代码的大小没有任何影响。

如果用 ARMLINK 进行部分链接生成目标文件而不是映像文件，则虽然在生成的目标文件中不含有调试输入段，但是会包含符号和字符串信息表。

这里特别请读者注意的是：如果要在链接完成后使用 fromELF 工具的话，不可使用 – nodebug 选项，这是因为如果生成的映像文件中不包含调试信息的话，则有下面的影响：

- fromELF 不能将映像文件转换成其他格式的文件；
- fromELF 不能生成有意义的反汇编列表。

（15） – remove(RO/RW/ZI/DBG)：使用这个选项会将在输入段未使用的段从映像文件中删除。如果输入段中含有映像文件入口点或者该输入段被一个使用的段所引用，则这样的输入段会当作已使用的段。在使用这个选项时候要注意，不要删除异常处理函数。使用 – keep 选项来标示异常处理函数，或用 ENTRY 伪指令标明是入口点。

为了更精确的控制删除未使用的段，可以使用段属性限制符。可以使用以下的段属性限制符：

- RO　删除所有未使用的 RO 属性的段；
- RW　删除所有未使用的 RW 属性的段；
- ZI　删除所有未使用的 ZI 属性的段；
- DBG　删除所有未使用的 DEBUG 属性的段。

这些限制符出现的顺序是任意的，但是它们必须要用“( )”括住，多个限制符之间要用符号

"/" 进行间隔。ADS 软件中默认选项是 - remove(RO/RW/ZI/DBG)。

如果没有指定段属性限制符，则所有未使用的段都会被删除，因为 - remove 就等价于 - remove(RO/RW/ZI/DBG)选项。

(16) - noremove：这个选项保留映像文件中所有未被使用的段。

(17) - entry location：这个选项指定映像文件中唯一的初始化入口点。一个映像文件可以包含多个入口点，使用这个命令定义的初始化入口点是存放在可执行文件的头部，以供加载程序加载时使用。当一个映像文件被装载时，ARM 调试器使用这个入口点地址来初始化 PC 指针。初始化入口点必须满足下面的条件：

- 映像文件的入口点必须位于运行域内；
- 运行域必须是非覆盖的，并且必须是固定域（也就是说，加载域和运行域的地址相同）。

在这里可以用以下的参数代替 location 参数。

- 入口点地址：这是一个数值，例如 - entry 0x0；
- 符号：该选项指定映像文件的入口点为该符号所代表的地址处。例如：

```
-entry int_handler
```

表示程序入口点在符号 int_handler 所在处。

如果该符号有多处定义存在，ARMLINK 将产生出错信息。

offset + object(section)：该选项指定在某个目标文件的段的内部的某个偏移量处为映像文件的入口地址。例如：

```
-entry 8 + startup(startupseg)
```

如果偏移量值为 0，可以简写成 object(section)，如果输入段只有一个，则可以简化为object。

(18) - keep section - id：使用该选项，可以指定保留一个输入段，这样的话，即使该输入段没有在映像文件中使用，也不会被删除。参数 section - id 取下面一些格式：

```
symbol
```

该选项指定定义 symbol 的输入段不会在删除未使用的段时被删除。如果映像文件中有多处 symbol 定义存在，则所有包含 symbol 定义的输入段都不会被删除。例如：

```
-keep int_handler
```

则所有定义 int_handler 的符号的段都会保留，而不被删除。

为了保留所有含有以_handler 结尾的符号的段，可以使用如下的选项：

```
-keep *_handler
object(section)
```

这个选项指定了在删除未使用段时，保留目标文件中的 section 段。输入段和目标名是不区分大小写的，如为了在目标文件 vectors. o 中保留 vect 段，使用：

```
-keep vectors.o(vect)
```

为了保留 vectors. o 中的所有以 vec 开头的段名，可以使用选项：

```
-keep vectors.o(vec*)
object
```

这个选项指定在删除未使用段时，保留该目标文件唯一的输入段。目标名是不区分大小写的，如果使用这个选项的时候，目标文件中所含的输入段不止一个的话，ARMLINK 会给出出错信息。比如，为了保留每一个以 dsp 开头的只含有唯一输入段的目标文件，可以使用如下的选项：

```
-keep dsp*.o
```

(19) -first section-id：这个选项将被选择的输入段放在运行域的开始。通过该选项，将包含复位和中断向量地址的段放置在映像文件的开始，可以用下面的参数代替 section-id。

- symbol：选择定义 symbol 的段。禁止指定在多处定义的 symbol，因为多个段不能同时放在映像文件的开始。
- object(section)：从目标文件中选择段放在映像文件的开始位置。在目标文件和括号之间不允许存在空格，例如：

```
-first init.o(init)
```

- object：选择只有一个输入段的目标文件。如果这个目标文件包含多个输入段，ARMLINK 会产生错误信息。用这个选项的例子如下：

```
-first init.o
```

这里希望读者注意的是：使用-first 不能改变在域中按照 RO 段放在开始，然后放置 RW 段，最后放置 ZI 段的基本属性排放顺序。如果一个域含有 RO 段，则 RW 或 ZI 段就不能放在映像文件的开头。类似地，如果一个域有 RO 或 RW 段，则 ZI 段就不能放在文件开头。

两个不同的段不能放在同一个运行时域的开头，所以使用该选项的时候只允许将一个段放在映像文件的开头。

(20) -last section-id：这个选项将所选择的输入段放在运行域的最后。例如，用这个选项能够强制性的将包含校验和的输入段放置在 RW 段的最后。使用下面的参数可以替换section-id。

- symbol：选择定义 symbol 的段放置在运行域的最后。不能指定一个有多处定义的 symbol。使用该参数的例子如下：

```
-last checksum
```

- object(section)：从目标文件中选择 section 段。在目标文件和后面的括号间不能有空格，用该参数的例子为：

```
-last checksum.o(check)
object
```

选择只有一个输入段的目标，如果该目标文件中有多个输入段，ARMLINK 会给出出错信息。

和-first 选项一样，需要读者注意的是：使用-last 选项不能改变在域中将 RO 段放在开始，接着放置 RW 段，最后放置 ZI 段的输出段基本的排放顺序。如果一个域含有 ZI 段，则 RW 段不能放在最后，如果一个域含有 RW 或 ZI 段，则 RO 段不能放在最后。

在同一个运行域中，两个不同的段不能同时放在域的最后位置。

(21) -libpath pathlist：这个选项为 ARM 标准的 C 和 C++库指定了搜索路径列表。

注意，这个选项不会影响对用户库的搜索路径。

这个选项覆盖了环境变量 ARMLIB 所指定的路径。参数 pathlist 是一个以逗号分开的多个路径列表，即为 path1,path2,…,pathn，这个路径列表只是用来搜索要用到的 ARM 库函数。默认的，对于包含 ARM 库函数的默认路径是由环境变量 ARMLIB 所指定的。

(22) -scanlib：这个选项启动对默认库（标准 ARM C 和 C++库）的扫描以解析引用的符号。这个选项是默认的设置。

(23) -noscanlib：该选项禁止在链接时候扫描默认的库。

(24) -locals：这个选项指导链接器在生成一个可执行映像文件的时候，将本地符号添加到输出符号信息表中。该选项是默认设置。

(25) -nolocals：这个选项指导链接器在生成一个可执行映像文件的时候，不要将本地符号添加到输出符号信息表中。如果想减小输出符号表的大小，可以使用该选项。

(26) -callgraph：该选项创建一个HTML格式的静态函数调用图。这个调用图给出了映像文件中所有函数的定义和引用信息。对于每一个函数它列出了：

函数编译时候的处理器状态（ARM状态还是Thumb状态）

- 调用func函数的集合；
- 被func调用的函数的集合；
- 在映像文件中使用的func寻址的次数。

此外，调用图还标示了下面的函数：

- 被interworking veneers所调用的函数；
- 在映像文件外部定义的函数；
- 允许未被定义的函数（以weak方式的引用）。

静态调用图还提供了堆栈使用信息，它显示出了：

- 每个函数所使用的堆栈大小；
- 在全部的函数调用中，所用到的最大堆栈大小。

(27) -info topics：这个选项打印出关于指定种类的信息，这里的参数topics是指用逗号间隔的类型标识符列表。类型标识符列表可以是下面所列出的任意一个。

- sizes：为在映像文件中的每一个输入对象和库成员列出了代码和数据（这里的数据包括，RO数据，RW数据，ZI数据和Debug数据）的大小。
- totals：为输入对象文件和库，列出代码和数据（这里的数据包括，RO数据，RW数据，ZI数据和Debug数据）总的大小。
- veneers：给出由ARMLINK生成的veneers的详细信息。
- unused：列出由于使用-remove选项而从映像文件中被删除的所有未使用段。

注意：在信息类型标识符列表之间不能存在空格，比如可以输入

```
-info sizes,totals
```

但不能是

-info sizes, totals（即在逗号和totals之间有空格是不允许的）

(28) -map：这个选项创建映像文件的信息图。映像文件信息图包括映像文件中的每个加载域，运行域和输入段的大小和地址，这里的输入段还包括调试信息和链接器产生的输入段。

(29) -symbols：这个选项列出了链接的时候使用的每一个局部和全局符号。该符号还包括链接生成的符号。

(30) -symdefs file：这个选项创建一个包含来自输出映像文件的全局符号定义的符号定义文件。

默认的，所有的全局符号都写入到符号定义文件中。如果文件file已经存在，链接器将限制生成在已存在的symdefs文件中已列出的符号。

如果文件file没有指明路径信息，链接器将在输出映像文件的路径搜索文件。如果文件没有找到，就会在该目录下面创建文件。

在链接另一个映像文件的时候，可以将符号定义文件作为链接的输入文件。

(31) -edit file：这个选项指定一个steering类型的文件，该文件包含用于修改输出文件中的符号信息表的命令。可以在steering文件中指定具有以下功能的命令：

- 隐藏全局符号。使用该选项可以在目标文件中隐藏指定的全局符号。
- 重命名全局符号。使用这个选项可以解决符号命名冲突的现象。

（32） - xref：该选项列出了在输入段间的所有交叉引用。

（33） - xreffrom object(section)：这个选项列出了从目标文件中的输入段对其他输入段的交叉引用。如果想知道某个指定的输入段中的引用情况，就可以使用该选项。

（34） - xrefto object(section)：该选项列出了从其他输入段到目标文件输入段的引用。

（35） - errors file：使用该选项会将诊断信息从标准输出流重定向到文件 file 中。

（36） - list file：该选项将 - info， - map， - symbols， - xref， - xreffrom 和 - xrefto 这几个选项的输出重新定向到文件 file 中。

如果文件 file 没有指定路径信息，就会在输出路径创建该文件，该路径是输出映像文件所在的路径。

（37） - verbose：这个选项将有关链接操作的细节打印出来，包括所包括的目标文件和要用到的库。

（38） - unmangled：该选项指定链接器在由 xref， - xreffrom， - xrefto 和 - symbols 所生成的诊断信息中显示出 unmangled C ++ 符号名。

如果使用了这个选项，链接器将 unmangle C ++ 符号名以源码的形式显示出来。这个选项是默认的。

（39） - mangled：这个选项指定链接器显示由 - xref， - xreffrom， - xrefto 和 - symbols 所产生的诊断信息中的 mangled C ++ 符号名。如果使用了该选项，链接器就不会 unmangle C ++ 符号名了。符号名是按照它们在目标符号表中显示的格式显示的。

（40） - via file：该选项表示从文件 file 中读取输入文件名列表和链接器选项。

在 ARMLINK 命令行可以输入多个 - via 选项，当然， - via 选项也能够不含在一个 via 文件中。

（41） - strict：这个选项告诉链接器报告可能导致错误而不是警告的条件。

（42） - unresolved symbol：这个选项将未被解析的符号指向全局符号 symbol。symbol 必须是已定义的全局符号，否则，symbol 会当作一个未解析的符号，链接将以失败告终。这个选项在自上而下的开发中尤为有用，在这种情况下，通过将无法指向相应函数的引用指向一个伪函数的方法，可以测试一个部分实现的系统。

该选项不会显示任何警告信息。

```
input - file - list
```

这是一个以空格作为间隔符的目标或库的列表。

有一类特殊的目标文件，即 symdef 文件，也可以包含在文件列表中，为生成的映像文件提供全局的 symbol 值。

在输入文件列表中有两种使用库的方法。

① 指定要从库中提取并作为目标文件添加到映像文件中的特定的成员。

② 指定某库文件，链接器根据需要从其中提取成员。

ARMLINK 按照以下的顺序处理输入文件列表：

① 无条件地添加目标文件。

② 使用匹配模式从库中选择成员加载到映像文件中去。例如，使用下面的命令：

```
armlink main.o mylib(stdio.o)mylib(a*.o).
```

将会无条件地把 mylib 库中所有的以字母 a 开头的目标文件和 stdio. o 在链接的时候链接到生成的映像文件中去。

③ 添加为解析尚未解析的引用的库到库文件列表。

10.1.4 ARM 运行时库

本小节介绍 ARM C/C ++ 库方面的相关内容。

1. 运行时库类型和建立选项

ADS 提供以下的运行库来支持被编译的 C 和 C++代码：

（1）ANSI C 库函数

这个 C 函数库是由以下几部分组成：

① 在 ISO C 标准中定义的函数；

② 在 semihosted 环境下（semihosting 是针对 ARM 目标机的一种机制，它能够根据应用程序代码的输入/输出请求，与运行有调试功能的主机通信。这种技术允许主机为通常没有输入和输出功能的目标硬件提供主机资源）用来实现 C 库函数与目标相关的函数；

③ 被 C 和 C++编译器所调用的支持函数。

ARM C 库提供了额外的一些部件支持 C++，并为不同的结构体系和处理器编译代码。

（2）C++库函数

C++库函数包含由 ISO C++库标准定义的函数。C++库依赖于相应的 C 库实现与特定目标相关的部分，在 C++库的内部本身是不包含与目标相关的部分。这个库是由以下几部分组成的：

① 版本为 2.01.01 的 Rogue Wave Standard C++库；

② C++编译器使用的支持函数；

③ Rogue Wave 库所不支持的其他的 C++函数。

正如上面所说，ANSI C 库使用标准的 ARM semihosted 环境提供诸如文件输入/输出的功能。semihosting 是由已定义的软件中断（Software Interrupt）操作来实现的。在大多数的情况下，semihosting SWI 是被库函数内部的代码所触发，用于调试的代理程序处理 SWI 异常。调试代理程序为主机提供所需要的通信。semihosted 被 ARMulator，Angel 和 Multi - ICE 所支持。用户可以使用在 ADS 软件中的 ARM 开发工具去开发用户应用程序，然后在 ARMulator 或在一个开发板上运行和调试该程序。

用户可以把 C 库中的与目标相关的函数作为自己应用程序中的一部分，重新进行代码的实现。这就为用户带来了极大的方便，用户可以根据自己的执行环境，适当地裁剪 C 库函数。

除此之外，用户还可以针对自己的应用程序的要求，对与目标无关的库函数进行适当地裁剪。

在 C 库中有很多函数是独立于其他函数的，并且与目标硬件没有任何依赖关系。对于这类函数，用户可以很容易地从汇编代码中使用它们。

在建立自己的用户应用程序的时候，用户必须指定一些最基本的操作选项。例如：

① 字节顺序：是大端模式（big endian：字数据的高字节存放在低地址，低字节存放在高地址），还是小端模式（little endian：字数据的高字节存放在高地址，低字节存放在低地址）；

② 浮点支持：可能是 FPA，VFP，软件浮点处理或不支持浮点运算；

③ 堆栈限制：是否检查堆栈溢出；

④ 位置无关（PID）：数据是从与位置无关的代码还是从与位置相关的代码中读/写，代码是位置无关的只读代码还是位置相关的只读代码。

当用户对汇编程序，C 程序或 C++程序进行链接的时候，链接器会根据在建立时所指定的选项，选择适当的 C 或 C++运行时库的类型。选项各种不同组合都有一个相应的 ANSI C 库类型。

2. 库路径结构

库路径是在 ADS 软件安装路径的 lib 目录下的两个子目录。假设，ADS 软件安装在 e:\arm\adsv1_2 目录，则在 e:\arm\adsv1_2\lib 目录下的两个子目录 armlib 和 cpplib 是 ARM 的库所在的路径。

（1）armlib：这个子目录包含了 ARM C 库，浮点代数运算库，数学库等各类库函数。与这些库相应的头文件在 e:\arm\adsv1_2\include 目录中。

（2）cpplib：这个子目录包含了 Rogue Wave C++库和 C++支持函数库。Rogue Wave C++库和 C++ 支持函数库合在一起被称为 ARM C++库。与这些库相应的头文件安装在 e:\arm\adsv1_2\include 目录下。

环境变量 ARMLIB 必须被设置成指向库路径。另外一种指定 ARM C 和 ARM C++库路径的方法是，在链接的时候使用操作选项 -libpath directory（directory 代表库所在的路径），来指明要装载的库的路径。

无须对 armlib 和 cpplib 这两个库路径分开指明，链接器会自动从用户所指明的库路径中找出这两个子目录。

这里需要让读者特别注意的以下几点：

① ARM C 库函数是以二进制格式提供的。

② ARM 库函数禁止修改。如果读者想对库函数创建新的实现的话，可以把这个新的函数编译成目标文件，然后在链接的时候把它包含进来。这样在链接的时候，使用的是新的函数实现而不是原来的库函数。

③ 通常情况下，为了创建依赖于目标的应用程序，在 ANSI C 库中只有很少的几个函数需要实现重建。

④ Rogue Wave Standard C++函数库的源代码不是免费发布的，可以从 Rogue Wave Software Inc.，或 ARM 公司通过支付许可证费用来获得源文件。

10.1.5 实用程序

ADS 提供以下的实用工具来配合前面介绍的命令行开发工具的使用。

1. fromELF

这是 ARM 映像文件转换工具。该命令将 ELF 格式的文件作为输入文件，将该格式转换为各种输出格式的文件，包括 plain binary（BIN 格式映像文件），Motorola 32 - bit S - record format（Motorola 32 位 S 格式映像文件），Intel Hex 32 format（Intel 32 位格式映像文件），和 Verilog - like hex format（Verilog 16 进制文件）。FromELF 命令也能够为输入映像文件产生文本信息，如代码和数据长度。

2. armar

ARM 库函数生成器将一系列 ELF 格式的目标文件以库函数的形式集合在一起，用户可以把一个库传递给一个链接器以代替几个 ELF 文件。

3. Flash downloader

用于把二进制映像文件下载到 ARM 开发板上的 Flash 存储器的工具。

10.1.6 ADS 支持的软件

ADS 为用户提供 ARMulator 软件，使用户可以在软件仿真的环境下或者在基于 ARM 的硬件环境调试用户应用程序。

ARMulator 是一个 ARM 指令集仿真器，集成在 ARM 的调试器 AXD 中，它提供对 ARM 处理器的指令集的仿真，为 ARM 和 Thumb 提供精确的模拟。用户可以在硬件尚未做好的情况下，开发程序代码。

10.2 工程的编辑及调试

本节利用 CodeWarrior 提供的建立工程的模板建立自己的工程，并学会如何进行工程的编辑、调试及程序固化。

10.2.1 工程的编辑

1. 工程的建立

依次单击 Windows 操作系统的【开始】→【程序】→【ARM Developer Suite v1.2】→【CodeWarrior for ARM Developer Suite】命令，启动 Metrowerks CodeWarrior，或双击 CodeWarrior for ARM Developer Suite 快捷图标方式启动 ADS1.2 IDE，如图 10.3 所示。

图 10.3 启动 ADS1.2 IDE

在 ADS 窗中，单击【File】→【New...】命令，弹出【New】对话框，如图 10.4 所示。

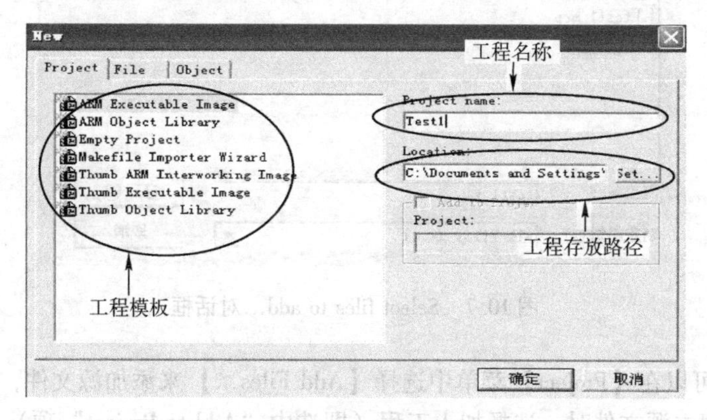

图 10.4 New 对话框

选择工程模板为 ARM 可执行映像（ARM Executable Image）或 Thumb 可执行映像（Thumb Executable Image），或 Thumb、ARM 交织映像（Thumb ARM Interworking Image），然后在【Location】项选择工程存放路径，并在【Project name】项输入工程名称，单击【确定】按钮即可建立相应工程，工程文件名后缀为 mcp（下文有时也把工程称为项目）。

2. 建立文件

建立一个文本文件，以便输入用户程序。单击“New Text File”图标按钮，如图 10.5 所示。

然后在新建的文件中编写程序，最后单击 Savc 图标按钮将文件存盘（或从【File】菜单选择【Save】），输入文件全名，如 TEST1.S。注意，请将文件保存到相应工程的目录下，便于管理和查找。

当然，也可以在【New】对话框中选择【File】页来建立源文件，如图 10.4 所示，或使用其他文本编辑器建立或编辑源文件。

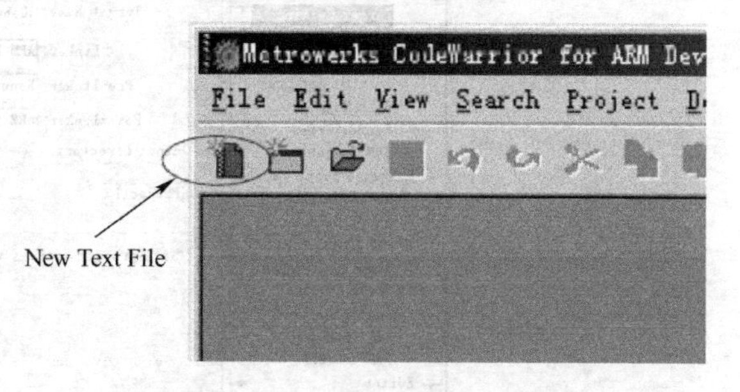

图 10.5 “New Text File”图标按钮

3. 向工程添加文件

如图 10.6 所示，在工程窗口中【Files】页空白处单击鼠标右键，弹出浮动菜单，选择 Add Files...命令即可弹出 Select files to add...对话框（见图 10.7），选择相应的源文件（可按着 Ctrl 键一次选择多个文件），单击【打开】按钮即可。

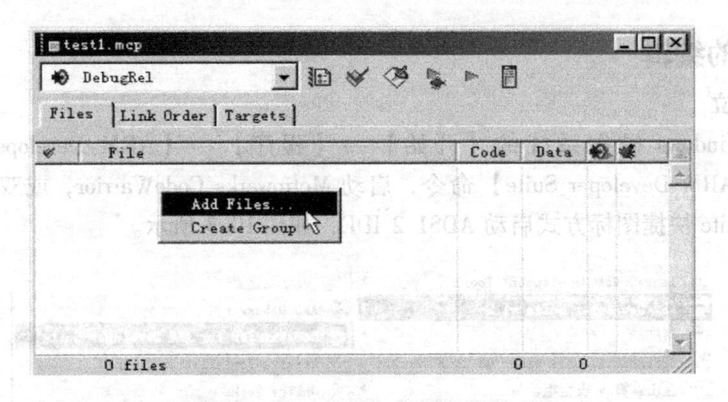

图 10.6 在工程窗口中添加源文件

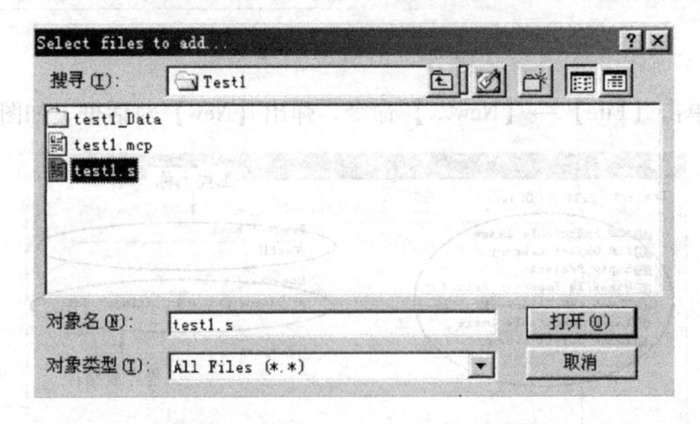

图 10.7 Select files to add…对话框

另外，用户也可以在【Project】菜单中选择【Add Files…】来添加源文件，或使用 New 对话框选择【File】页来建立源文件时，选择加入工程（即选中“Add to Project”项）。

4. 编译和链接工程

在进行编译和链接前，首先讲述如何进行生成目标的配置。

单击 Edit 菜单，选择 DebugRel Settings…命令（注意，这个选项会因用户选择的不同目标而有所不同），出现如图 10.8 所示的对话框。

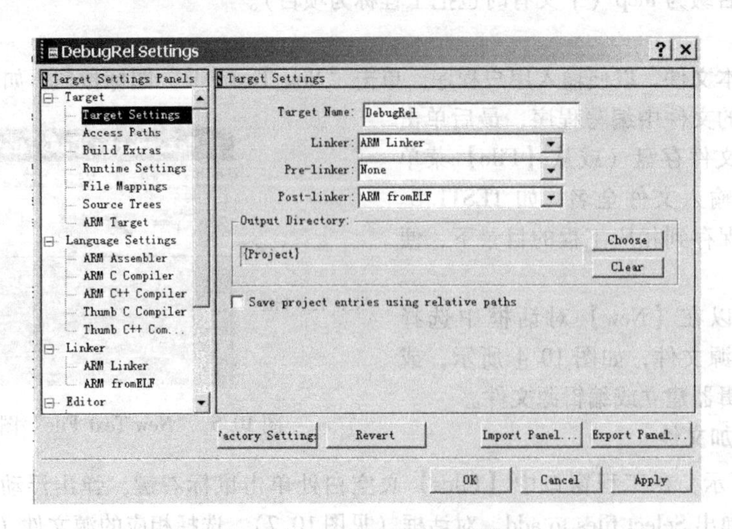

图 10.8 DebugRel 设置对话框

这个对话框中的设置很多，在这里只介绍一些最为常用的设置选项，读者若对其他未涉及的选项感兴趣，可以查看相应的帮助文件。

1）Target 设置选项

Target Name 文本框显示了当前的目标设置。

Linker 选项供用户选择要使用的链接器。这里默认选择 ARM Linker，使用该链接器，将使用由 ARMLINK 链接编译器和汇编器生成的工程中的文件相应的目标文件。

这个设置中还有两个可选项——None 和 ARM Librarian，None 指不用任何链接器，如果使用它，则工程中的所有文件都不会被编译器或汇编器处理。ARM Librarian 表示将编译或汇编得到的目标文件转换为 ARM 库文件。对于本例，使用默认的链接器 ARM Linker。

Pre - linker：目前 CodeWarrior IDE 不支持该选项。

Post - Linker：选择在链接完成后，还要对输出文件进行的操作。因为在本例中，希望生成一个可以烧写到 Flash 中去的二进制代码，所以这里选择 ARM fromELF，表示在链接生成映像文件后，再调用 FromELF 命令将含有调试信息的 ELF 格式的映像文件转换成其他格式的文件。

2）Language Settings

因为本例中包含有汇编源代码，所以要用到汇编器。首先看 ARM 汇编器，字节顺序默认为小端模式，其他设置用默认值即可。还有一个需要注意的就是 ARM C 编译器，它实际就是调用的命令行工具 ARMCC，使用默认的设置即可。

读者可能会注意到，在设置框的右下脚，当对某项设置进行了修改，该行中的某个选项就会发生相应的改动，如图 10.9 所示。由于有了 CodeWarrior，开发人员可以不用再去查看繁多的命令行选项，只要在界面中选中或撤销某个选项，软件就会自动生成相应的代码，为不习惯在 DOS 下键入命令行的用户提供了极大的方便。

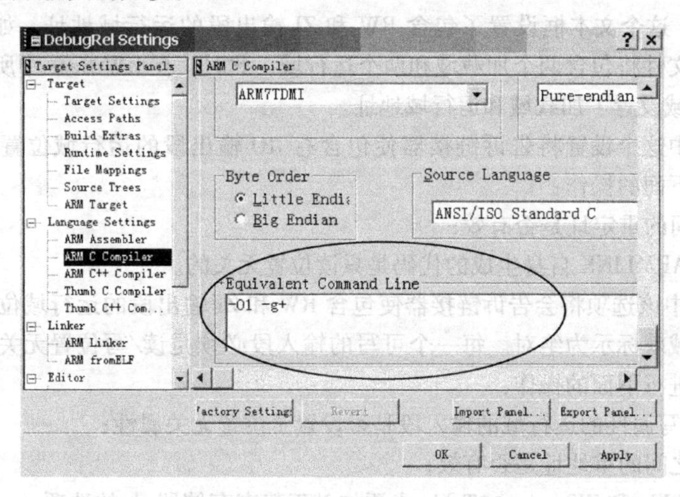

图 10.9　命令行工具选项设置

3）Linker 设置

鼠标选中 ARM Linker，出现如图 10.10 所示对话框。这里详细介绍该对话框的主要标签页选项，因为这些选项对最终生成的文件有着直接的影响。

在标签页 Output 中，Linktype 中提供了三种链接方式。Partial 方式表示链接器只进行部分链接，经过部分链接生成的目标文件，可以作为以后进一步链接时的输入文件。Simple 方式是默认的链接方式，也是最为频繁使用的链接方式，它链接生成简单的 ELF 格式的目标文件，使用的是链接器选项中指定的地址映射方式。Scattered 方式使得链接器要根据 scatter 格式文件中指定的地址映射，生成复杂的 ELF 格式的映像文件。这个选项在一般情况下使用不太多。

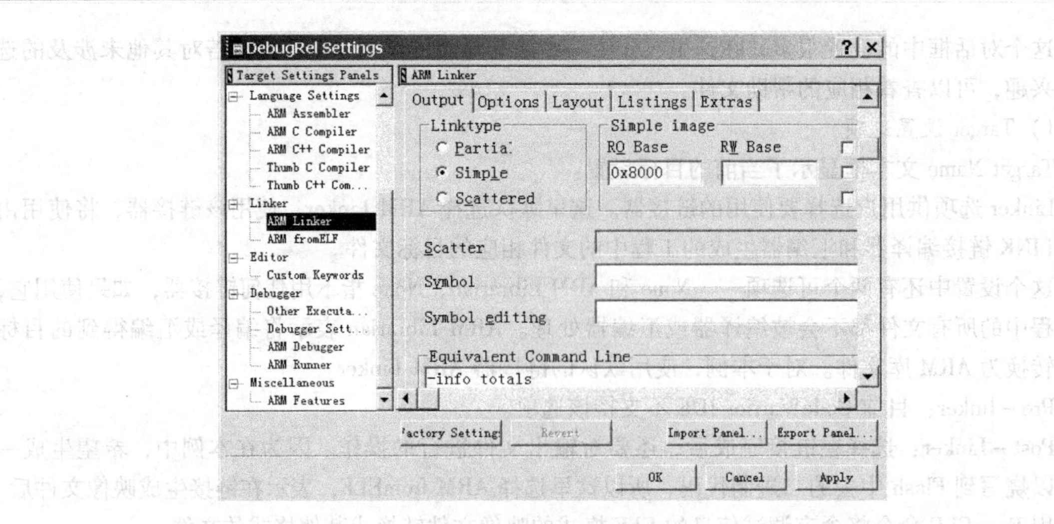

图 10.10 链接器设置

因为这里所举的例子比较简单，所以选择 Simple 方式就可以了。有几个文本框和复选框，介绍如下。

在选中 Simple 方式后，就会出现 Simple image。

（1）RO Base：这个文本框设置包含有 RO 段的加载域和运行域为同一个地址，默认是 0x8000。这里用户要根据自己硬件的实际 SDRAM 的地址空间来修改这个地址，保证在这里填写的地址是程序运行时 SDRAM 地址空间所能覆盖的地址。针对本书所介绍的目标板，就可以使用这个默认地址值。

（2）RW Base：这个文本框设置了包含 RW 和 ZI 输出段的运行域地址。如果选中 split 选项，链接器生成的映像文件将包含两个加载域和两个运行域，此时，在 RW Base 中所输入的地址为包含 RW 和 ZI 输出段的域设置了加载域和运行域地址。

（3）Ropi：选中这个设置将告诉链接器使包含有 RO 输出段的运行域位置无关。使用这个选项，链接器将保证下面的操作：

- 检查各段之间的重定址是否有效；
- 确保任何由 ARMLINK 自身生成的代码是只读位置无关的。

（4）Rwpi：选中该选项将会告诉链接器使包含 RW 和 ZI 输出段的运行域位置无关。如果这个选项没有被选中，域就标示为绝对。每一个可写的输入段必须是读/写位置无关的。如果这个选项被选中，链接器将进行下面的操作：

- 检查可读/可写属性的运行域的输入段是否设置了位置无关属性；
- 检查在各段之间的重地址是否有效；
- 在 Region$$Table 和 ZISection$$Table 中添加基于静态存储器 sb 的选项。

该选项要求 RW Base 有值，如果没有给它指定数值的话，默认为 0 值。

（5）Split Image：选择这个选项把包含 RO 和 RW 的输出段的加载域分成两个加载域：一个是包含 RO 输出段的域，另一个是包含 RW 输出段的域。

这个选项要求 RW Base 有值，如果没有给 RW Base 选项设置，则默认是 - RW Base 0。

（6）Relocatable：选择这个选项保留了映像文件的重定址偏移量。这些偏移量为程序加载器提供了有用信息。

在 Options 选项中，需要读者引起注意的是 Image entry point 文本框。它指定映像文件的初始入口点地址值，当映像文件被加载程序加载时，加载程序会跳转到该地址处执行。如果需要，用户可以在这个文本框中输入下面格式的入口点：

入口点地址：这是一个数值。例如：- entry 0x0。

符号：该选项指定映像文件的入口点为该符号所代表的地址处。例如：

```
- entry int_handler
```

如果该符号有多处定义存在，ARMLINK 将产生出错信息。

```
offset + object(section)
```

该选项指定在某个目标文件段的内部某个偏移量处为映像文件的入口地址。例如：

```
cntry 8 + startup(startupseg)
```

在此处指定的入口点用于设置 ELF 映像文件的入口地址。

需要引起注意的是，这里不可以用符号 main 作为入口点地址符号，否则将会出现类似“Image dose not have an entry point(Not specified or not set due to multiple choice)”的错误信息。

关于 ARM Linker 的设置还有很多，对于想进一步深入了解的读者，可以查看帮助文件，都有很详细的介绍。

在 Linker 下还有一个 ARM fromELF，如图 10.11 所示。

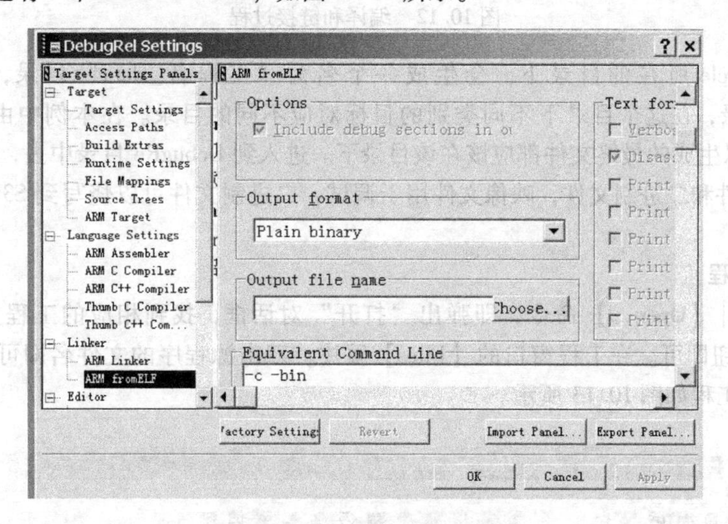

图 10.11　ARM fromELF 可选项

fromELF 就是在 10.1 节中介绍的一个实用工具，它实现将链接器、编译器或汇编器的输出代码进行格式转换的功能。例如，将 ELF 格式的可执行映像文件转换成可以烧写到 ROM 的二进制格式文件；对输出文件进行反汇编，从而提取出有关目标文件的大小、符号和字符串表以及重定址等信息。

只有在 Target 设置中选择了 Post - linker，才可以使用该选项。

在 Output format 下拉框中，为用户提供了多种可以转换的目标格式，本例选择 Plain binary，这是一个二进制格式的可执行文件，可以被烧写在目标板的 Flash 中。

在 Output file name 文本域输入期望生成的输出文件存放的路径，或通过单击 Choose……按钮从文件对话框中选择输出文件。如果在这个文本域不输入路径名，则生成的二进制文件存放在工程所在的目录下。

设置完成后，在对工程进行 make 的时候，CodeWarrior IDE 就会在链接完成后调用 fromELF 处理生成的映像文件。

对于本例的工程而言，到此，就完成了 make 之前的设置工作了。

在 CodeWarrior IDE 窗口中单击 Project→make 菜单命令，就可以对工程进行编译和链接了。整个编译链接过程如图 10.12 所示。

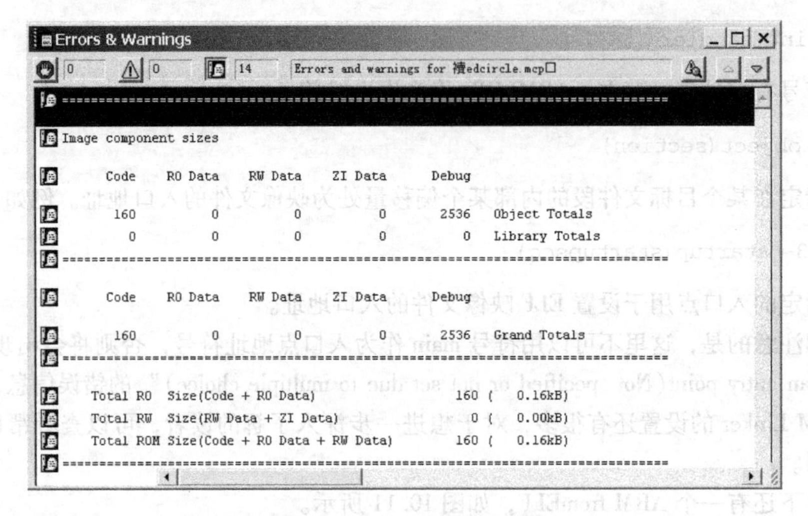

图 10.12　编译和链接过程

在工程 ledcircle 所在的目录下，会生成一个名为“工程名_data”目录，在本例中就是 ledcircle_data 目录，在这个目录下不同类别的目标对应不同的目录。在本例中由于使用的是 DebugRe 目标，所以生成的最终文件都应该在该目录下。进入到 DebugRe 目录中去，读者会看到 make 后生成的映像文件和二进制文件，映像文件用于调试，二进制文件可以烧写到 S3C2440 的 Flash 中运行。

5. 打开旧工程

单击【File】|【Open...】命令，即弹出“打开”对话框，找到相应的工程文件（ *. mcp)，单击【打开】按钮即可。在工程窗口的【Files】页中，双击源程序的文件名即可打开该文件进行编辑。具体执行工程如图 10.13 所示。

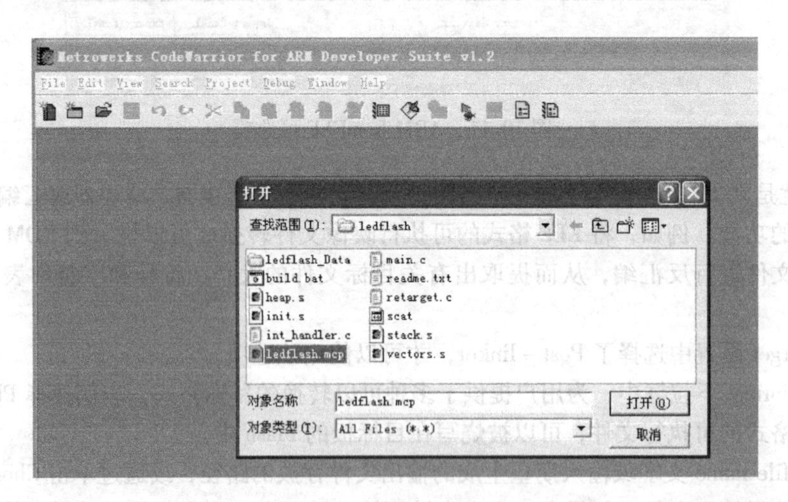

图 10.13　打开旧工程

6. 使用命令行工具编译应用程序

如果用户开发的工程比较简单，或者只是想用到 ADS 提供的各种工具，但是并不想在 CodeWarrior IDE 中进行开发。在这种情况下，再为读者介绍一种不在 CodeWarrior IDE 集成开发环境下，开发用户应用程序的方法，当然前提是用户必须安装了 ADS 软件，因为在编译链接的过程中要用到 ADS 提供的各种命令工具。

这种方法对于开发包含较少源代码的工程是比较实用的。

首先用户可以用任何编辑软件（比如 UltraEdit）编写源文件 Init. s 和 main. c。然后，可以利用在第 7 章中介绍的 makefile 的知识，编写自己的 makefile 文件。对于本例，编写的 makefile 文件（假设该 makefile 文件保存为 ads_mk. mk）如下：

```
PAT  =e:/arm/adsv1_2/bin
CC   =$(PAT)/armcc
LD   =$(PAT)/armlink
OBJTOOL  =$(PAT)/fromelf
RM   =$(PAT)/rm -f
AS   =$(PAT)/armasm -keep -g
ASFILE  =e:/arm_xyexp/Init.s
CFLAGS  = -g -O1 -Wa -DNO_UNDERSCORES=1
MODEL  =main
SRC  =$(MODEL).c
OBJS  =$(MODEL).o
all:  $(MODEL).axf$(MODEL).bin clean

%.axf:$(OBJS)Init.o
  @ echo "### Linking …"
  $(LD)$(OBJS)Init.o -ro-base 0x8000  -entry Main -first Init.o -o$@  -libpath
e:/arm/adsv1_2/lib
%.bin: %.axf
  $(OBJTOOL) -c -bin -output$@$<
  $(OBJTOOL) -c -s -o$(<:.axf=.lst)$<

%.o:%.c
  @ echo "### Compiling$<"
  $(CC)$(CFLAGS) -c$< -o$@

clean:
  $(RM)Init.o$(OBJS)
```

由于 ADS 在安装的时候没有提供 make 命令，可以将 make 命令直接复制到 ADS 安装路径的 bin 目录下。例如，ADS 安装在目录 e:\arm\adsv1_2 下，可以将 make 命令复制到 e:\arm\adsv1_2\bin 目录下，在 command console 下的编译过程如图 10. 14 所示。

```
选定 命令提示符
E:\arm_xyexp\ledcircle>e:\arm\adsv1_2\bin\make -f ads_mk.mk
### Compiling main.c
e:/arm/adsv1_2/bin/armcc -g -O1  -Wa -DNO_UNDERSCORES=1    -c main.c -o main.o
e:/arm/adsv1_2/bin/armasm -keep -g   -o Init.o Init.s
### Linking ...
e:/arm/adsv1_2/bin/armlink  main.o Init.o -ro-base 0x8000  -entry Main -first In
it.o  -o main.axf -libpath e:/arm/adsv1_2/lib
e:/arm/adsv1_2/bin/fromelf -c -bin -output main.bin main.axf
e:/arm/adsv1_2/bin/fromelf -c -s -o main.lst main.axf
e:/arm/adsv1_2/bin/rm -f Init.o main.o

E:\arm_xyexp\ledcircle>
```

图 10. 14　在 command console 下的编译过程

经过上述编译链接，以及链接后的操作，在 e:\arm_xyexp\ledcircle 目录下会生成两个新的文件，main. axf 和 main. bin。

用这种方式生成的文件与在 CodeWarrior IDE 界面通过各个选项的设置，生成的文件是相同的。

上述举例中，都生成了包含有调试信息的可执行映像文件，即以 .axf 结尾的文件。下面一节将介绍如何用 AXD 对程序进行源码级的调试。

10.2.2　工程的调试

1. 调试目标的选择

当工程编译链接通过后，在工程窗口中单击 Debug 图标按钮，即可启动 AXD 进行调试（也可以通过【开始】菜单启动 AXD）。在 AXD 中单击【Options】|【Configure Target…】命令，即弹出 Choose Target 窗口，如图 10.15 所示。在没有添加其他仿真驱动程序前，Target 项中只有两项，分别为 ADP（JTAG 硬件仿真）和 ARMUL（软件仿真）。

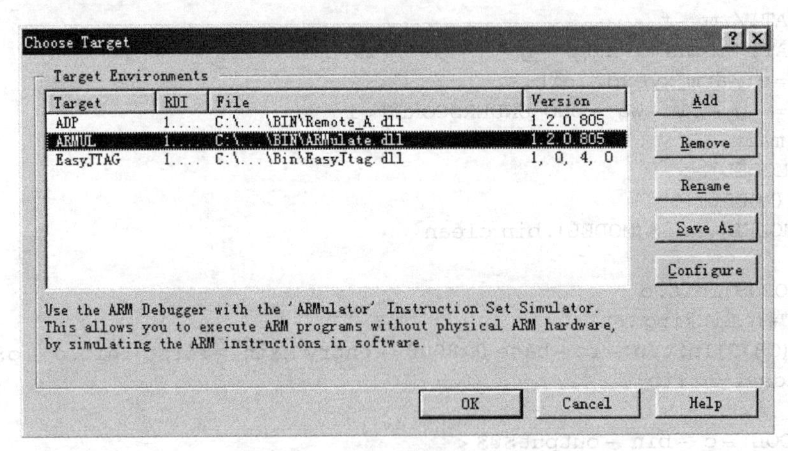

图 10.15　Choose Target 窗口

选择仿真驱动程序后，单击【File】|【Load Image…】命令，加载 ELF 格式的可执行文件，即 *.axf 文件。说明：当工程编译链接通过后，在“工程名\工程名_Data\当前的生成目标”目录下就会生成一个 *.axf 调试文件。例如，工程 TEST，当前的生成目标 Debug，编译链接通过后，则在 …\TEST\TEST_Data\Debug 目录下生成 TEST.axf 文件。

2. 调试工具栏

AXD 运行调试工具条如图 10.16 所示，调试观察窗口工具条如图 10.17 所示，文件操作工具条如图 10.18 所示。

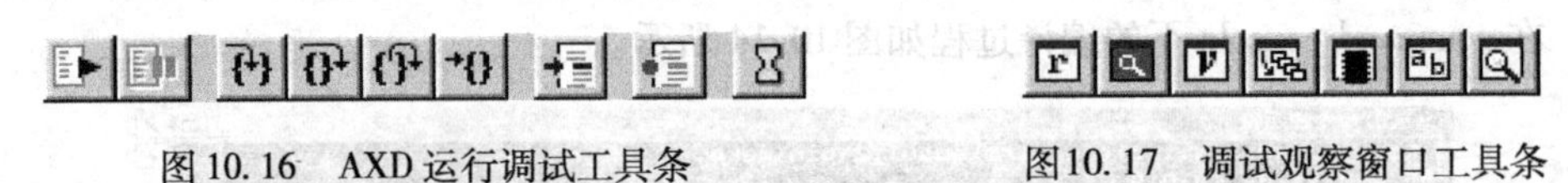

图 10.16　AXD 运行调试工具条　　　　图 10.17　调试观察窗口工具条

图 10.18　文件操作工具条

全速运行（Go）。

停止运行（Stop）。

单步运行（Step In），与 Step 命令不同之处在于对函数调用语句，Step In 命令将进入该函数。

单步运行（Step），每次执行一条语句，这时函数调用将被作为一条语句执行。

单步运行（Step Out），执行完当前被调用的函数，停止在函数调用的下一条语句。

运行到光标（Run To Cursor），运行程序直到当前光标所在行时停止。

设置断点（Toggle BreakPoint）。

打开寄存器窗口（Processor Registers）。

打开观察窗口（Processor Watch）。

打开变量观察窗口（Context Variable）。

打开存储器观察窗口（Memory）。

打开反汇编窗口（Disassembly）。

加载调试文件（Load Image）。

重新加载文件（Reload Current Image）。由于 AXD 没有复位命令，所以通常使用 Reload 实现复位（直接更改 PC 寄存器为零也能实现复位）。

10.3　用 AXD 进行代码调试

AXD（ARM eXtended Debugger）是 ADS 软件中独立于 CodeWarrior IDE 的图形软件，打开 AXD 软件，默认打开的目标是 ARMulator。这也是调试时最常用的一种调试工具，本节主要结合 ARMulator 介绍在 AXD 中进行代码调试的方法和过程，使读者对 AXD 的调试有初步的了解。

要使用 AXD 必须首先要生成包含有调试信息的程序，生成的 ledcircle. axf 或 main. axf 就是含有调试信息的可执行 ELF 格式的映像文件。

1. 在 AXD 中打开调试文件

在菜单中单击 File | Load image…选项，打开 Load Image 对话框，找到要装载的 . axf 映像文件，单击“打开”按钮，就把映像文件装载到目标内存中了。

在所打开的映像文件中会有一个蓝色的箭头指示当前执行的位置。对于本例，打开映像文件后，如图 10. 19 所示。

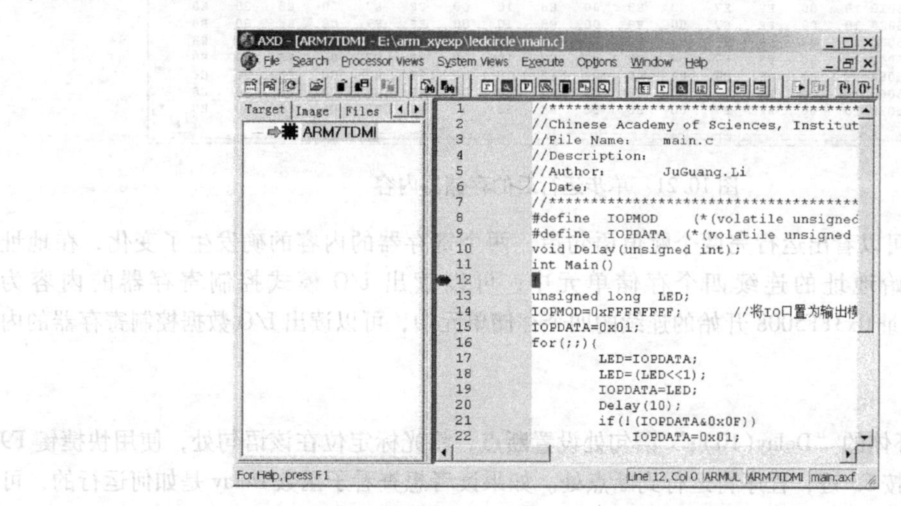

图 10. 19　在 axd 下打开映像文件

在菜单中单击 Execute | Go 命令，将全速运行代码。要想进行单步的代码调试，单击 Execute | Step 选项，或按 F10 键即可以单步执行代码，窗口中蓝色箭头会发生相应的移动。

有时用户可能希望程序在执行到某处时，查看一些所关心的变量值，此时可以通过断点设置达到此要求。将光标移动到要进行断点设置的代码处，单击 Execute | Toggle Breakpoint 命令或按 F9 键，就会在光标所在位置出现一个实心圆点，表明该处为断点。

或者在 AXD 中查看寄存器值、变量值，某个内存单元的数值等。

下面就结合本章中的例子，介绍在 AXD 中的调试过程。

2. 查看存储器内容

在程序运行前，可以先查看两个宏变量 IOPMOD 和 IOPDATA 的当前值。方法是，单击 Processor Views | Memory 选项，结果如图 10. 20 所示。

ARM7TDMI - Memory Start addre 0x3ff5000

Tab1 - Hex - No prefix | Tab2 - Hex - No prefix | Tab3 - Hex - No prefix | Tab4 - Hex - No prefix

Address	0	1	2	3	4	5	6	7	8	9	a	b	c	d	e	f
0x03FF5000	10	00	FF	E7	00	E8	00	E8	10	00	FF	E7	00	E8	00	E8
0x03FF5010	10	00	FF	E7	00	E8	00	E8	10	00	FF	E7	00	E8	00	E8
0x03FF5020	10	00	FF	E7	00	E8	00	E8	10	00	FF	E7	00	E8	00	E8
0x03FF5030	10	00	FF	E7	00	E8	00	E8	10	00	FF	E7	00	E8	00	E8
0x03FF5040	10	00	FF	E7	00	E8	00	E8	10	00	FF	E7	00	E8	00	E8

图 10.20 查看存储器内容

在 Memory Start address 选择框中，用户可以根据要查看的存储器的地址输入起始地址，在下面的表格中会列出连续的 64 个地址。因为 I/O 模式控制寄存器和 I/O 数据控制寄存器都是 32 位的控制寄存器，所以从 0x3ff5000 开始的连续四个地址空间存放的是 I/O 模式控制寄存器的值，从图 10.20 可以读出该控制寄存器的值开始为 0xE7FF0010，I/O 数据控制寄存器的内容是从地址 0x3FF5008 开始的连续四个地址空间存放的内容。从图 10.20 中可以看出 IODATA 中的初始值为 0xE7FF0010，注意因为用的是小端模式，所以读数据的时候注意高地址中存放的是高字节，低地址存放的是低字节。

现在对程序进行单步调试，当程序运行到 for 循环处时，可以再一次查看这两个寄存器中的内容，此时存储器的内容如图 10.21 所示。

Memory

ARM7TDMI - Memory Start addre 0x3ff5000

Tab1 - Hex - No prefix | Tab2 - Hex - No prefix | Tab3 - Hex - No prefix | Tab4 - Hex - No prefix

Address	0	1	2	3	4	5	6	7	8	9	a	b	c	d	e	f
0x03FF5000	FF	FF	FF	FF	00	E8	00	E8	01	00	00	00	00	E8	00	E8
0x03FF5010	10	00	FF	E7	00	E8	00	E8	10	00	FF	E7	00	E8	00	E8
0x03FF5020	10	00	FF	E7	00	E8	00	E8	10	00	FF	E7	00	E8	00	E8
0x03FF5030	10	00	FF	E7	00	E8	00	E8	10	00	FF	E7	00	E8	00	E8
0x03FF5040	10	00	FF	E7	00	E8	00	E8	10	00	FF	E7	00	E8	00	E8
0x03FF5050	10	00	FF	E7	00	E8	00	E8	10	00	FF	E7	00	E8	00	E8
0x03FF5060	10	00	FF	E7	00	E8	00	E8	10	00	FF	E7	00	E8	00	E8
0x03FF5070	10	00	FF	E7	00	E8	00	E8	10	00	FF	E7	00	E8	00	E8

图 10.21 单步运行后的存储器内容

从图 10.21 中可以看出运行完两个赋值语句后，两个寄存器的内容的确发生了变化，在地址 0x3FF5000 作为起始地址的连续四个存储单元中，可以读出 I/O 模式控制寄存器的内容为 0xFFFFFFFF，在地址 0x3FF5008 开始的连续的四个存储单元中，可以读出 I/O 数据控制寄存器的内容为 0x00000001。

3. 设置断点

可以在 for 循环体的“Delay(10);”语句处设置断点，将光标定位在该语句处，使用快捷键 F9 在此处设置断点，按 F5 键，程序将运行到断点处。如果读者想查看子函数 Delay 是如何运行的，可以单击 Execute | Step In 选项，或按下 F8 键，进入到子函数内部进行单步程序的调试，如图 10.22 所示。

4. 查看变量值

在 Delay 函数的内部，如果用户希望查看某个变量的值，比如查看变量 i 的值，可以单击 Processor Views | Watch 命令，会出现如图 10.23 所示的 watch 窗口；然后用鼠标选中变量 i，单击鼠标右键，在快捷菜单中选中 Add to watch 命令，如图 10.24 所示，这样变量 i 默认是添加到 watch 窗口的 Tab1 中。程序运行过程中，用户可以看到变量 i 的值在不断的变化。默认显示变量数值是以十六进制格式显示的，如果用户对这种显示格式不习惯，可以通过在 watch 窗口单击鼠标右键，在弹出的快捷菜单中选择 Format 选项，如图 10.24 所示，用户可以选择所查看的变量显示数据的格式。如果用户想从 Delay 函数中跳出到主函数中去，最简单的方法就是将光标定位到你想跳转到的主函数处，单击 Execute | Run to Cursor 选项，则程序会从 Delay 函数中跳转到光标所在位置。

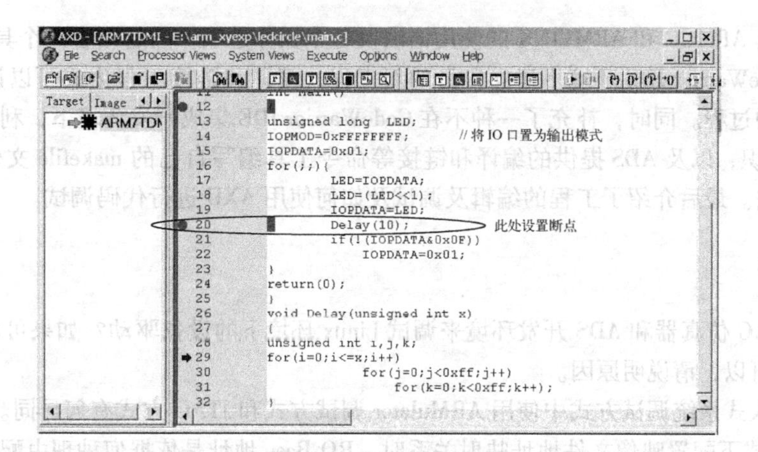

图 10.22　设置断点

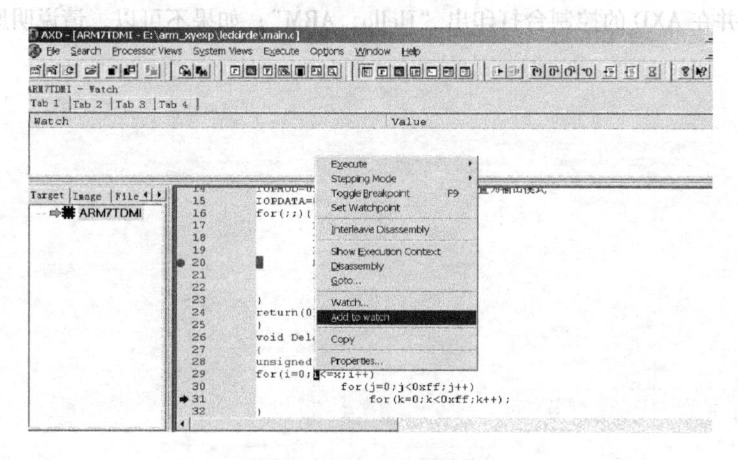

图 10.23　查看变量值

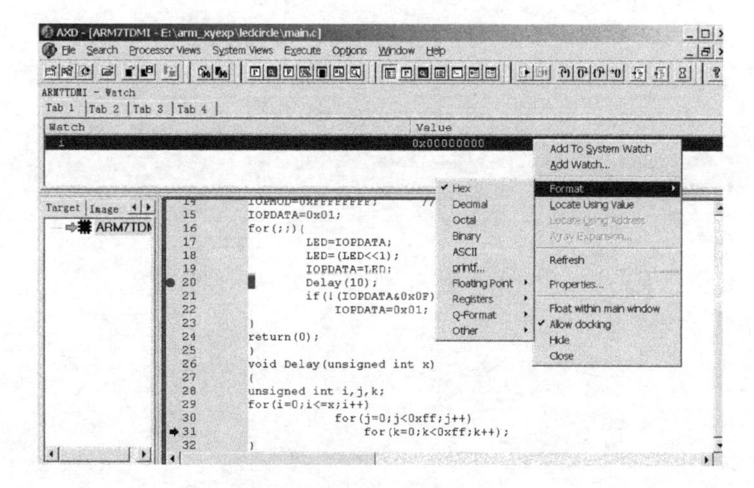

图 10.24　改变变量的格式

10.4　本章小结

本章主要介绍了 ADS 软件。首先介绍了 ADS 软件的基本组成部分，之后重点地介绍了最常用的两个命令工具 ARMCC 和 ARMLINK 的使用语法及各个操作选项。然后结合一个具体的应用实例，介绍如何在 CodeWarrior IDE 环境下建立自己的新工程，编译和链接工程生成可以调试的映像文件和二进制文件的过程。同时，补充了一种不在 CodeWarrior IDE 集成开发环境下，利用第 8 章介绍的有关 make 的知识，以及 ADS 提供的编译和链接等命令工具编写自己的 makefile 文件，掌握开发和编译程序的方法。最后介绍了工程的编辑及调试及如何使用 AXD 进行代码调试。

思考与练习

1. 可否使用 JTAG 仿真器和 ADS 开发环境来调试 Linux 环境下的设备驱动？如果可以，写出你的思路；如果不可以，请说明原因。
2. 请简述在嵌入式系统调试方式中使用 ARMulator 调试方式和 JTAG 方式有何异同。
3. 在 Simple 方式下配置映像文件地址映射关系时，RO Base 地址是依据何种理由配置完成的？
4. 可否利用 ARM ADS 附带的调试器 ARMulator 来调试带有 semihosting 功能的程序？如果可以，请编写一段程序并在 AXD 的控制台打印出“Hello，ARM”；如果不可以，请说明原因。

第11章 嵌入式系统应用开发实例

前面系统介绍了基于三星公司S3C2440嵌入式处理器的内部结构、应用系统设计与调试、部件工作原理与编程示例等。以此为基础，本章在Linux平台下介绍了三个嵌入式系统应用开发实例。

本章主要内容有：

- Linux下音/视频文件编程与播放
- Linux下的网络编程
- 基于Linux的MiniGUI移植与裁剪

11.1 Linux下音/视频文件编程与播放

11.1.1 Mplayer简介

Mplayer是一款开源的多媒体播放器，以GNU通用公共许可证发布。此款软件可在各主流操作系统使用。例如，Linux和其他类UNIX操作系统、微软的视窗系统及苹果计算机的Mac OS X系统。Mplayer是基于命令行界面，在各操作系统可选择安装不同的图形界面的一款多媒体播放器。

Mplayer的开发始于2000年，之后很快便有更多的开发者加入进来。这个项目之所以进行开发是因为当时无法在Linux下找到一个令人满意的视频播放器。

Mplayer最初的名字叫做“Mplayer - The Movie Player for Linux”，不过后来开发者们简称其为“Mplayer - The Movie Player”，原因是Mplayer已经不仅可以用于Linux而且可以在所有平台上运行。

2004年到2005年，一个非官方的Mac OS X移植以比原版更高的版本号发布，名字叫Mplayer OS X。不久，OS X版本在官方网站出现。由于版本号的冲突，官方的OSX版Mplayer 1.0rc2，虽然版本号较低，但是实际上使用了更新更稳定的代码。2008年，Mplayer OS X的非官方图形界面Mplayer OS X Extended诞生，是现在唯一还在开发中的Mplayer OS X前端。

Mplayer的另一大特色是为广泛的输出设备提供支持。它可以在X11、Xv、DGA、OpenGL、SVGAlib、fbdev、AAlib、DirectFB下工作，而且也能使用GGI和SDL（由此可以使用他们支持的各种驱动模式）和一些低级的硬件相关的驱动模式（例如，Matrox、3Dfx、Radeon、Mach64及Permedia3），大多数驱动支持软件或者硬件缩放，因此用户能在全屏下观赏电影。Mplayer还支持通过硬件MPEG解码卡显示，诸如DVB和DXR3与Hollywood +。可以使用European/ISO 8859 - 1，2（匈牙利语、英语、捷克语、西里尔语及韩语）的字体清晰放大并且反锯齿的字幕（支持10种格式）。

MEncoder（Mplayer's Movie Encoder）是一个简单的电影编码器，设计用来把Mplayer可以播放的电影（AVI/ASF/OGG/DVD/VCD/VOB/MPG/MOV/VIV/FLI/RM/NUV/NET/PVA）编码成别的Mplayer可以播放的格式。它可以使用各种编/解码器进行编码。例如，DivX4（1或2 passes），libavcodec，PCM/MP3/VBR MP3音频。同时也有强大的插件系统用于控制视频。

1. 广泛的输出设备支持

Mplayer可以在X11，Xv，DGA，OpenGL，SVGAlib，fbdev，Aalib，DirectFB下工作，而且也能使用GGI和SDL（由此可以使用他们支持的各种驱动模式）和一些低级的硬件相关的驱动模式（如Matrox，3Dfx和Radeon，Mach64，Permedia3）。

2. 强大的播放能力

Mplayer播放器能够稳如泰山地播放被破坏的MPEG文件（对一些VCD有用），而它能播放著名的windows media player都打不开的，坏的AVI文件，甚至没有索引部分的AVI文件也可被播放。

3. 内置多种解码器

Mplayer 是一个神乎其神的媒体播放软件，让用户在低配置计算机下也能流畅播放 DVDrip 视频。Mplayer 是完完全全的绿色软件，本身编译器自带了多种类型的解码器，不需要再安装 xvid、ffdshow、ac3filter、ogg、vobsub 等所谓看 DVDrip 的必备解码器，也不会跟用户的计算机原来所安装的解码器有任何冲突。

4. 拖动极快速的播放器

Mplayer 被评为 Linux 下的最佳媒体播放工具，又成功地移植到 Windows 下。它能播放几乎所有流行的音频和视频格式，相对其他播放器来说，资源占用非常少，不需要任何系统解码器就可以播放各种媒体格式，对于 MPEG/XviD/DivX 格式的文件支持尤其好，不仅拖动播放速度快得不可思议，而且播放破损文件时的效果也很出奇，在低配置的机器上使用更能凸显优势。

5. 强大的音/视频支持

Mplayer 广泛地支持音/视频输出驱动。它不仅可以使用 X11，Xv，DGA，OpenGL，SVGAlib，fbdev，AAlib，libcaca，DirectFB，Quartz，MacOSXCoreVideo，也能使用 GGI，SDL（及它们的所有驱动)，所有 VESA 兼容显卡上的 VESA（甚至不需要 X11)，某些低级的显卡相关的驱动（如 Matrox，3dfx 及 ATI）和一些硬件 MPEG 解码器卡。例如，SiemensDVB，HauppaugePVR（IVTV)，DXR2 和 DXR3/Hollywood +。它们中绝大多数支持软件或硬件缩放，所以用户可以享受全屏电影。

6. OSD 功能

Mplayer 具有 OSD（屏上显示）功能显示状态信息，有抗锯齿带阴影的漂亮大字幕和键盘控制的可视反馈功能。支持的字体包括欧洲语种/ISO8859 -1，2（匈牙利语、英语、捷克语)、西里尔语和韩语）等。可以播放 12 种格式的字幕文件（MicroDVD，SubRip，OGM，SubViewer，Sami，VPlayer，RT，SSA，AQTitle，JACOsub，PJS 及我们自己的 MPsub）和 DVD 字幕（SPU 流，VOBsub 及隐藏式 CC 字幕)。

7. 编译 Mplayer

下面介绍如何在基于 PPC 的嵌入式 Linux 系统中安装配置 Mplayer 来实现播放音/视频文件。

在开始编译 Mplayer 之前，这里必须对一些库 libs 进行交叉编译，用户可以到以下网址下载相应的软件和库：

```
Mplayer:http://www.Mplayerhq.hu/design7/dload.html
ASLA lib:http://alsa.cybermirror.org/lib/alsa-lib-1.0.14.tar.bz2
ALSA Utils:http://alsa.cybermirror.org/utils/alsa-utils-1.0.14.tar.bz2
LibMad:http://www.linuxfromscratch.org/blfs/view/svn/multimedia/libmad.html
```

1）ASLA Lib

下载 ALSA lib1.0.14 的源代码并解压，进入 ALSA lib 目录并输入相关命令：

```
$export PATH=/opt/crosstool/gcc-3.4.4-glibc-2.3.3/
S3C2440-linux-gnu/bin:$PATH
$./configure --prefix=/usr\
--build=i686 --host=ppc-4xx-linux\CC=S3C2440-linux-gnu-gcc\
CPP=S3C2440-linux-gnu-cpp\
CXX=S3C2440-linux-gnu-g++\
LDD=S3C2440-linux-gnu-ldd\
AR=S3C2440-linux-gnu-ar\
RANLIB=S3C2440-linux-gnu-ranlib\
STRIP=S3C2440-linux-gnu-strip\
CROSS_COMPILE=S3C2440-linux-gnu-\
LD=S3C2440-linux-gnu-ld
$make
$make install DESTDIR=<PATH_TO_INSTALL_ALSA>$export PATH=/opt/crosstool/gcc-
```

```
3.4.4-glibc-2.3.3/S3C2440-linux-gnu/bin$PATH
 $./configure --prefix=/usr\
 --build=i686 --host=ppc-4xx-linux\
```

注意：

ALSA 库必须安装在以下路径 <PATH_TO_INSTALL_ALSA>/usr. Here use prefix =/usr。否则，在默认情况下将无法在目标板中发现 alsa 的配置文件。用户可以使用 DESTDIR 来设置库的路径。

2）ALSA utils

下载 ALSA utils1.0.14 的源代码并解压，进入 ALSA utils 目录下输入命令：

```
 $export PATH=/opt/crosstool/gcc-3.4.4-glibc-2.3.3/
S3C2440-linux-gnu/bin:$PATH
 $./configure --prefix=/usr\
 --build=i686 --host=ppc-4xx-linux\
 --disable-nls\
CC=S3C2440-linux-gnu-gcc\
CPP=S3C2440-linux-gnu-cpp\
CXX=S3C2440-linux-gnu-g++\
LDD=S3C2440-linux-gnu-ldd\
AR=S3C2440-linux-gnu-ar\
RANLIB=S3C2440-linux-gnu-ranlib\
STRIP=S3C2440-linux-gnu-strip\
CROSS_COMPILE=S3C2440-linux-gnu-\
LD=S3C2440-linux-gnu-ld\
CFLAGS="-I<PATH_TO_INSTALL_ALSA>/usr/include
 -L<PATH_TO_INSTALL_ALSA>/usr/lib"
 $make
 $make install DESTDIR=<PATH_TO_INSTALL_ALSA>
```

注意：

① ALSA utils 提供一个 aplay 的工具来测试 ALSA 库和 ALSA 驱动器。

② ALSA 库、ALSA utils 及 ALSA 驱动器必须是同一个版本，因为 ALSA 驱动器在 Linux 内核中的版本是 1.0.14，所以这里所有的版本都必须是 1.0.14。

3）Libmad

下载 libmad0.15（其他版本应该正确）源代码并解压，进入 libmad 目录并输入相关命令：

```
$./configure --prefix=/usr\
 --build=i686 --host=S3C2440-linux\
 --enable-speed --enable-fpm=ppc\
CC=S3C2440-linux-gnu-gcc\
CPP=S3C2440-linux-gnu-cpp\
CXX=S3C2440-linux-gnu-g++\
CROSS_COMPILE=S3C2440-linux-gnu-\
 --enable-sso
$make
$make install DESTDIR=<PATH_TO_INSTALL_LIBMAD>
```

注意：

① Libmad 的版本并不是很重要，可以满足需要即可，如 0.15。

② 完成上面的操作之后，就可以开始编译 Mplayer。

4）Mplayer

首先，从网上下载最新的 Mplayer 源代码并解压，进入 Mplayer 目录并输入相关命令：

```
 $export PATH=/opt/crosstool/gcc-3.4.4-glibc-2.3.3/
```

```
S3C2440 - linux - gnu/bin:$PATH
$./configure --cc = S3C2440 - linux - gnu - gcc\
--as = S3C2440 - linux - gnu - as\
--ar = S3C2440 - linux - gnu - ar\
--host - cc = gcc --enable - cross - compile\
--target = ppc - linux --disable - dvdread\
--disable - dvdnav --enable - fbdev\
--disable - mencoder\
--disable - dvdread - internal\
--disable - libdvdcss - internal\
--disable - libmpeg2\
--disable - win32dll\
--with - extraincdir = /<PATH_TO_INSTALL_ALSA>/usr/include;\
/<PATH_TO_INSTALL_LIBMAD>/usr/include\
--with - extralibdir = /<PATH_TO_INSTALL_ALSA>/usr/lib;\
/<PATH_TO_INSTALL_LIBMAD>/usr/lib\
--prefix = /usr\
--enable - alsa --disable - ossaudio\
--ranlib = S3C2440 - linux - gnu - ranlib\
--enable - mad -disable - mp3lib
```

注意:

① --enable - fbdev 是用来添加帧缓冲支持的。

② mencoder 是一个产生几种不同类型媒体格式的工具，这里不需要它。

③ extraincdir 是用户的解压库，保护文件的所在目录。

④ extralibdir 是用户的解压库的目录，可以以分号隔开的形式设置几个目录。

⑤ 不要使用 -enable - static，因为有些库需要动态链接。

再输入以下命令，完成安装：

```
$make
$make install DESTDIR =<PATH_TO_INSTALL_MPLAYER>
```

最后，把 <PATH_TO_INSTALL_ALSA>，<PATH_TO_INSTALL_LIBMAD>，<PATH_TO_INSTALL_MPLAYER> 中的所有东西都复制到根目录文件系统中，这样用户应用接口就成功建立了。

11.1.2 播放本地与远程音视频文件

使用以下步骤命令即可播放本地音频文件，参数可以是当前目录的音频文件，也可以使用绝对路径来选择其他目录音频文件。

```
/* 清单 1 Mplayer 播放本地音频文件 */
$Mplayer MEDIA_FILE or
$aplay WAV_FILE
```

对于远程的音乐文件，可以使用 RealNetwork Helix Server 在其他主机上建立服务器。RealNetwork Helix Server 是一款支持多格式、跨平台的流媒体服务器软件，能将高质量的多媒体内容发到任何网络能够触及的地方，甚至是无线设备上。作为 RealNetwork 公司的产品，支持 RealAudio 和 RealVideo 自不用说，而且还提供 Windows Media，QuickTime，MP3，MPEG - 4，3GPP（H.263 和 H.264）等格式。

建立 RealNetwork Helix 服务器后，如图 11.1 所示，要对服务器进行设置，即加载点的设置，将主机要分享的目录设置在“基于路径”选项中，更多的设置参数可以参阅 RealNetwork Helix Server 的帮助手册。在设置完成后，通过以下命令播放远程音乐文件。

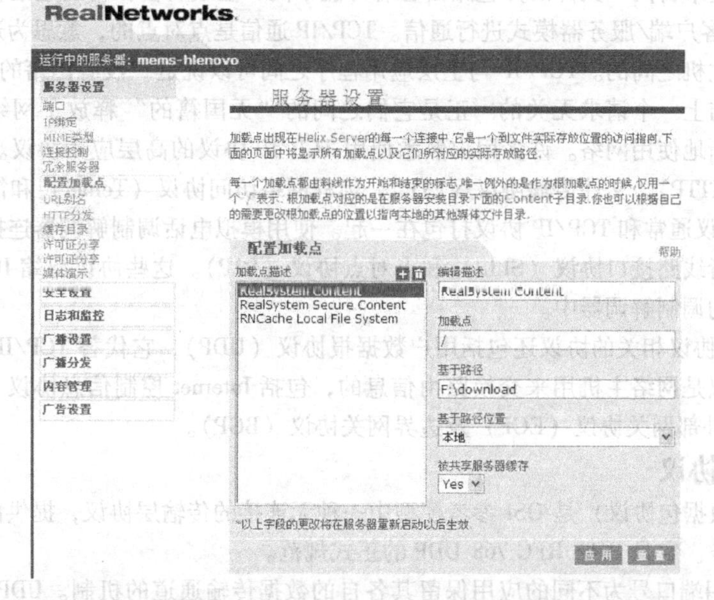


```
AF_pre: 22050Hz 2ch Signed 16-bit (Little-Endian)
AO: [oss] 22050Hz 2ch Signed 16-bit (Little-Endian) (2 bps)
Building audio filter chain for 22050Hz/2ch/16bit -> 22050Hz/2ch/16bit...
Starting playback...
Opening video filter: [scale]
VDec: using Planar YV12 as output csp (noying with -vf scale...
Movie-Aspect is 1.33:1 - prescaling to co
No accelerated colorspace conversion foun 0)
SwScaler: using unscaled Planar YV12 -> Rrrect movie aspect.
VO: [fbdev] 320x240 => 320x240 RGB 16-bitd
VO: [fbdev] 320x240 => 320x240 RGB 16-bit  [fs]
[mpeg4 @ 0x3ffda0]frame skip 8ct:  0.000 GB 16-bit special converter
[mpeg4 @ 0x3ffda0]frame skip 8ct:  0.002
A:   6.7 V:   6.7 A-V:  0.009 ct: -0.028  102/102  22%  6%  5.7% 0.0 0%
```

图 11.1　RealNetwork Helix Server 加载点设置

```
/* 清单 2 Mplayer 播放远程音频文件 */
$Mplayer rtsp://192.168.10.173/MEDIA_FILE
$aplay rtsp://192.168.10.173/WAV_FILE
```

其中 IP 地址即为 RealNetwork Helix Server 的主机地址。/XXX.mp3 为“基于路径”文件夹下的音频文件。

例如：输入 $Mplayer xytt.avi 命令可以得到以下提示信息，并播放视频文件。

11.2　Linux 下的网络编程

11.2.1　TCP/IP 协议

TCP/IP（传输控制协议/网际协议）是 Internet 最基本的协议、Internet 国际互联网络的基础，简单地说，就是由网络层的 IP 协议和传输层的 TCP 协议组成的。

当直接与网络连接时，计算机应提供一个 TCP/IP 程序的副本，此时接收所发送的信息的计算机也应有一个 TCP/IP 程序的副本。

TCP/IP 是一个两层的程序。高层为传输控制协议，它负责聚集信息或把文件拆分成更小的包。这些包通过网络传送到接收端的 TCP 层，接收端的 TCP 层把包还原为原始文件。底层是网际协议，它处理每个包的地址部分，使这些包正确的到达目的地。网络上的网关计算机根据信息的地址来进行路由选择。即使来自同一文件的分包路由也有可能不同，但最后会在目的地汇合。

TCP/IP 使用客户端/服务器模式进行通信。TCP/IP 通信是点对点的，意思为通信是网络中的一台主机与另一台主机之间的。TCP/IP 与上层应用程序之间可以说是“没有国籍的”，因为每个客户请求都被看做是与上一个请求无关的。正是它们之间的“无国籍的”释放了网络路径，才使每个人都可以连续不断地使用网络。许多用户熟悉使用 TCP/IP 协议的高层应用协议。包括万维网的超文本传输协议（HTTP），文件传输协议（FTP），远程网络访问协议（Telnet）和简单邮件传输协议（SMTP）。这些协议通常和 TCP/IP 协议打包在一起。使用模拟电话调制解调器连接网络的个人计算机通常是使用串行线路接口协议（SLIP）和点对点协议（P2P）。这些协议压缩 IP 包后通过拨号电话线发送到对方的调制解调器中。

有些 TCP/IP 协议相关的协议还包括用户数据报协议（UDP），它代替 TCP/IP 协议来达到特殊的目的。其他协议是网络主机用来交换路由信息的，包括 Internet 控制信息协议（ICMP）、内部网关协议（IGP）、外部网关协议（EGP）及边界网关协议（BGP）。

11.2.2 UDP 协议

UDP（用户数据包协议）是 OSI 参考模型中一种无连接的传输层协议，提供面向事务的简单不可靠信息传送服务。它是 IETF RFC 768 UDP 的正式规范。

UDP 协议使用端口号为不同的应用保留其各自的数据传输通道的机制。UDP 和 TCP 协议正是采用这一机制实现对同一时刻内多项应用同时发送和接收数据的支持。数据发送方（可以是客户端或服务器端）将 UDP 数据报通过源端口发送出去，而数据接收方则通过目标端口接收数据。有的网络应用只能使用预先为其预留或注册的静态端口；而另外一些网络应用则可以使用未被注册的动态端口。因为 UDP 报头使用两个字节存放端口号，所以端口号的有效范围是从 0 到 65 535。一般来说，大于 49 151 的端口号都代表动态端口。

数据报的长度是指包括报头和数据部分在内的总字节数。因为报头的长度是固定的，所以该域主要被用来计算可变长度的数据部分（又称为数据负载）。数据报的最大长度根据操作环境的不同而各异。从理论上说，包含报头在内的数据报的最大长度为 65 535 字节。不过，一些实际应用往往会限制数据报的大小，有时会降低到 8 192 字节。

UDP 协议使用报头中的校验值来保证数据的安全。校验值首先在数据发送方通过特殊的算法计算得出，在传递到接收方之后，还需要再重新计算。如果某个数据报在传输过程中被第三方篡改或者由于线路噪声等原因受到损坏，发送和接收方的校验计算值将不会相符，由此 UDP 协议可以检测是否出错。这与 TCP 协议是不同的，后者要求必须具有校验值。

许多链路层协议都提供错误检查，包括流行的以太网协议，也许想知道为什么 UDP 也要提供纠错检查，其原因是链路层以下的协议在源端和终端之间的某些通道可能不提供错误检测。虽然 UDP 提供有错误检测，但检测到错误时，UDP 不做错误校正，只是简单地把损坏的消息段扔掉，或者给应用程序提供警告信息。

11.2.3 Socket 编程

1. 什么是 Socket

Socket 接口是 TCP/IP 网络的 API（应用程序编程接口），Socket 接口定义了许多函数或例程，程序员可以用它们来开发 TCP/IP 网络上的应用程序。要学 Internet 上的 TCP/IP 网络编程，必须理解 Socket 接口。

Socket 接口设计者最先是将接口放在 UNIX 操作系统里面的。如果了解 UNIX 系统的输入和输出的话，就很容易了解 Socket 了。网络的 Socket 数据传输是一种特殊的 I/O，Socket 也是一种文件描述符。Socket 具有一个类似于打开文件的函数调用 Socket( )，该函数返回一个整型的 Socket 描述符，随后的连接建立、数据传输等操作都是通过该 Socket 实现的。常用的 Socket 类型有两种：流式 Socket(SOCK_STREAM)和数据报式 Socket(SOCK_DGRAM)。流式是一种面向连接的 Socket，针对于面向连接的 TCP 服务应用；数据报式 Socket 是一种无连接的 Socket，对应于无连接的 UDP 服务应用。

2. Socket 建立

为了建立 Socket，程序可以调用 Socket 函数，该函数返回一个类似于文件描述符的句柄。Socket 函数原型为：

```
int Socket(int domain,int type,int protocol);
```

domain 指明所使用的协议族，通常为 PF_INET，表示 Internet 协议族（TCP/IP 协议族）；type 参数指定 Socket 的类型：SOCK_STREAM 或 SOCK_DGRAM，Socket 接口还定义了原始 Socket（SOCK_RAW），允许程序使用低层协议；protocol 通常赋值"0"。Socket( ) 调用返回一个整型 Socket 描述符，用户可以在后面的调用使用它。

Socket 描述符是一个指向内部数据结构的指针，它指向描述符表的入口。调用 Socket 函数时，Socket 执行体将建立一个 Socket，实际上"建立一个 Socket"意味着为一个 Socket 数据结构分配存储空间。Socket 执行体为此管理描述符表。

两个网络程序之间的一个网络连接包括五种信息：通信协议、本地协议地址、本地主机端口、远端主机地址和远端协议端口。Socket 数据结构中包含这五种信息。

3. Socket 配置

通过 Socket 调用返回一个 Socket 描述符后，在使用 Socket 进行网络传输以前，必须配置该 Socket。面向连接的 Socket 客户端通过调用 Connect 函数，在 Socket 数据结构中保存本地和远端信息。无连接 Socket 的客户端和服务端以及面向连接 Socket 的服务端通过调用 bind 函数来配置本地信息。

Bind 函数将 Socket 与本机上的一个端口相关联，随后用户就可以在该端口监听服务请求。Bind 函数原型为：

```
int Bind(int sockfd,struct sockaddr *my_addr,int addrlen);
```

Sockfd 是调用 Socket 函数返回的 Socket 描述符，my_addr 是一个指向包含有本机 IP 地址及端口号等信息的 sockaddr 类型的指针；addrlen 常被设置为 sizeof(struct sockaddr)。

struct sockaddr 结构类型是用来保存 Socket 信息的，形式如下：

```
struct sockaddr
{
unsigned short sa_family;          /* 地址族，AF_xxx */
char sa_data[14];                  /* 14 字节的协议地址 */
};
```

sa_family 一般为 AF_INET，代表 Internet（TCP/IP）地址族；sa_data 则包含该 Socket 的 IP 地址和端口号。

另外还有一种结构类型：

```
struct sockaddr_in
{
short int sin_family;           /* 地址族 */
unsigned short int sin_port;   /* 端口号 */
struct in_addr sin_addr;        /* IP 地址 */
unsigned char sin_zero[8];      /* 填充 0 以保持与 struct sockaddr 同样大小 */
};
```

这个结构更方便使用。sin_zero 用来将 sockaddr_in 结构填充到与 struct sockaddr 同样的长度，可以用 bzero( ) 或 memset( ) 函数将其设置为零。指向 sockaddr_in 的指针和指向 sockaddr 的指针可以相互转换，这意味着如果一个函数所需参数类型是 sockaddr 时，就可以在函数调用的时候将一个指向 sockaddr_in 的指针转换为指向 sockaddr 的指针，或者相反。

使用 Bind 函数时，可以用下面的赋值实现自动获得本机 IP 地址和随机获取一个没有被占用的端口号，例如：

```
my_addr.sin_port = 0;                    /* 系统随机选择一个未被使用的端口号 */
my_addr.sin_addr.s_addr = INADDR_ANY;    /* 填入本机 IP 地址 */
```

通过将 my_addr. sin_port 置为 0，函数会自动为用户选择一个未占用的端口来使用。同样，通过将 my_addr. sin_addr. s_addr 置为 INADDR_ANY，系统会自动填入本机 IP 地址。

注意，在使用 Bind 函数时，需要将 sin_port 和 sin_addr 转换成为网络字节优先顺序；而 sin_addr 则不需要转换。

计算机数据存储有两种字节优先顺序：高位字节优先和低位字节优先。Internet 上数据以高位字节优先顺序在网络上传输，所以对于在内部是以低位字节优先方式存储数据的机器，在 Internet 上传输数据时就需要进行转换，否则就会出现数据不一致。

下面是几个字节顺序转换函数：

. htonl()：把 32 位值从主机字节序转换成网络字节序

. htons()：把 16 位值从主机字节序转换成网络字节序

. ntohl()：把 32 位值从网络字节序转换成主机字节序

. ntohs()：把 16 位值从网络字节序转换成主机字节序

Bind()函数在成功被调用时，返回 0；出现错误时，返回“-1”，并将 errno 置为相应的错误号。需要注意的是，在调用 Bind 函数时一般不要将端口号置为小于 1024 的值，因为 1 到 1024 是保留端口号，可以选择大于 1024 中的任何一个没有被占用的端口号。

4. Socket 连接建立

面向连接的客户程序使用 Connect 函数来配置 Socket 并与远端服务器建立一个 TCP 连接，其函数原型为：

```
int Connect(int sockfd,struct sockaddr *serv_addr,int addrlen);
```

Sockfd 是 Socket 函数返回的 Socket 描述符；serv_addr 是包含远端主机 IP 地址和端口号的指针；addrlen 是远端地址结构的长度。Connect 函数在出现错误时返回 -1，并且设置 errno 为相应的错误码。进行客户端程序设计无须调用 Bind()，因为这种情况下只需知道目的机器的 IP 地址，而客户通过哪个端口与服务器建立连接并不需要关心，Socket 执行体为用户的程序自动选择一个未被占用的端口，并通知用户的程序数据什么时候到达端口。

Connect 函数启动和远端主机的直接连接。只有面向连接的客户程序使用 Socket 时才需要将此 Socket 与远端主机相连。无连接协议从不建立直接连接。面向连接的服务器也从不启动一个连接，它只是被动的在协议端口监听客户的请求。

Listen 函数使 Socket 处于被动的监听模式，并为该 Socket 建立一个输入数据队列，将到达的服务请求保存在此队列中，直到程序处理它们。Listen 函数形式如下：

```
int Listen(int sockfd, int backlog);
```

Sockfd 是 Socket 系统调用返回的 Socket 描述符；backlog 指定在请求队列中允许的最大请求数，进入的连接请求将在队列中等待 Accept()函数（参考下文）。Backlog 对队列中等待服务的请求的数目进行了限制，大多数系统默认值为 20。如果一个服务请求到来时，输入队列已满，该 Socket 将拒绝连接请求，客户将收到一个出错信息。当出现错误时 listen 函数返回 -1，并置相应的 errno 错误码。

Accept( )函数让服务器接收客户的连接请求。在建立好输入队列后，服务器就调用 Accept 函数，然后睡眠并等待客户的连接请求。形式如下：

```
int Accept(int sockfd,void *addr,int *addrlen);
```

sockfd 是被监听的 Socket 描述符，addr 通常是一个指向 sockaddr_in 变量的指针，该变量用来存放提出连接请求服务的主机的信息（某台主机从某个端口发出该请求）；addrten 通常为一个指向值为 sizeof(struct sockaddr_in)的整型指针变量。出现错误时 accept 函数返回 -1，并置相应的 errno 值。

首先，当 Accept 函数监视的 Socket 收到连接请求时，Socket 执行体将建立一个新的 Socket，执行体将这个新 Socket 和请求连接进程的地址联系起来，收到服务请求的初始 Socket 仍可以继续在以前的 Socket 上监听，同时还可以在新的 Socket 描述符上进行数据传输操作。

5. Socket 数据传输

Send( )和 Recv( )这两个函数用于面向连接的 Socket 上进行数据传输。

Send( )函数原型为：

```
int Send(int sockfd,const void *msg,int len,int flags);
```

Sockfd 是用户想用来传输数据的 Socket 描述符；msg 是一个指向要发送数据的指针；Len 是以字节为单位的数据的长度；flags 一般情况下置为 0（关于该参数的用法可参照 man 手册）。

Send( )函数返回实际上发送出的字节数，可能会少于用户希望发送的数据。在程序中应该将 Send( )的返回值与欲发送的字节数进行比较。当 Send( )返回值与 len 不匹配时，应该对这种情况进行处理。

```
char *msg="Hello!";
int len,bytes_sent;
……
len=strlen(msg);
bytes_sent=send(sockfd,msg,len,0);
……
```

Recv( )函数原型为：

```
int Recv(int sockfd,void *buf,int len,unsigned int flags);
```

Sockfd 是接受数据的 Socket 描述符；buf 是存放接收数据的缓冲区；len 是缓冲的长度。Flags 也被置为 0。Recv( )返回实际上接收的字节数，当出现错误时，返回 -1 并置相应的errno 值。

Sendto( )和 Recvfrom( )用于在无连接的数据报 Socket 方式下进行数据传输。由于本地 Socket 并没有与远端机器建立连接，所以在发送数据时应指明目的地址。

Sendto( )函数原型为：

```
int Sendto(int sockfd,const void *msg,int len,unsigned int flags,const struct
sockaddr *to,int tolen);
```

该函数比 Send( )函数多了两个参数，to 表示目地机的 IP 地址和端口号信息，而 tolen 常常被赋值为 sizeof(struct sockaddr)。Sendto 函数也返回实际发送的数据字节长度或在出现发送错误时返回 -1。

Recvfrom( )函数原型为：

```
int Recvfrom(int sockfd,void *buf,int len,unsigned int flags,struct sockaddr *
from,int *fromlen);
```

from 是一个 struct sockaddr 类型的变量，该变量保存源机的 IP 地址及端口号。fromlen 常置为 sizeof(struct sockaddr)。当 Recvfrom( )返回时，fromlen 包含实际存入 from 中的数据字节数。Recvfrom

( )函数返回接收到的字节数或当出现错误时返回 -1，并置相应的 errno。

如果用户对数据报 Socket 调用了 Connect( )函数时，也可以利用 Send( )和 Recv( )进行数据传输，但该 Socket 仍然是数据报 Socket，并且利用传输层的 UDP 服务。但在发送或接收数据报时，内核会自动为之加上目地和源地址信息。

6. Socket 结束传输

当所有的数据操作结束以后，就可以调用 Close( )函数来释放该 Socket，从而停止在该 Socket 上的任何数据操作：

```
Close(sockfd);
```

用户也可以调用 Shutdown( )函数来关闭该 Socket。该函数允许用户只停止在某个方向上的数据传输，而一个方向上的数据传输继续进行。如可以关闭某 Socket 的写操作而允许继续在该 Socket 上接收数据，直至读入所有数据。Shutdown 函数形式如下：

```
int Shutdown(int sockfd,int how);
```

Sockfd 是需要关闭的 Socket 的描述符。参数 how 允许为 Shutdown 操作选择以下几种方式：

· 0——不允许继续接收数据

· 1——不允许继续发送数据

· 2——不允许继续发送和接收数据

· 均为允许，则调用 close( )

Shutdown 在操作成功时返回 0，在出现错误时返回 -1 并置相应 errno。

Linux 操作命令查询

Linux 命令的基本格式：command option parameter(object)

command 就是要执行的操作，option 指出怎么执行这个操作，parameter 则是要操作的对象。例如，想查看一个目录的内容，“查看”是动作，“目录”是对象，如果加一个“详细”的话，那么“详细”就是选项了。

```
#ls -l /root
ls:  command
-l:  option
/root: parameter
```

了解了这一点之后，这里即可知道：所有的命令都有其操作对象，也就是说命令的作用范围是有限的；同是，对于同一种对象，能在其上进行的操作也是特定的。因此，用户可以根据对象的不同而对 Linux 中的常用命令进行分类。

目录文件类命令：

cd	切换目录
dir	显示目录内容
ls	显示目录内容
cat	显示文件内容，适合小文件
less	分屏显示文件内容，可前后翻阅
more	分屏显示文件内容，不可向前翻阅
head	显示文件头部内容
tail	显示文件尾部内容
touch	创建文件或更新文件访问时间
mkdir	创建目录
rmdir	删除目录

rm　删除文件或目录（-r）
cp　复制文件或目录
mv　移动或改名
chown　修改文件所有者
chgrp　修改文件所属组
chmod　修改文件目录权限
find　查找文件或目录
tar　打包工具
gzip/gunzip　压缩工具
bzip2/bunzip2　压缩工具
vi　文本编辑工具

用户类命令：

useradd　添加用户
userdel　删除用户
usermod　修改用户属性
passwd　设置密码
groupadd　添加组
groupmod　修改组属性
groupdel　删除组
gpasswd　将用户添加到组或从组中删除
id　显示当前用户 ID 属性
who　显示当前登录的用户
w　同上，略有不同
chfn　修改用户信息
su　切换用户
chsh　修改登录 Shell

帮助类命令：

help　显示内部命令帮助
man　查看手册
info　查看 texinfo 格式手册

文件系统类命令：

fdisk　分区命令
mkfs　格式化命令
e2label　设置卷标
mount　挂载文件系统
umount　解除挂载文件系统
fsck　文件系统检查
mkswap　创建 swap 文件系统
quotacheck　检查配额
quotaon　启用配额
quotaoff　关闭配额
edquota　设置用户磁盘配额

软件包管理命令：

rpm　　redhat 包管理工具
apt　　Debian 包管理工具
yum　　Yellow dog 包管理工具

系统管理命令：

date　　显示/设置系统时间
shutdown　　关闭系统
reboot　　重启系统
halt　　关闭系统
runlevel　　显示运行级
init　　切换运行级
grub - install　　安装 GRUB
cal　　显示日历

内核管理类命令：

lsmod　　显示已加载内核模块
insmod　　添加内核模块
modprobe　　添加内核模块
modinfo　　显示内核模块信息
rmmod　　移除内核模块

进程管理类命令：

ps　　显示系统进程
top　　进程管理工具
pstree　　显示进程树
pidof　　显示指定程序的进程号
nice　　设置进程优先级

网络基础类命令：

ifconfig　　查看/设置网卡参数
ifup　　启用网络设备
ifdown　　关闭网络设备
lsof　　显示指定端口由谁监听
sysctl　　控制 TCP/IP 内核参数
adsl - setup　　设置 ADSL 连接参数
adsl - status　　显示 ADSL 连接状态
adsl - connect　　启动 ADSL 连接
netstat　　显示系统网络状态信息
route　　查看路由表
ip　　强大的网络管理工具
ping　　测试连通性
traceroute　　路径跟踪

Linux 文件 I/O 控制函数查询：

通常，一个进程打开时，都会打开 3 个文件：标准输入、标准输出和标准出错处理。这 3 个文件分别对应文件描述符为 0、1 和 2（也就是宏替换 STDIN_FILENO、STDOUT_FILENO 和 STDERR_FILENO）。

不带缓存的文件 I/O 操作，这里指的不带缓存是指每一个函数只调用系统中的一个函数。主要用到 5 个函数：open、read、write、lseek 和 close。

● open 函数语法要点

所需头文件：

#include <sys/types. h>//提供类型 pid_t 的定义

```
#include<sys/stat.h>
#include<fcntl.h>
```

函数原型：int open(const char * pathname, flags, int perms)。

函数传入值：

path name：被打开文件名（可包括路径名）

flag：文件打开的方式，参数可以通过“|”组合构成，但前 3 个参数不能互相重合。

O_REONLY：只读方式打开文件。

O_WRONLY：可写方式打开文件。

O_RDWR：读/写方式打开文件。

O_CREAT：如果文件不存在时就创建一个新文件，并用第三个参数为其设置权限。

O_EXCL：如果使用 O_CREAT 时文件存在，则可返回错误信息。这一参数可测试文件是否存在。

O_NOCTTY：使用本参数时，如文件为终端，那么终端不可以作为调用 open( )系统调用的那个进程的控制终端。

O_TRUNC：如文件已经存在，并且以只读或只写成功打开，那么会先全部删除文件中原因数据。

O + APPEND：以添加方式打开文件，在打开文件的同时，文件指针指向文件末尾。

perms：被打开文件的存取权限，为 8 进制表示法。

函数返回值：成功：返回文件描述符；失败：-1。

● close 语法要点

所需头文件：#include <uniste. h>

函数原型：int close(int fd)。

函数输入值：fd：文件描述符。

函数返回值：成功：0；出错：-1

● read 函数语法要点

所需头文件：#include <unistd. h>

函数原型：ssize_t read(int fd, void * buf, size_t count)。

函数传入值：

fd：文件描述符。

Buf：指定存储器读出数据的缓冲区。

Count：指定读出的字节数。

函数返回值：成功：读出的字节数 0；已到达文件尾 -1：出错

在读普通文件时，若读到要求的字节数之前已达到文件的尾部，则返回字节数会小于希望读出的字节数。

● write 函数语法要点

所需头文件：#include <unistd. h>

函数原型：ssize_t write(int fd, void * buf, size_t count)。

函数传入值：

fd：文件描述符。

Buf：指定存储器写入数据的缓冲区。

Count：指定读出的字节数。

函数返回值：成功：已写的字节数；-1：出错

• lseek 函数语法要点

所需头文件：#include <unistd.h>

#include <sys/types.h>

函数原型：off_t lseek(int fd,off_t offset,int whence)。

函数传入值：

fd：文件描述符。

Offset：偏移量，每一读/写操作所需要移动的距离，单位是字节的数量，可正可负（向前移，向后移）。

Whence：当前位置的基点：

SEEK_SET：当前位置为文件开头，新位置为偏移量的大小。

SEEK_CUR：当前位置为文件指针位置，新位置为当前位置加上偏移量。

SEEK_END：当前位置为文件的结尾，新位置为文件的大小加上偏移量大小。

函数使用实例：

```
#include <unistd.h>
#include <sys/types.h>
#include <sys/stat.h>
#include <fcntl.h>
#include <stdlib.h>
#include <stdio.h>
#include <string.h>
int main(void)
{
    char *buf = "Hello! I'm writing to this file!";
    char buf_r[11];
    int fd,size,len;
    len = strlen(buf);
    buf_r[10] = '\0';
    /* 首先调用 open 函数,并指定相应的权限 */
    if((fd = open("hello.c",O_CREAT | O_TRUNC | O_RDWR,0666 )) < 0){
        perror("open:");
        exit(1);
    } else
        printf("open and create file:hello.c % d  OK\n",fd);
    /* 调用 write 函数,将 buf 中的内容写入到打开的文件中 */
    if((size = write(fd,buf,len)) < 0)
    {
        perror("write:");
        exit(1);
    } else
        printf("Write:% s OK\n",buf);
    /* 调用 lseek 函数将文件指针移动到文件起始,并读出文件中的 10 个字节 */
    lseek(fd,0,SEEK_SET );
    if((size = read(fd,buf_r,10)) < 0){
        perror("read:");
        exit(1);
    } else
        printf("read form file:% s OK\n",buf_r);
    if(close(fd) < 0 )   {
        perror("close:");
```

```
        exit(1);
    } else
        printf("Close hello.c OK\n");
    return 0;
}
```

11.3　基于 Linux 的 MiniGUI 移植与裁剪

11.3.1　MiniGUI 简介

MiniGUI 是由北京飞漫软件技术有限公司开发的 MiniGUI 是面向实时嵌入式系统的轻量级图形用户界面支持系统。自 1999 年初遵循 GPL 条款发布第一个版本以来，MiniGUI 已广泛应用于手持信息终端、机顶盒、工业控制系统及工业仪表、便携式多媒体播放机、查询终端等产品 和 领 域 。目前，MiniGUI 已成为跨操作系统跨硬件平台的图形用户界面支持系统，可在 Linux/uCLinux、VxWorks、eCos、uC/OS－II、pSOS、ThreadX、Nucleus、OSE 等操作系统以及 Win32 平台上运行，已验证的硬件包括 IX86、ARM、PowerPC、MIPS、DragonBall、ColdFire 等。

MiniGUI 之所以能够在如此众多的嵌入式操作系统上运行是因为 MiniGUI 具有良好的软件架构，通过抽象层将 MiniGUI 上层和底层操作系统隔离开来，如图 11.2 所示。基于 MiniGUI 的应用程序一般通过 ANSIC 库以及 MiniGUI 自身提供的 API 来实现自己的功能；MiniGUI 中的“可移植层”可将特定操作系统及底层硬件的细节隐藏起来，而上层应用程序则无须关心底层的硬件平台输出和输入设备。

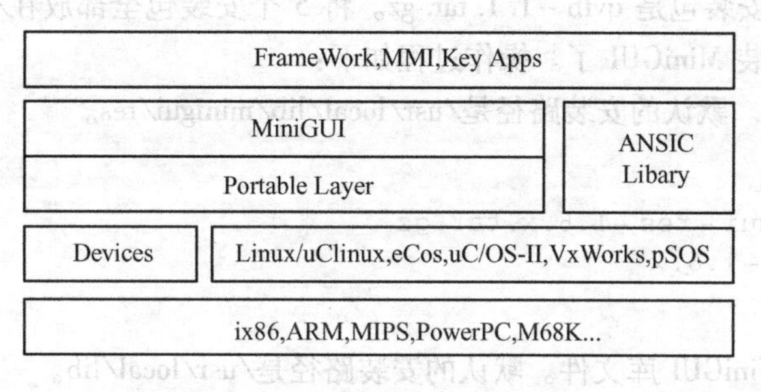

图 11.2　MiniGUI 的软件架构图

11.3.2　MiniGUI 的体系结构

从整体结构上看，MiniGUI 是分层设计的，层次结构如图 11.3 所示。在底层，GAL 和 AIL 为 MiniGUI 提供了底层的 uCLinux 控制台或者 XWindow 上的图形接口以及输入接口，Pthread 用于提供内核级线程支持的 C 函数库；中间层是 MiniGUI 的核心层，包括窗口系统必不可少的各个模块；顶层是 API，即编程接口。

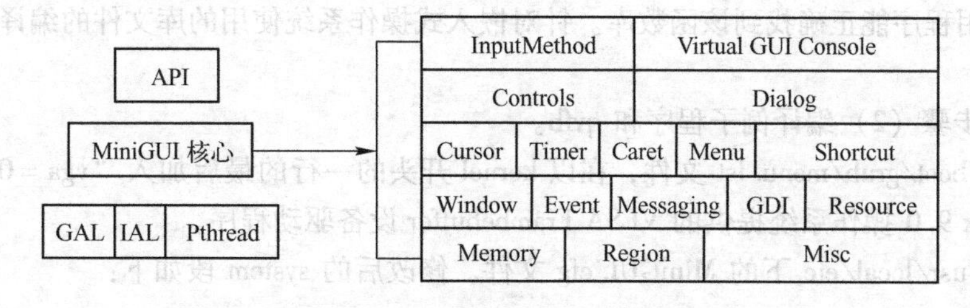

图 11.3　MiniGUI 的层次结构图

11.3.3 在宿主机上安装 MiniGUI

为了让 MiniGUI 能够运行在不同的目标平台上，需要针对相应的平台，使用交叉编译工具对 MiniGUI 进行交叉编译。交叉编译工具是运行在开发平台（一般是 X86/Linux）上用于生成目标平台上的可执行代码的工具集，一般包含 binutils 二进制工具、gcc 交叉编译器、glibc 库。binutils 包含如 as 汇编器、ld 链接器等操纵目标文件的二进制工具；glibc 是 GNU 的标准 C 函数库；gcc 则是编译程序时要用到的 gcc 交叉编译器 。本文则是安装 arm - elf - tools - xxx. sh 交叉编译环境。首先将 arm - elf - tools - xxx. sh 复制到/home 下目录，运行 chmod 命令使该文件具有可执行权限，再运行安装该脚本。操作过程如下：

```
#chmod 755 arm-elf-tools-xxx.sh              //赋予可执行权限
#./arm-elf-tools-xxx.sh                      //安装
```

若安装成功，在/usr/local/bin 目录下就会有以 arm - elf - 开头的编译环境文件。

MiniGUI 的安装软件包共有 4 个：

① libminigui - 1. 6. 10. tar. gz：MiniGUI 的函数库源代码；

② minigui - res - 1. 6. 10. tar. gz：MiniGUI 所使用的资源，包括基本字体、图标、位图和鼠标光标；

③ mde - 1. 6. x. tar. gz：MiniGUI 的综合演示程序；

④ mg - smaples - 1. 6. x. tar. gz：MiniGUI 编程指南的配套示例程序。

为了方便调试，本文安装了一个虚拟 frambuffer 的应用程序 qvfb，可以将编写的程序通过 qvfb 运行起来。这里用到的安装包是 qvfb - 1. 1. tar. gz。将 5 个安装包全部放在/usr/minigui 目录下，接着就可以在宿主机上安装 MiniGUI 了。操作过程如下：

（1）安装资源文件。默认的安装路径是/usr/local/lib/minigui/res。

```
#cd /usr/minigui
#tar -zxvf minigui-res-1.6.x.tar.gz
#cd minigui-res-1.6.x
#make install
```

（2）配置和编译 MiniGUI 库文件。默认的安装路径是/usr/local/lib。

```
#tar-zxvf libminigui-1.6.10.tar.gz
#cd libminigui-1.6.x
#./configure
#make
#make install
```

MiniGUI 的编译配置方法是 ./configure [--xx] [--xx]…，通过配置可以实现 MiniGUI 运行模式和功能设置。因为是在宿主机上使用的库文件，为所开发的应用程序提供调试服务，所以这里不加参数，选择默认配置。安装完成后，修改/etc/ld. so. conf 文件，在其最后加入/usr/local/lib，以使 MiniGUI 应用程序能正确找到该函数库。针对嵌入式操作系统使用的库文件的编译配置将在下文讲述。

（3）按照步骤（2）编译例子程序和 qvfb。

（4）修改/boot/grub/menu. lst 文件，在以 kernel 开头的一行的最后加入“vga = 0x0314”，以激活 RedHat Linux 9. 0 操作系统提供的 VESA Framebuffer 设备驱动程序。

（5）修改/usr/local/etc 下的 MiniGUI. cfg 文件。修改后的 system 段如下：

```
gal_engine=qvfb                  //指定使用的图形引擎为 qvfb;
defaultmode=640480-16bpp  //指定图形引擎的显示模式;
```

```
ial_engine = qvfb                //指定使用的输入引擎为 qvfb;
```

（6）在/usr/minigui/qvfb - 1.1/qvfb 目录下运行 qvfb，启动后得到一个新的窗口，如图 11.4（a）所示，这是一个 240×320 的窗口。通过这个窗口的 file 菜单修改窗口参数，如图 11.4（b）所示，则可获得所需要的窗口。下面就可运行例子程序或者自己编写的程序了。

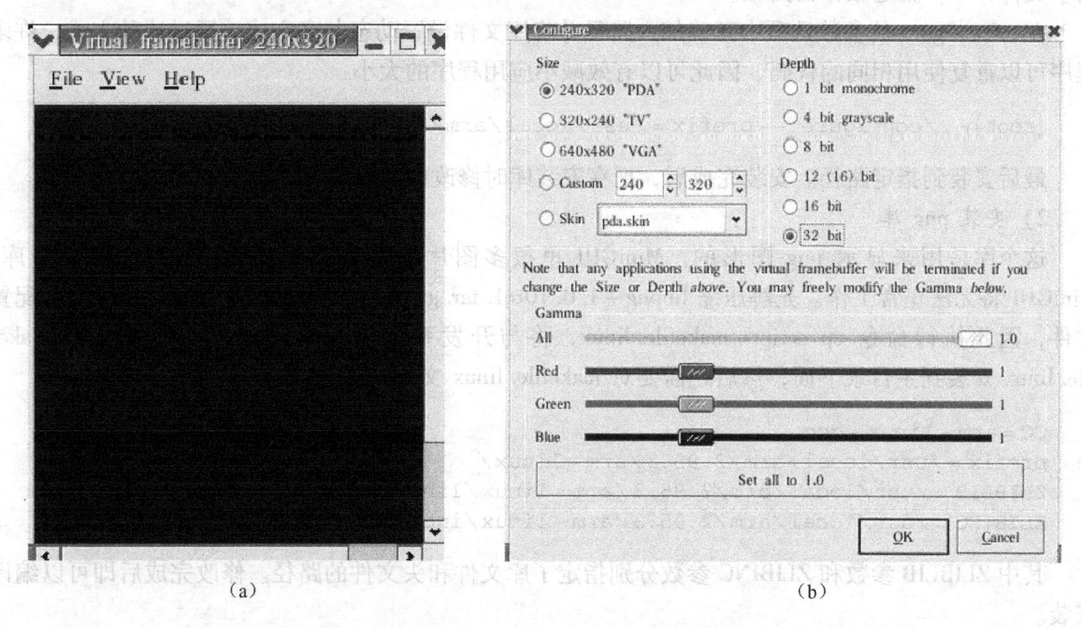

（a）　　　　　　　　　　　　（b）

图 11.4　qvfb 的应用窗口

11.3.4　MiniGUI 的移植

MiniGUI 移植的移植主要包括函数库 libminigui、资源文件 minigui - res、应用程序和其他支持库。本节将详细介绍 MiniGUI 在嵌入式 Linux 下移植到 S3C2440 开发板的全过程。Linux 的移植过程详见 9.8 节。

1. 交叉编译环境的建立

交叉编译环境中宿主机采用的系统为 Red Hat 9 Linux，交叉编译工具为 cross - 2.95.3.tar.bz2，把工具解压缩到/usr/local/arm 目录下，然后修改 .bashrc 文件，在文件中加入 exportPATH = "$PATH:/sbin:/usr/local/arm/2.95.3/bin:/usr/local/ bin: /usr/local"，最后在控制台执行命令 source .bashrc，将安装资源文件的路径添加到 PATH 中。这样，交叉编译环境就构建完成了。后面所有的资源文件和库文件都应安装在/usr/local/arm/2.95.3/arm - linux 路径下。

2. 加入辅助函数库的支持

MiniGUI 的编译需要一些库文件，默认状态下的 gcc 基本上都有这些库文件，所以不需要安装，可是交叉编译器 2.95.3 不提供这些库文件，所以首先需要编译这些库文件到交叉编译器中。

1）安装 zlib 库

这个库是后面许多库编译的基础，解压 zlib - 1.2.3.tar.gz 文件，zlib 库的 configure 脚本不支持交叉编译选项，可以通过软链接的方式，使目标文件指向当前的交叉编译工具 arm - linux - gcc 和 arm - linux - ld 链接器：

```
[root]#ln -s /usr/local/arm/2.95.3/bin/arm-linux-gcc ./gcc
[root]#ln -s /usr/local/arm/2.95.3/bin/arm-linux-ld ./ld
```

利用 Vim 打开配置文件 Makefile 并且添加如下代码：

```
CC = arm - linux - gcc
LDSHARED = arm - linux - gcc  -shared  -Wl, - soname,libz.so.1
CPP = arm - linux - gcc  -E
```

其中参数 CC 指定了交叉编译器是 arm - linux - gcc，LDSHARED 参数设置为共享模式生成 libz. so. 1 共享文件，CPP 指定服务器路径。

在 ./configure 的参数选项中正确加入路径并将库文件设置动态共享方式，通过这种方式，许多程序可以重复使用相同的代码，因此可以有效减小应用程序的大小：

```
[root]# ./configure  -- prefix = /usr/local/arm/2.95.3 /arm - linux/ -- shared
```

最后安装到指定路径。安装完成后，把在安装库时修改的 gcc 和 ld 恢复过来。

2）安装 png 库

这个库是用来显示 png 图形的，MiniGUI 里很多图片都是 png 格式的。如果没有这个库，MiniGUI 将无法正常工作。先解压缩 libpng - 1. 0. 10rc1. tar. gz 文件，编译时，主目录下面没有配置文件，因此执行命令 cp scripts/makefile. linux，将与开发系统体系结构一致的配置文件 makefile. linux 安装到主目录下面，然后还需要对 makefile. linux 文件进行修改：

```
CC = arm - linux - gcc
prefix = /usr/local/arm/2.95.3 /arm - linux/
ZLIBLIB = /usr/local/arm/2.95.3 /arm - linux/lib
ZLIBINC = /usr/local/arm/2.95.3 /arm - linux/include
```

其中 ZLIBLIB 参数和 ZLIBINC 参数分别指定了库文件和头文件的路径。修改完成后即可以编译安装。

3）安装 jpeg 库

这个库用来支持 jpeg 格式图片显示，编译过程与 png 库的编译过程类似，但是需要注意的是它的 configure 文件设计有问题，需要先用 gcc 编译 dummy. c 文件，然后才能进行后续编译，否则有可能会出现 libtool 找不到之类的错误：

```
[root] # ./configure  -- enable - shared  -- enable - static
```

编译通过以后，需要执行 make clean 命令清除生成的 * . o 等的文件，然后执行交叉编译：

```
[root]# ./configure CC = arm - linux - gcc  -- enable - shared  -- enable - static \
 -- prefix = /usr/local/arm/2.95.3 /arm - linux/
```

接着 make 之后要在/usr/local/arm/2. 95. 3/arm - linux 下新建一个目录：

```
[root]#mkdir -p /usr/local/arm/2.95.3 /arm - linux/man/man1
```

最后执行 make install 安装命令进行。

4）安装 libttf 库

这个是 TrueType 字体的支持库，用来显示文字。解压 freetype - 1. 3. 1. tar. gz，进入目录，然后 ./configure，会生成 Makefile 文件。因为没有安装 Xlib test example，后面编译通不过，屏蔽掉关于 test 的部分代码。打开 Makefile 文件，找到有“FTTESTDIR”字段的行注释掉，一共有 7 处。然后 make 编译库文件，在 freetype - 1. 3. 1/lib 目录下，生成链接库文件：

```
[root]#arm - linux - gcc  -- shared  -o libttf.so * .o
```

最后安装 libttf 库：

```
[root]#mkdir -p /usr/local/arm/2.95.3 /arm - linux/include/freetype1/freetype
[root]#cp * .h extend/ * .h /usr/local/arm/2.95.3 /arm - linux/include/freetype1 /
```

```
freetype
[root]#cp libttf.so /usr/local/arm/2.95.3/arm-linux/lib
```

libttf 库安装完成。上述方法是通过自动配置完成安装，另外也可以通过手工配置完成安装，在手工配置方式下进入 libttf 目录执行命令：

```
[root]#arm-linux-gcc -c -fPIC -O2 freetype.c
[root]#arm-linux-gcc -c -fPIC -O2 -I./extend/*.c
[root]#arm-linux-gcc --shared -o libttf.so *.o
```

参数 O2 表示完成编译过程的同时还要经过一级优化，不再加入符号表等调试信息，以使程序代码占用空间最小，同时执行的速度最快。经过实验验证，上述两种方法都可以达到移植成功的目的。

这样，MiniGUI 在编译时需要的 zlib、libpng、libjpeg、libttf 四个库就安装完成了。如果需要使用 MiniGUI 提供的虚拟终端，还需要 popt-1.7.tar.gz 库支持，安装过程较为简单，和前面的库安装类似。完成以上工作后，就可以安装 MiniGUI 函数库了。

3. MiniGUI 函数库的编译

MiniGUI 由三个函数库组成：libminigui、libmgext 以及 libvcongui。libminigui 是提供窗口管理和图形接口的核心函数库，也提供了大量的标准控件；libmgext 是 libminigui 的一个扩展库，提供了一些有用的控件，同时提供了一些方便而且有用的用户界面函数。例如，“文件打开”对话框；libvcongui 则提供了一个应用程序可用的虚拟控制台窗口，从而可以方便地在 MiniGUI 环境中运行字符界面的应用程序。因此只有选择了合理的编译配置选项，才能保证 MiniGUI 函数库顺利编译通过，同时也能去掉多余不需要的配置选项，这样既能提高编译的效率又能节省一定的空间，这通常也是裁剪 MiniGUI 所采用的方式之一。

在终端输入命令./configure --help 可以查看完整的配置选项清单，然后通过命令行开关打开或者关闭某些功能，不过这种方法既麻烦又有可能带来输入上的错误，还可以通过图形界面对 MiniGUI 函数库进行配置。解压缩 libminigui-1.6.8-linux_080516.bz2，对于有些根文件系统还需要进入 FrameBuffer 控制器配置文件/src/newgal/fbcon，修改 fbvideo.c 中 GAL_fbdev="/dev/fb/0"，这是因为系统启动后，其/dev 目录下实际存在的设备文件不是 fb 而是/fb/0。执行命令 make menuconfig 进入图形方式配置 libminigui，图 11.5 为配置 libminigui 的界面截图。

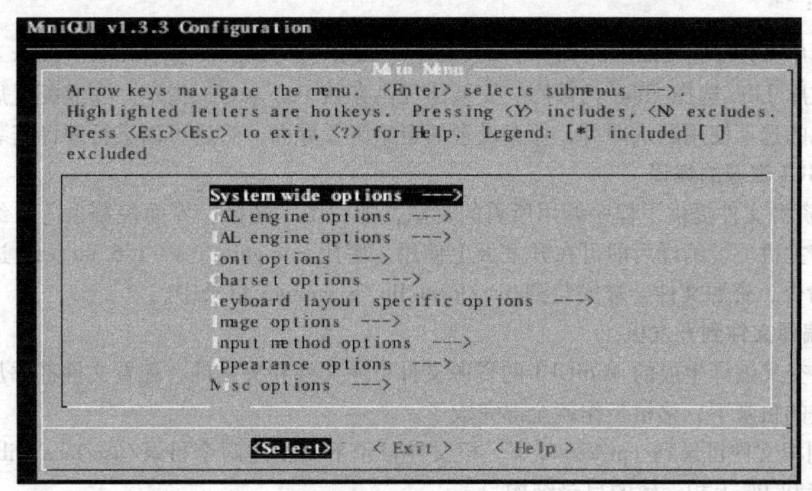

图 11.5　配置 libminigui

（1）在 System wide options 中，系统默认为 Thread 模式编译，这里选择使用 Lite 模式编译，Threads 适合于功能单一、实时性要求很高的系统。例如，工业控制系统；而 Lite 适合于功能丰富、结构复杂、显示屏幕较小的系统。例如，PDA 等信息产品。如果使用触摸屏，可以去掉“Cursor support”；将“User can move window with mouse”去掉，否则移植到开发板后会给操作带来不便。

（2）在 GAL engine options 中，选择支持 Dummy 引擎和支持在 Linux FrameBuffer 设备上显示，其他不需要的 GAL 引擎可以不用选，去掉多余的引擎既能提高编译的效率，又能节省空间，达到裁剪 MiniGUI 的效果。

（3）在 IAL engine options 中，包含众多的 IAL 引擎，选择一般通用的 Dummy 引擎和 Native 引擎，同上面的原理一样，其他不需要的 IAL 引擎可以不用选。其中关于 Native 引擎的相关选项如下，选择下面几项后 MiniGUI 支持 USB 鼠标和键盘输入：

```
[*] Linux native(console)input engine
--- Native IAL engine subdriver options
[*] PS2 mouse
[*] IntelligentMouse(IMPS/2)mouse
[ ] MS mouse
[ ] MS3 mouse
[*] GPM daemon
```

（4）在 Font option 中，包含了多种字体的支持。但不应选择“Var bitmap font”选项，否则可能会出现“unreferenced vfb_Courier8x8()”之类的错误。

（5）在 Input medthold option 中，选择“IME（GB2312）support”选项，实验发现，选择智能拼音选项（IME（GB2312）Intelligent Pinyin module）会导致在目标板上执行 mginit 程序时造成系统的崩溃。

（6）在 Development environment option 里，指定了 MiniGUI 函数库的编译环境、编译器、所需的 C 语言函数库以及安装路径：

```
(Linux)Platform
(arm-linux-gcc)Compiler
(glibc)Libc
--- Installation options
Path prefix:"/usr/local/arm/2.95.3/arm-linux"
--- Additonal Compiler Flags
CFLAGS:""
LDFLAGS:""
```

上述选项中开发平台 Platform 选择 Linux 平台、编译器 Compiler 选择 arm-linux-gcc 编译器、交叉编译函数库 Libc 选择 glibc 函数库、安装路径由参数 Path prefix 指定。完成配置后即可进行编译安装。其他的选项使用默认即可，保存设置后退出配置界面，然后可以进行编译安装。

4. MiniGUI 资源的编译

MiniGUI 资源文件提供了程序调用所需的资源，如位图、光标、界面控制条等，编译方法较简单，只需在宿主机环境编译后即可在开发板上使用。解压 minigui-res-1.6.tar.gz，进入目录执行 make install 命令，资源文件会被安装到/usr/local/lib 下 minigui 目录中。

5. 复制编译文件到开发板

接下来将交叉编译生成的 MiniGUI 的资源文件、库文件和头文件、配置文件都添加到开发板的文件系统相应的目录下，移植工作就全部完成了。

（1）复制根文件目录到/opt/rootfs 下，根文件目录下面新建两个目录/usr/local/lib，/usr/local/etc，注意保持和 PC 上相一致的目录结构。

（2）将/usr/local/arm/2.95.3/arm-linux/lib 中相应的动态链接库复制到根文件系统的/usr/local/lib 目录下去，不要复制 *.a 等静态库，不然会浪费很多的空间；将/usr/local/lib/目录下的 minigui 目录复制到根文件系统相一致的目录结构下；将配置文件/usr/local/etc/MiniGUI.cfg 复制到根文件系统相一致的目录结构下。

（3）修改根文件系统中的/etc/ld.so.conf文件，在文件最后一行增加“/usr/local/lib”，然后执行命令 ldconfig -r /opt/rootfs，更新共享函数库系统的缓冲，使根文件目录设置为根目录。

（4）修改 MiniGUI.cfg，使 MiniGUI 启动时的引擎适合实际的环境：

```
[system]
#GAL engine and default options
gal_engine=fbcon
defaultmode=240×320-16bpp
#IAL engine
ial_engine=console
mdev=/dev/input/event2
mtype=IMPS2
[fbcon]
defaultmode=240×320-16bpp
```

其中在配置文件的系统设置（system 字段）中，图形抽象层的引擎是 Frame Buffer 控制台，屏幕尺寸大小为 240×320，输入图形抽象层的引擎是虚拟控制台 console，鼠标设备节点为/dev/input/event2（根据不同的根文件系统，可能会有所不同），鼠标协议为 IMPS2。

11.3.5　交叉编译应用程序到开发板

为了测试 MiniGUI 能否在 S3C2440 开发板上正确运行，还需要交叉编译应用程序到开发板上验证。应用程序也在 PC 上进行交叉编译，并且与生成的 MiniGUI 动态链接库链接生成目标板可运行的二进制可执行文件，交叉编译示意图如图 11.6 所示。此处跟函数库的编译一样，配置选项也需指定主机类型、执行编译的环境和目标平台的类型，只是无须再指定安装路径，因为应用程序不需要安装。

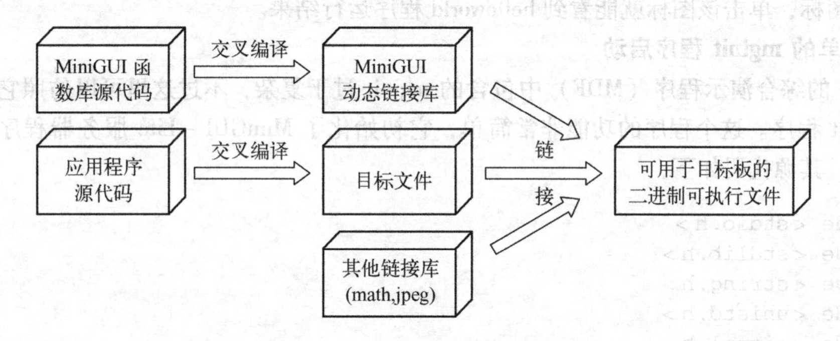

图 11.6　交叉编译 MiniGUI 应用程序

这里可以采用以下两种方法交叉编译应用程序到开发板上进行验证。

1. 交叉编译演示程序

MDE 包是 MiniGUI 的综合演示程序包，mg-samples 包是《MiniGUI 编程指南》的配套示例程序包。交叉编译这两个包到目标板是目前 MiniGUI 的移植中应用最为广泛的一种方式，不过在编译 MDE 演示包时，为了避免安装过程出现 MINIGUI-LiteVer1.2.6 orLater 的警告信息，必须对 configure.in 文件作出修改，添加下面的一行语句指定头文件和库文件的寻找路径：

```
CFLAGS="$CFLAGS -I${prefix}/include -L${prefix}/lib"
```

同时对包含 MiniGUI 常用的宏以及数据类型定义的 common.h 文件路径进行修改，在参数 AC_CHECK_HEADERS 行中添加如下代码：

```
AC_CHECK_HEADERS(${prefix}/include/minigui/common.h,have_libminigui=yes,
```

```
foo=bar).
```

然后可以对它们进行交叉编译，过程比较简单：

```
[root]#./configure --prefix=/opt/rootfs/usr/local --host=arm-linux
[root]#make
```

编译完成后，在相应的目录中会生成二进制的可执行文件。将交叉编译好的程序和运行所需的资源文件下载到目标板上，进入mginit目录执行./mginit命令，即可正常执行并且显示。需要说明的是，mginit是MiniGUI-Lite的服务器程序，该程序为客户应用程序准备共享资源，并管理客户应用程序，在Lite模式下，必须先运行mginit才能运行其他应用程序。通过实验可知，也可以在MDE包中加入自己的应用程序。为了工作的简单，这里以Hello MiniGUI为例子，基本做法如下：

（1）在MDE包中添加一个hello文件夹，并将Hello MiniGUI源程序复制到文件夹中命名为hello.c。

（2）因为这个程序比较简单，和fontdemo中的程序最为相似，将fontdemo中的Makefile.am和Makefile.in两个文件复制到hello文件夹中，并将其中的fontdemo字样全部替换为hello。

（3）用图像编辑工具设计图标hello.png和hello.gif，存到mginit包下的res包中，程序启动后，可以在任务栏中看到它们。

（4）修改mginit包下的mginit.rc文件：将其中的nr=10改为nr=11；复制其中的一组程序段到最后，段头改为apply10；其中对应的字样也改为hello；进入res下，在Makefile.in文件中加入hello.jfg，hello.png。

（5）修改MDE包下的四个文件：configure，configure.in，Makefile.am，Makefile.in，分别在其中加入hello程序的相关信息。

至此，基本修改结束。执行make命令；成功后，运行mginit，则在任务栏中能看到mginit窗口下多了一个图标，单击该图标就能看到helloworld程序运行结果。

2. 最简单的mginit程序启动

MiniGUI的综合演示程序（MDE）中包含的mginit过于复杂，不过这里可以仿照它构建一个最简单的mginit程序。这个程序的功能非常简单，它初始化了MiniGUI-Lite服务器程序，将独占区域设置为空。其源代码如下：

```
#include <stdio.h>
#include <stdlib.h>
#include <string.h>
#include <unistd.h>
#include <signal.h>
#include <time.h>
#include <sys/types.h>
#include <sys/wait.h>
#include <minigui/common.h>
#include <minigui/minigui.h>
#include <minigui/gdi.h>
#include <minigui/window.h>
int MiniGUIMain(int args,const char * arg[])
{
MSG msg;
if(!ServerStartup())
{
fprintf(stderr,"Can not start mginit.\n");
return 1;
}
if(SetDesktopRect(0,1024,0,1024)==0)
```

```
{
fprintf(stderr,"Empty desktop rect.\n");
return 2;
}
while(GetMessage(&msg,HWND_DESKTOP))
{
DispatchMessage(&msg);
}
return 0;
}
```

其中ServerStartup函数的功能是启动服务器，建立监听客户连接的套接字（/var/tmp/minigui）并返回。如果一切正常，这个函数返回TRUE，否则返回FALSE。SetDesktopRect函数用来设定在屏幕上由服务器独占的桌面区域，在设定之后，客户程序就只能在这个独占的矩形区域以外进行绘制。

编写好mginit.c后，将mginit.c和Hello MiniGUI.c分别进行交叉编译：

```
[root]#arm-linux-gcc -o mginit mginit.c -lminigui
[root]#arm-linux-gcc -o helloword helloword.c -lminigui
```

将生成的可执行文件mginit和Hello MiniGUI复制到目标板，先启动mginit，然后执行Hello MiniGUI程序：

```
[root]#./mginit &
[root]#./Hello MiniGUI
```

图11.7为MiniGUI启动后在开发板上的显示界面。

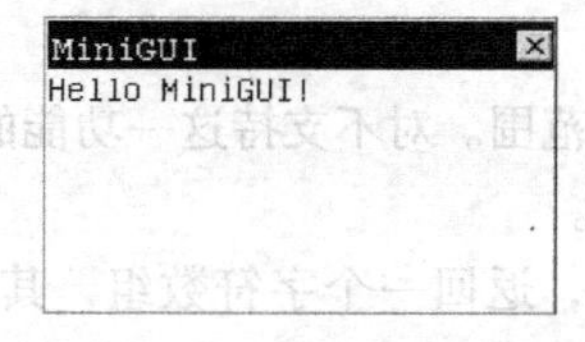

图11.7　MiniGUI在开发板上的显示界面

11.3.6　IAL引擎的移植

输入抽象层IAL是针对输入设备来说的，相比图形来讲，将MiniGUI的底层输入与上层相隔显得更为重要。在基于Linux的嵌入式系统中，图形引擎可以通过FrameBuffer而获得，而输入设备的处理却没有统一的接口。在PC上，我们常使用键盘和鼠标；而在嵌入式系统上，可能只有触摸屏和为数不多的几个键。在这种情况下，为触摸屏提供一个抽象的输入层，就显得格外重要。

1. MiniGUI的IAL接口

MiniGUI通过INPUT数据结构来表示输入引擎，代码如下：

```
typedef struct tagINPUT
{
char* id;
//Initialization and termination
BOOL(*init_input)(struct tagINPUT *input,const char* mdev,const char* mtype);
void(*term_input)(void);
//Mouse operations
int(*update_mouse)(void);
int(*get_mouse_xy)(int* x,int* y);
void(*set_mouse_xy)(int x,int y);
int(*get_mouse_button)(void);
void(*set_mouse_range)(int minx,int miny,int maxx,int maxy);
```

```
//Keyboard operations
int(*update_keyboard)(void);
char*(*get_keyboard_state)(void);
void(*suspend_keyboard)(void);
void(*resume_keyboard)(void);
void(*set_leds)(unsigned int leds);
//Event
#ifdef _LITE_VERSION
int(*wait_event)(int which,int maxfd,fd_set *in,fd_set *out,fd_set *except,
struct timeval *timeout);
#else
int(*wait_event)(int which,fd_set *in,fd_set *out,fd_set *except,struct timeval
*timeout);
#endif
char mdev [MAX_PATH + 1];
} INPUT;
extern INPUT* cur_input;
```

以上代码中，有几个重要字段说明如下：

update_mouse 通知底层引擎更新鼠标信息。该函数返回值为 1 时，表示更新鼠标状态成功。

get_mouse_xy 上层调用该函数可获得最新的鼠标（x,y）坐标值。

set_mouse_xy 上层调用该函数可以设置鼠标位置到新的坐标值。对不支持这一功能的引擎，该成员可为空（即函数指针赋值为 NULL）。

get_mouse_button 获取鼠标按钮状态。返回值可以是 IAL_MOUSE_LEFTBUTTON（表示左键按下）、IAL_MOUSE_MIDDLEBUTTON（表示中键按下）、IAL_MOUSE_RIGHTBUTTON（表示右键按下）等值“或”的结果。

set_mouse_range 设置鼠标的活动范围。对不支持这一功能的引擎，可设置该成员为空。update_keyboard 通知底层引擎更新键盘信息。

get_keyboard_state 获取键盘状态，返回一个字符数组，其中包含以扫描码索引的键盘按键状态，按下为 1，释放为 0。

suspend_keyboard 暂停键盘设备读取，用于虚拟控制台切换。对嵌入式设备来讲，通常可设置为空。

resume_keyboard 继续键盘设备读取，用于虚拟控制台切换。对嵌入式设备来讲，通常可设置为空。

set_leds 可设置键盘的锁定 LED，用于设置大写锁定、数字小键盘锁定、滚动锁定等。

wait_event 上层调用该函数等待底层引擎上发生输入事件。需要注意的是，该函数对 MiniGUI-Threads 和 MiniGUI-Processes 版本具有不同的接口，并且一定要利用 select 或者等价的 poll 系统调用实现这个函数。

2. IAL 引擎移植

在了解了 IAL 接口以及引擎要实现的数据结构之后，这里以目标板为对象进行 IAL 引擎的编写。以下程序中的输入引擎是在 2440 的输入引擎（src/ial/2440.c）基础上修改的。

```
#include <stdio.h>
#include <stdlib.h>
#include <string.h>
#include <unistd.h>
#include <fcntl.h>
#include "common.h"
#ifdef _SMDK2440_IAL                              //用户 IAL 注册声明
#include <sys/ioctl.h>
```

```
#include <sys/poll.h>
#include <sys/types.h>
#include <sys/stat.h>
#include <linux/kd.h>
#include "ial.h"
#include "2440.h"
typedef struct
  {
unsigned short x;
unsigned short y;
unsigned short pressure;
unsigned short pad;
} TS_EVENT;
/* 保存触摸屏得到的坐标信息 x、y,pressure 表示触摸屏事件. * /
static unsigned char state [NR_KEYS];
static int ts = -1;                               //触摸屏设备号
static int mousex = 0;                            //存放触摸屏 x 坐标和 y 坐标的全局变量
static int mousey = 0;
static TS_EVENT ts_event;
#undef _DEBUG
static int mouse_update(void)
{
return 1;
}
static void mouse_getxy(int *x,int* y)
{
if(mousex < 0)mousex = 0;
if(mousey < 0)mousey = 0;
if(mousex > 239)mousex = 239;
if(mousey > 319)mousey = 319;
*x = mousex;
*y = mousey;
}
/* 获取 x 坐标和 y 坐标值,并作适当的边界检查 * /
static int mouse_getbutton(void)
{
return ts_event. pressure;
}
/* 返回触摸屏状态事件 * /
static int wait_event(int which,int maxfd,fd_set *in,fd_set *out,fd_set *except,
struct timeval *timeout)
{
fd_set rfds;
int retvalue = 0;
int e;
if(!in){
in = &rfds;
FD_ZERO(in);
}
if((which & IAL_MOUSEEVENT)&& ts > = 0){
FD_SET(ts,in);
if(ts > maxfd)maxfd = ts;
}
e = select(maxfd + 1,in,out,except,timeout);  //系统开始检测触摸屏信号
if(e > 0){ //e > 0 表示有触摸屏信号
if(ts >= 0 && FD_ISSET(ts,in)){               //初始化坐标值
FD_CLR(ts,in);
```

```
ts_event.x =0;
ts_event.y =0;
read(ts,&ts_event,sizeof(TS_EVENT));   //读取触摸屏信息
if((ts_event.pressure >0){              //有触摸屏事件发生时,读取坐标值
mousex =ts_event.x;
mousey =ts_event.y;
}
ts_event.pressure =(ts_event.pressure >0 ?4:0);
retvalue | =IAL_MOUSEEVENT;
}
}
else if(e <0){ //e <0 表示无触摸屏信号
return -1;
}
return retvalue;
}
/* wait_event 函数是输入引擎的核心函数.这个函数首先将先前打开的两个设备的文件描述符与传入的 in 文件描述符集合并在了一起,然后调用 Select 系统调用.当 Select 系统调用返回大于 0 的值时,该函数检查在文件描述符上是否有可读的数据等待读取,如果是,则从文件描述符读取触摸屏数据.返回值 int 型 retvalue 变量. */
BOOL Init2440Input(INPUT * input,const char * mdev,const char * mtype)
{
ts =open("/dev/input/event1",O_RDONLY);     //打开触摸屏设备
if(ts <0)
{
fprintf(stderr,"2440:Can not open touch screen!\n");
return FALSE;
}
input ->update_mouse =mouse_update;
input ->get_mouse_xy =mouse_getxy;
input ->set_mouse_xy =NULL;
input ->get_mouse_button =mouse_getbutton;
input ->set_mouse_range =NULL;
input ->wait_event =wait_event;
mousex =0;
mousey =0;
ts_event.x =ts_event.y =ts_event.pressure =0;
return TRUE;
}
void Term2440Input(void)                    //释放触摸屏设备
{
if(ts >=0)
close(ts);
}
#endif /* _SMDK2440_IAL */
```

最后，由于是在 SMDK2440 输入引擎的基础上进行修改而得到的适合所用平台的输入引擎，因此需要将 MiniGUI.cfg 文件中的 ial_engine 一项修改为：

```
ial_engine =SMDK2440
```

当然也可以采用 tslib 这个函数库来为 MiniGUI 提供输入引擎 IAL，在 S3C2440 开发板上成功移植 tslib 函数库，也可同样达到驱动触摸屏的目的。但在加入 tslib 函数库后，加大了根文件系统的结构和复杂度，而且也增加了处理器的运算负担，对整个系统的实时性和运行速度有很大的影响。利用 tslib 这个函数库来为 MiniGUI 提供输入引擎 IAL 这种做法是有效的，并且在某种程度上更具通用性。

11.3.7　MiniGUI 的裁剪

在开发主机上进行 MiniGUI 的配置、编译和安装之后，MiniGUI 的大小为 10MB 左右，对于嵌入式系统来说，这个体积过于庞大，必须对其进行裁减。MiniGUI 的裁减工作可利用编译选项和修改配置文件来完成。裁减工作具体做法如下。

（1）在运行./configure 时进行定制，取消某些不需要的功能。函数库分为 3 个部分：libminigui、libmgext、libvcongui。其中第一个 libminigui 是必需的；第二个函数库 libmgext，如果不使用 MiniGUI 的月历控件、树型控件、动画 gif 支持等扩展函数库支持的话，也可以删除；第三个函数库 libvcongui 是 MiniGUI 的虚拟控制台函数库，一般来说只要不调用虚拟控制台程序也是不需要的。

（2）去掉不必要的库文件。交叉编译完库函数后会产生很多的库文件，其中 *.a 的文件为静态文件，非常占用空间，而且应用程序的执行并不需要这些静态文件的支持，可以全部删除。

（3）修改 /etc/MiniGUI.cfg，删除某些不需要的字体文件，同时修改 font_number 键的值为需要的字体的数量，然后到 /usr/local/lib/minigui/fonts 目录中，将那些不需要的字体资源文件删除。

（4）修改 /etc/MiniGUI.cfg，删除某些不需要的输入法文件。一般来说也只需要保留拼音输入法，其他的五笔、自然等输入法的文件都可以删除。同时将对应目录/usr/local/lib/minigui/imetab 中的文件删除。

（5）同样可以修改 MiniGUI.cfg 文件中的关于 cursorinfo、iconinfo、bitmapinfo 等字段，并删除对应目录下的文件。不过比起字体文件和输入法文件，这些文件要小得多。

11.4　本章小结

本章以三星公司 S3C2440 嵌入式处理器为基础，介绍了三个嵌入式系统应用开发实例，包括音频文件编程与播放、Linux 下的网络编程、基于 Linux 的 MiniGUI 移植与裁剪。通过这三个开发实例，为读者进一步学习嵌入式技术并进行嵌入式系统应用开发起到举一反三的作用。

思考与练习

1. 音频文件编程与播放包含哪些内容？
2. 播放本地与远程音视频文件需要注意哪些地方？
3. 如何实现 Linux 下的网络编程？
4. Socket 编程具体如何实现？需要注意哪些地方？

参考文献

[1] 徐千洋. Linux C 函数库参考手册. 北京：中国青年出版社，2002.

[2] 陈坚，孙志月. MODEM 通信编程技术. 西安：西安电子科技大学出版社，1998.

[3] 李现勇. Visual C ++ 串口通信技术与工程实践. 北京：人民邮电出版社，2004.

[4] 马忠梅，徐英慧. ARM 嵌入式处理器结构与应用基础. 北京：北京航空航天大学出版社，2002.

[5] 邹思铁. 嵌入式 Linux 设计与应用. 北京：北京清华大学出版社，2002.

[6] 杜春雷. ARM 体系结构与编程. 北京：清华大学出版社，2003.

[7] 杨海清，周安栋，罗勇，等. 嵌入式系统实时网络通信中的 LCD 显示设计方法 [J]. 计算机与数字工程，2010，38 (2)：155 – 157.

[8] 田泽. 嵌入式系统开发与应用教程. 北京：北京航空航天大学出版社，2010.

[9] 田泽. 嵌入式系统开发与应用实验教程（第二版）. 北京：北京航空航天大学出版社，2005.

[10] [美] 科波特（Corbet，J.），等. Linux 设备驱动程序. 北京：中国电力出版社，2006.

[11] 陈章龙，唐志强，涂时亮. 嵌入式技术与系统——Intel XScale 结构与开发. 北京：北京航空航天大学出版社，2004.

[12] 马忠梅，徐英慧. ARM 嵌入式处理器结构与应用基础（第二版）. 北京：北京航空航天大学出版社，2007.

[13] 李驹光. ARM 应用系统开发详解——基于 S3C4510B 的系统设计（第二版）. 北京：清华大学出版社，2004.

[14] 许海燕，付炎. 嵌入式系统技术与应用. 北京：机械工业出版社，2005.

[15] David A. Rusling. Linux 编程白皮书. 朱珂，等译. 北京：机械工业出版社，2000.

[16] 周立功. ARM 嵌入式系统基础教程. 北京：北京航空航天大学出版社，2005.

[17] 陈赜. ARM 9 嵌入式技术及 Linux 高级实践教程. 北京航空航天大学出版社，2005.

[18] 杨斌. 嵌入式系统应用开发基础. 北京：电子工业出版社，2011.